数控加工工艺（第2版）

徐宏海　主编

国家开放大学出版社·北京

图书在版编目（CIP）数据

数控加工工艺 / 徐宏海主编．-- 2 版．-- 北京：国家开放大学出版社，2020.8（2021.8 重印）

ISBN 978 - 7 - 304 - 10324 - 8

Ⅰ．①数… Ⅱ．①徐… Ⅲ．①数控机床—加工—开放教育—教材 Ⅳ．①TG659

中国版本图书馆 CIP 数据核字（2020）第 094773 号

数控加工工艺（第 2 版）
SHUKONG JIAGONG GONGYI（DI 2 BAN）
徐宏海　主编

出版·发行： 国家开放大学出版社
电话： 营销中心 010 - 68180820　　总编室 010 - 68182524
网址： http://www.crtvup.com.cn
地址： 北京市海淀区西四环中路 45 号　　**邮编：** 100039
经销： 新华书店北京发行所

策划编辑： 陈艳宁　　**版式设计：** 何智杰
责任编辑： 申蓓蓓　　**责任校对：** 冯　欢
责任印制： 武鹏 陈路

印刷： 三河市博文印刷有限公司
版本： 2020 年 8 月第 2 版　　2021 年 8 月第 2 次印刷
开本： 787mm × 1092mm　1/16　　**印张：** 16.75　　**字数：** 374 千字

书号： ISBN 978 - 7 - 304 - 10324 - 8
定价： 33.00 元

（如有缺页或倒装，本社负责退换）
意见及建议：OUCP_KFJY@ouchn.edu.cn

PREFACE

第2版前言

《数控加工工艺》是教育部人才培养模式改革和开放教育试点教材，于2008年1月由中央广播电视大学出版社出版，作为中央广播电视大学数控技术及其相关专业教材，发行量超过12万册，受到广大任课教师和学生的普遍认可。随着中央广播电视大学改组为国家开放大学，以及数控技术的发展，为了更好地适应专业发展的需要，提升本课程教学质量，国家开放大学理工教学部、专业负责人及课程组认为有必要对原版教材进行修订。教材修订工作是在总结近几年国家开放大学与国内兄弟院校“数控加工工艺”课程实践经验的基础上进行的，修订要点如下。

1. 紧跟数控技术的发展，结合工程实践，补充完善了部分内容和习题，便于学生理解和掌握所学内容。

2. 原版教材每章后面的模拟自测题也作为本课程形成性考核册内容，本次修订保留了思考与练习题，增加了参考答案，有利于学生课后复习及自检。

3. 从应用的角度，选取典型试切件，把“数控加工工艺”“数控机床”“数控编程技术”3门课程的相关知识紧密地联系起来，形成数控技术综合应用的一个有机整体，便于学生更加全面系统地学习，提高教学效果。

4. 限于篇幅，对原版教材中部分只作为了解的内容做了适当删减。

5. 修改原版教材中概念描述不清或有误的内容。

本书编写组成员为徐宏海、赵玉侠，由徐宏海任主编。第1章、第3章～第7章由徐宏海编写，第2章和第8章由赵玉侠编写。全书由徐宏海负责统稿和定稿。谢富春、阎红娟、郑青、李凯4位同志为全书图片制作与典型实例的实操检验做了大量工作。

在本书的编写过程中，我们得到了国家开放大学李西平、宁晨老师的关心和大力支持，他们为本书的编写提供了许多宝贵意见，在此一并致谢。

由于编者水平有限，本书难免有不足之处，望读者和各位同仁提出宝贵意见。

编　者

2020年4月

PREFACE

第1版前言

为了配合中央广播电视大学数控技术专业的教学，中央广播电视大学与机械工业教育发展中心合作，共同组织编写了数控技术专业系列教材。该系列教材的编写遵循教育部等三部委联合发布的《关于开展数控技术专业技能型紧缺人才培养的通知》精神，结合“中央广播电视大学人才培养模式改革和开放教育试点”研究工作的开展，立足职业为导向、学生为中心，以基础理论教学“必需、够用”为度，突出职业技能教学的地位，旨在培养学生具有一定的工程技术应用的能力，以适应工作岗位的实际需求。

制造自动化技术是先进制造技术中的重要组成部分，其核心技术是数控技术。数控技术是综合应用计算机、自动控制、自动检测及精密机械等高新技术的产物。它的出现及所带来的巨大效益，已引起世界各国科技与工业界的普遍重视。专家们预言：21世纪机械制造业的竞争，其实质是数控技术的竞争。目前，随着国内数控机床用量的剧增，急需培养一大批熟悉数控加工工艺，能够熟练掌握现代数控机床编程、操作和维护的应用型高级技术人才。同时，为了适应我国高等职业技术教育发展及应用型技术人才培养的需要，我们经过反复的实践与总结，编写了这本教材。

数控加工工艺是数控编程与操作的基础，合理的工艺是保证数控加工质量、发挥数控机床效能的前提条件。本书正是从数控加工的实用角度出发，以掌握数控加工工艺为目标，在介绍数控加工切削基础、数控刀具的选用、数控加工工件的定位与装夹以及数控加工工艺基础等基本知识的基础上，分析了数控车削、数控铣削、加工中心及数控线切割等加工工艺。

本书编写组成员为徐宏海、赵玉侠，由徐宏海担任主编。第1章、第3~7章由徐宏海编写，第2章、第8章由赵玉侠编写。全书由徐宏海负责统稿和定稿。谢富春、阎红娟、郑青、李凯等同志为全书图片制作与典型实例的实操检验做了大量工作。

在本书的编写过程中，得到了中央广播电视大学李西平、宁晨、田虓老师的关心和大力支持，为本书编写提供了许多宝贵意见，在此一并致谢。

由于编者水平有限，本书难免有不足之处，望读者和各位同仁提出宝贵意见。

编　者

2007年10月

CONTENTS

目 录

1　数控加工的切削基础

学习目标

1. 了解数控加工过程及数控加工工艺系统的构成。
2. 了解切削运动的种类及特点。
3. 掌握切削用量三要素的内容及计算方法。
4. 掌握正交平面参考系中刀具角度的标注方法。
5. 掌握影响刀具工作角度的因素及其变化规律。
6. 了解切削层参数的度量方法。
7. 了解切削过程 3 个变形区的变形特点。
8. 掌握积屑瘤的形成条件及抑制措施。
9. 掌握影响切削变形的因素及其变化规律。
10. 了解切削力的来源与计算方法，掌握影响切削力的因素及其变化规律。
11. 了解切削热的来源，掌握影响切削温度的因素及其变化规律。
12. 了解刀具磨损的形式，掌握影响刀具耐用度的因素及其变化规律。
13. 掌握切屑的种类、特点及产生条件。
14. 了解影响断屑的因素及其规律。
15. 掌握粗、精加工时切削用量的选择原则和方法。
16. 了解切削液的种类及适用场合。
17. 了解刀具几何参数的合理选择原则。

内容提要

本章简要介绍了数控加工过程及其工艺系统的构成，重点讨论了刀具几何角度，切削要素，金属切削过程的基本理论、规律与应用，刀具几何参数的合理选择等。这些基本理论和规律是数控加工工艺的基础，在工艺分析中具有重要的作用。

1.1　数控加工工艺系统概述

“数控加工工艺”是以数控机床加工中的工艺问题为研究对象的一门综合基础技术课程。它以机械制造中的工艺基本理论为基础，结合数控机床高精度、高效率和高柔性等特点，综合应用多方面的知识，解决数控加工中的工艺问题。

利用数控机床完成零件[①]数控加工的过程如图 1－1 所示，其主要内容包括：

①根据零件加工图样进行零件工艺分析，确定加工方案、工艺参数和位移数据。

②用规定的程序代码和格式编写零件的加工程序，或用自动编程软件进行 CAD/CAM（Computer Aided Design/Computer Adied Manufacturing，计算机辅助设计/计算机辅助制造）工作，直接生成零件的加工程序文件。

③程序的输入或传输。手工编程时，可以通过数控机床的操作面板输入程序；由编程软件生成的程序，通过计算机的串行通信接口直接传输到机床控制单元（Machine Control Unit，MCU）。

④根据输入或传输到机床控制单元的加工程序，进行试运行、刀具路径模拟等。

⑤通过对机床的正确操作，运行程序。

⑥完成零件的加工。

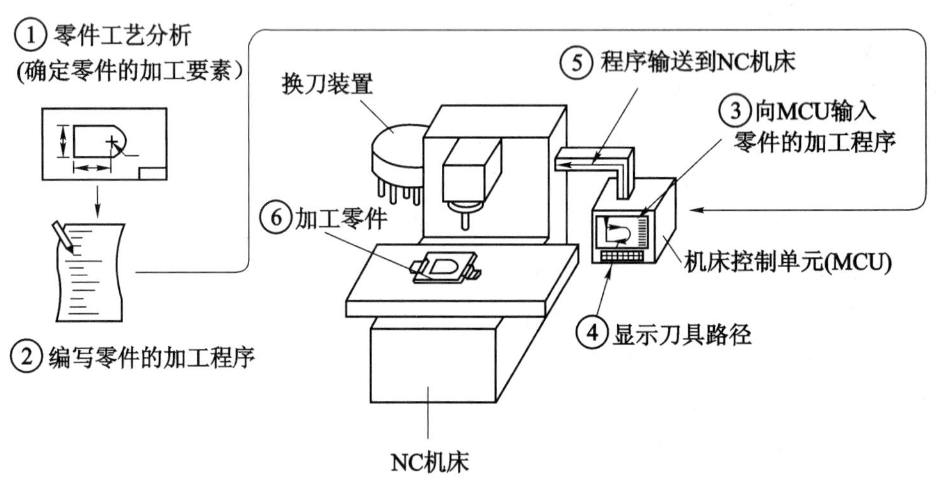

图 1－1　利用数控机床完成零件数控加工的过程

由图 1－1 可知，数控加工过程是在一个由数控机床、刀具、夹具和工件构成的数控加工工艺系统中完成的。数控机床是零件加工的工作机械，刀具直接对零件进行切削，夹具用来固定被加工零件并使之占有正确的位置，加工程序控制刀具与零件之间的相对运动轨迹。图 1－2 是数控加工工艺系统的构成及相互关系。工艺系统性能的好坏直接影响零件的加工精度和表面质量。

---

① 本书中零件和工件的概念相同。

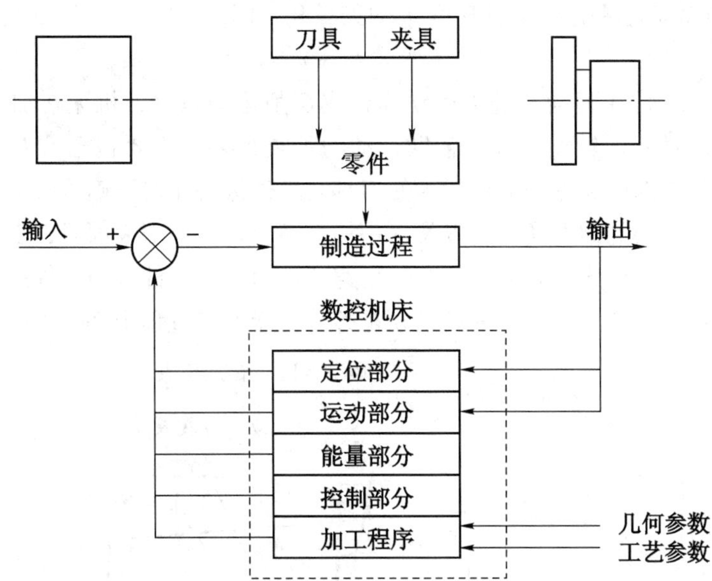

图1－2 数控加工工艺系统的构成及相互关系

1.2 刀具几何角度及切削要素的基本概念

1.2.1 切削运动和切削用量

1. 切削运动

金属切削加工是用金属切削刀具把工件毛坯上预留的金属材料（统称余量）切除，获得图样所要求的零件。在切削过程中，刀具和工件之间必须有相对运动（见图1－3），这些运动由金属切削机床完成。

（1）主运动。主运动是由机床提供的主要运动，它使刀具和工件之间产生相对运动，从而使刀具前刀面接近工件并切除切削层，如车削时工件的旋转运动，铣削时刀具的旋转运动，刨削时刀具或工件的往复运动。一般来说，主运动的切削速度（v_c）最高，消耗的机床功率也最大。

（2）进给运动。进给运动是由机床提供的使刀具相对于工件产生的附加运动，加上主运动，即可不断地或连续地切除切削层，并可得出具有所需几何特性的已加工表面。机床的进给运动可以是连续的运动，如车削外圆时车刀平行于工件轴线的纵向运动；也可以是间断运动，如刨削时刀具的横向移动。

（3）合成切削运动。当主运动和进给运动同时进行时，由主运动和进给运动合成的运动称为合成切削运动。刀具切削刃选定点相对工件的瞬时合成运动方向称为合成切削运动方向，其速度称为合成切削速度。该速度方向与过渡表面相切，如图1－3所示。合成切削速

度 v_e 等于主运动速度 v_c 和进给运动速度 v_f 的矢量和，即

$$v_e = v_c + v_f \tag{1-1}$$

（4）辅助运动。除主运动、进给运动及合成切削运动以外，机床在加工过程中还需完成一系列其他的运动，即辅助运动。辅助运动的种类很多，主要包括：刀具接近工件，切入、退离工件，快速返回原点的运动；为使刀具与工件保持相对正确位置的对刀运动；多工位工作台和多工位刀架的周期换位，以及逐一加工多个相同局部表面时，工件周期换位所需的分度运动等。另外，机床的启动、停车、变速、换向，以及部件与工件的夹紧、松开等的操纵控制运动，也属于辅助运动。辅助运动是整个机床加工过程中必不可少的。

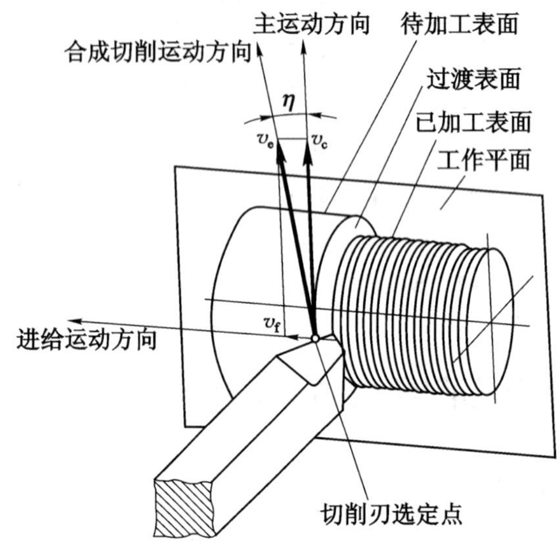

图 1－3　切削运动和工件表面

2. 工件表面

切削加工过程中，工件上形成了 3 个不断变化着的表面。

（1）已加工表面。工件上经刀具切削后产生的表面，称为已加工表面。

（2）待加工表面。工件上有待切除切削层的表面，称为待加工表面。

（3）过渡表面。工件上由切削刃形成的那部分表面，称为过渡表面。它在下一切削行程（如刨削）、刀具或工件的下一转（如单刃镗削或车削）里将被切除，或者由下一切削刃（如铣削）切除。

3. 切削用量

切削用量是用来表示切削运动、调整机床加工参数的参量，可用切削用量对主运动和进给运动进行定量表述。切削用量包括切削速度、进给量和背吃刀量 3 个要素。

（1）切削速度（v_c）。切削刃上选定点相对于工件主运动的瞬时线速度，称为切削速度。回转主运动的线速度 v_c（单位：m/min）的计算公式如下：

$$v_c = \frac{\pi dn}{1\ 000} \tag{1-2}$$

式中：d——切削刃选定点处所对应的工件或刀具的回转直径，mm；

n——工件或刀具的转速，r/min。

需要注意，车削加工时，应计算待加工表面的切削速度。

（2）进给量（f）。刀具在进给运动方向上相对于工件的位移量，称为进给量。进给量用刀具或工件每转或每行程的位移量 f 来表示（见图 1－4），其单位用 mm/r 或 mm/行程（如刨削等）表示。

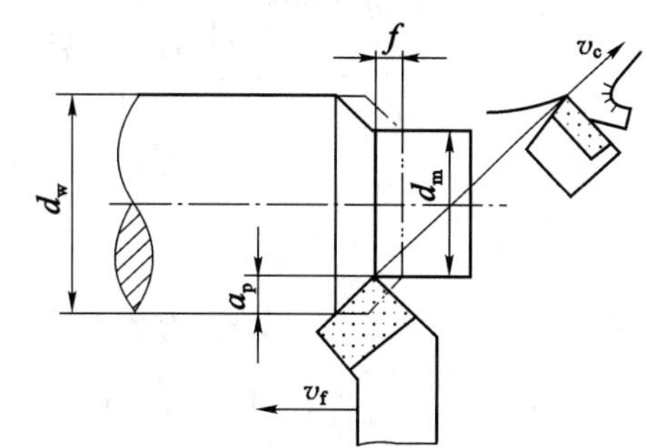

图 1－4 切削用量三要素

数控编程时，通常采用进给运动速度 v_f（F 指令）表示刀具与工件的相对运动速度，单位是 mm/min。车削时的进给运动速度 v_f 为

$$v_f = nf \tag{1-3}$$

对于铰刀、铣刀等多齿刀具，通常规定每齿进给量 f_Z（单位：mm/Z），其含义是刀具每转过一个齿，刀具相对于工件在进给运动方向上的位移量。进给运动速度 v_f 与每齿进给量的关系为

$$v_f = nZf_Z \tag{1-4}$$

式中：Z——刀齿数。

（3）背吃刀量（a_p）。已加工表面与被加工表面之间的垂直距离，称为背吃刀量（单位：mm）。

车削外圆时，有

$$a_p = \frac{(d_w - d_m)}{2} \tag{1-5}$$

式中：d_w——待加工表面直径，mm；

d_m——已加工表面直径，mm。

镗孔时，式（1－5）中的 d_w 与 d_m 的位置互换一下。钻孔加工的背吃刀量为钻头的半径。

1.2.2 刀具切削部分的几何形状和角度

刀具由刀体、刀柄、刀孔和切削部分组成。刀体是刀具上夹持刀条或刀片的部分。刀柄是刀具上的夹持部分。刀孔是刀具上用以安装或紧固在主轴、刀杆或心轴上的内孔。切削部分是刀具上起切削作用的部分。

1.2.2.1 刀具切削部分的组成

金属切削刀具的种类很多，但仔细观察它们的切削部分，其剖面的基本形态都是刀楔形状。以外圆车刀为例（见图 1－5），由 3 个刀面组成的主、副两组刀楔，其楔角分别为 β_o 和 β'_o，切削部分的组成要素如下。

（1）前刀面（A_γ）。切屑流过的表面，称为前刀面。

（2）主后刀面（A_α）。与过渡表面相对的表面，称为主后刀面。

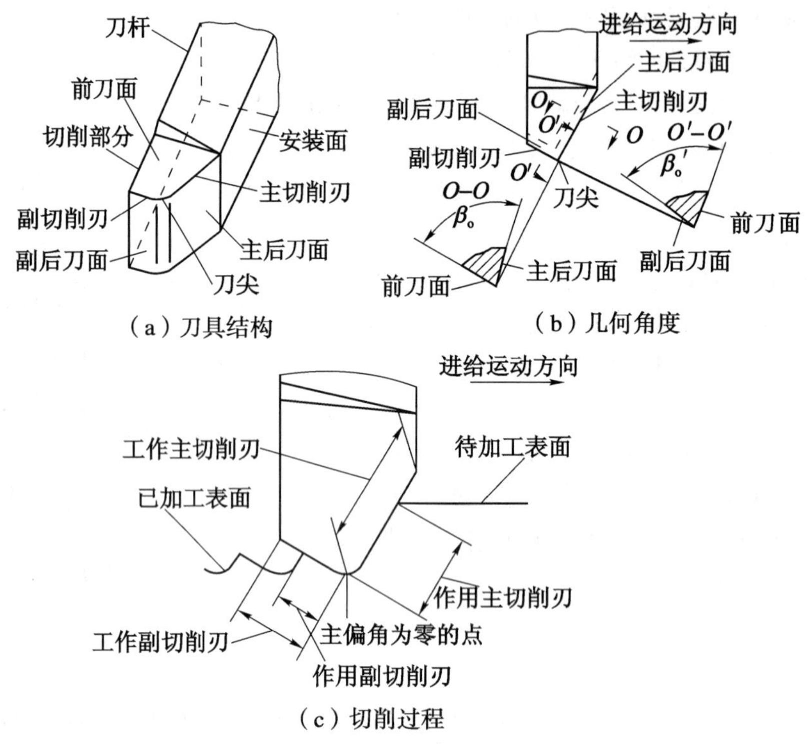

图 1 –5　外圆车刀切削部分的组成

（3）副后刀面（A'_α）。与已加工表面相对的表面，称为副后刀面。

（4）主切削刃（S）。前刀面与主后刀面的交线，称为主切削刃，它担负主要切削工作。

（5）副切削刃（S'）。前刀面与副后刀面相交得到的刃边，称为副切削刃。

（6）刀尖。主、副切削刃的连接处的一小部分切削刃，称为刀尖。刀尖的类型如图 1 –6 所示。

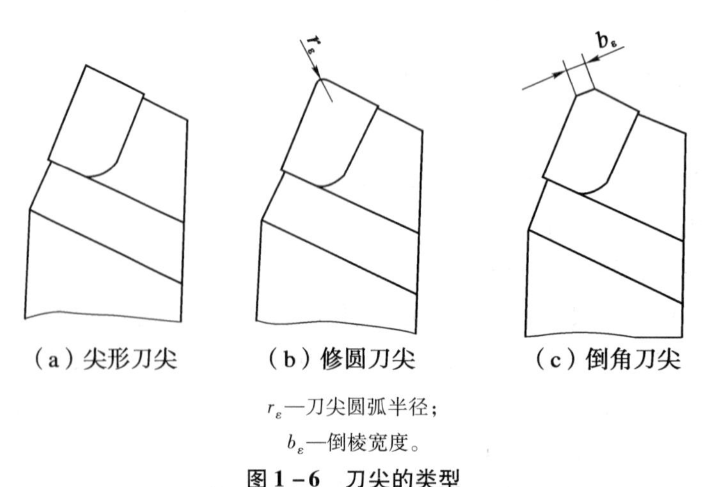

r_ε—刀尖圆弧半径；

b_ε—倒棱宽度。

图 1 –6　刀尖的类型

1.2.2.2　刀具切削部分的几何角度

1. 度量刀具角度的参考系

为了确定刀具前刀面、后刀面及切削刃在空间的位置，首先应建立参考系，它是一组用于定义和规定刀具角度的各基准坐标平面。用刀具前刀面、后刀面和切削刃相对各基准坐标平面的夹角来表示它们在空间的位置，这些夹角就是刀具切削部分的几何角度。

用于确定刀具几何角度的参考系有两类。

（1）刀具静止参考系。其是用于定义刀具在设计、制造、刃磨和测量时刀具几何参数的参考系。在刀具静止参考系中定义的角度称为刀具标注角度。

（2）刀具工作参考系。其是规定刀具进行切削加工时几何参数的参考系。刀具工作参考系考虑了切削运动和实际安装情况对刀具几何参数的影响，在这个参考系中定义和测量的刀具角度称为工作角度。

2. 刀具静止参考系

刀具静止参考系主要由以下基准坐标平面组成，如图 1－7 所示。

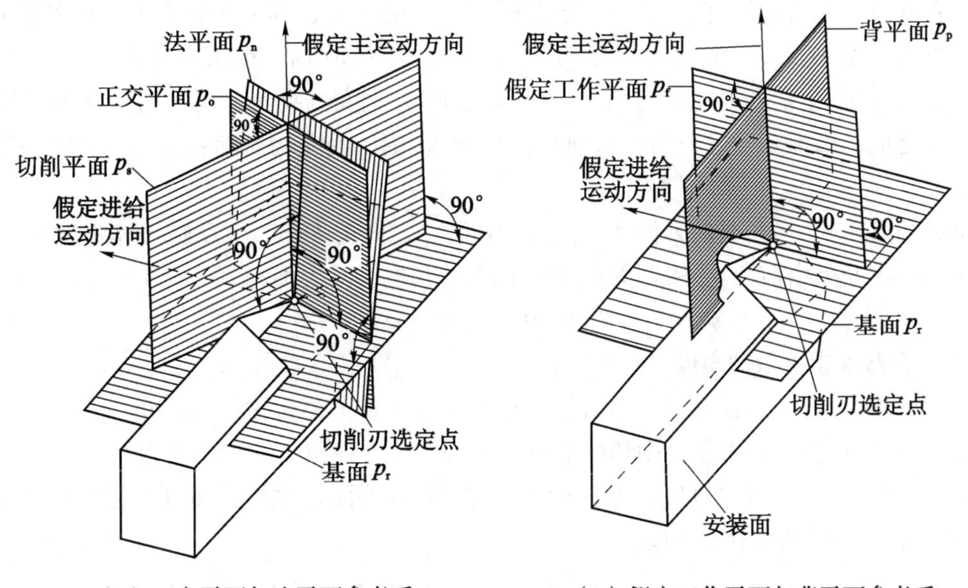

（a）正交平面与法平面参考系　　（b）假定工作平面与背平面参考系

图 1－7　刀具静止参考系

（1）基面（p_r）。基面就是通过切削刃选定点并平行或垂直于刀具，在制造、刃磨及测量时适合于安装或定位的一个平面或轴线。一般来说，其方位要垂直于假定的主运动方向。对车刀、刨刀而言，就是过切削刃选定点与刀柄安装面平行的平面。对钻头、铣刀等旋转刀具来说，其是过切削刃选定点并通过刀具轴线的平面。

（2）切削平面（p_s）。切削平面就是通过切削刃选定点与切削刃相切并垂直于基面的平面。当切削刃为直线刃时，过切削刃选定点的切削平面是包含切削刃并垂直于基面的平面。

对应于主切削刃和副切削刃的切削平面分别称为主切削平面 p_s 和副切削平面 p_s'。

（3）正交平面（p_o）。正交平面是指通过切削刃选定点并同时垂直于基面和切削平面的平面。也可把正交平面看成通过切削刃选定点并垂直于切削刃在基面上投影的平面。

（4）法平面（p_n）。法平面是指通过切削刃选定点并垂直于主切削刃的平面。

（5）假定工作平面（p_f）。假定工作平面是指通过切削刃选定点并垂直于基面的平面，一般其方位平行于假定的进给运动方向。

（6）背平面（p_p）。背平面是指通过切削刃选定点并垂直于基面和假定工作平面的平面。

图 1－7 是刀具静止参考系中各基准坐标平面与刀具前刀面、后刀面及切削刃相互位置关系的立体图，而在设计刀具和绘制刀具图样（工作图）时，用平面视图来表示。

3. 刀具的标注角度

图 1－8 是以车刀为例表示各基准坐标平面及几何角度的相互位置关系。

（1）在正交平面中测量的角度。

①前角（γ_o）。前角是前刀面 A_γ 与基面 p_r 之间的夹角，其大小影响刀具的切削性能。当前刀面与切削平面夹角小于 90°时，前角为正值；大于 90°时，前角为负值。

②后角（α_o）。后角是主后刀面 A_α 与切削平面 p_s 之间的夹角，其作用是减小后刀面与过渡表面之间的摩擦。当后刀面与基面夹角小于 90°时，后角为正值；大于 90°时，后角为负值。

③楔角（β_o）。楔角是前刀面 A_γ 与主后刀面 A_α 之间的夹角，它反映刀体强度和散热能力的大小。楔角是由前角 γ_o 和后角 α_o 得到的派生角度。其大小为

$$\beta_o = 90° - (\gamma_o + \alpha_o) \tag{1-6}$$

（2）在基面中测量的角度。

①主偏角（κ_r）。主偏角是主切削平面 p_s 与假定工作平面 p_f 之间的夹角。

②副偏角（κ_r'）。副偏角是副切削平面 p_s' 与假定工作平面 p_f 之间的夹角。

③刀尖角（ε_r）。刀尖角是主切削平面 p_s 与副切削平面 p_s' 之间的夹角。它是由主偏角 κ_r 和副偏角 κ_r' 计算得到的派生角度，即

$$\varepsilon_r = 180° - (\kappa_r + \kappa_r') \tag{1-7}$$

（3）在切削平面中测量的角度。在切削平面中测量的角度有刃倾角 λ_s，它是主切削刃与基面 p_r 间的夹角，在 S 向视图中才能表示清楚。当刀尖相对车刀刀柄安装面处于最高点时，刃倾角为正值；当刀尖处于最低点时，刃倾角为负值（见图 1－8 的 S 向视图）。当切削刃平行于刀柄安装面时，刃倾角为 0°，这时切削刃在基面内。

同理，可以给出副前角 γ_o'，副后角 α_o' 和副刃倾角 λ_s' 的定义。

在上述角度中，前角 γ_o 和刃倾角 λ_s 确定前刀面的方位，主偏角 κ_r 和后角 α_o 确定主后刀面的方位。随之，由主偏角 κ_r 和刃倾角 λ_s 确定主切削刃的方位。可见，主切削刃及其前刀面和主后刀面在空间的方位只用 4 个基本角度 γ_o、α_o、κ_r 和 λ_s 就能完全确定。同理，

只用副前角 γ_o'、副后角 α_o'、副偏角 κ_r' 和副刃倾角 λ_s'，副切削刃及其对应的前刀面和副后刀面在空间的方位也就完全确定。当主切削刃和副切削刃共处在一个平面前刀面中时，因前刀面的方位只由 γ_o 和 λ_s 两个角度就能完全确定，故这时副前角 γ_o' 便是由前刀面方位确定之后而随之确定的派生角度。同理，若副偏角 κ_r' 确定后，则副刃倾角 λ_s' 也是随之确定的派生角度。

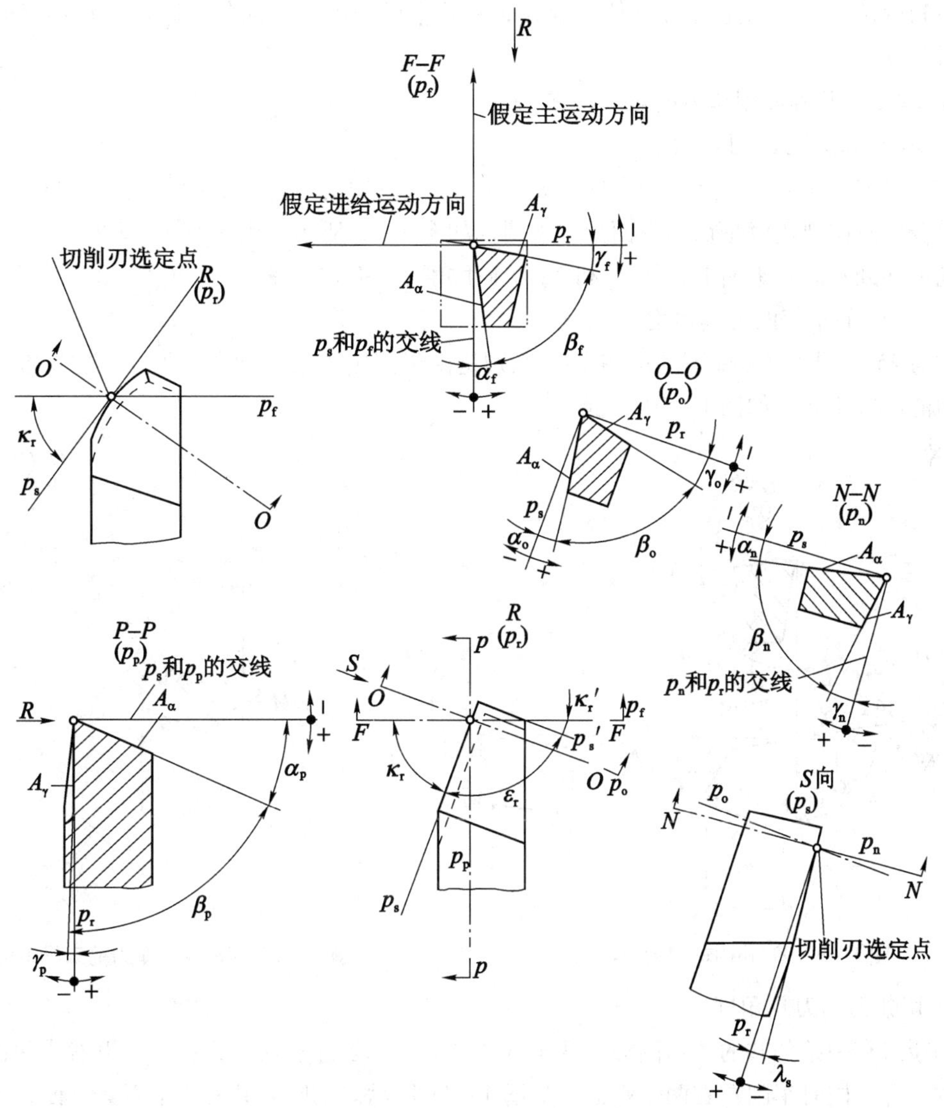

图 1－8　以车刀为例表示各基准坐标平面及几何角度的相互位置关系

由上可知，当外圆车刀主切削刃和副切削刃共处在一个平面时，若已知 γ_o、α_o、λ_s、κ_r、κ_r' 和 α_o' 以及刀尖的位置，则刀具前刀面、主后刀面、副后刀面和主、副切削刃在空间的位置也就完全确定了。

（4）法平面参考系中测量的角度。在法平面内测量的角度有法前角 γ_n、法后角 α_n 和法楔角 β_n。对于某些大刃倾角刀具，为表明刀齿强度，其常需要标注法平面参考系中的角度。当 $\lambda_s=0°$时，法平面与正交平面重合；当 $\lambda_s\neq0°$时，法平面与正交平面相夹 λ_s 角。

（5）在假定工作平面和背平面参考系中测量的角度。为了机械刃磨刀具或分析讨论问题的需要，我们常常要利用在假定工作平面和背平面中测量的角度。在假定工作平面中测量的前角和后角分别称侧前角 γ_f 和侧后角 α_f，在背平面中测量的前角和后角分别称背前角 γ_p 和背后角 α_p。

1.2.2.3　几种典型车刀的角度标注

1. 90°外圆车刀的刀具角度

该车刀刀具角度的特点在于主偏角 $\kappa_r=90°$，过主切削刃选定点的正交平面与假定工作平面重合，侧向视图就是切削平面投影视图，如图 1－9 所示。由于图 1－9 所示刀具的主、副切削刃共处在同一平面上，故 γ_o' 和 λ_s' 为派生角度，不必标注。

2. 45°端面车刀的刀具角度

它与 45°外圆车刀的画法基本相同，区别是由于假定进给运动方向不同，主切削刃和副切削刃的位置不同，如图 1－10 所示。

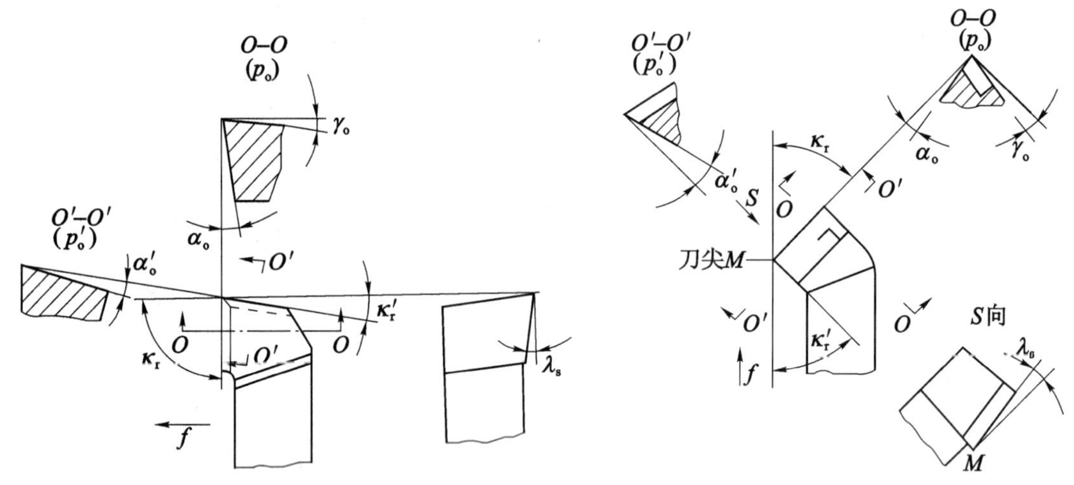

图 1－9　90°外圆车刀的刀具角度　　　图 1－10　45°端面车刀的刀具角度

3. 切断刀的刀具角度

切断刀有一条公共的主切削刃、两条副切削刃，以及左右两个刀尖，可以看成两把端面车刀的组合，同时车削左右两个端面，如图 1－11 所示。切断刀共有 4 个刀具表面，因主切削刃和副切削刃同处在一个前刀面上，故副前角 γ_o' 和副刃倾角 λ_s' 为派生角度。

当主偏角 $\kappa_r=90°$时，侧视图与正交平面剖视图重合。当主偏角 $\kappa_r\neq90°$时，左、右刀尖主偏角的关系为 $\kappa_{rL}=180°-\kappa_{rR}$。当刃倾角 $\lambda_s\neq0°$时，左、右刀尖刃倾角的关系为 $\lambda_{sL}=-\lambda_{sR}$。

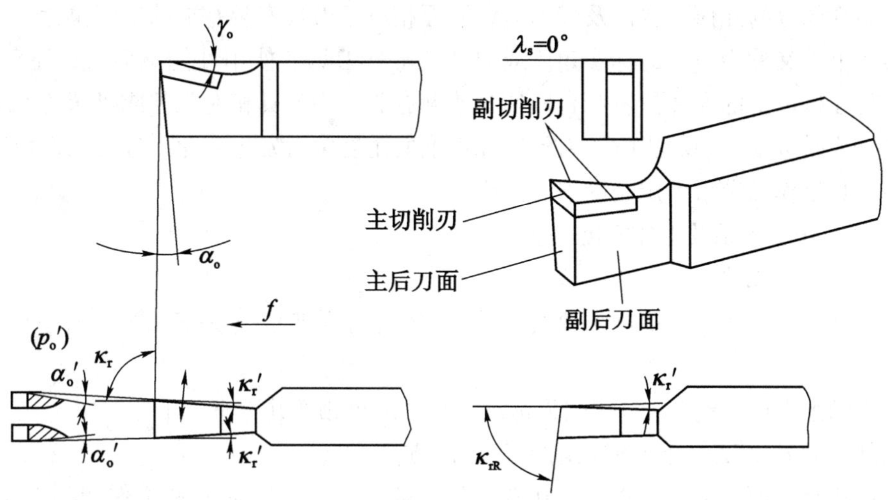

图 1－11 切断刀的刀具角度

切断刀的主切削刃较窄，为使排屑畅通，主切削刃大多平行于工件轴线（$\kappa_r=90°$，$\lambda_s\neq0°$），为保持刀尖强度，副偏角和副后角较小（1°～2°）。

4. 车孔刀的刀具角度

如图 1－12 所示为车孔刀的刀具角度，其切削部分的几何形状基本与外圆车刀相似。车不通孔或台阶孔时，切削部分的几何形状基本与偏刀相似，取主偏角等于或大于 90°。

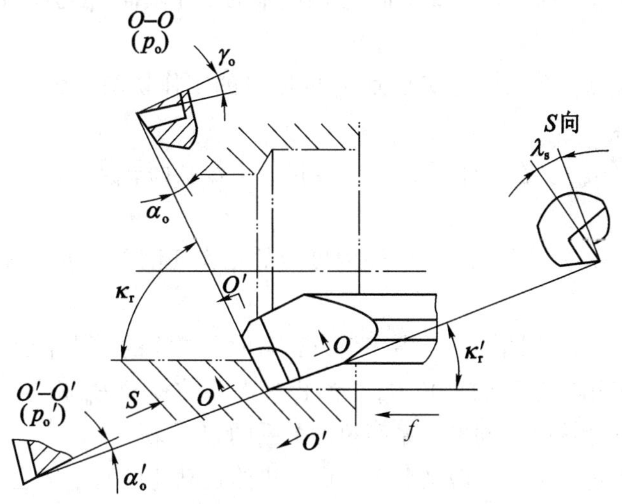

图 1－12 车孔刀的刀具角度

1.2.3 刀具的工作角度

以上讨论的刀具角度是刀具在静止参考系中定义的角度，其功用是在设计和制造时用以确定刀具切削部分的几何形状以及切削刃和刀面相对于刀具安装基准的空间位置，故在一些教材和参考书中又称为刀具的标注角度或刃磨角度。刀具的使用性能不但与标注角度有关，而且与刀具在机床上的安装位置和合成切削速度有关。当刀具相对工件或机床的安装位置发生变化时，或受进给运动的影响，刀具实际切削的角度常常发生变化，称为工作角度。工作角度是在刀具工作参考系中定义的刀具角度。

1. 刀具工作参考系及工作角度

（1）刀具工作参考系。

①工作基面（p_{re}）。过切削刃选定点并与合成切削速度 v_e 垂直的平面，称为工作基面 p_{re}。

②工作切削平面（p_{se}）。过切削刃选定点与切削刃相切并垂直于工作基面 p_{re} 的平面，称为工作切削平面 p_{se}，其包含合成切削速度 v_e 的方向。

③工作正交平面（p_{oe}）。过切削刃选定点并同时与工作基面 p_{re} 和工作切削平面 p_{se} 相垂直的平面，称为工作正交平面 p_{oe}。

④工作平面（p_{fe}）。过切削刃选定点并同时包含主运动速度 v_c 和进给运动速度 v_f 方向的平面，称为工作平面 p_{fe}。显然工作平面垂直于工作基面 p_{re}。

⑤工作法平面（p_{ne}）。工作法平面 p_{ne} 与法平面 p_n 的定义相似，均是指过切削刀选定点且垂直于切削刃的平面。

（2）刀具工作角度。

①工作前角（γ_{oe}）。在工作正交平面 p_{oe} 内度量的工作基面 p_{re} 与前刀面 A_γ 间的夹角，称为工作前角 γ_{oe}。

②工作后角（α_{oe}）。在工作正交平面 p_{oe} 内度量的工作切削平面 p_{se} 与后刀面 A_α 间的夹角，称为工作后角 α_{oe}。

③工作侧前角（γ_{fe}）。在工作平面 p_{fe} 内度量的工作基面 p_{re} 与前刀面 A_γ 间的夹角，称为工作侧前角 γ_{fe}。

④工作侧后角（α_{fe}）。在工作平面 p_{fe} 内度量的工作切削平面 p_{se} 与后刀面 A_α 间的夹角，称为工作侧后角 α_{fe}。

需特别指出，由于在不同参考系中切削刃和刀面是一样的，法平面相对切削刃的位置是固定不变的，因此工作参考系法楔角 β_{ne} 与静止参考系法楔角 β_n 相等，它是机夹可转位刀具、齿轮刀具等设计计算中不同参考系间角度关系的“桥梁”。

在实际切削加工过程中，一般情况下，由于进给运动速度远小于主运动线速度，刀具的工作角度近似等于标注角度，所以不必计算工作角度。但是在车螺纹、车丝杠、车凸轮或刀具位置装高、装低、左右倾斜等情况下，必须计算工作角度。由于影响刀具工作角度的因素较多，将其综合在一起进行分析相当繁杂，为便于初学者掌握，下面仅就单因素对工作角度的影响进行分析讨论。

2. 进给运动对刀具工作角度的影响

（1）横车外圆对工作角度的影响。以 $\kappa_r = 90°$ 的切断刀为例，如图 1－13 所示，由于受进给运动速度 v_f 的影响，工作基面 p_{re} 和工作切削平面 p_{se} 相对 p_r 和 p_s 相应地转动了一个 μ 角，引起刀具工作角度发生了变化，它与标注角度的关系为

$$\left.\begin{aligned} \gamma_{oe} &= \gamma_o + \mu \\ \alpha_{oe} &= \alpha_o - \mu \\ \tan\mu &= \frac{v_f}{v_c} = \frac{f}{\pi d} \end{aligned}\right\} \tag{1-8}$$

式中：d——切削刃选定点的回转直径，mm。

由式（1－8）可知，横车时切削刃选定点越接近工件回转中心，即 d 值越小时，μ 值越大，工作后角 α_{oe} 越小，甚至为负值，从而使刀具后刀面与过渡表面间产生剧烈摩擦，甚至出现抗刀现象而使切削无法进行。切削刃为平行于工件轴线的切断刀，切断时最后实际是挤断，在工件上留下尾巴，甚至还会产生打刀现象，就是由 α_{oe} 为负值所造成的。因此，将切断刀主切削刃制成倾斜时，情况会有所改善。在铲削加工中，由于进给量较大，μ 可达 12°～15°，故铲齿车刀（铲刀）的后角较大，可达 20°。

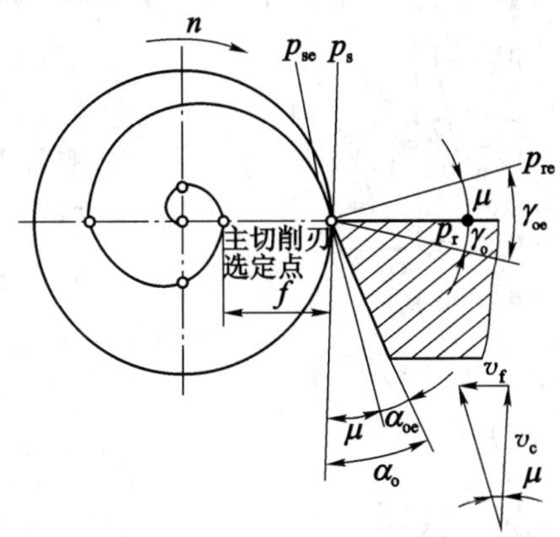

图 1－13　横车外圆对工作角度的影响

（2）纵车外圆对工作角度的影响。纵车外圆时，由于进给量不大，μ 很小（一般为 30′～40′），工作角度和标注角度的差别不大。但车削螺纹时，特别是车削多线螺纹时，其工作角度和标注角度会有很大差别，必须进行工作角度的计算。

如图 1－14 所示为纵车削梯形螺纹时，工作平面内的工作角度与刀具静止参考系中的标注角度之间的关系。对螺纹车刀左刃 A 点和右刃 B 点在工作平面内的工作侧前角和工作侧后角的变化情况讨论如下。

①标注角度。为便于分析，螺纹车刀取零度前角，即 $\gamma_{fL} = \gamma_{fR} = 0°$；左、右刃主后刀面形状对称，即 $\alpha_{fL} = \alpha_{fR} = \alpha_f$。

②工作角度。由图 1－14 可知，工作平面内的工作侧前角和工作侧后角为

$$
\left.\begin{aligned}
\gamma_{feL} &= \mu & \alpha_{feL} &= \alpha_f - \mu \\
\gamma_{feR} &= -\mu & \alpha_{feR} &= \alpha_f + \mu
\end{aligned}\right\}
$$

$$
\tan\mu = \frac{p}{\pi d} \tag{1-9}
$$

式中：p——螺纹导程，mm；

d——螺纹外径，mm。

由式（1-9）可知，当螺纹车刀左、右刃的刀具角度磨成如图 1-14（b）所示的对称形状时，左、右刃的工作侧前角和工作侧后角不相等，特别在 μ 值较大时，左刃工作侧后角变得很小，右刃工作侧前角负值很大，左、右刃切削条件不同，影响螺纹两侧面加工质量的均一性。当刀具刃形能满足螺纹的加工精度要求时，为了适应工作角度的变化，使左、右刃的切削条件一致，可把刀具切削部分预先刃磨成不对称形状［见图 1-14（c）］。

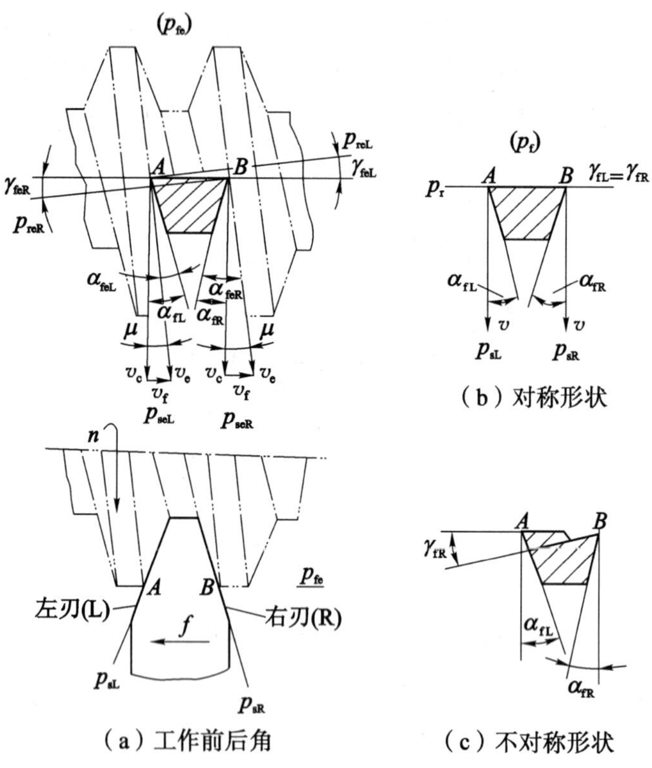

（a）工作前后角　　（b）对称形状　　（c）不对称形状

图 1-14　纵车螺纹时的工作角度

以上讨论的是车削右螺纹时的情况，车削左螺纹时应与上述情况相反。

（3）刀尖安装高低对工作角度的影响。图 1-15 为车外圆时，刀尖安装位置高低对工作角度的影响情况，由图可知，当刀尖高时［见图 1-15（a）］，有

$$
\left.\begin{aligned}
\gamma_{pe} &= \gamma_p + \theta_p \\
\alpha_{pe} &= \alpha_p - \theta_p
\end{aligned}\right\} \tag{1-10}
$$

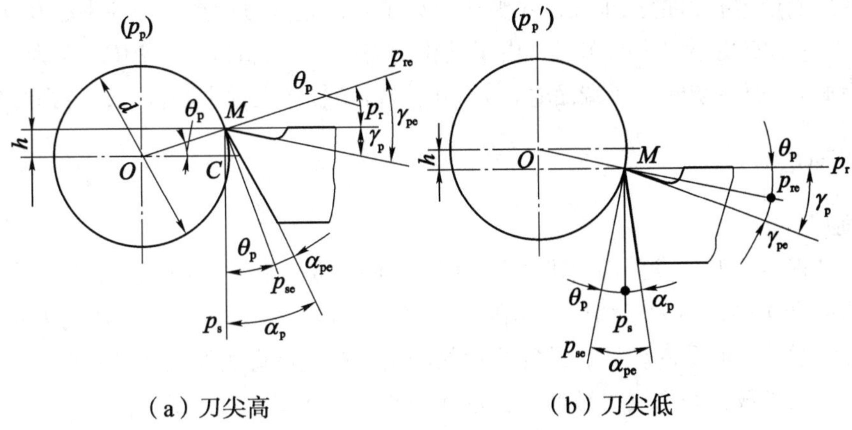

（a）刀尖高　　（b）刀尖低

图 1－15　车外圆刀背平面中刀尖安装位置高低对工作角度的影响

当刀尖低时［见图 1－15（b）］，有

$$\left.\begin{aligned}\gamma_{pe} &= \gamma_p - \theta_p \\ \alpha_{pe} &= \alpha_p + \theta_p \\ \sin\theta_p &= \frac{h}{2d}\end{aligned}\right\} \tag{1-11}$$

式中：h——刀尖低于工件中心的距离，mm；

d——刀尖处工件的直径，mm。

车内孔时，当车刀刀尖安装位置高于工件中心时［见图 1－16（a）］，工作背前角 γ_{pe} 比背前角 γ_p 减小 θ_p，工作背后角 α_{pe} 比背后角 α_p 增大 θ_p。当车刀刀尖安装位置低于工件中心时［见图 1－16（b）］，工作背前角和工作背后角的变化与上述情况相反。

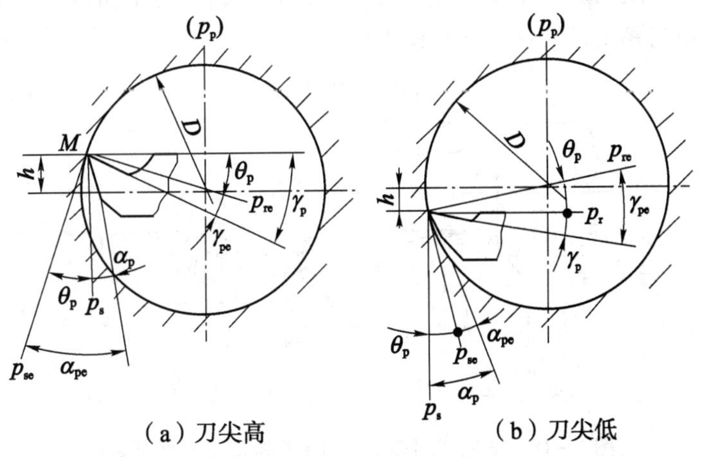

（a）刀尖高　　（b）刀尖低

图 1－16　车孔刀背平面中刀尖安装位置高低对工作角度的影响

实际生产中，一般允许车刀装高或装低 0.01d（d 为工件直径）。为使切削顺利，避免车刀因刚度差而产生扎刀把孔车大，对整体单刃车刀，允许刀尖高于工件中心 0.01D（D 为孔径）。对刀杆上安装小刀头的车刀，由于结构的需要，一般取 $h=1/20D$（h 为刀尖高于工件中心的距离）。而在切断、车端面时，刀尖应严格安装在工件中心位置，否则容易打刀。

1.2.4 切削层

1. 切削层参数

在切削过程中，刀具或工件沿进给运动方向每移动一个 f（车削）或 f_Z（多齿刀具切削）所切除的金属层，称为切削层。车削时，当工件转一转时，车刀主切削刃由过渡表面Ⅰ的位置移到过渡表面Ⅱ的位置，其间所切除的工件材料层即为车削时的切削层。切削层的尺寸称为切削层参数，切削层参数通常在基面内测量，如图 1－17 所示。

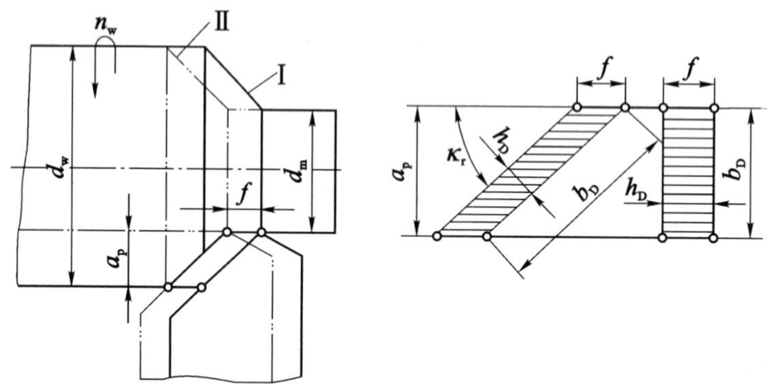

图 1－17　纵车外圆切削层参数

（1）切削厚度（h_D）。切削厚度是指在垂直于切削刃方向度量的切削层截面的尺寸。主切削刃为直线时，各点的切削厚度相等（见图 1－17），并可近似按式（1－12）计算。曲线切削刃上各点的切削厚度是变化的（见图 1－18）。

$$h_D = f\sin\kappa_r \tag{1-12}$$

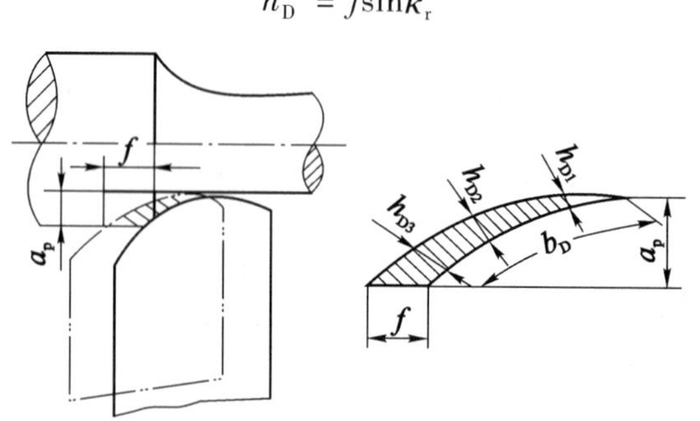

图 1－18　曲线切削刃工作时的切削厚度与切削宽度

（2）切削宽度（b_D）。切削宽度是指沿切削刃方向度量的切削层截面的尺寸，它反映了主切削刃参与切削工作的长度。直线刃的切削宽度有以下近似关系：

$$b_D = \frac{a_p}{\sin\kappa_r} \tag{1-13}$$

（3）切削面积（A_D）。切削面积是指切削层的横截面积。车削时切削面积可按式（1－14）计算：

$$A_D = a_p f = b_D h_D \tag{1-14}$$

2. 正切屑和倒切屑

上述切削层横截面中，b_D 和 h_D 与 a_p 和 f 的关系属于 $f\sin\kappa_r < a_p/\sin\kappa_r$ 的情况，在这种情况下切下来的切屑称为正切屑。生产中多为此种情况，即主切削刃担负主要切削工作。当采用大进给切削时，常出现 $f\sin\kappa_r > a_p/\sin\kappa_r$ 的情况，在这种情况下切下的切屑称为倒切屑。这时，主要切削负荷已由主切削刃转移到副切削刃上，副前角 γ_o' 成为刀具的主要角度，而前角 γ_o 下降为次要地位。

3. 材料切除率 Q

材料切除率是指在特定瞬间、单位时间里被刀具切除的工件材料体积。它相当于切削层横截面积以 v_c 值沿切削速度方向运动一个单位时间所包含的空间体积（单位：mm^3），它是反映切削效率高低的一个指标。其计算公式如下：

$$Q = 1\,000 v_c a_p f \tag{1-15}$$

1.3 金属切削过程的基本理论及规律

1.3.1 切削过程中的变形

实验研究表明，金属切削过程实质上是被切削金属层在刀具偏挤压作用下产生剪切滑移的塑性变形过程。虽然切削过程中必然产生弹性变形，但是其变形量与塑性变形相比可忽略不计。在研究切屑形成的机理时都以直角自由切削为基础。“直角自由切削”的含义是：①只有一条直线切削刃参加切削；②切削刃与合成切削速度 v_e 垂直。这样被切削金属层只发生平面变形而无侧向移动，因此问题比较简单。

为了研究方便，通常把切削过程的塑性变形划分为3个变形区，如图1－19所示。

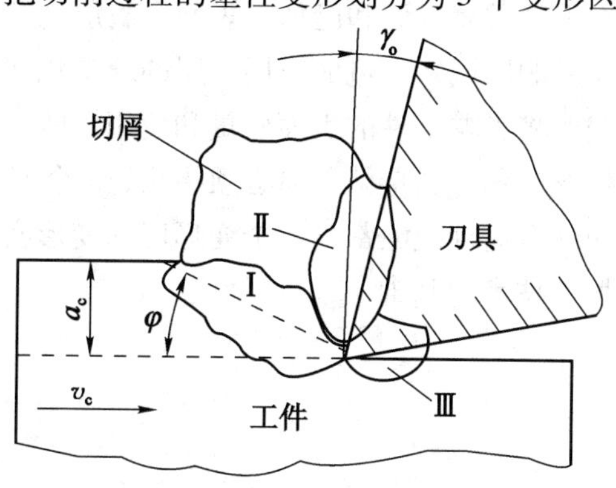

图1－19 3个变形区的划分

1. 第Ⅰ变形区的剪切滑移变形

被切削金属层在刀具前刀面的挤压力作用下，首先产生弹性变形，当最大切应力达到材料的屈服极限时，即沿图1-20中的*OA*曲线发生剪切滑移。随着刀具前刀面的逐渐趋近，塑性变形逐渐增大，并伴随变形强化，直至*OM*曲线滑移终止，被切削金属层与母体脱离成为切屑沿前刀面流出。曲线*OAMO*所包围的区域是剪切滑移区，又称第Ⅰ变形区，它是金属切削过程中主要的变形区，消耗大部分功率并产生大量的切削热。实际上曲线*OA*与曲线*OM*间的宽度很窄，为0.02~0.2 mm，且切削速度越高，宽度越窄。为使问题简化，设想用一个平面*OM*代替剪切滑移区，平面*OM*称为剪切平面。剪切平面与切削速度之间的夹角称为剪切角，以φ表示。

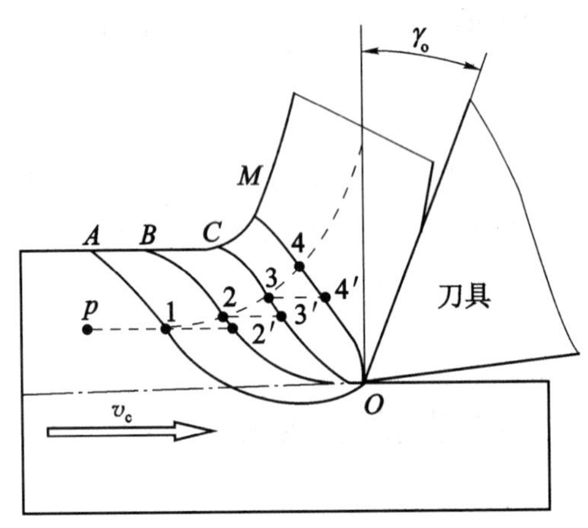

图1-20　第Ⅰ变形区金属的剪切滑移

2. 第Ⅱ变形区的挤压摩擦和变形

经第Ⅰ变形区剪切滑移而形成的切屑，在沿前刀面流出过程中，靠近前刀面处的金属受到前刀面的挤压而产生剧烈摩擦，再次产生剪切变形，使切屑底层薄薄的一层金属流动滞缓。这一层滞缓流动的金属层称为滞流层。滞流层的变形程度比切屑上层大几倍到几十倍。

3. 第Ⅲ变形区的变形

第Ⅲ变形区的变形是指工件过渡表面和已加工表面金属层受到切削刃钝圆部分和后刀面的挤压、摩擦而产生塑性变形的区域，它造成表层金属的纤维化和加工硬化，并产生一定的残余应力。第Ⅲ变形区的变形将影响工件的表面质量和使用性能。

以上分别讨论了3个变形区各自的特征。但必须指出，3个变形区是互相联系而又互相影响的。金属切削过程中的许多物理现象都与3个变形区的变形密切相关。研究切削过程中的变形，是掌握金属切削加工技术的基础。

1.3.2　积屑瘤与鳞刺

1. 积屑瘤

（1）积屑瘤及其特征。切削塑性金属材料时，常在切削刃口附近黏结一个硬度很高

（通常为工件材料硬度的2～3.5倍）的楔状金属块，它包围着切削刃且覆盖部分前刀面，这种楔状金属块称为积屑瘤，如图1－21所示。一方面，积屑瘤能代替刀尖担负实际切削工作，故而可减轻刀具磨损。同时积屑瘤使实际前角增大（可达35°），刀和屑的接触面积减小，从而使切屑变形和切削力减小。另一方面，积屑瘤顶部和被切削金属界限不清，不断发生着积屑瘤长大和破裂脱离的过程。脱落的碎片会损伤刀具表面，或嵌入已加工表面造成刀具磨损及已加工表面的表面粗糙度值增大。积屑瘤的不稳定常会引起切削过程的不稳定（切削力变动）。同时，积屑瘤还会形成"切削刃"的不规则和不光滑，使已加工表面非常粗糙，尺寸精度降低。因此，精加工时必须设法抑制积屑瘤的形成。

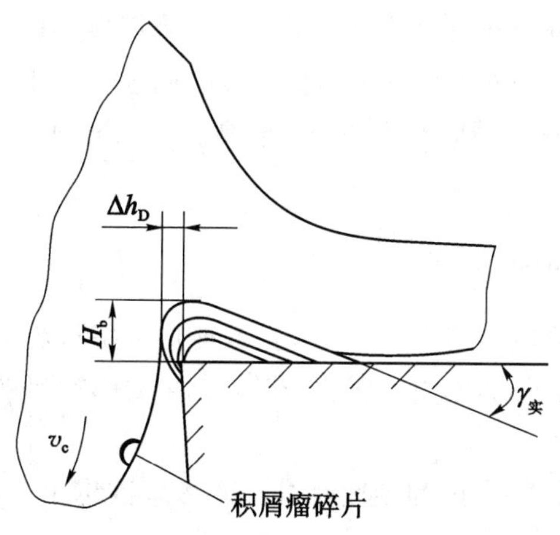

图1－21　积屑瘤

（2）积屑瘤的成因及其抑制措施。积屑瘤的形成与刀具前刀面上的摩擦有着密切关系。一般认为，最基本的原因是高压和一定的切削温度，以及刀和屑界面在新鲜金属接触的情况下有原子间的亲和力作用，产生切屑底层的黏结和堆积。

影响积屑瘤的因素很多，主要有工件材料、切削速度、进给量、前角、刀具表面质量、切削液以及刀具材料等切削条件。

①工件材料。工件材料塑性高、强度低时，切屑与前刀面摩擦大，切屑变形大，容易黏刀而产生积屑瘤，而且产生的积屑瘤尺寸也较大。切削脆性金属材料时，切屑呈崩碎状，刀和屑接触长度较短，摩擦较小，切削温度较低，一般不易产生积屑瘤。

②切削速度。实验研究表明，切削速度是通过切削温度对前刀面的最大摩擦系数和工件材料性质的影响而影响积屑瘤的。控制切削速度使切削温度控制在300 ℃以下或500 ℃以上，就可以减少积屑瘤的生成，因此具体加工中采用低速或高速切削是抑制积屑瘤产生的基本措施。

③进给量。进给量增大，则切削厚度增大，刀、屑的接触长度加长，从而形成积屑瘤的生成基础。若适当降低进给量，则可削弱积屑瘤的生成基础。

④前角。若增大刀具前角，切屑变形减小，则切削力减小，从而使前刀面上的摩擦减

小，减小了积屑瘤的生成基础。实践证明，前角增大到35°时，一般不产生积屑瘤。

⑤切削液。采用润滑性能良好的切削液可以减少或消除积屑瘤的产生。

2. 鳞刺

鳞刺是已加工表面上出现的鳞片状反刺，如图 1－22（a）所示。它是以较低的速度切削塑性金属（如拉削、插齿、滚齿、螺纹切削等）时常出现的一种现象，它使已加工表面质量恶化，表面粗糙度增大 2～4 级。

鳞刺产生的原因是部分金属材料的黏结层积使即将切离的切屑根部发生导裂，在已加工表面层留下金属被撕裂的痕迹［见图 1－22（b）］。与积屑瘤相比，鳞刺产生的频率较高。避免鳞刺产生的措施与积屑瘤类似。

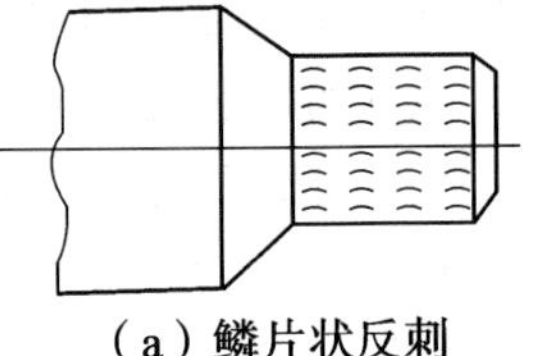

（a）鳞片状反刺

（b）加工痕迹

图 1－22　鳞刺现象

1.3.3　影响切削变形的因素

切削变形的大小主要取决于第Ⅰ变形区及第Ⅱ变形区挤压及摩擦的情况。凡是影响这两个变形区变形和摩擦的因素都会影响切屑的变形。其主要影响因素及规律如下。

1. 工件材料

实验结果表明，工件材料强度和硬度越高，变形系数越小；而塑性大的金属材料变形大，塑性小的金属材料变形小。

2. 刀具前角

前角越大，变形系数越小。这是因为增大前角可使剪切角增大，从而使切屑变形减小。

3. 切削速度

切削速度 v_c 与切削变形系数 ξ 的实验曲线如图 1－23 所示。

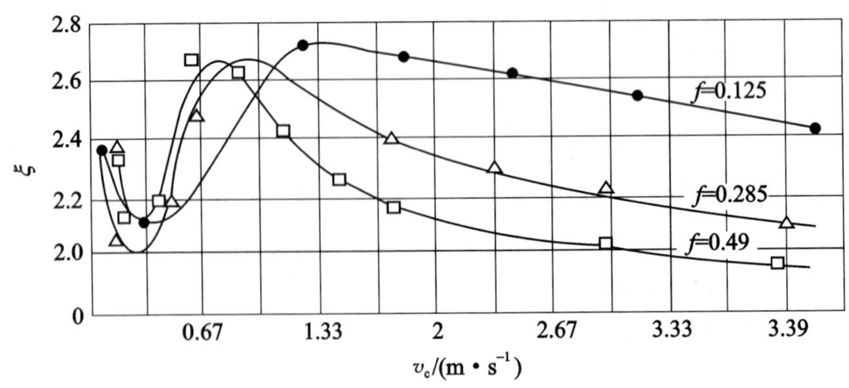

图 1－23　切削速度 v_c 与切削变形系数 ξ 的实验曲线

工件材料：30 钢；背吃刀量：a_p =4 mm

中低速切削 30 钢时，首先切削变形系数 ξ 随切削速度的增大而减小，它对应于积屑瘤的成长阶段，由于实际前角的增大而使 ξ 减小。其次，随着切削速度的增大，ξ 又逐渐增大，它对应于积屑瘤减小和消失的阶段。最后，在高速范围内，ξ 又随着切削速度的继续增大而减小。这是因为切削温度随 v_c 的增大而升高，使切屑底层金属软化，剪切强度下降，降低了刀和屑之间的摩擦系数，从而使变形系数减小。此外，当切削速度 v_c 很高时，切削层有可能未充分滑移变形就成为切屑流出，这也是变形系数减小的原因之一。

4. 切削厚度

由图 1－23 可知，当进给量增加（切削厚度增加）时，切削变形系数减小。

1.3.4　切削力

在切削过程中，为切除工件毛坯的多余金属使之成为切屑，刀具必须克服金属的各种变形抗力和摩擦阻力。这些分别作用于刀具和工件上的大小相等、方向相反的力的总和称为切削力。

1. 切削力的来源及分解

切削力的来源：3 个变形区内产生的弹性变形抗力和塑性变形抗力；切屑、工件与刀具间的摩擦力。如图 1－24 所示，作用在前刀面上的弹塑性变形抗力 $F_{n\gamma}$ 和摩擦力 $F_{f\gamma}$，作用在后刀面上的弹塑性变形抗力 $F_{n\alpha}$ 和摩擦力 $F_{f\alpha}$，它们的合力 F_r 作用在前刀面上近切削刃处，其反作用力 F_r' 作用在工件上。

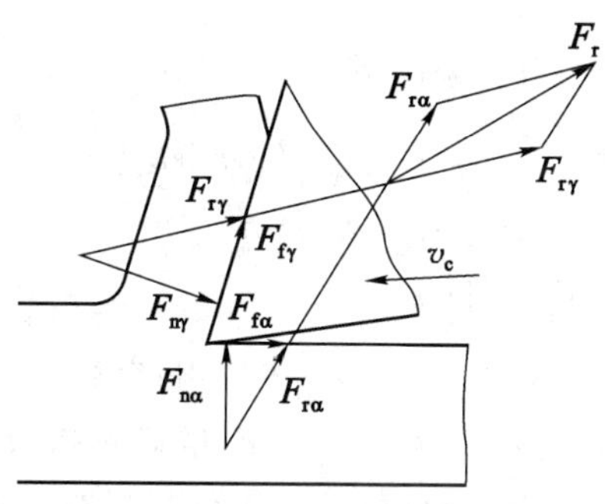

图 1－24　作用在刀具上的力

为便于分析切削力的作用和测量，通常将切削力分解成如图 1－25 所示的 3 个互相垂直的分力。

（1）主切削力 F_c。主切削力 F_c 垂直于基面，与切削速度方向一致（Y 方向），功率消耗最大，是计算刀具强度、机床切削功率的主要依据。

（2）背向力 F_p。背向力 F_p 是切削力在 X 方向的分力，是验算工艺系统刚度的主要依据。

（3）进给抗力 F_f。进给抗力 F_f 是切削力在 Z 方向的分力，是机床进给机构强度和刚度设计、校验的主要依据。各分力 F_c、F_p、F_f 与合力 F_r 的关系为

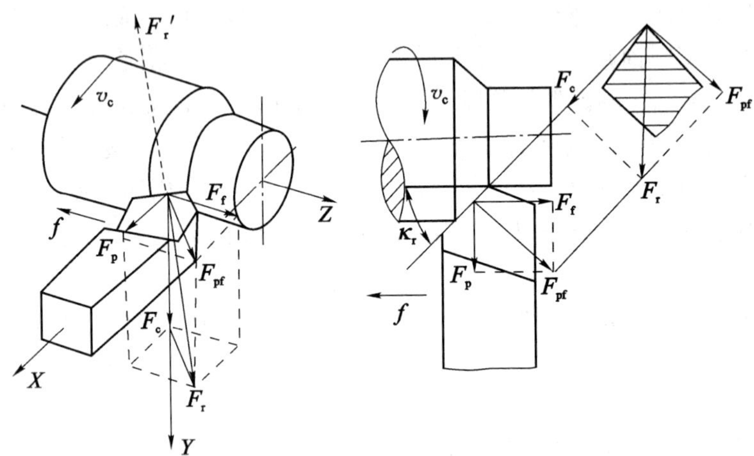

图 1－25　车外圆削时切削合力与分力

$$F_r = \sqrt{F_c^2 + F_p^2 + F_f^2} \tag{1-16}$$

$$F_p = F_{pf}\cos\kappa_r \tag{1-17}$$

$$F_f = F_{pf}\sin\kappa_r \tag{1-18}$$

式中：F_{pf}——切削力在基面的投影，是 F_p 和 F_f 的合力。

2. 切削力的经验公式

（1）指数公式。

$$\left.\begin{aligned} F_c &= C_{F_c} a_p^{x_{F_c}} f^{y_{F_c}} v_c^{n_{F_c}} K_{F_c} \\ F_p &= C_{F_p} a_p^{x_{F_p}} f^{y_{F_p}} v_c^{n_{F_p}} K_{F_p} \\ F_f &= C_{F_f} a_p^{x_{F_f}} f^{y_{F_f}} v_c^{n_{F_f}} K_{F_f} \end{aligned}\right\} \tag{1-19}$$

式中：x_{F_c}、x_{F_p}、x_{F_f}——背吃刀量 a_p 对 F_c、F_p、F_f 的影响指数；

y_{F_c}、y_{F_p}、y_{F_f}——进给量 f 对 F_c、F_p、F_f 的影响指数；

n_{F_c}、n_{F_p}、n_{F_f}——切削速度 v_c 对 F_c、F_p、F_f 的影响指数；

C_{F_c}、C_{F_p}、C_{F_f}——在一定切削条件下，与工件材料有关的系数；

K_{F_c}、K_{F_p}、K_{F_f}——实际切削条件与实验条件不同时的修正系数。

（2）用单位切削力计算切削力的公式。单位切削力 p 是指单位切削面积上的主切削力（单位：N/mm^2），可从《切削用量手册》中查到。

$$p = \frac{F_c}{A_D} = \frac{F_c}{a_p f} \tag{1-20}$$

$$F_c = p a_p f K_{fp} K_{v_c F_c} K_{F_c} \tag{1-21}$$

式中：K_{fp}——进给量不同时对单位切削力的修正系数；

$K_{v_c F_c}$——切削速度改变时对主切削力的修正系数；

K_{F_c}——刀具几何角度不同时对主切削力的修正系数。

式（1－21）中的各项系数可从《切削用量手册》中查到。

3. 切削功率

切削过程中3个分力消耗的功率之和，通常用主切削力 F_c 消耗的功率 P_c（单位：kW）来表示，即

$$P_c = \frac{F_c v_c \times 10^{-3}}{60} \tag{1-22}$$

机床电动机功率消耗 P_E 为

$$P_E \geqslant \frac{P_c}{\eta} \tag{1-23}$$

式中：η——机床传动效率，一般取0.75～0.85。

4. 影响切削力的主要因素

（1）工件材料的影响。工件材料的强度、硬度越高，剪切屈服强度越高，切削力就越大。强度、硬度相近的材料，塑性、韧性越大，则切削力越大。

（2）切削用量的影响。

①背吃刀量和进给量。a_p 加大一倍，切削力增大一倍；f 加大一倍，切削力增大68%～86%。

②切削速度。切削塑性材料时，切削速度对切削力的影响如图1－26所示，中低速切削时，随着积屑瘤的成长，刀具实际前角增大，切削力减小；随着切削速度的提高，积屑瘤消退，刀具实际前角减小，切削力增大；高速切削时，由于切削温度上升及切削变形的减小，切削力下降。

切削脆性材料时，切削速度对切削力的影响不大。

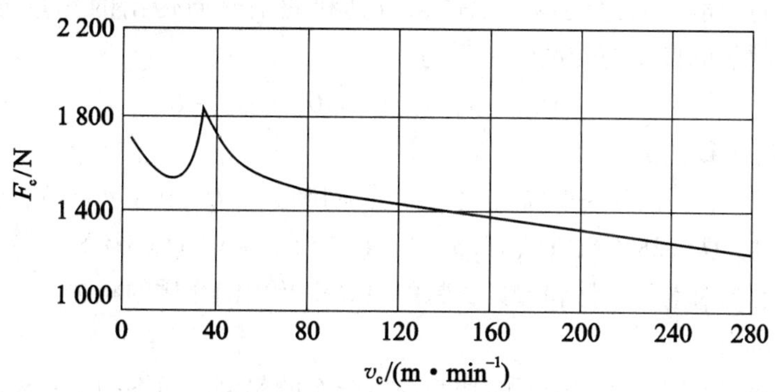

图1－26 切削速度对切削力的影响

（3）刀具几何角度的影响。前角 γ_o 增大，变形减小，切削力减小；主偏角 κ_r 增大，F_p 减小，F_f 增大；刃倾角 λ_s 减小，F_p 增大，F_f 减小，对主切削力 F_c 的影响不显著。

（4）刀具磨损的影响。后刀面磨损形成零后角，且刀刃变钝，后刀面与已加工表面间的挤压和摩擦加剧，使切削力增大。

（5）切削液的影响。润滑作用为主的切削油可减小刀具与工件之间的摩擦，降低切削力。

1.3.5 切削热与切削温度

1. 切削热的产生与传散

(1) 切削热的产生。切削层金属的弹塑性变形和刀具与切屑、工件之间的摩擦所消耗的功，均可转变为切削热。

如图 1－27 所示，切削过程中产生的总切削热 Q 为

$$Q = Q_p + Q_{\gamma f} + Q_{\alpha f} \tag{1-24}$$

式中：Q_p——剪切区金属变形功转变的热；

$Q_{\gamma f}$——切屑与前刀面的摩擦功转变的热；

$Q_{\alpha f}$——已加工表面与后刀面的摩擦功转变的热。

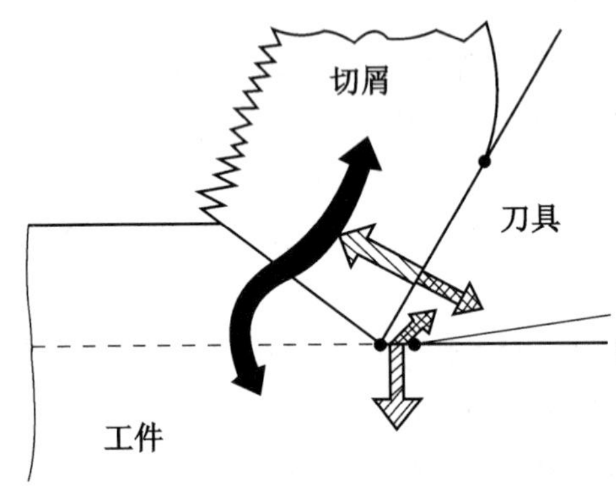

图 1－27 切削热的产生与传散

(2) 切削热的传散。通过切屑、工件、刀具和周围介质传出的热量分别用 Q_{ch}、Q_w、Q_c、Q_f 表示。切削热的产生与传散的关系为

$$Q_p + Q_{\gamma f} + Q_{\alpha f} = Q_{ch} + Q_w + Q_c + Q_f \tag{1-25}$$

切削热传散的大致比例为

①车削加工时，Q_{ch}(50% ~86%)，Q_c(40% ~10%)，Q_w(9% ~3%)，Q_f(1%)。

②钻削加工时，Q_{ch}(28%)，Q_c(14.5%)，Q_w(52.5%)，Q_f(5%)。

影响传热的主要因素是工件和刀具材料的热导率及周围介质的状况。

2. 切削温度的分布

如图 1－28 所示为切削塑性金属时切削温度分布的实例。由图中的等温曲线和温度分布曲线可知：

①刀屑界面温度比切屑的平均温度高得多，一般高 2 ~2.5 倍，且最高温度在前刀面上离刀刃一定距离的地方，而不在切削刃上。

②沿剪切平面各点温度几乎相同，由此可以推想剪切平面上各点的应力应变规律基本上相差不大。

③切屑沿前刀面流出时，在垂直前刀面方向上温度变化较大，说明切屑在沿前刀面流出

时被摩擦加热。

④后刀面上温度分布也与前刀面类似，即最高温度在刚离开切削刃的地方，但较前刀面上最高温度低。

⑤工件材料的热导率越低（如钛合金比碳钢热导率低），刀具前、后刀面的温度越高。

⑥工件材料的塑性越低，脆性越大，则前刀面上最高温度处越靠近切削刃，同时沿切屑流出方向的温度变化越大。切削脆性材料时最高温度在靠近刀刃的后刀面上。

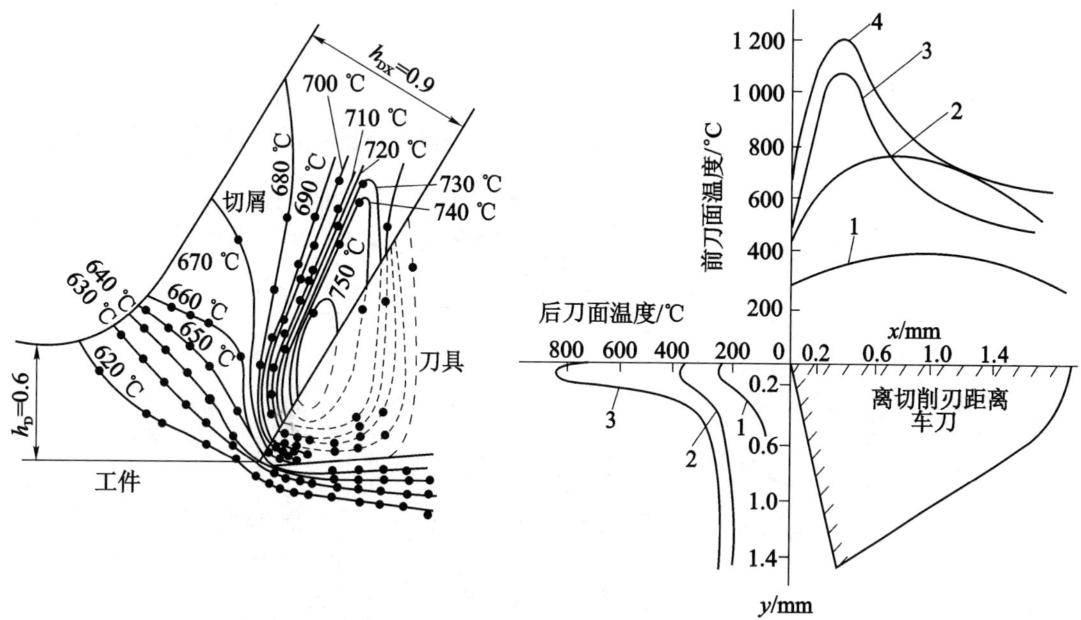

（a）直角自由切削正交平面内的温度场

（b）切削不同材料时刀面上的温度分布

图 1－28 切削温度的分布

（a）：工件材料：低碳易切钢；$\gamma_o = 30°$；$\alpha_o = 7°$；$v_c = 0.38$ m/s；

（b）：$v_c = 0.5$ m/s；$f = 0.2$ mm/r；

工件和刀具材料：1—45 钢，YT15；2—GCr15，YT14；3—钛合金 BT_2，YG8；4—BT_2，YT15

切削温度通常是指切屑和刀具前刀面接触区的平均温度。其不但测量简单，而且与刀具磨损、积屑瘤的产生与消失，以及已加工表面质量有密切关系。因此，了解和运用切削温度的变化规律是很有实用意义的。

3. 影响切削温度的因素和变化规律

（1）切削用量对切削温度的影响。切削速度对切削温度的影响最明显，速度提高，温度明显上升；进给量对切削温度的影响次之，进给量增大，切削温度上升；背吃刀量对切削温度的影响很小，背吃刀量增大，温度上升不明显。

（2）刀具几何参数对切削温度的影响。前角增大，切削变形减小，产生的切削热少，切削温度降低，但前角太大，刀具散热体积变小，温度反而上升；主偏角增大，切削刃工作长度缩短，刀尖角减小，散热条件变差，切削温度上升。

（3）工件材料对切削温度的影响。工件材料强度和硬度越高，切削时消耗的功率越大，切削温度越高。导热系数大，散热好，切削温度低。

（4）刀具磨损对切削温度的影响。刀具磨钝，挤压、摩擦加剧，切削温度升高。

（5）切削液对切削温度的影响。切削液能降低切削区的温度，改善切削过程中的摩擦状况，提高刀具耐用度。

1.3.6 刀具磨损和耐用度

1. 刀具磨损形式

刀具磨损形式有正常磨损和非正常磨损两大类。刀具正常磨损形式如图 1－29 所示。

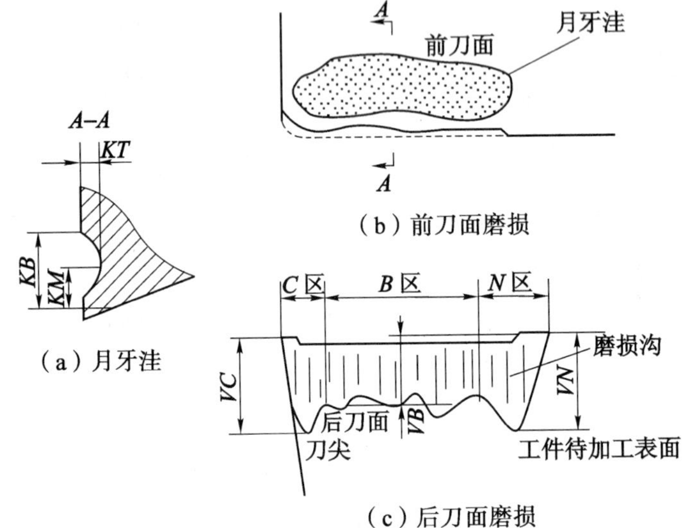

图 1－29　刀具正常磨损形式

（1）前刀面磨损。在切削速度较高、切削厚度较大的情况下，切削高熔点塑性金属材料时，易产生前刀面磨损。磨损量用月牙洼的深度 *KT* 表示［见图 1－29（a）］。

（2）后刀面磨损。在切削速度较低、切削厚度较小的情况下，会产生后刀面磨损，如图 1－29（c）所示，刀尖和靠近工件外皮两处的磨损严重，中间部分磨损比较均匀。

（3）前刀面和主后刀面同时磨损。在中等切削速度和进给量的情况下，切削塑性金属材料时，经常发生前、后刀面同时磨损。

2. 刀具磨损过程与磨钝标准

（1）刀具磨损过程。如图 1－30 所示，刀具磨损过程可分为 3 个阶段。

①初期磨损阶段（*OA*）。因表面粗糙不平，主后刀面与过渡表面接触面积小，压应力集中于刃口，导致磨损速率大。

②正常磨损阶段（*AB*）。粗糙表面磨平，压应力减小。

③急剧磨损阶段（BC）。后刀面磨损量 VB 达到一定限度后，摩擦力增大，切削力和切削温度急剧上升，导致刀具迅速磨损而失去切削能力。

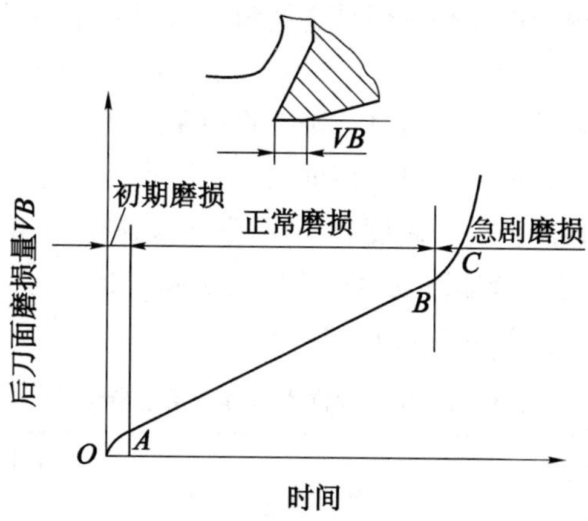

图 1－30　刀具磨损的典型曲线

（2）刀具磨钝标准。将根据加工要求规定的主后刀面中间部分的平均磨损量 VB 允许达到的最大值作为刀具磨钝标准。一般情况下，刀具磨钝标准的推荐值见表 1－1。

表 1－1　刀具磨钝标准的推荐值

刀具类型	工件材料	加工性质	磨钝标准 VB/mm	
			高速钢	硬质合金
外圆车刀、端面车刀、镗刀	碳钢、合金钢	粗车	1.5～2.0	1.0～1.4
		精车	1.0	0.4～0.6
	灰铁、可锻铸铁	粗车	2.0～3.0	0.8～1.0
		半精车	1.5～2.0	0.6～0.8
	耐热钢、不锈钢	粗、精车	1.0	1.0
	钛合金	粗、半精车	—	0.4～0.5
	淬硬钢	精车	—	0.8～1.0
陶瓷车刀	—		0.5	

3. 刀具耐用度

（1）刀具耐用度的概念。刀具从刃磨后开始切削，一直到磨损量达到磨钝标准为止所经过的总切削时间 T，称为刀具的耐用度，单位为 min。注意：刀具耐用度 T 不包括对刀、测量、快进、回程等非切削时间。

（2）影响刀具耐用度的因素。

①切削用量。切削用量三要素对刀具耐用度的影响程度：v_c 最大，f 次之，a_p 最小。

②刀具几何参数。前角 γ_o 增大，切削力降低和切削温度降低，刀具耐用度提高；但前角太大，刀具强度降低，散热变差，刀具耐用度反而降低了。主偏角 κ_r 减小，刀尖强度提高，散热条件改善，刀具耐用度提高；但是主偏角 κ_r 太小，背向力 F_p 增大，当工艺系统刚性较差时，易引起振动。

③刀具材料。刀具材料的红硬性越高，则刀具耐用度就越高。但是，在有冲击切削、重型切削和难加工材料切削时，影响刀具耐用度的主要因素为冲击韧性和抗弯强度。

④工件材料。工件材料的强度、硬度越高，产生的切削温度越高，刀具耐用度越低。

（3）刀具耐用度的确定。合理刀具耐用度的确定原则是提高生产效率和降低加工成本。

生产中常用刀具耐用度参考值见表 1－2。

表 1－2　生产中常用刀具耐用度参考值

刀 具 类 型	刀具耐用度 T/min
高速钢车刀	60～90
高速钢钻头	80～120
硬质合金焊接车刀	60
硬质合金可转位车刀	15～30
硬质合金面铣刀	120～180
齿轮刀具	200～300
自动机用高速钢车刀	180～200

选择刀具耐用度时，还应该考虑以下几点：

①复杂、高精度、多刃刀具耐用度应比简单、低精度、单刃刀具耐用度高。

②可转位刀具换刃、换刀片快捷方便，为保持刀刃锋利，刀具耐用度可选得低一些。

③精加工刀具切削负荷小，刀具耐用度应选得比粗加工刀具耐用度高一些。

④精加工大件时，为避免中途换刀，T 应选得高一些。

⑤数控加工中的刀具耐用度应大于一个工作班，至少应大于一个零件的切削时间。

1.4　金属切削过程基本规律的应用

1.4.1　切屑的种类及其控制

1. 切屑的种类

不同工件材料，不同切削条件，切削过程中的变形程度也就不同，从而形成不同的切屑。根据切削过程中变形程度的不同，切屑可分为 4 种不同的类型，如图 1－31 所示。

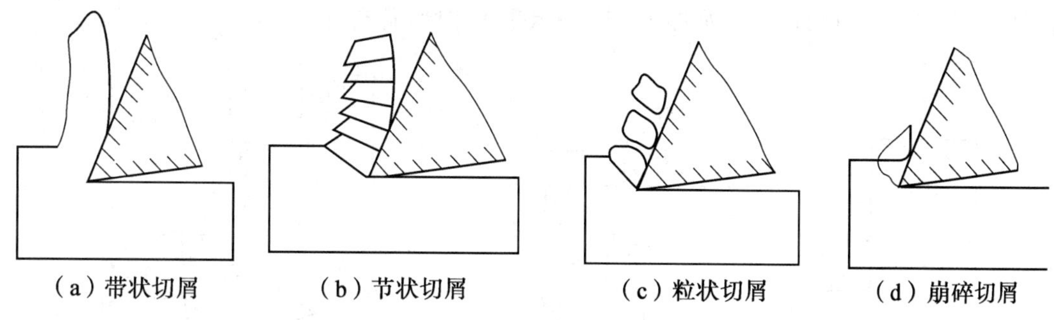

(a) 带状切屑　(b) 节状切屑　(c) 粒状切屑　(d) 崩碎切屑

图 1-31　切屑类型

(1) 带状切屑。带状切屑的底层光滑，上表面呈毛茸状，无明显裂纹，如图 1-31 (a) 所示。加工塑性金属材料（如软钢、铜、铝等），在切削厚度较小、切削速度较高、刀具前角较大时，容易得到这种切屑。形成带状切屑时，切削过程较平稳，切削力波动较小，已加工表面粗糙度值较小。

(2) 节状切屑。节状切屑又称挤裂切屑，如图 1-31 (b) 所示。这种切屑的底面有时出现裂纹，上表面呈明显的锯齿状。节状切屑大多在加工塑性较低的金属材料（如黄铜），切削速度较低、切削厚度较大、刀具前角较小时产生；尤其当工艺系统刚性不足，加工碳素钢材料时，也容易得到这种切屑。产生挤裂切屑时，切削过程不太稳定，切削力波动也较大，已加工表面粗糙度值较大。

(3) 粒状切屑。粒状切屑又称单元切屑，如图 1-31 (c) 所示。采用小前角或负前角，以极低的切削速度和较大的切削厚度切削塑性金属（延伸率较低的结构钢）时，会产生这种切屑。与带状、节状切屑相比，粒状切屑产生单元切屑时，切削过程不平稳，切削力波动大，已加工表面粗糙度值大。

(4) 崩碎切屑。切削脆性金属（如铸铁、青铜等）时，由于材料的塑性很小，抗拉强度很低，在切削时切削层内靠近切削刃和前刀面的局部金属未经明显的塑性变形就被挤裂，形成不规则状的碎块切屑，称为崩碎切屑，如图 1-31 (d) 所示。工件材料越硬，刀具前角越小，切削厚度越大时，越容易产生崩碎切屑。产生崩碎切屑时，切削力波动大，加工表面凹凸不平，刀刃容易损坏。由于刀屑接触长度较短，切削力和切削热量集中作用在刀刃处。

需要说明的是，切屑的形态是可以随切削条件的改变而转化的。从加工过程的平稳性、保证加工精度和加工表面质量考虑，带状切屑是较好的切屑类型。在实际生产中，带状切屑也有不同的形式。

2. 切屑的流向、卷曲和折断

(1) 切屑的流向。如图 1-32 所示，在直角自由切削时，切屑沿正交平面方向流出。在直角非自由切削时，由于刀尖圆弧半径和切削刃的影响，切屑流出方向与主剖面形成一个出屑角 η，η 与 κ_r 和副切削刃工作长度有关。斜角切削时，切屑的流向受刃倾角 λ_s 影响，

出屑角 η 近似等于刃倾角 λ_s。如图 1 - 33 所示是 λ_s 对切屑流向的影响。

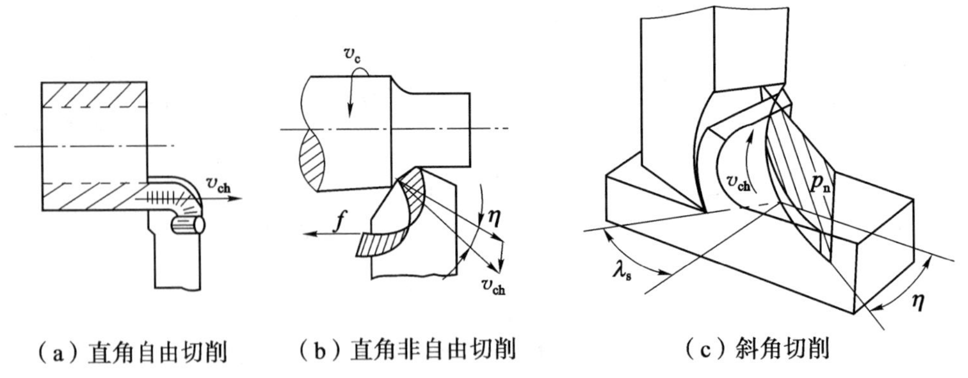

图 1 - 32　切屑的流向

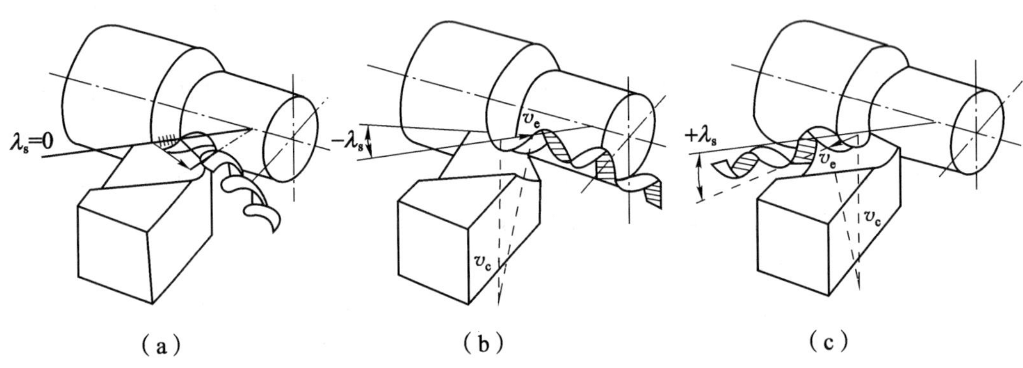

图 1 - 33　λ_s 对切屑流向的影响

（2）切屑的卷曲。切屑的卷曲是由于切削过程中的塑性和摩擦变形、切屑流出时的附加变形而产生的，在前刀面上制出卷屑槽（断屑槽）、凸台、附加挡块以及其他障碍物可以使切屑产生充分的附加变形。采用卷屑槽能可靠地促使切屑卷曲。切屑在流经卷屑槽时，受外力 F 作用产生力矩 M，使切屑卷曲，如图 1 - 34 所示，切屑卷曲的半径 r_{ch} 可由式（1 - 26）算出。

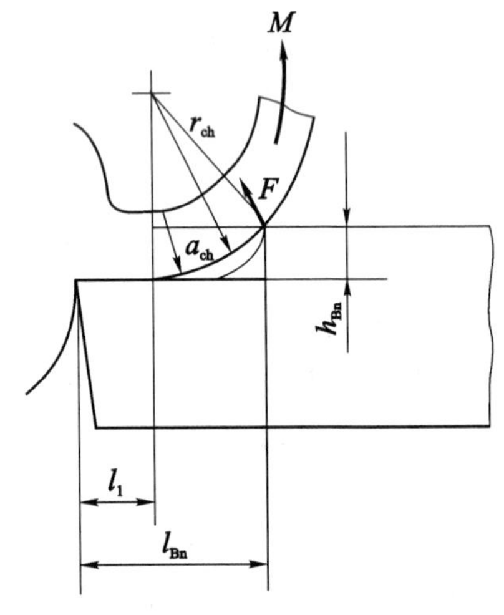

图 1 - 34　切屑的卷曲

$$r_{ch} = \frac{l_{Bn}}{2\sin\gamma_o} \quad (1-26)$$

式中：l_{Bn}——卷屑槽宽度，mm。

由式（1 - 26）可以看出，前角 γ_o 一定时，卷屑槽宽度 l_{Bn} 越小，则切屑卷曲的半径 r_{ch} 越小，切屑易卷曲、折断。

3. 影响断屑的因素

（1）卷屑槽的尺寸参数。卷屑槽的形式有折线形、直线圆弧形和全圆弧形3种，如图1－35所示。卷屑槽宽度 l_{Bn} 和反屑角 δ_{Bn} 是影响断屑的主要因素。卷屑槽宽度减小和反屑角增大都能使切屑卷曲变形增大，切屑易折断。但 l_{Bn} 太小或 δ_{Bn} 太大，切屑易堵塞，排屑不畅，会使切削力、切削温度升高。

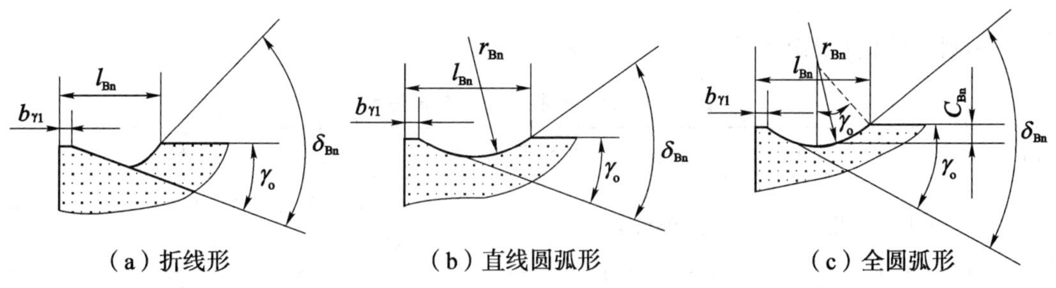

图1－35　卷屑槽的槽形

卷屑槽斜角 γ_o 也影响切屑的流向和屑形，在可转位车刀或焊接车刀上可做成外斜式、内斜式和平行式3种槽形。外斜式槽形使切屑与工件表面相碰而形成C形屑；内斜式槽形使切屑背离工件流出；平行式槽形在背吃刀量 a_p 变动范围较宽的情况下仍能获得断屑效果。

(2) 刀具角度。主偏角和刃倾角对断屑影响最明显，κ_r 越大，切削厚度越大，切屑在卷曲时弯曲应力越大，易于折断。一般来说，κ_r 在75°～90°范围较好。刃倾角是控制切屑流向的参数。刃倾角为负值时，切屑流向已加工表面或加工表面；刃倾角为正值时，切屑流向待加工表面或背离工件。

(3) 切削用量。切削速度提高，易形成长带状切屑，不易断屑；进给量增大，切削厚度也按比例增大，切屑卷曲应力增大，容易折断；背吃刀量减小，主切削刃工作长度变小，副切削刃参加工作比例变大，使出屑角 η 增大，切屑易流向待加工表面而被碰断。当切屑薄而宽时，断屑较困难；反之，较易断屑。

在实际生产中，应综合考虑各方面因素，根据加工材料和已选定的刀具角度和切削用量，选定合理的卷屑槽结构和参数。

1.4.2　金属材料切削加工性

1. 金属材料切削加工性的概念

金属材料切削加工的难易程度称为金属材料切削加工性。良好的切削加工性是指刀具耐用度较高或在一定耐用度下的切削速度 v_c 较高，切削力较小，切削温度较低，容易获得较好的表面质量，切屑形状容易控制或容易断屑。研究金属材料切削加工性的目的是寻找改善金属材料切削加工性的途径。

2. 衡量金属材料切削加工性的指标

(1) 切削速度指标 v_{cT}。v_{cT} 的含义是当刀具耐用度为 T 时，切削某种材料允许达到的切削速度。在相同耐用度下，v_{cT} 值高的材料切削加工性好。一般用 $T=60$ min时所允许的 v_{c60} 来评定材料切削加工性的好坏。难加工材料用 v_{c20} 来评定。

（2）相对加工性指标 K_r。以正火状态 45 钢的 v_{c60} 为基准，记作 $(v_{c60})_j$。其他材料的 v_{c60} 与 $(v_{c60})_j$ 的比值 K_r 称为该材料的相对加工性。

$$K_r = \frac{v_{c60}}{(v_{c60})_j} \tag{1-27}$$

常用材料的相对加工性分为 8 级，见表 1－3。

表 1－3　常用材料的相对加工性等级

加工性等级	名称及种类		相对加工性 K_r	代表性材料
1	很容易切削材料	一般有色金属	>3	5－5－5 铜铅合金，9－4 铝铜合金，铝镁合金
2	容易切削材料	易切削钢	2.5～3	退火 15Cr，σ_b =0.373～0.441 GPa； 自动机用钢 σ_b =0.393～0.491 GPa
3		较易切削钢	1.6～2.5	正火 30 钢 σ_b =0.441～0.549 GPa
4	普通材料	一般钢及铸铁	1.0～1.6	45 钢，灰铸铁
5		稍难切削材料	0.65～1.0	2Cr13 调质 σ_b =0.834 GPa； 85 钢 σ_b =0.883 GPa
6	难切削材料	较难切削材料	0.5～0.65	45 调质 σ_b =1.03 GPa 65Mn 调质 σ_b =0.932～0.981 GPa
7		难切削材料	0.15～0.5	50Cr 调质，1Cr18Ni9Ti，某些钛合金
8		很难切削材料	<0.15	某些钛合金，铸造镍基高温合金

注：σ_b 表示材料的抗弯强度。

3. 改善金属材料切削加工性的途径

金属材料切削加工性对生产效率和表面质量有很大的影响，因此在满足零件使用要求前提下，应尽量选用切削加工性较好的材料。改善金属材料切削加工性有以下几种措施。

（1）热处理方法。例如，对低碳钢进行正火处理，适当降低塑性，提高硬度，可提高精加工表面质量；对高碳钢和工具钢进行球化退火处理，降低硬度，可改善切削加工性。

（2）调整材料的化学成分。例如，在钢中加入适量的硫、铅等元素使之成为易切钢，可减小切削力，提高刀具耐用度，断屑容易，并可获得较好的表面加工质量。

1.4.3　切削用量与切削液的合理选择

1.4.3.1　切削用量的选择

1. 切削用量的选择原则

切削用量的大小对切削力、切削功率、刀具磨损、加工质量和加工成本均有显著影响。数控加工中选择切削用量时，在保证加工质量和刀具耐用度的前提下，充分发挥机床性能和刀具切削性能，使切削效率最高，加工成本最低。

自动换刀数控机床主轴或刀库装刀所费时间较多，因此选择切削用量时要保证刀具加工完一个零件，或保证刀具耐用度不低于一个轮班，最少不低于半个轮班。对易损刀具可采用姐妹刀形式，以保证加工的连续性。

粗、精加工时切削用量的选择原则如下：

（1）粗加工时切削用量的选择原则。首先，选取尽可能大的背吃刀量；其次，要根据机床动力和刚性的限制条件等，选取尽可能大的进给量；最后，根据刀具耐用度确定最佳的切削速度。

（2）精加工时切削用量的选择原则。首先，根据粗加工后的余量确定背吃刀量；其次，在满足已加工表面粗糙度要求的前提下，选取较大的进给量；最后，在保证刀具耐用度的前提下，尽可能选取较高的切削速度。

2. 切削用量的选择方法

（1）背吃刀量 a_p 的选择。根据加工余量确定背吃刀量。粗加工（Ra 为 10 ~ 80 μm）时，一次进给应尽可能切除全部余量。在中等功率机床上，背吃刀量可达 8 ~ 10 mm。半精加工（Ra 为 1. 25 ~ 10 μm）时，背吃刀量取 0. 5 ~ 2 mm。精加工（Ra 为 0. 32 ~ 1. 25 μm）时，背吃刀量取 0. 2 ~ 0. 4 mm。

在工艺系统刚性不足、毛坯余量很大，或余量不均匀时，粗加工要分几次进给，并且应当把第一次、第二次进给的背吃刀量尽量取得大一些。

（2）进给量 f、每齿进给量 f_Z 和进给速度的选择。进给量和每齿进给量是数控机床切削用量中的重要参数，须根据零件的表面粗糙度、加工精度要求、刀具及工件材料等因素，参考《切削用量手册》选取。实际编程与操作加工时，需要根据式（1 - 3）和式（1 - 4）转换成进给速度。

粗加工时，由于对工件表面质量没有太高的要求，这时主要考虑机床进给机构的强度和刚性以及刀杆的强度和刚性等限制因素，可根据加工材料、刀杆尺寸、工件直径及已确定的背吃刀量来选择进给量。

在半精加工和精加工时，则按表面粗糙度要求，根据工件材料、刀尖圆弧半径、切削速度来选择进给量。例如，精铣时可取 20 ~ 25 mm/min，精车时可取 0. 10 ~ 0. 20 mm/r。

最大进给量受机床刚度和进给系统的性能限制。在选择进给量时，还应注意零件加工中的某些特殊因素。例如，在轮廓加工中选择进给量时，应考虑轮廓拐角处的超程问题。特别在拐角较大、进给速度较高时，应在接近拐角处适当降低进给速度，在拐角后逐渐升速，以保证加工精度。

以如图 1 - 36 所示零件为例，铣刀由 A 点运动到 B 点，再由 B 点运动到 C 点。如果速度较高，由于惯性作用，在 B 点可能出现超程现象，将拐角处的金属多切去一部分；而在加工外型面时，可能在 B 点处留有多余的金属未切去。为了克服这种现象，可在接近拐角处适当降低速度。这时可将 AB 段分成 AA' 和 $A'B$ 两段，在 AA' 段使用正常的进给速度，$A'B$

段为低速度。低速度的具体值由具体机床的动态特性和超程允差决定。机床动态特性是在机床出厂时由制造厂提供用户的一个“超程表”给出的，也可由用户通过试验确定，“超程表”应给出不同进给速度时的超程量。超程允差主要根据零件的加工精度决定，其值可与程序编制允差相等。

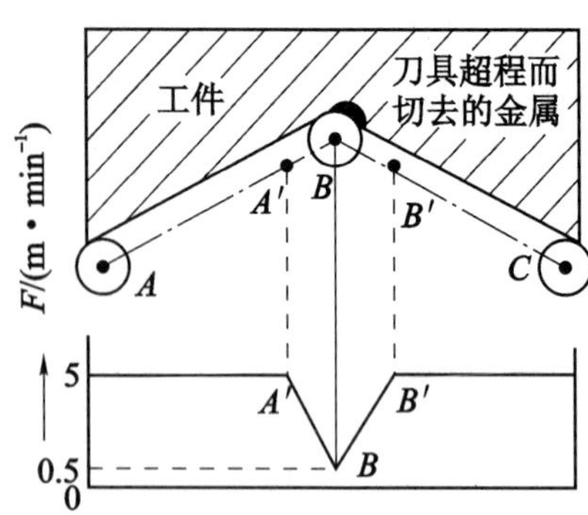

图1－36　超程允差与控制

低速度段的长度，即图1－36中$A'B$段的长度，由机床动态特性决定。由正常进给速度变到拐角处的低速度的过渡过程时间应小于刀具由A'点移动至B点的时间。

加工过程中，由于切削力的作用，机床、工件、刀具系统产生变形，可使刀具运动滞后，从而在拐角处产生欠程。因此，拐角处的欠程问题，在编程时应给予足够重视。此外，还应充分考虑切削的自然断屑问题，通过选择刀具几何形状和对切削用量的调整，使排屑处于最顺畅状态，严格避免长屑缠绕刀具而引起故障。

（3）切削速度v_c的选择。根据已经选定的背吃刀量、进给量及刀具耐用度选择切削速度，可用经验公式计算，也可根据生产实践经验在机床说明书允许的切削速度范围内查表选取或者参考《切削用量手册》选用。

切削速度v_c确定后，按式（1－2）计算出机床主轴转速n（对有级变速的机床，须按机床说明书选择与所算转速n接近的转速），并填入程序单中。

在选择切削速度时，还应考虑以下几点：

①应尽量避开积屑瘤产生的区域。

②断续切削时，为减小冲击和热应力，应适当降低切削速度。

③在易发生振动的情况下，切削速度应避开自激振动的临界速度。

④加工大件、细长件和薄壁工件时，应选用较低的切削速度。

⑤加工带外皮的工件时，应适当降低切削速度。

（4）机床功率的校核。切削功率P_c可用式（1－28）计算，机床有效功率P'_E按式（1－29）计算：

$$P_c = \frac{F_c \times v_c \times 10^{-3}}{60} \tag{1-28}$$

式中：F_c——主切削力，N；

v_c——切削速度，m/min。

$$P'_E = P_E \eta \tag{1-29}$$

式中：P_E——机床电动机功率；

η——机床传动效率。

如果 $P_c < P'_E$，则选择的切削用量可在指定的机床上使用。如果 $P_c << P'_E$，则机床功率没有得到充分发挥，这时可以规定较低的刀具耐用度（如采用机夹可转位刀片的合理耐用度可选为 15 ~ 30 min），或采用切削性能更好的刀具材料，以提高切削速度的办法使切削功率增大，以期充分利用机床功率，达到提高生产率的目的。如果 $P_c > P'_E$，则选择的切削用量不能在指定的机床上使用，这时可调换功率较大的机床，或根据所限定的机床功率降低切削用量（主要是降低切削速度）。这时虽然机床功率得到充分利用，但刀具的性能未能充分发挥。

1.4.3.2　切削液及其选择

在金属切削过程中，合理选择切削液可改善工件与刀具之间的摩擦状况，降低切削力和切削温度，减轻刀具磨损，减小工件的热变形，从而可以提高刀具耐用度，提高加工效率和加工质量。

1. 切削液的作用

（1）冷却作用。切削液可降低切削区温度。切削液的流动性越好，比热容、导热系数和汽化热等参数越高，则其冷却性能越好。

（2）润滑作用。切削液能在刀具的前、后刀面与工件之间形成一层润滑薄膜，可减少或避免刀具与工件或切屑间的直接接触，减轻摩擦和黏结程度，因而可以减轻刀具的磨损，提高工件表面的加工质量。

（3）清洗作用。使用切削液可以将切削过程中产生的大量切屑、金属碎片和粉末从刀具（或砂轮）、工件上冲洗掉，从而避免切屑黏附刀具、堵塞排屑和划伤已加工表面。这一作用对于磨削、螺纹加工和深孔加工等工序尤为重要。为此，切削液要有良好的流动性，并且在使用时有足够大的压力和流量。

（4）防锈作用。为了减轻工件、刀具和机床受周围介质（如空气、水分等）的腐蚀程度，要求切削液具有一定的防锈作用。防锈作用的好坏，取决于切削液本身的性能和加入的防锈添加剂品种和比例。

2. 切削液的种类

常用的切削液分为 3 大类：水溶液、乳化液和切削油。

（1）水溶液。水溶液是以水为主要成分的切削液。水的导热性能好、冷却效果好。但单纯的水容易使金属生锈，润滑性能差。因此，常在水溶液中加入一定量的添加剂，如防锈添加剂、表面活性物质和油性添加剂等，使其既具有良好的防锈性能，又具有一定的润滑性能。在配制水溶液时，要特别注意水质情况，如果是硬水，必须进行软化处理。

（2）乳化液。乳化液是将乳化油用 95% ~98% 的水稀释而成，呈乳白色或半透明状的液体，具有良好的冷却作用。但乳化液润滑、防锈性能较差，常加入一定量的油性、极压添加剂和防锈添加剂，配制成极压乳化液或防锈乳化液。

（3）切削油。切削油的主要成分是矿物油，少数采用动植物油或复合油。纯矿物油不能在摩擦界面形成坚固的润滑膜，润滑效果较差。实际使用中，常加入油性添加剂、极压添加剂和防锈添加剂，以提高其润滑和防锈作用。

3. 切削液的选用

（1）粗加工时切削液的选用。粗加工时，加工余量大，所用切削用量大，产生大量的切削热。采用高速钢刀具切削时，使用切削液的主要目的是降低切削温度，减少刀具磨损。硬质合金刀具耐热性好，一般不用切削液，必要时可采用低浓度乳化液或水溶液，但必须连续、充分地浇注，以免处于高温状态的硬质合金刀片产生巨大的内应力而出现裂纹。

（2）精加工时切削液的选用。精加工时，要求表面粗糙度值较小，一般选用润滑性能较好的切削液，如高浓度的乳化液或含极压添加剂的切削油。

（3）根据工件材料的性质选用切削液。切削塑性材料时需用切削液。切削铸铁、黄铜等脆性材料时，一般不用切削液，以免崩碎的切屑黏附在机床的运动部件上。加工高强度钢、高温合金等难加工材料时，由于切削加工处于极压润滑摩擦状态，故应选用含极压添加剂的切削液。切削有色金属和铜铝合金时，为了得到较高的表面质量和精度，可采用 10% ~20% 的乳化液、煤油或煤油与矿物油的混合物，但不能用含硫的切削液，因硫对有色金属有腐蚀作用。切削镁合金时，不能用水溶液，以免燃烧。

1.5 刀具几何参数的合理选择

当刀具材料确定之后，刀具的切削性能便由其几何参数来决定。选择刀具合理几何参数的目的在于充分发挥刀具材料的效能，保证加工质量，提高生产效率，降低生产成本。

1.5.1 前角及前刀面形状的选择

1. 前角的功用

前角有正前角和负前角之分，其大小影响切削变形和切削力的大小、刀具耐用度及加工表面质量的高低。取正前角的目的是减小切屑被切下时的弹塑性变形和切屑流出时与前刀面的摩擦阻力，从而减小切削力和切削热，使切削轻快，提高刀具寿命和已加工表面质量，所以应尽可能采用正前角。但前角过大，则刀具强度低，散热体积小，反而会使刀具耐用度降低。从图 1 –37 可以看出，在一定切削条件下，用某种刀具材料加工某种工件材料时，总有一个使刀具获得最高寿命的前角，这个前角称为合理前角。合理前角可能是正前角，也可能是负前角。

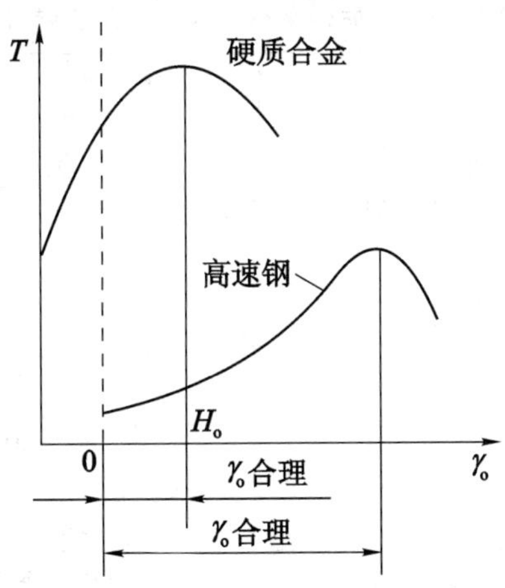

图 1－37　刀具的合理前角

取负前角的目的是改善切削刃受力状况和散热条件，提高切削刃强度和耐冲击能力。正前角刀具切削脆性材料，特别在前角较大时，切屑和前刀面接触较短，切削力集中作用在切削刃附近，切削刃部位受切削力的弯曲和冲击，容易产生崩刃。而负前角刀具的前刀面则受压力，刃部相对比较结实，特别在切削硬脆材料时，刃口强度较好，但切削时刀具锋利程度降低，切屑变形和摩擦阻力增大，切削力和切削功率也增加。因此，通常在用脆性刀具材料加工高强度高硬度工件材料而当切削刃强度不够、易产生崩刃时才采用负前角刀具。

2. 合理前角的选择原则

选择前角时，首先应保证切削刃锋利，同时又要兼顾足够的切削刃强度。在保证加工质量的前提下，一般以达到最高的刀具寿命为目的。切削刃强度是否足够，是个相对的概念，它与被加工材料和刀具材料的力学物理性能以及加工条件有着密切关系。因此，前角的合理数值主要根据以下原则选取。

（1）加工塑性材料取较大前角；加工脆性材料取较小前角。

（2）当工件材料的强度和硬度低时，可取较大前角；当工件材料的强度和硬度高时，可取较小前角。

（3）当刀具材料的抗弯强度和冲击韧性较低时，取较小前角；高速钢刀具的合理前角比硬质合金刀具的合理前角大，陶瓷刀具的合理前角比硬质合金刀具的合理前角小。

（4）粗加工时取较小前角甚至负前角；精加工时应取较大前角。

（5）当工艺系统刚性差和机床功率小时，宜选较大前角，以减小切削力和振动。

（6）数控机床、自动线刀具，为保证刀具工作的稳定性（不发生崩刃及破损），一般选用较小的前角。硬质合金车刀合理前角的参考值见表 1－4。

表 1－4　硬质合金车刀合理前角的参考值

工件材料		合理前角	工件材料		合理前角
碳钢 σ_b/GPa	≤0.445	20°～25°	不锈钢	奥氏体	15°～30°
	≤0.558	15°～20°		马氏体	－5°～15°
	≤0.784	12°～15°	淬硬钢	≥40 HRC	－10°～－5°
	≤0.98	5°～10°		≥50 HRC	－15°～－10°
40Cr	正火	13°～18°	高强度钢		－10°～8°
	调质	10°～15°	钛及钛合金		5°～15°
灰铸铁	≤220 HBS	10°～15°	变形高温合金		5°～15°
	＞220 HBS	5°～10°	铸造高温合金		0°～10°
铜	纯铜	25°～35°	高锰钢		－5°～8°
	黄铜	15°～25°	铬锰钢		－5°～－2°
	青铜（脆黄铜）	5°～15°			
铝及铝合金		25°～35°			
软橡胶		50°～60°			

注：HBS 表示布氏硬度，HRC 表示洛氏硬度。

3. 前刀面形状及刃区参数的选择

正确选择前刀面形状及刃区参数，对防止刀具崩刃，提高刀具寿命和切削效率，降低生产成本具有重要意义。表 1－5 列出了常用前刀面的形状和刃区剖面参数、特点及应用范围。

表 1－5　常用前刀面的形状和刃区剖面参数、特点及应用范围

形式	特点及切削性能	应用范围
正前角锋刃平前刀面 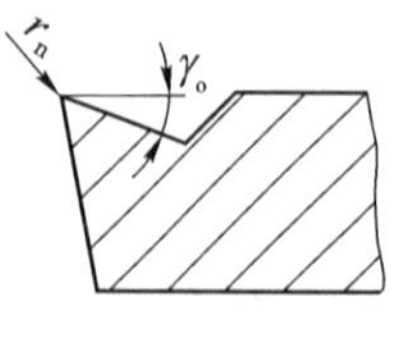	切削刃口较锋利，但强度较差，γ_o 不能太大，不易断屑	各种高速钢刃形复杂刀具及成型刀具，精加工铸铁、青铜等脆性材料的硬质合金刀具
负前角平前刀面 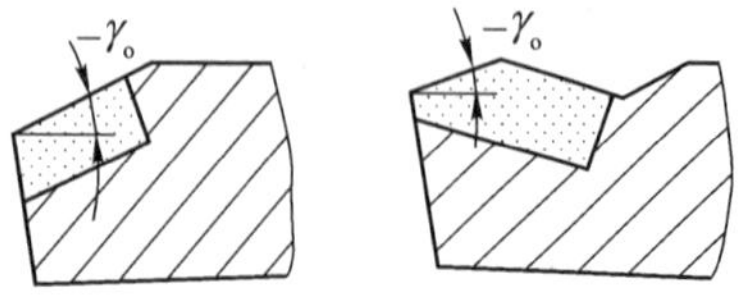	切削刃强度较好，但刀刃较钝，切削变形大	硬脆刀具材料，加工高强度高硬度（如淬火钢）的车刀、铣刀、面铣刀等

续表

形　　式	特点及切削性能	应　用　范　围
正前角锋刃断屑前刀面	比平前刀面可取较大前角且改善了卷屑和断屑条件，但刃磨不如平前刀面简便	各种高速钢刀具，加工纯铜、铝合金等低强度低硬度的硬质合金刀具
带倒棱的前刀面	切削刃强度及抗冲击能力增加，在同样条件下允许采用较大的前角，提高了刀具寿命	加工各种钢材等塑性材料的硬质合金车刀
		加工铸铁等脆性材料用的硬质合金陶瓷刀具
		零度倒棱，适用于高速钢刀具
钝圆切削刃或倒棱刃加钝圆切削刃的前刀面	切削刃强度及抗冲击能力增加，且有一定的熨压和消振作用	适用于陶瓷等脆性材料刀具

前刀面形状分平面型和断屑前刀面型两大类。刃区剖面形式有锋刃型、倒棱型和钝圆型切削刃3种。

所谓锋刃是指刃磨前刀面和后刀面直接形成的切削刃，但它也并不是绝对锐利的，而是在刃磨后自然形成一个切削刃钝圆半径 r_n，其数值取决于刀具材料、刃磨工艺和楔角的大小。例如，新磨好的高速钢车刀 r_n 可达12～15 μm，用立方氮化硼磨料仔细研磨后 r_n 可达5～6 μm。一般新磨好的硬质合金车刀，其切削刃钝圆半径 r_n = 18～26 μm。与倒棱型切削刃和钝圆型切削刃相比，锋刃型切削刃钝圆半径很小，切削刃比较锋利，适合作精加工和超精加工的切削刃，但锋刃型切削刃的强度和抗冲击性能较差，产生微小裂纹导致崩刃的可能性也较大。因此，对于精细切削和微量切削的刀具锋刃，都要求仔细刃磨和研磨，以获得小的切削刃钝圆半径，消除微小裂纹，提高刃口质量。采用锋刃切削时，一般应采用较小的进给量 f(0.05～0.1 mm/r)，以避免崩刃并减缓刃区裂纹的出现。

倒棱可增强刀刃强度，改善刀刃散热条件，避免崩刃并提高刀具耐用度的有效措施，尤其是用硬质合金和陶瓷等脆性刀具材料，在选用大前角或粗加工时，效果尤为显著。负倒棱参数包括倒棱宽度 $b_{\gamma 1}$ 和倒棱角 γ_{o1}。当工件材料强度、硬度高，而刀具材料的抗弯强度低且进给量大时，$b_{\gamma 1}$ 和 $|\gamma_{o1}|$ 应取较大值。加工钢料时，若 $a_p < 0.2$ mm，$f < 0.3$ mm/r，可取 $b_{\gamma 1} = (0.3 \sim 0.8)f$，$\gamma_{o1} = -10° \sim -5°$；当 $a_p \geqslant 2$ mm，$f \leqslant 0.7$ mm/r，可取 $b_{\gamma 1} = (0.3 \sim 0.8)f$，$\gamma_{o1} = -25°$。

钝圆型切削刃的钝圆半径 r_n 可制成轻型（r_n = 0.025～0.05 mm）、中型（r_n = 0.05～0.1 mm）和重型（r_n = 0.1～0.15 mm）3种。根据刀具材料、工件材料和切削条件3方面选择钝圆半径。刀具和工件材料的硬度高时，宜选中型乃至重型钝圆半径；为防止 r_n 过大，使切削刃严重挤压切削层而降低刀具寿命，一般 $r_n = (0.3 \sim 0.6)f$。

1.5.2 后角及后刀面形状的选择

1. 后角的功用

后角的主要作用是减小后刀面与过渡表面和已加工表面之间的摩擦，影响楔角 β_o 的大小，从而配合前角调整切削刃的锋利程度和强度。后角减小，后刀面与工件表面间摩擦加大，刀具磨损加大，工件冷硬程度增加，加工表面质量差；后角增大，摩擦减小，但刀刃强度和散热情况变差。因此，在一定切削条件下，后角也有一个对应于最高刀具寿命的合理数值。

2. 合理后角的选择原则

（1）粗加工时，为保证刀具强度，应取较小的后角；精加工时，以保证表面质量，应取较大的后角。

（2）工件材料的强度、硬度高时，宜取较小的后角；工件材料硬度低、塑性较大时，主后刀面的摩擦对已加工表面质量和刀具磨损影响较大，此时应取较大的后角；加工脆性材料时，切削力集中在切削刃附近，为强化切削刃，宜选取较小的后角。

（3）对于尺寸精度要求较高的精加工刀具（如铰刀、拉刀），为减少重磨后刀具尺寸变化，应取较小的后角。

（4）工艺系统刚性差，容易产生振动时，应取较小的后角以增强刀具对振动的阻尼作用。

硬质合金车刀合理后角的参考值见表 1－6。

表 1－6　硬质合金车刀合理后角的参考值

工件材料	合理后角	
	粗车	精车
低碳钢	8°～10°	10°～12°
中碳钢	5°～7°	6°～8°
合金钢	5°～7°	6°～8°
淬火钢	8°～10°	
不锈钢	6°～8°	8°～10°
灰铸钢	4°～6°	6°～8°
铜及铜合金（脆）	4°～6°	6°～8°
铝及铝合金	8°～10°	10°～12°
钛合金（$\sigma_b \leq 1.17$ GPa）	10°～15°	

副后角可减少副后刀面与已加工表面间的摩擦。一般车刀、刨刀的副后角与主后角相等；而切断刀、切槽刀及锯片铣刀等的副后角因受刀头强度限制，只能取得较小，通常 $\alpha_o' = 1° \sim 2°$。

3. 后刀面形状及选择

为减少刃磨后刀面的工作量，提高刃磨质量，常把后刀面做成双重后刀面，如图 1－38（a）所示，$b_{\alpha 1}$ 取 1～3 mm。

沿主切削刃或副切削刃磨出后角为零的窄棱面，称为刃带，如图 1－38（b）所示。对定尺寸刀具沿后刀面（如拉刀）或副后刀面（如铰刀、浮动镗刀、立铣刀等）磨出刃带的目的是在制造刃磨刀具时便于控制和保持其尺寸精度，同时在切削时也可起到支承、导向、稳定切削过程和消振（产生摩擦阻尼）的作用。此外，刃带对已加工表面还会产生所谓熨压作用，从而能有效降低已加工表面粗糙度值。刃带宽度一般在 0.05～0.3 mm 范围内，超过一定值后会增大摩擦，导致擦伤已加工表面，甚至引起振动。

有时，沿着后刀面磨出负后角倒棱面，倒棱角 $\alpha_{o1} = -10° \sim -5°$，倒棱面宽 $b_{\alpha 1} = 0.1 \sim 0.3$ mm，如图 1－38（c）所示。在切削时负后角倒棱面能产生支承和阻尼作用，以防止扎刀，使用恰当时，有助于消除低频振动。这是车削细长轴和镗孔时常采取的消振措施之一。

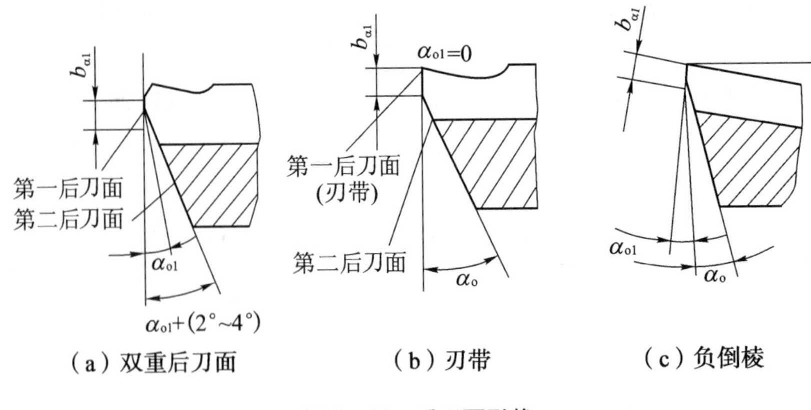

（a）双重后刀面　　（b）刃带　　（c）负倒棱

图 1－38　后刀面形状

1.5.3　主偏角及副偏角的选择

1. 主偏角的功用及其选择原则

（1）主偏角的功用。主偏角的功用主要影响刀具耐用度、已加工表面粗糙度及切削力的大小。主偏角 κ_r 较小时，刀头强度高，散热条件好，已加工表面残留面积高度小，主切削刃的工作长度长，单位长度上的切削负荷小，其负面效应为背向力大，容易引起工艺系统振动，切削厚度小，断屑效果差。主偏角较大时，所产生的影响与上述完全相反。

（2）主偏角的选择原则。在一定切削条件下，主偏角有一个合理数值，其选择原则为：

①粗加工和半精加工时，硬质合金车刀应选择较大的主偏角，以利于减少振动，提高刀具耐用度和断屑。例如，在生产中效果显著的强力切削车刀的 κ_r 就取为 75°。

②加工很硬的材料，如淬硬钢和冷硬铸铁时，为减少单位长度切削刃上的负荷，改善刀刃散热条件，提高刀具耐用度，应取 $\kappa_r = 10° \sim 30°$，工艺系统刚性好的取小值，反之取大值。

③工艺系统刚性低（如车细长轴、薄壁筒）时，应取较大的主偏角，甚至取 $\kappa_r \geqslant 90°$，以减小背向力 F_p，从而降低工艺系统的弹性变形和振动。

④单件小批生产时，希望用一两把车刀加工出工件上所有表面，则应选用通用性较好的 $\kappa_r = 45°$ 或 90°的车刀。

⑤需要从工件中间切入的车刀，以及仿形加工的车刀，应适当增大主偏角和副偏角。有时主偏角的大小决定于工件形状，如车阶梯轴时，则应选用 $\kappa_r = 90°$ 的刀具。

2. 副偏角的功用及其选择原则

（1）副偏角的功用。副偏角的功用主要是减小副切削刃及副后刀面与已加工表面之间的摩擦。较小的副偏角，可减小残留面积高度，提高刀具强度和改善散热条件，但这将增加副后刀面与已加工表面之间的摩擦，且易引起振动。

（2）副偏角的选择原则。

①一般刀具的副偏角，在不引起振动的情况下，可选取较小的副偏角，如车刀、刨刀均可取 $\kappa_r' = 5° \sim 10°$。

②精加工刀具的副偏角应取得更小一些，甚至可制出副偏角为0°的修光刃，以减小残留面积，从而减小表面粗糙度。

③加工高强度、高硬度材料或断续切削时，应取较小的副偏角（$\kappa_r' = 4° \sim 6°$），以提高刀尖强度，改善散热条件。

④对于切断刀、锯片刀和槽铣刀等，为了保证刀头强度和重磨后刀头宽度变化较小，只能取很小的副偏角，即 $\kappa_r' = 1° \sim 2°$。

表1－7是在不同加工条件时，主要从工艺系统刚度考虑的合理主偏角和副偏角的参考值。

表1－7　合理主偏角和副偏角的参考值

加工情况	加工冷硬铸铁、高锰钢等高硬度高强度材料，且工艺系统刚度好时	工艺系统刚度较好，加工外圆及端面，能中间切入	工艺系统刚度较差，粗加工、强力切削时	工艺系统刚度差，车台阶轴、细长轴、薄壁件	车断车槽
主偏角 κ_r	10° ~ 30°	45°	60° ~ 75°	75° ~ 93°	≥90°
副偏角 κ_r'	5° ~ 10°	45°	10° ~ 15°	5° ~ 10°	1° ~ 2°

1.5.4　刃倾角的功用及其选择

1. 刃倾角的功用

刃倾角主要影响切屑的流向和刀尖的强度。如图1－39所示，刃倾角为正时，刀尖先接触工件，切屑流向待加工表面，可避免缠绕和划伤已加工表面，对半精加工、精加工有利。刃倾角为负时，刀尖后接触工件，切屑流向已加工表面，可避免刀尖受冲击，起保护刀尖的作用，并可改善散热条件。

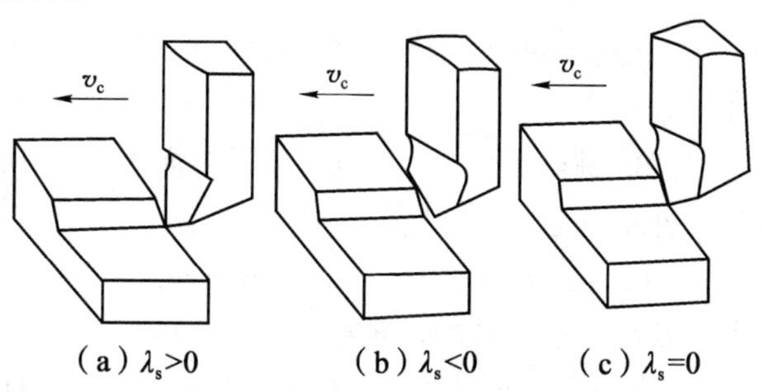

图1－39　刃倾角对刀尖强度的影响

2. 刃倾角的选择原则

（1）粗加工刀具，可取负 λ_s，以使刀具具有较高的强度和较好的散热条件，并使切入工件时刀尖免受冲击。精加工时，取正 λ_s，使切屑流向待加工表面，以提高表面质量。

（2）断续切削、工件表面不规则、冲击力大时，应取负 λ_s，以提高刀尖强度。

（3）切削硬度很高的工件材料时，应取绝对值较大的负 λ_s，以使刀具具有足够的强度。

（4）工艺系统刚性差时，应取正 λ_s，以减小背向力（吃刀抗力）。

车削时合理刃倾角的参考值见表 1－8。

表 1－8　车削时合理刃倾角的参考值

λ_s	0°～5°	5°～10°	－5°～0°	－10°～－5°	－15°～－10°	－45°～－10°
应用范围	精车钢和细长轴	精车有色金属	精车钢和灰铸铁	精车余量不均匀钢	断续车削钢和灰铸铁	带冲击切削淬硬钢

思考与练习题

1. 什么是积屑瘤？它是怎样形成的？它对切削过程有何影响？如何抑制积屑瘤的产生？
2. 切屑的种类有哪些？不同类型切屑对加工过程和加工质量有何影响？
3. 试述切削用量三要素对切削温度、切削力、刀具耐用度的影响规律。
4. 试述前角、主偏角对切削温度的影响规律。
5. 刀具正常磨损的形式有哪几种？分别在何种情况下产生？
6. 试述进给量、主偏角对断屑的影响。
7. 车削直径 80 mm，长 200 mm 棒料外圆，若选用 $a_p=4$ mm，$f=0.5$ mm/r，$n=240$ r/min，试问切削速度 v_c、切削时间 t_m、材料切除率 Q 分别为多少？

模拟自测题

一、单项选择题

1. 切削脆性金属材料时，材料的塑性很小，在刀具前角较小、切削厚度较大的情况下，容易产生（　　）。

A. 带状切屑　　B. 挤裂切屑　　C. 单元切屑　　D. 崩碎切屑

2. 切削用量是指（　　）。

A. 切削速度　　B. 进给量　　C. 切削深度　　D. 三者都是

3. 切削用量选择的一般顺序是（　　）。

A. a_p—f—v_c　　B. a_p—v_c—f　　C. v_c—f—a_p　　D. f—a_p—v_c

4. 确定外圆车刀主后刀面的空间位置的角度有（　　）。

A. γ_o 和 α_o　　B. α_o 和 κ_r'　　C. κ_r 和 α_o　　D. λ_s 和 κ_r'

5. 分析切削层变形规律时，通常把切削刃作用部位的金属划分为（　　）个变形区。

A. 2　　B. 4　　C. 3　　D. 5

6. 在切削平面内测量的车刀角度是（　　）。

A. 前角　　B. 后角　　C. 楔角　　D. 刃倾角

7. 车削用量的选择原则是：粗车时，一般（　　），最后确定一个合适的切削速度 v_c。

A. 应首先选择尽可能大的背吃刀量 a_p，其次选择较大的进给量 f

B. 应首先选择尽可能小的背吃刀量 a_p，其次选择较大的进给量 f

C. 应首先选择尽可能大的背吃刀量 a_p，其次选择较小的进给量 f

D. 应首先选择尽可能小的背吃刀量 a_p，其次选择较小的进给量 f

8. 车削时的切削热大部分由（　　）传散出去。

A. 刀具　　B. 工件　　C. 切屑　　D. 空气

9. 切削用量三要素对刀具耐用度的影响程度为（　　）。

A. 背吃刀量最大，进给量次之，切削速度最小

B. 进给量最大，背吃刀量次之，切削速度最小

C. 切削速度最大，进给量次之，背吃刀量最小

D. 切削速度最大，背吃刀量次之，进给量最小

10. 粗车细长轴外圆时，刀尖的安装位置应（　　），目的是增加阻尼作用。

A. 比轴中心稍高一些　　B. 与轴中心线等高

C. 比轴中心略低一些　　D. 与轴中心线高度无关

11. 数控编程时，通常用 F 指令表示刀具与工件的相对运动速度，其大小为（　　）。

A. 每转进给量 f　　B. 每齿进给量 f_Z

C. 进给速度 v_f　　D. 线速度 v_c

12. 刀具几何角度中，影响切屑流向的角度是（　　）。

A. 前角　　B. 刃倾角　　C. 后角　　D. 主偏角

13. 切断、车端面时，刀尖的安装位置应（　　），否则容易打刀。

A. 比轴中心略低一些　　B. 与轴中心线等高

C. 比轴中心稍高一些　　D. 与轴中心线高度无关

14. 形成（　　）时，切削过程平稳，切削力波动小。

A. 带状切屑　　B. 节状切屑　　C. 粒状切屑　　D. 崩碎切屑

15. 为提高切削刃强度和耐冲击能力，脆性刀具材料通常选用（　　）。

A. 正前角　　B. 负前角　　C. 0°前角　　D. 任意前角

二、判断题（正确的打√，错误的打×）

1. 用中等切削速度切削塑性金属时最容易产生积屑瘤。（　　）

2. 在金属切削过程中，高速加工塑性材料时易产生积屑瘤，它将对切削过程带来一定的影响。（　　）

3. 刀具前角越大，切屑越不易流出，切削力也越大，但刀具的强度越高。（　　）

4. 主偏角增大，刀具刀尖部分强度与散热条件变差。（　）
5. 精加工时首先应该选取尽可能大的背吃刀量。（　）
6. 外圆车刀装得低于工件中心时，车刀的工作前角减小，工作后角增大。（　）
7. 进给速度由 F 指令决定，其单位为 m/min。（　）
8. 前角增加，切削力减小，因此前角越大越好。（　）
9. 背吃刀量是根据工件加工余量进行选择的，因而与机床功率和刚度无关。（　）
10. 选择合理的刀具几何角度及适当的切削用量都能大大提高刀具的使用寿命。（　）

三、简答题

1. 什么是刀具磨钝标准？什么是刀具耐用度？影响刀具耐用度的因素有哪些？
2. 前角的作用和选择原则是什么？
3. 后角的作用和选择原则是什么？
4. 主偏角的作用和选择原则是什么？
5. 切削液的作用有哪些？
6. 何谓金属材料的切削加工性？衡量金属材料切削加工性的指标有哪些？

四、分析题

1. 外圆车刀：$\kappa_r=90°$，$\kappa_r'=35°$，$\gamma_o=8°$，$\alpha_o=\alpha_o'=10°$，$\lambda_s=-5°$。

要求绘制刀具示意图并标注上述几何角度。

2. (1) 45°端面车刀：$\kappa_r=\kappa_r'=45°$，$\gamma_o=-5°$，$\alpha_o=\alpha_o'=6°$，$\lambda_s=-3°$；

(2) 内孔镗刀：$\kappa_r=75°$，$\kappa_r'=15°$，$\gamma_o=10°$，$\alpha_o=\alpha_o'=10°$，$\lambda_s=10°$。

要求绘制刀具示意图并标注上述几何角度。

2　数控机床刀具的选择

学习目标

1. 掌握常用刀具材料的种类、特点及适用场合。
2. 了解可转位刀片的代码标记方法。
3. 了解镗、铣类数控工具系统的结构类型与特点。
4. 掌握数控刀具选择应考虑的因素。

内容提要

本章重点讨论刀具材料的种类、基本性能及应用场合；介绍镗、铣类数控工具系统的结构类型与特点，可转位刀片的优点、代码标记方法以及数控刀具选择应考虑的因素等。本章内容是正确选择数控加工刀具的基础。

2.1　刀具材料及其选用

在金属切削加工中，刀具材料的切削性能直接影响着生产效率、工件的加工精度、已加工表面质量、刀具消耗和加工成本。正确选择刀具材料是设计和选用刀具的重要内容之一，特别是对某些难加工材料的切削，刀具材料的选用显得尤为重要。刀具材料的发展在一定程度上推动着金属切削加工技术的进步。

2.1.1　刀具材料应具备的基本性能

刀具材料是指刀具切削部分的材料。金属切削时，刀具切削部分直接与工件及切屑相接触，承受着很大的切削压力和冲击，并受到工件及切屑的剧烈摩擦，产生很高的切削温度。也就是说，刀具切削部分是在高温、高压及剧烈摩擦的恶劣条件下工作的。因此，刀具材料应具备以下基本性能。

1. 高硬度

刀具材料的硬度必须远高于被加工工件材料的硬度，否则在高温高压下，就不能保持刀具锋利的几何形状，这是刀具材料应具备的最基本特征。目前，切削性能最差的刀具材料——碳素工具钢，其硬度在室温条件下也应在 62 HRC 以上；高速钢的硬度为 63 ~ 70 HRC；硬质合金的硬度为 89 ~ 93 HRA。

HRC 和 HRA 都属于洛氏硬度，HRA 一般用于高值范围（ >70），HRC 的硬度值有效范围是 20 ~ 70。60 ~ 65 HRC 的硬度相当于 81 ~ 83.6 HRA 和维氏硬度 687 ~ 830 HV。

2. 足够的强度和韧性

在切削时，刀具切削部分的材料要承受很大的切削力和冲击力。例如，车削 45 钢时，当 $a_p=4$ mm，$f=0.5$ mm/r 时，刀片要承受约 4 000 N 的切削力。因此，刀具材料必须要有足够的强度和韧性。一般用刀具材料的抗弯强度 σ_b（单位：Pa）表示它的强度大小。用冲击韧度 a_k（单位：J/m^2）表示其韧性的大小，它反映刀具材料抗脆性断裂和崩刃的能力。

3. 高耐磨性和耐热性

刀具材料的耐磨性是指抵抗磨损的能力。一般来说，刀具材料硬度越高，其耐磨性也越好。此外，刀具材料的耐磨性还与金相组织中化学成分，硬质点的性质、数量、颗粒大小和分布状况有关。金相组织中碳化物越多，颗粒越细，分布越均匀，其耐磨性就越高。

刀具材料的耐磨性与耐热性有着密切的关系。其耐热性通常用它在高温下保持较高硬度的性能（高温硬度）来衡量，也称红硬性。高温硬度越高，表示其耐热性越好，刀具材料在高温时抗塑性变形的能力、抗磨损的能力也越强。耐热性差的刀具材料，由于高温下硬度显著下降而使其很快磨损乃至发生塑性变形，丧失其切削能力。

4. 良好的导热性

刀具材料的导热性用热导率[单位：W/(m·K)]来表示。热导率大，表示导热性好，切削时产生的热量容易传导出去，从而降低切削部分的温度，减轻刀具磨损。此外，导热性好的刀具材料，其耐热冲击和抗热龟裂的性能增强，这种性能对采用脆性刀具材料进行断续切削，特别是在加工导热性能差的工件时尤为重要。

5. 良好的工艺性和经济性

为了便于制造，刀具材料要有较好的可加工性，包括锻压、焊接、切削加工、热处理、可磨性等。经济性是评价新型刀具材料的重要指标之一，刀具材料的选用应结合我国资源情况，降低成本。

6. 抗黏结性

应防止工件与刀具材料分子间在高温高压作用下互相吸附而产生黏结。

7. 化学稳定性

化学稳定性是指刀具材料在高温下，不易与周围介质发生化学反应。

2.1.2 刀具材料的种类及其选用

从制造所采用的材料，数控机床刀具可以分为高速钢刀具、硬质合金刀具、陶瓷刀具、立方氮化硼刀具和聚晶金刚石刀具。目前，数控机床用得最普遍的刀具是硬质合金刀具。

在金属切削领域，金属切削机床的发展和刀具材料的开发是相辅相成的关系。刀具材料从碳素工具钢到如今硬质合金和超硬材料（陶瓷、立方氮化硼、聚晶金刚石等）的出现，都是随着机床主轴转速提高、功率增大、精度提高、机床刚性的增加而逐步发展的。同时，新的工程材料（耐磨、耐热、超轻、高强工、纤维等）不断出现，也对切削刀具材料的发展起到了促进作用。目前，在金属切削工艺中应用的刀具材料中，碳素工具钢已被淘汰，合金工具钢也很少使用，所使用的刀具材料主要分为以下几类。

1. 高速钢

高速钢（High Speed Steel，HSS）是一种含钨（W）、钼（Mo）、铬（Cr）、钒（V）等合金元素较多的工具钢，它具有较好的力学性能和良好的工艺性，可以承受较大的切削力和冲击。高速钢刀具材料已有悠久的历史，随着材料科学的发展，高速钢刀具材料的品种已从单纯型的 W 系列发展到 WMo 系、WMoAl 系、WMoCo 系，其中 WMoAl 系是我国所特有的品种。同时，由于高速钢刀具热处理技术（真空、保护气热处理）的进步以及成型金切工艺（全磨制钻头、丝锥等）的更新，高速钢刀具的红硬性、耐磨性和表面层质量都得到了很大的提高和改善。因此，高速钢仍是数控机床用刀具的选择对象之一。

高速钢的品种繁多，按切削性能不同，其可分为普通高速钢和高性能高速钢；按化学成分不同，高速钢可分为钨系、钨钼系和钼系高速钢；按制造工艺不同，高速钢可分为熔炼高速钢和粉末冶金高速钢。

（1）普通高速钢。国内外使用最多的普通高速钢是 W6Mo5Cr4V2（M2 钼系）及 W18Cr4V（W18 钨系）钢，含碳量为 0.7% ~0.9%，硬度为 63 ~66 HRC，不适于高速和硬材料切削。

新牌号的普通高速钢 W9Mo3Cr4V（W9）是根据我国资源情况研制的含钨量较多、含钼量较少的钨钼钢。其硬度为 65 ~66.5 HRC，有较好硬度和韧性的配合，热塑性、热稳定性都较好，焊接性能、磨削加工性能都较高，磨削效率比 M2 钼系高 20%，表面粗糙度值也小。

（2）高性能高速钢。高性能高速钢是指在普通高速钢中加入一些合金，如 Co、Al 等，使其耐热性、耐磨性进一步提高，热稳定性高。但其综合性能不如普通高速钢，不同牌号的高性能高速钢只有在各自规定的切削条件下，才能达到良好的加工效果。我国正努力提高高性能高速钢的应用水平，如发展低钴高碳钢 W12Mo3Cr4V3Co5Si，含铝的超硬高速钢 W6Mo5Cr4V2Al 和 W10Mo4Cr4V3Al，提高其韧性、热塑性、导热性，其硬度达 67 ~ 69 HRC，可用于制造出口钻头、铰刀、铣刀等。

（3）粉末冶金高速钢。粉末冶金高速钢可以避免熔炼钢产生的碳化物偏析。其强度、韧性比熔炼高速钢有很大提高，可用于加工超高强度钢、不锈钢、钛合金等难加工材料。粉末冶金高速钢用于制造大型拉刀和齿轮刀具，特别是切削时受冲击载荷的刀具，效果更好。

2. 硬质合金

硬质合金（Cemented Carbide）是用高硬度、难熔的金属化合物（如 WC、TiC 等）微米数量级的粉末与 Co、Mo、Ni 等金属黏结剂烧结而成的粉末冶金制品。其高温碳化物含量超过高速钢，具有硬度高（ >89 HRA）、熔点高、化学稳定性好、热稳定性好的特点，但其韧性差，脆性大，承受冲击和振动能力低。其切削效率是高速钢刀具的 5 ~ 10 倍，因此，硬质合金刀具现在是主要刀具材料。

（1）普通硬质合金。普通硬质合金常用的有 WC + Co 类和 TiC + WC + Co 类两类。

①WC + Co 类（YG 类）：常用牌号有 YG3、YG3X、YG6、YG6X、YG8 等。数字表示 Co 的百分含量，此类硬质合金强度好，硬度和耐磨性较差，主要用于加工铸铁及有色金属。Co 含量越高者，韧性越好，适合粗加工；含 Co 量少者用于精加工。

②TiC + WC + Co 类（YT 类）：常用牌号有 YT5、YT14、YT15、YT30 等。此类硬质合金硬度、耐磨性、耐热性都明显提高，但韧性、抗冲击振动性差，主要用于加工钢料。含 TiC 量多、含 Co 量少的，耐磨性好，适合精加工；含 TiC 量少、含 Co 量多的，承受冲击性能好，适合粗加工。

（2）新型硬质合金。在上述两类硬质合金的基础上，添加某些碳化物可以使其性能提高。例如，在 YG 类中添加 TaC（或 NbC），可细化晶粒，提高硬度和耐磨性，而韧性不变，还可提高合金的高温硬度、高温强度和抗氧化能力，如 YG6A、YG8N、YG8P3 等。在 YT 类添加合金，可提高抗弯强度、冲击韧性、耐热性、耐磨性、高温强度及抗氧化能力等，此类合金既可用于加工钢料，又可加工铸铁和有色金属，被称为通用合金（代号 YW）。此外，还有 TiC（或 TiN）基硬质合金（又称金属陶瓷）、超细晶粒硬质合金（如 YS2、YM051、YG610、YG643）等。

3. 新型刀具材料

（1）涂层刀具。涂层刀具是采用化学气相沉积（Chemical Vapour Deposition，CVD）或物理气相沉积（Physical Vapour Deposition，PVD）法，在硬质合金或其他材料刀具基体上涂覆一薄层耐磨性高的难熔金属（或非金属）化合物而得到的刀具材料。它较好地解决了材料硬度及耐磨性与强度及韧性的矛盾。

涂层刀具的镀膜可以防止切屑和刀具直接接触，减小摩擦，降低各种机械热应力。使用涂层刀具，可缩短切削时间，降低成本，减少换刀次数，提高加工精度，且刀具寿命长。涂层刀具可减少或取消切削液的使用。

常用的涂层材料有 TiN、TiC、Al_2O_3 和超硬材料涂层。在切削加工中，常见的涂层均以 TiN 为主，但切削高硬材料时，存在耐磨性高、强度差的问题，涂层易剥落。采用特殊性能基体，涂以 TiN、TiC 和 Al_2O_3 复合涂层，可使基体和涂层得到理想匹配，具有高抗热振性和韧性，且表层高耐磨。涂层与基体间有富钴层，可有效提高抗崩损破坏能力。涂层刀具可加工各种结构钢、合金钢、不锈钢和铸铁，干切或湿切均可正常使用。超硬材料涂层刀具可加工硅铝合金、铜合金、石墨、非铁金属及非金屑，其应用范围从粗加工到精加工，寿命比硬质合金提高 10 ~ 100 倍。

涂层材料的基体一般为粉末冶金高速钢或新牌号硬质合金。对于孔加工刀具材料，用粉末冶金高速钢及硬质合金为基体的涂层刀具，可进行高速切削。例如，涂层硬质合金钻头的钻削速度达 240 m/min，主轴转速为 8 000 r/min，钻一个孔仅用 1 s，钻头磨损轻微，表面

粗糙度 Ra 为 6.4 μm。

近年来，随着现代化加工中心及精密机床的发展，要求切削刀具也要适应并实现高速高精度化的要求。一种可进行高速铣削的（切削速度达 600 m/min）刀片，涂层多达 2 000 层，涂层物质为 TiN 和 AlN 两者交互涂镀，每层镀膜厚 1 nm，其硬度高达 4 000 HV，与一般涂层刀具相比，刀具寿命明显延长。

（2）陶瓷刀具材料。常用的陶瓷刀具材料（Ceramics）是以 Al_2O_3 或 Si_3N_4 为基体成分在高温下烧结而成的。其硬度可达 91 ~ 95 HRA，耐磨性比硬质合金高十几倍，适于加工冷硬铸铁和淬硬钢；在 1 200 ℃高温下仍能切削，高温硬度可达 80 HRA，在 540 ℃时为 90 HRA，切削速度比硬质合金高 2 ~ 10 倍；具有良好的抗黏性能，使它与多种金属的亲和力小；化学稳定性好，即使在熔化时，与钢也不起相互作用；抗氧化能力强。

陶瓷刀具最大的缺点是脆性大，强度低，导热性差。采用提高原材料纯度、喷雾制粒、真空加热、亚微细颗粒、热等静压（Hot Isostatic Pressing，HIP）工艺，加入碳化物、氮化物、硼化物、纯金属、Al_2O_3 基成分（Si_3N_4）等，可提高陶瓷刀具性能。

①Al_2O_3 基陶瓷刀具：在 Al_2O_3 中加入一定数量（15% ~ 30%）TiC 和一定量金属（如 Ni、Mo 等）形成 Al_2O_3 基陶瓷刀具。此类刀具可提高抗弯强度及断裂韧性，抗机械冲击和耐热冲击能力也得以提高，适用于各种铸铁及钢料的精加工、粗加工。此类牌号有 M16、SG3、AG2 等。

②Si_3N_4 基陶瓷刀具：它比 Al_2O_3 基陶瓷刀具有更高的强度、韧性和疲劳强度，有更高的切削稳定性。其热稳定性更高，在 1 300 ℃ ~ 1 400 ℃能正常切削，允许更高的切削速度。其导热系数为 Al_2O_3 的 2 ~ 3 倍，因此耐热冲击能力更强。此类刀具适于端铣和切有氧化皮的毛坯工件等。此外，它亦可对铸铁、淬硬钢等高硬材料进行精加工和半精加工。此类牌号有 SM、7L、105、FT80、F85 等。

③在 Si_3N_4 中加入 Al_2O_3 等形成的新材料称为塞隆（Sialon）陶瓷，它是迄今陶瓷中强度最高的，断裂韧性也很高，其化学稳定性、抗氧化性能力都很好。有些品种的强度甚至随温度升高而升高，称为超强度材料。它在断续切削中不易崩刃，是高速粗加工铸铁及镍基合金的理想刀具材料。

此外，还有其他陶瓷刀具。例如，ZrO_2 陶瓷刀具可用来加工铝合金、铜合金，TiB_2 刀具可用来加工汽车发动机精密铝合金件。

（3）超硬刀具材料。超硬刀具材料是有特殊功能的材料，是金刚石和立方氮化硼的统称，用于超精加工及硬脆材料加工。它可用来加工任何硬度的工件材料，包括淬火硬度达 65 ~ 67 HRC 的工具钢，有很高的切削性能，切削速度比硬质合金刀具提高 10 ~ 20 倍，且切削时温度低，超硬材料加工的表面粗糙度值很小，切削加工可部分代替磨削加工，经济效益显著提高。

①聚晶金刚石。金刚石（Poly Crystalline Diamond，PCD）有天然及人造两类，除少数超精密及特殊用途外，工业上多使用人造聚晶金刚石作为刀具及磨具材料。

金刚石具有极高的硬度，比硬质合金及切削用陶瓷高几倍。磨削时金刚石的研磨能力很强，其耐磨性比一般砂轮高 100 ~ 200 倍，且随着工件材料硬度增大而提高。金刚石具有很高的导热性，刃磨非常锋利，粗糙度值小，可在纳米级稳定切削。金刚石刀具有较低的摩擦系数，可保证较好的工件质量。

金刚石刀具主要用于加工各种有色金属，如铝合金、铜合金、镁合金等，也用于加工钛合金、金、银、铂、各种陶瓷和水泥制品；对于各种非金属材料，如石墨、橡胶、塑料、玻璃及其聚合材料，金刚石刀具的加工效果都很好。金刚石刀具超精密加工广泛用于加工激光扫描器和高速摄影机的扫描棱镜，特形光学零件，电视、录像机、照相机零件，计算机磁盘等，而且随着晶粒不断细化，可用来制作切割用水刀。因与 Fe 元素亲和力强，金刚石刀具不能用于加工黑色金属。

目前，国内已有部分聚晶金刚石刀片产品。瑞典山特维克（SANDVIK）公司的聚晶金刚石刀片的牌号为 CD10，主要是将聚晶金刚石颗粒烧结在刀片刃口的顶端部分，其形状有四边形、菱形、正方形、三角形等。美国通用电气公司的聚晶金刚石刀片的牌号为 COMPAX，它是将聚晶金刚石颗粒烧结在刀片的整个刃口平面上（厚度为 0.5 mm），其形状有圆形、扇形和矩形。

②立方氮化硼。立方氮化硼（Cubic Boron Nitride，CBN）有很高的硬度及耐磨性，仅次于金刚石；其热稳定性比金刚石高 1 倍，可以高速切削高温合金，切削速度比硬质合金高 3 ~ 5 倍；有优良的化学稳定性，适于加工钢铁材料；其导热性比金刚石差，但比其他材料高得多，抗弯强度和断裂韧性介于硬质合金与陶瓷之间。用立方氮化硼刀具可加工以前只能用磨削方法加工的特种钢，它还非常适合数控机床加工。

国内生产 CBN 刀片的单位有成都工具研究所（FD 型、LD-J-CF Ⅱ型）、贵阳第六砂轮厂（DLS-F）、郑州磨料磨具磨削研究所（LF 型）、中国有色桂林矿产地质研究院（LBN-Y 型）、首都航天机械有限公司、牡丹江超硬材料工具厂、哈尔滨砂轮厂、北京科技大学、吉林大学等。

国外如瑞典 SANDVIK 公司生产的立方氮化硼刀片牌号为 CB50，刀片的形状有圆形、正方形和三角形 3 种；美国通用电气公司的牌号为 BZN；日本住友电气工业株式会社的牌号为 BN。

2.2 数控机床刀具种类及特点

2.2.1 数控机床的刀具系统

数控刀具的分类方法很多。按刀具切削部分的材料，数控刀具可分为高速钢、硬质合金、陶瓷、聚晶金刚石和立方氮化硼等刀具；按刀具的结构形式，数控刀具可分为整体式、焊接式、机夹可转位式和涂层刀具；按所使用机床的类型、结构和性能，数控刀具可分为车刀、钻头、铰刀和铣刀等，如图 2 - 1 所示。

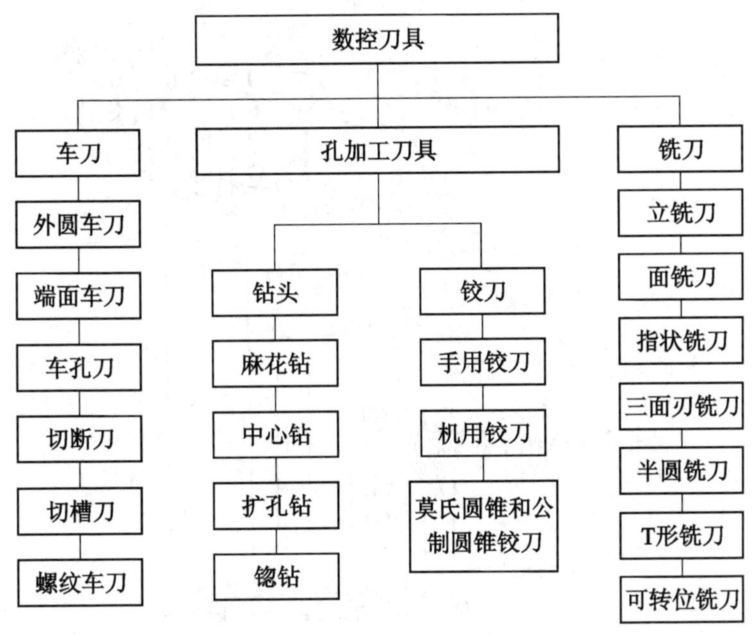

图2－1　按机床类型分类的数控刀具

从现实情况看，应从广义角度来理解数控机床中“刀具”的含义。随着数控机床结构、功能的发展，现在数控机床的刀具已不是普通机床所采用的“一机一刀”的模式，而是多种不同类型的刀具同时在数控机床的刀盘上（或主轴上）轮换使用，从而达到自动换刀的目的。因此，“刀具”的含义应理解为“数控工具系统”。图2－2和图2－3是两种典型的数控刀具系统。图2－2是链轮式自动换刀系统，图2－3是转盘式自动换刀系统。这两种刀具系统是加工中心上应用比较普遍的刀具系统。

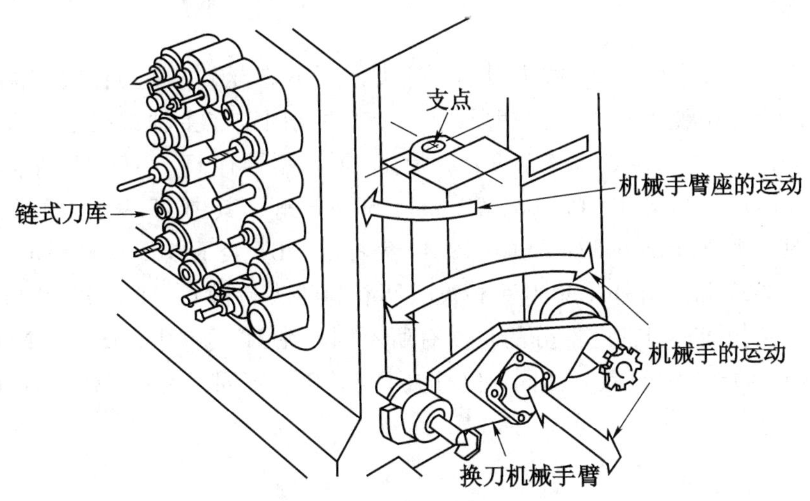

图2－2　链轮式自动换刀系统

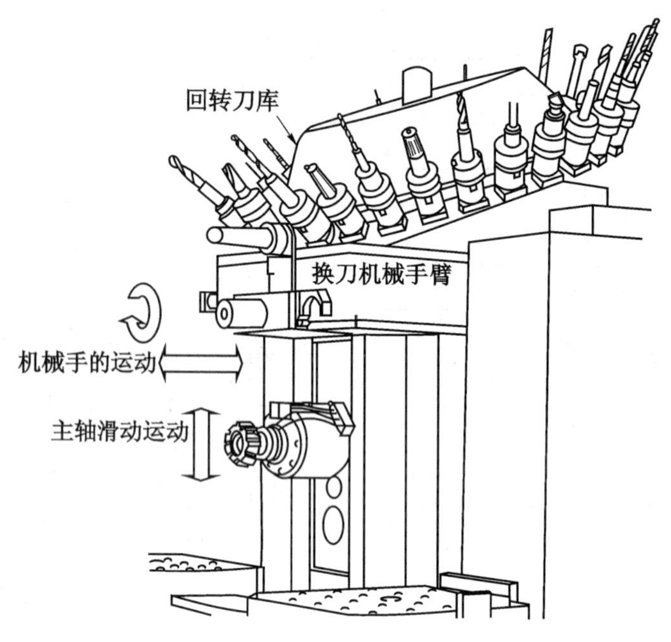

图 2－3　转盘式自动换刀系统

从上面两种换刀系统上可以看出，除机床的自动换刀结构外，为了保证刀具的可互换性，刀柄和工具系统也非常重要。

1. 刀柄

刀柄是机床主轴和刀具之间的连接工具，是加工中心必备的辅具。它除了能够准确地安装各种刀具外，还应满足在机床主轴上的自动松开和拉紧定位、刀库中的存储和识别以及机械手的夹持和搬运等需要。刀柄的选用要与机床的主轴孔相对应，并且已经标准化和系列化。

加工中心上一般采用 7∶24 圆锥刀柄，这类刀柄不能自锁，换刀比较方便，与直柄相比具有较高的定心精度和刚度。刀柄要配上拉钉才能固定在主轴锥孔上，刀柄与拉钉都已标准化，如图 2－4 和表 2－1、表 2－2 所示。刀柄型号有 JT、BT、ST 等，其柄部尺寸规格主要有 30 mm、40 mm、45 mm、50 mm、60 mm 等，其中 JT 表示以 ISO 7388/1、美国 ANSI B5. 50、德国 DIN 69871 和 GB 10944 为标准，BT 表示以日本 MAS403 BT 为标准，ST 表示以 GB 3837 和德国 DIN 2080 为标准（无机械手夹持槽）。JT 与 BT 相应型号的柄部锥度、大端直径相同，但锥度部分的长度有所不同。在 JT 类型中，ISO、ANSI、DIN、GB 各标准的锥柄、拉钉螺纹孔尺寸相同，但机械手夹持部分不同，因此要根据不同机床选择相应的刀柄及拉钉。

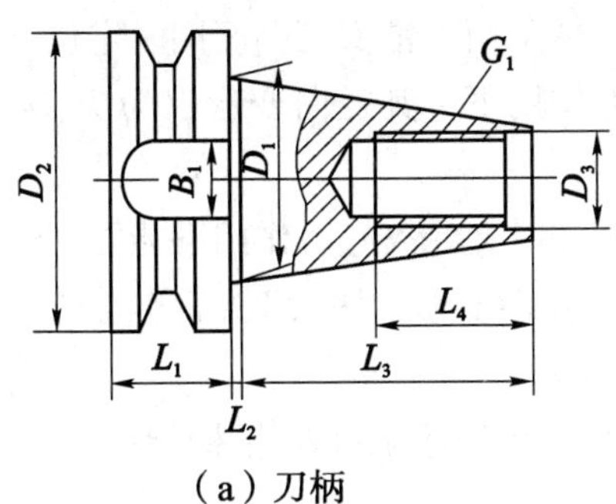

（a）刀柄

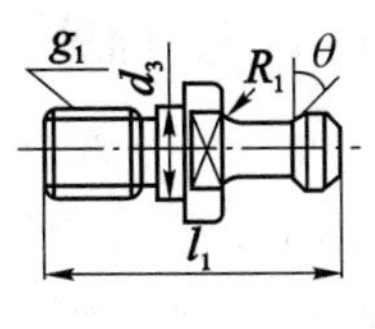

（b）拉钉

图 2-4　刀柄与拉钉

表 2-1　刀柄尺寸　　单位：mm

型号	规格	D_1	L_3	D_3	G_1	D_2	L_1	L_2
JT	40	ϕ44.45	68.4	ϕ17	M16	ϕ63.55	15.9	3.18
	45	ϕ57.15	82.7	ϕ21	M20	ϕ82.55	15.9	3.18
	50	ϕ69.85	101.75	ϕ25	M24	ϕ97.5	15.9	3.18
BT	40	ϕ44.45	65.4	ϕ17	M16	ϕ63	25	1.6
	45	ϕ57.15	82.8	ϕ21	M20	ϕ82.55	30	3
	50	ϕ69.85	101.8	ϕ25	M24	ϕ100	35	3

表 2-2　拉钉尺寸　　单位：mm

标准	规格	l_1	g_1	d_3	θ	
					1	2
ISO	40	54	M16	ϕ17	30°	45°
	45	65	M20	ϕ21	30°	45°
	50	74	M24	ϕ25	30°	45°
BT	40	60	M16	ϕ17	30°	45°
	45	70	M20	ϕ21	30°	45°
	50	85	M24	ϕ25	30°	45°

随着高速切削加工技术的推广与应用，国外一些大工具公司竞相推出了各种刀柄，如德国的 HSK 刀柄便是其中之一，在欧美、日本已迅速推广应用，国内也在应用。HSK 刀柄（柄部锥度为 1∶10）与 7∶24 刀柄相比，具有以下显著的特点。

（1）定位精度高。其径向和轴向重复定位精度一般在 2 μm 以内，并能长期保持高精度。

（2）静态、动态刚度高。空心短锥刀柄采用了锥度和端面同时定位（过定位），因此连接刚度高，传动扭矩大。在同样的径向力作用下，其径向变形仅为 7∶24 锥度（BT 型）连接的 50%。

（3）适合高速加工。空心刀柄高速旋转时，在离心力作用下能够“胀大”，与主轴内孔紧密贴合。1∶10 锥柄在离心力作用下产生弹性变形“胀大”，而实心的 7∶24 锥柄不能“胀大”，与主轴锥孔产生间隙，因而接触不良。

（4）质量轻，尺寸小，结构紧凑。空心短锥柄与 7∶24 锥柄相比，质量减轻 50%，长度为 7∶24 圆锥的 1/3，可缩短换刀时间。

（5）清除污垢方便。图 2－5 所示为 HSK－A63 刀柄及主轴内孔，锥体尾部有端面键槽以传递扭矩，锥体内孔有 30°锥面，夹紧机构的夹爪钩在此面以拉紧刀柄。锥体与主轴锥孔有微小过盈，夹紧时薄壁锥体产生弹性变形，使锥体与端面同时靠紧，因而能够牢固地夹紧刀柄。HSK 刀柄上有供内冷却用的冷却液孔。

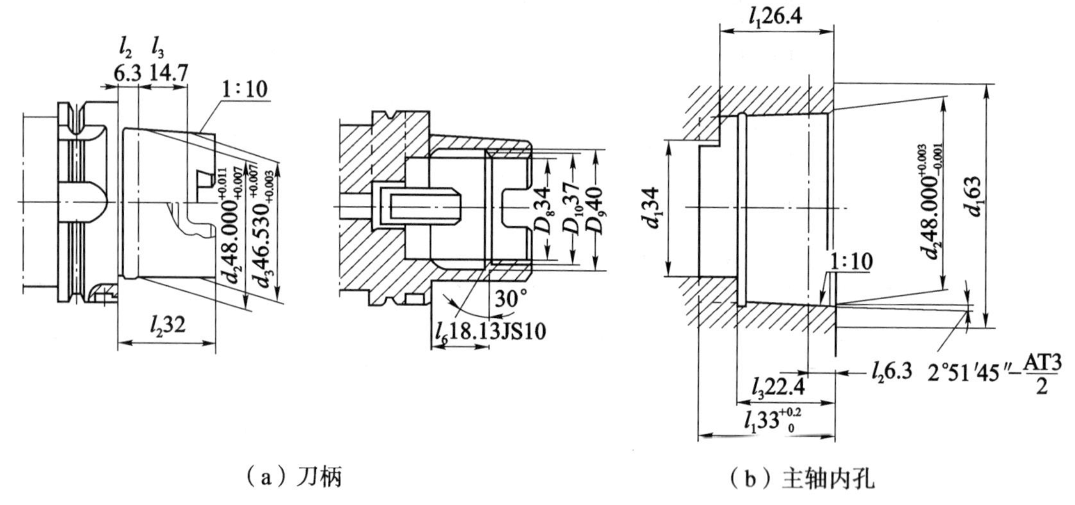

（a）刀柄　　（b）主轴内孔

图 2－5　HSK－A63 刀柄及主轴内孔

2. 工具系统

由于数控设备，特别是加工中心，加工内容的多样性，其配备的刀具和装夹工具种类也很多，并且要求刀具更换迅速。因此，刀辅具的标准化和系列化十分重要。把通用性较强的刀具和配套装夹工具系列化、标准化，就成为通常所说的工具系统。采用工具系统进行加工，虽然工具成本高些，但它能可靠地保证加工质量，最大限度地提高加工质量和生产率，使加工中心的效能得到充分发挥。

目前，我国建立的工具系统是镗铣类工具系统，这种工具系统一般由与机床主轴连接的锥柄、延伸部分的连杆和工作部分的刀具组成。它们经组合后可以完成钻孔、扩孔、铰孔、镗孔、攻螺纹等加工工艺。镗铣类工具系统分为整体式结构和模块式结构两大类。

（1）整体式结构。我国 TSG82 工具系统就属于整体式结构的工具系统。它的特点是将锥柄和接杆连成一体，不同品种和规格的工作部分都必须带有与机床相连的柄部。其优点是结构简单，使用方便、可靠、更换迅速等。缺点是锥柄的品种和数量较多。如图 2－6 所示是 TSG82 工具系统，选用时一定要按图示进行配置。表 2－3 是 TSG82 工具系统的部分代码和意义。

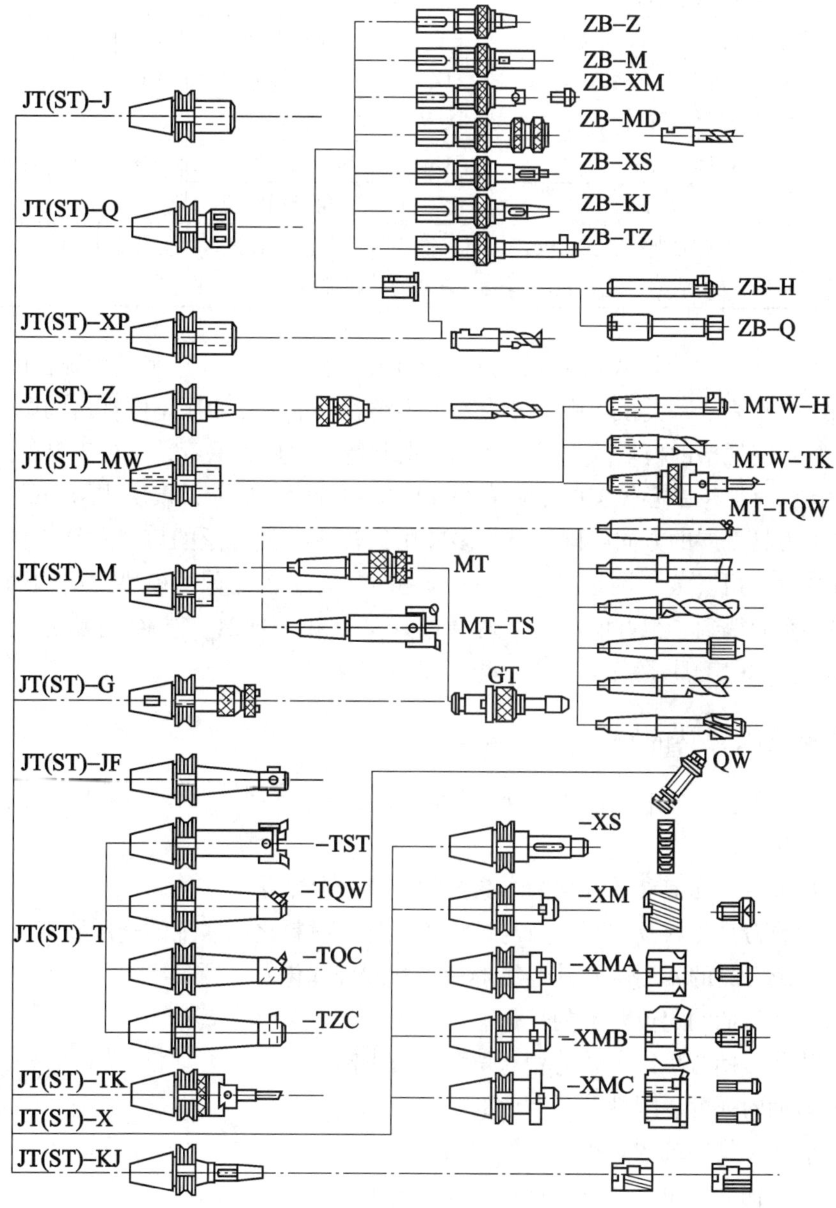

图 2－6　TSG82 工具系统

表 2－3　TSG82 工具系统的部分代码和意义

代码	代码的意义	代码	代码的意义	代码	代码的意义
J	装接长刀杆用锥柄	KJ	用于装扩、铰刀	TF	浮动镗刀
Q	弹簧夹头	BS	倍速夹头	TK	可调镗刀
KH	7:24 锥柄快换夹头	H	倒锪端面刀	X	用于装铣削刀具
Z(J)	用于装钻夹头（莫氏锥度注 J）	T	镗孔刀具	XS	装三面刃铣刀
MW	装无扁尾莫氏锥柄刀具	TZ	直角镗刀	XM	装面铣刀
M	装有扁尾莫氏锥柄刀具	TQW	倾斜式微调镗刀	XDZ	装直角端铣刀
G	攻螺纹夹头	TQC	倾斜式粗镗刀	XD	装端铣刀
C	切内槽工具	TZC	直角形粗镗刀		
规格	用数字表示工具的规格，其含义随工具不同而异。有些工具该数字为轮廓尺寸 *D-L*，有些工具该数字表示应用范围，还有表示其他参数值的，如锥度号等				

（2）模块式结构。模块式结构把工具的柄部和工作部分分开，制成系统化的主柄模块、中间模块和工作模块，每类模块中又分为若干小类和规格，然后用不同规格的中间模块组装成不同用途、不同规格的模块式刀具，因此方便制造、使用和保管，减少工具的规格、品种和数量的储备，对加工中心较多的企业有很高的实用价值。目前，模块式结构的工具系统已成为数控加工刀具发展的方向。国外有许多应用比较成熟和广泛的模块式结构的工具系统，如瑞士山特维克公司（公司网址 www. sandvik. com）有比较完善的模块式结构的工具系统，在我国的许多企业得到了很好的应用。国内的 TGM10 和 TGM21 工具系统就属于这一类。如图 2－7 所示为 TMG 工具系统。

2.2.2　数控机床刀具的特点

为了能够达到数控机床上刀具高效、多能、快换和经济的目的，数控机床所用的刀具主要具备下列特点。

（1）刀片和刀具几何参数和切削参数的规范化、典型化。

（2）刀片或刀具材料及切削参数与被加工工件的材料之间匹配的选用原则。

（3）刀片或刀具的耐用度及其经济寿命指标的合理化。

（4）刀片及刀柄的定位基准的优化。

（5）刀片及刀柄对机床主轴的相对位置的要求高。

（6）对刀柄的强度、刚性及耐磨性的要求高。

（7）刀柄或工具系统的装机重量限制的要求。

（8）对刀具柄的转位、装拆和重复精度的要求。

（9）刀片及刀柄切入的位置和方向的要求。

（10）刀片和刀柄高度的通用化、规则化、系列化。

（11）整个数控工具系统自动换刀系统的优化。

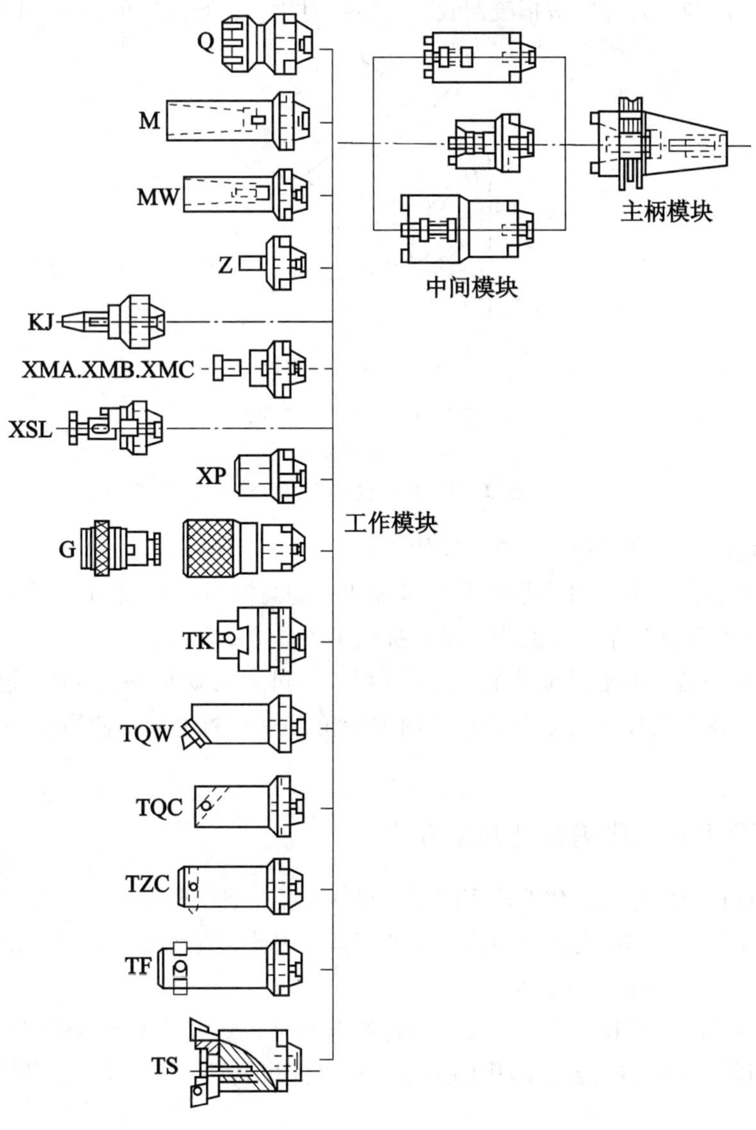

图 2－7 TMG 工具系统

2.3 可转位刀片及其代码

2.3.1 可转位刀片的优点

以机夹可转位车刀为例，图 2－8 表示可转位车刀的组成。刀垫 2、刀片 3 套装在刀杆 1 的夹固元件 4 上，由该元件将刀片压向支承面而紧固。车刀的前、后角靠刀片在刀杆槽中安装后获得。一条切削刃用钝后可迅速转位换成相邻的新切削刃，即可继续工作，直到刀片上所有切削刃均已用钝，刀片才被报废回收。更换新刀片后，车刀又可继续工作。

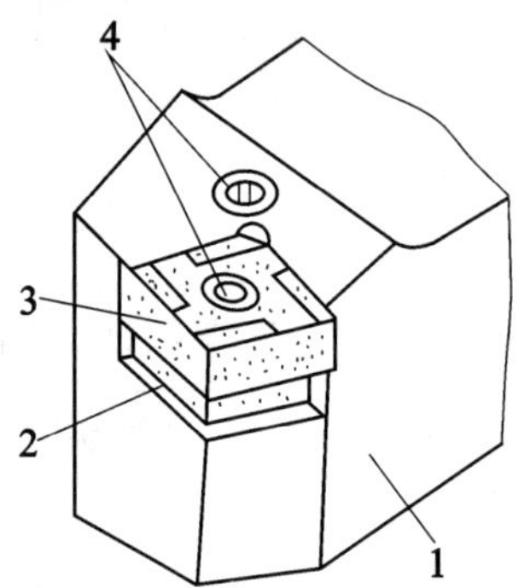

1—刀杆；2—刀垫；3—刀片；
4—夹固元件。

图2－8　可转位车刀的组成

数控机床使用可转位刀片，具有下述优点：

（1）刀具寿命高。由于刀片避免了由焊接和刃磨高温引起的缺陷，刀具几何参数完全由刀片和刀杆槽保证，切削性能稳定，从而提高了刀具寿命。

（2）生产效率高。由于机床操作工人不再磨刀，可大大减少停机换刀等辅助时间。

（3）有利于推广新技术、新工艺。使用可转位刀片有利于推广使用涂层、陶瓷等新型刀具材料。

2.3.2　可转位刀片的代码及其标记方法

从刀具的材料应用方面，数控机床用刀具材料主要是各类硬质合金。从刀具的结构应用方面，数控机床主要采用机夹式可转位刀片的刀具。因此，对硬质合金可转位刀片的运用是数控机床操作者必须了解的内容之一。

选用机夹式可转位刀片，关键是要了解各类型的机夹式可转位刀片的代码（Code）。按国际标准ISO 1832的可转位刀片的代码方法，机夹式可转位刀片是由10位字符串组成的，其排列如下：

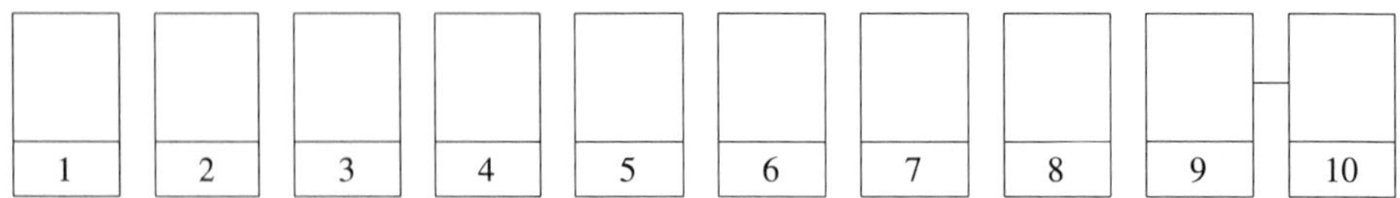

其中每一位字符串代表刀片某种参数的意义，现分别叙述如下：

1——刀片的几何形状及其夹角；

2——刀片主切削刃后角（法后角）；

3——刀片内接圆直径 d 与厚度 s 的精度等级；

4——刀片形式、紧固方法或断屑槽；

5——刀片边长、切削刃长；

6——刀片厚度；

7——刀尖圆角半径 r_ε、主偏角 κ_r 或修光刃后角 α_n；

8——切削刃状态：刀尖切削刃或倒棱切削刃；

9——进刀方向或倒刃宽度；

10——厂商的补充符号或倒刃角度。

一般情况下，当有要求时才填写第 8 位和第 9 位代码。第 10 位代码根据厂商而不同，如 SANDVIK 公司用来表示断屑槽形代号或代表设计有断屑槽等。无论哪一种型号的刀片必须标注前 7 位代号。

根据可转位刀片的切削方式不同，应分别按车、铣、钻、镗的工艺来叙述可转拉刀片代码的具体内容。由于刀片内容很多，在此不一一叙述。图 2－9 给出了可转位车刀片、铣刀片的标记方法，参考《切削刀具用可转位刀片型号表示规则》（GB/T 2076—2007）。

2.4 数控刀具的选择

数控刀具的选择与加工性质、工件形状和机床类别等因素有关，本节主要介绍数控刀具选择应考虑的因素。有关车、铣加工刀具的具体选择方法将在后续相应章节中详细介绍。

1. 选择刀片（刀具）应考虑的因素

选择刀片（刀具）应考虑的因素是多方面的。随着机床种类、型号的不同，生产经验和习惯的不同以及其他种种因素得到的效果不同，归纳起来应该考虑的因素有以下几点。

（1）被加工工件材料的类别：包括有色金属（铜、铝、钛及其合金）、黑色金属（碳钢、低合金钢、工具钢、不锈钢、耐热钢等）、复合材料、塑料类等。

（2）被加工件材料性能的状况：包括硬度、韧性、组织状态（铸、锻、轧、粉末冶金）等。

（3）切削工艺的类别：包括车、钻、铣、镗，粗加工、精加工、超精加工，内孔，外圆，切削流动状态，刀具变位时间间隔等。

（4）被加工工件的几何形状（影响连续切削或间断切削、刀具的切入或退出角度）、零件精度（尺寸公差、形位公差、表面粗糙度）和加工余量等因素。

（5）要求刀片（刀具）能承受的切削用量（包括切削深度、进给量、切削速度）。

（6）生产现场的条件（包括操作间断时间、振动、电力波动或突然中断）。

（7）被加工工件的生产批量，影响刀片（刀具）的经济寿命。

2. 选择镗孔（内孔）刀具考虑的要点

选择镗孔刀具的主要问题是刀杆的刚性，要尽可能地防止或消除振动。其考虑要点如下。

（1）尽可能选择大的刀杆直径，接近镗孔直径。

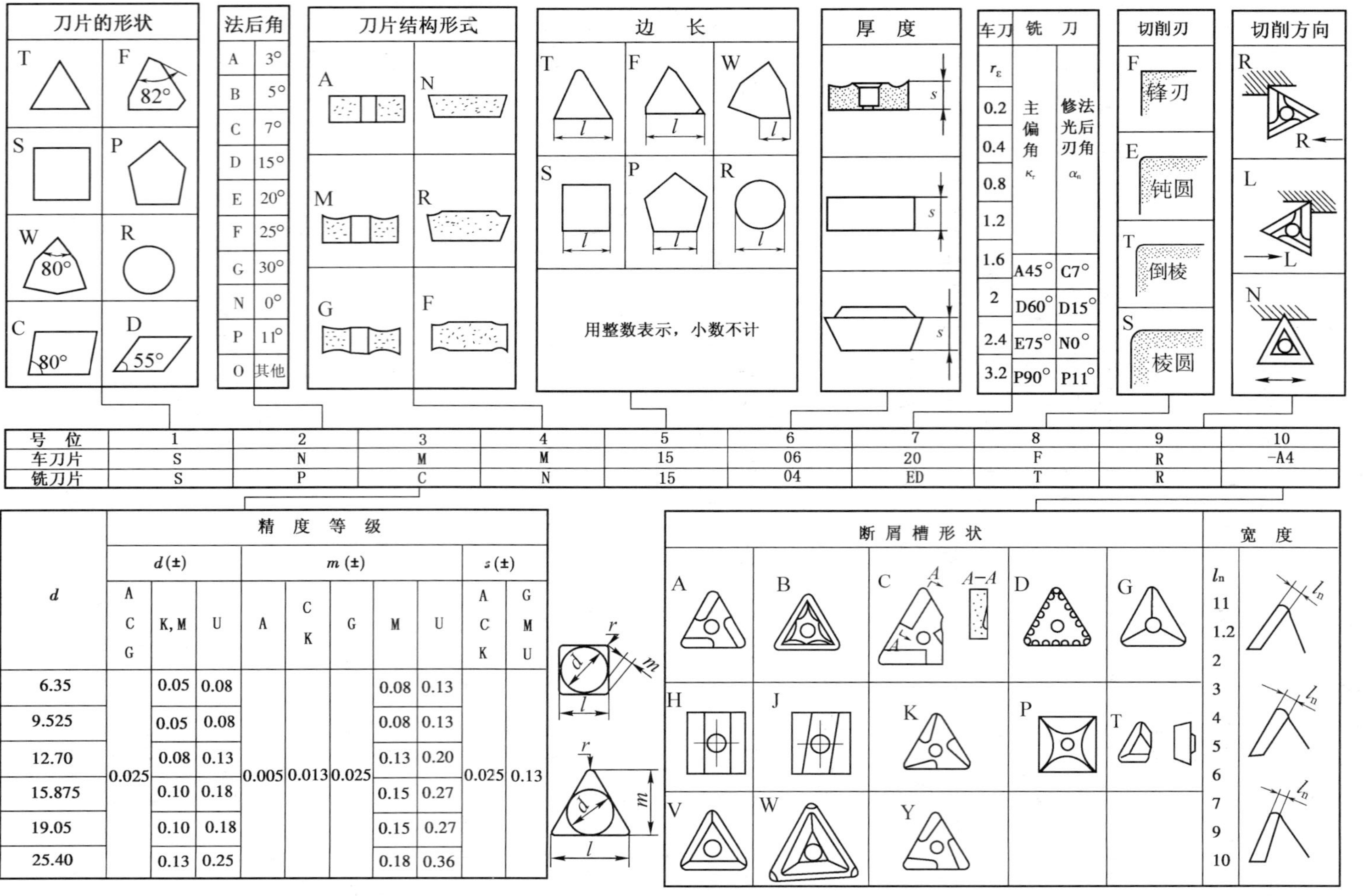

d	d(±) A C G	d(±) K, M	d(±) U	m(±) A	m(±) C K	m(±) G	m(±) M	m(±) U	s(±) A C K	s(±) G M U
6.35	0.025	0.05	0.08	0.005	0.013	0.025	0.08	0.13	0.025	0.13
9.525		0.05	0.08				0.08	0.13		
12.70		0.08	0.13				0.13	0.20		
15.875		0.10	0.18				0.15	0.27		
19.05		0.10	0.18				0.15	0.27		
25.40		0.13	0.25				0.18	0.36		

图2-9 可转位车刀片、铣刀片的标记方法

（2）尽可能选择短的刀臂（工作长度）。当工作长度小于 4 倍刀杆直径时可用钢制刀杆，加工要求高的孔时最好采用硬质合金制刀杆。当工作长度为 4 ~7 倍的刀杆直径时，小孔用硬质合金制刀杆，大孔用减振刀杆。当工作长度为 7 ~10 倍的刀杆直径时，要采用减振刀杆。

（3）选择主偏角（切入角 κ_r）应接近 90°，且大于 75°。

（4）选择无涂层的刀片品种（刀刃圆弧小）和小的刀尖半径（$r_\varepsilon = 0.2$）。

（5）精加工采用正切削刃（正前角）刀片和刀具，粗加工采用负切削刃（负前角）刀片和刀具。

（6）镗深盲孔时，采用压缩空气（气冷）或冷却液（排屑和冷却）。

（7）选择正确的、快速的镗刀柄夹具。

如图 2 –10 所示是在各种车削情况下的刀具形状和工件形状的关系。

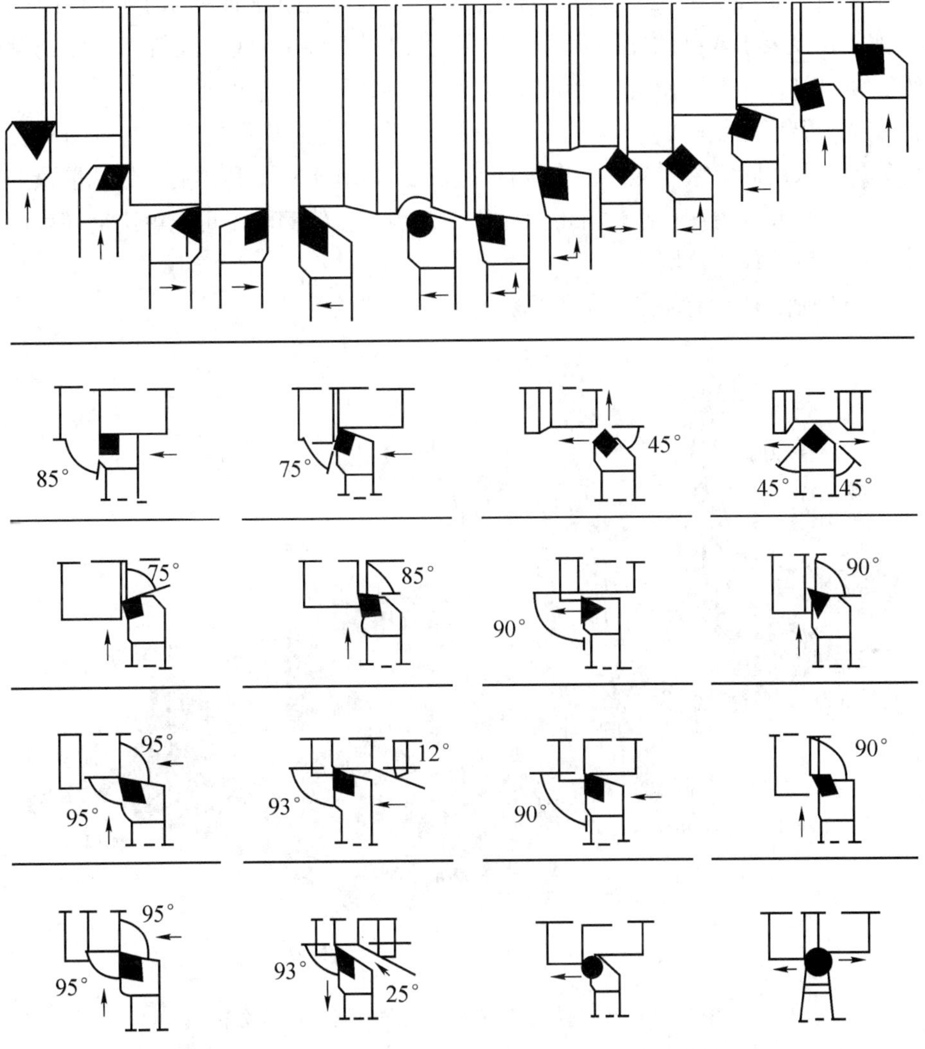

图 2 –10　在各种车削情况下的刀具形状和工件形状的关系

3. 选用数控铣刀的注意事项

（1）在数控机床上铣削平面时，应采用可转位式硬质合金刀片铣刀。一般采用两次走刀，一次粗铣、一次精铣。当连续切削时，粗铣刀直径要小一些，以减小切削扭矩；精铣刀直径要大一些，最好能包容待加工表面的整个宽度。加工余量大且加工表面又不均匀时，刀具直径要选得小一些，否则当粗加工时接刀刀痕过深会影响加工质量。

（2）高速钢立铣刀多用于加工凸台和凹槽，最好不要用于加工毛坯面，因为毛坯面有硬化层和夹砂现象，会加速刀具的磨损。

（3）加工余量较小，并且要求表面粗糙度较低时，应采用立方氮化硼刀片端铣刀或陶瓷刀片端铣刀。

（4）镶硬质合金立铣刀可用于加工凹槽、窗口面、凸台面和毛坯表面。

（5）镶硬质合金的玉米铣刀可以进行强力切削，铣削毛坯表面和用于孔的粗加工。

（6）加工精度要求较高的凹槽时，可采用直径比槽宽小一些的立铣刀，先铣槽的中间部分，然后利用刀具的半径补偿功能铣削槽的两边，直到达到精度要求为止。

（7）在数控铣床上钻孔，一般不采用钻模。钻孔深度为直径的 5 倍左右的深孔加工容易折断钻头，可采用固定循环程序，多次自动进退，以利于冷却和排屑。钻孔前最好先用中心钻钻一个中心孔或采用一个刚性好的短钻头锪窝引正。锪窝除了可以解决毛坯表面钻孔引正问题外，还可以替代孔口倒角。

如图 2－11 所示是铣削加工时工件形状和刀具形状的关系。

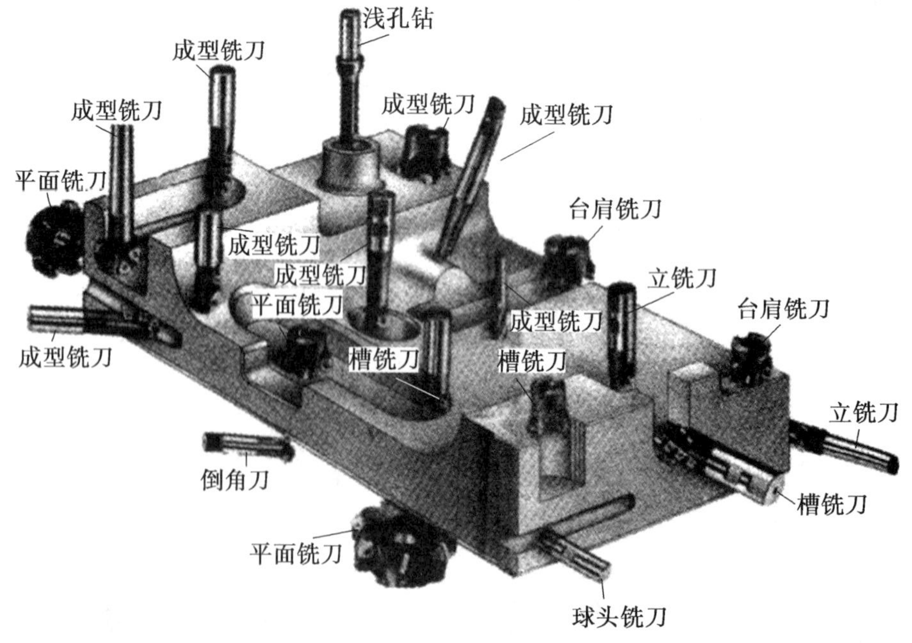

图 2－11　铣削加工时工件形状和刀具形状的关系

思考与练习题

1. 简述数控刀具材料的种类、特点及其应用场合。
2. 选择刀片（刀具）通常应考虑哪些因素？
3. 可转位刀片有哪些优点？
4. 数控加工对刀具有哪些要求？
5. 镗铣类工具系统的结构形式分哪两类？各有何特点？
6. HSK 刀柄与 7∶24 锥柄相比，有何优点？适用于什么场合？

模拟自测题

一、单项选择题

1. 切削刃形状复杂的刀具宜采用（　　）材料制造较合适。

A. 硬质合金　　B. 人造金刚石　　C. 陶瓷　　D. 高速钢

2. 用硬质合金铰刀铰削塑性金属材料时，由于工件弹性变形的影响，容易出现（　　）现象。

A. 孔径收缩　　B. 孔径不变　　C. 孔径扩张　　D. 孔径不规则变化

3. 刀具切削部分材料的硬度要高于被加工材料的硬度，其常温硬度应在（　　）。

A. 45～50 HRC　　B. 50～60 HRC　　C. 60 HRC 以上　　D. 40～45 HRC

4. 数控机床一般采用机夹式可转位刀具，与普通刀具相比，机夹式可转位刀具有很多特点，但（　　）不是机夹式可转位刀具的特点。

A. 刀具要经常进行重新刃磨

B. 刀片和刀具几何参数和切削参数的规范化、典型化

C. 刀片及刀柄高度的通用化、规则化、系列化

D. 刀片或刀具的耐用度及其经济寿命指标的合理化

5. YG 类硬质合金主要用于加工（　　）材料。

A. 铸铁和有色金属　　B. 合金钢

C. 不锈钢和高硬度钢　　D. 工具钢和淬火钢

6. （　　）刀具材料硬度最高。

A. 金刚石　　B. 硬质合金　　C. 高速钢　　D. 陶瓷

7. 刀具材料在高温下能够保持较高硬度的性能称为（　　）。

A. 硬度　　B. 红硬性　　C. 耐磨性　　D. 韧性和硬度

8. HRC 表示（　　）。

A. 布氏硬度　　B. 肖氏硬度　　C. 维氏硬度　　D. 洛氏硬度

9. JT/BT/ST 刀柄柄部锥度为（　　）。

A. 7∶24　　B. 1∶10　　C. 1∶5　　D. 1∶12

10. HSK 刀柄柄部锥度为（　　）。

A. 7∶24　　B. 1∶10　　C. 1∶5　　D. 1∶12

11. 车削阶梯轴时，主偏角 κ_r 的大小应满足（　　）。

A. $\kappa_r \geqslant 90°$　　B. $\kappa_r \geqslant 75°$　　C. $\kappa_r \leqslant 90°$　　D. $\kappa_r = 0°$

12. 金刚石刀具与铁元素的亲和力强，通常不能用于加工（　　）。

A. 有色金属　　B. 黑色金属　　C. 非金属　　D. 陶瓷制品

13. 机夹式可转位刀片的 ISO 代码是由（　　）位字符串组成的。

A. 8　　B. 9　　C. 10　　D. 13

14. 高速钢刀具的合理前角（　　）硬质合金刀具的合理前角。

A. 小于　　B. 大于　　C. 等于　　D. 与刀具材料无关

15.（　　）刀柄适用于高速加工。

A. JT　　B. BT　　C. ST　　D. HSK

二、判断题（正确的打√，错误的打×）

1. YT 类硬质合金中，含钴量多，承受冲击性能好，适合粗加工。（　　）

2. 可转位式车刀用钝后，只需要将刀片转过一个位置，即可使新的刀刃投入切削。当几个刀刃都用钝后，更换新刀片。（　　）

3. 在高温下，刀具切削部分必须具有足够的硬度，这种在高温下仍具有较高硬度的性质称为红硬性。（　　）

4. YG 类硬质合金主要用于加工铸铁、有色金属及非金属材料。（　　）

5. 由于硬质合金的抗弯强度较低，抗冲击韧性差，其合理前角应小于高速钢刀具的合理前角。（　　）

6. 金刚石刀具主要用于加工各种有色金属、非金属及黑色金属。（　　）

7. 高速钢与硬质合金相比，具有硬度较高，红硬性和耐磨性较好等优点。（　　）

8. 硬质合金按其化学成分和使用特性可分为钨钴类（YG）、钨钛钴类（YT）、钨钛钽钴类（YW）、碳化钛基类（YN）4 类。（　　）

9. 高速钢车刀的韧性虽然比硬质合金高，但不能用于高速切削。（　　）

10. JT、BT、ST 刀柄的定心精度比 HSK 刀柄高。（　　）

3 数控加工中工件的定位与装夹

学习目标

1. 了解机床夹具的功能、种类及特点。
2. 掌握六点定位的基本原理，会使用六点定位原理分析工件加工应限制的自由度数。
3. 掌握粗、精基准的选择原则。
4. 掌握常见定位方式、定位元件及所限制的自由度数。
5. 了解定位误差的计算方法。
6. 掌握夹紧装置应具备的基本要求和夹紧力方向、作用点的选择原则。

内容提要

本章重点讨论六点定位原理及应用、定位基准的选择原则，为工件加工时装夹方案的选择奠定基础；介绍常见定位方式与定位元件，定位误差的种类、计算方法，以及工件的夹紧、数控机床典型夹具等。

3.1 机床夹具概述

1. 机床夹具的定义

在机床上加工工件时，为了在工件的某一部位加工出符合工艺规程的表面，加工前需要使工件在机床上占有正确的位置——定位。由于在加工过程中工件受到切削力、重力、振动、离心力、惯性力等作用，所以还应采用一定的机构，使工件在加工过程中始终保持在原先确定的位置上——夹紧。在机床上使工件占有正确的加工位置并使其在加工过程中始终保持不变的工艺装备称为机床夹具。

2. 机床夹具的组成

按作用和功能，机床夹具通常可由定位元件、夹紧装置、安装连接元件、导向元件和对刀元件、夹具体、其他元件或装置等部分组成。

（1）定位元件。定位元件用于确定工件在夹具中的位置，使工件在加工时相对刀具及运动轨迹有一个正确的位置。定位元件是夹具的主要功能元件之一，其定位精度将直接影响工件的加工精度。常用的定位元件有 V 形块、定位销、定位块等，图 3 - 1 中的定位销就是定位元件。

（2）夹紧装置。夹紧装置用于保持工件在夹具中的既定位置，使工件不致因加工时受到切削力、重力、离心力、振动等外力而改变原定的位置。夹紧装置也是夹具的主要功能元件之一，它通常包括夹紧元件（如压板、压块）、增力装置（如杠杆、螺旋、偏心轮）和动力源（如气缸、液压缸）等组成部分。图 3－1 中的快卸垫圈、螺母及定位销上的螺栓构成了夹紧装置。

（3）安装连接元件。安装连接元件用于确定夹具在机床上的位置，从而保证工件与机床之间的正确加工位置。

（4）导向元件和对刀元件。

①用于确定刀具位置并引导刀具进行加工的元件，称为导向元件，图 3－1 中的钻套就是引导钻头用的导向元件。

②用于确定刀具在加工前正确位置的元件，称为对刀元件，如对刀块。

这类元件共同用于确定夹具与刀具之间所应具有的相互位置，从而保证工件与刀具之间的正确加工位置。

（5）夹具体。夹具体是夹具的基础件，它用来连接夹具上各个元件或装置，使之成为一个整体。夹具体也用来与机床的有关部位相连接。

（6）其他元件或装置。根据加工需要，有些夹具上还可有分度装置、靠模装置、上下料装置、顶出器和平衡块等其他元件或装置。

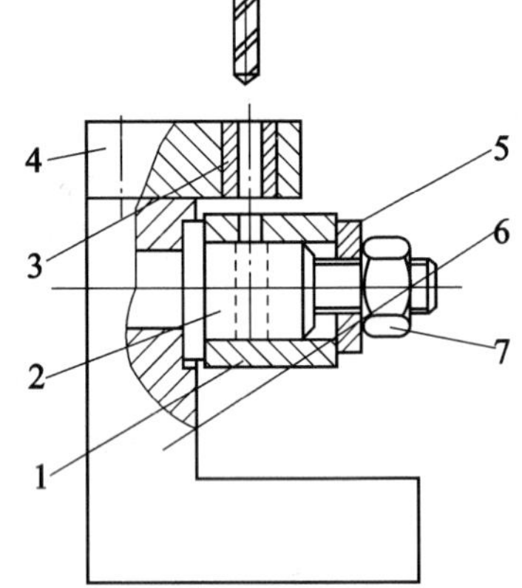

1—工件；2—定位销；
3—钻套；4—钻模板；
5—快卸垫圈；
6—夹具体；7—螺母。

图 3－1　钻模的组成

3. 机床夹具的作用与分类

（1）机床夹具的作用。

①易于保证工件的加工精度。使用夹具的作用之一就是保证工件加工表面的尺寸与位置精度。例如，在摇臂钻床上使用钻夹具加工平行孔系时，位置精度可达到 0.10 ~ 0.20 mm；而按划线找正法加工时，位置精度仅能控制在 0.4 ~ 1.0 mm。同时，由于受操作者技术的影响，同批生产零件的质量也不稳定。因此，在成批生产中使用夹具就显得非常必要。

②使用夹具可改变和扩大原机床的功能，实现“一机多用”。例如，在车床的床鞍上或摇臂钻床的工作台上装上镗模，就可以进行箱体或支架类零件的镗孔加工，用以代替镗床加工；在刨床上加装夹具后可代替拉床进行拉削加工。

③使用夹具后，不仅可以省去划线找正等辅助时间，而且有时还可采用高效率的多件、多位、机动夹紧装置，缩短辅助时间，从而大大提高劳动生产率。

④用夹具装夹工件方便、省力、安全。当采用气动、液压等夹紧装置时，可减轻工人的劳动强度，保证安全生产。

⑤在批量生产中使用夹具时，由于劳动生产率的提高和允许使用技术等级较低的工人操作，故可明显地降低生产成本。但在单件生产中，使用夹具的生产成本仍较高。

（2）机床夹具的分类。机床夹具的种类很多，按使用机床类型，其可分为车床夹具、铣床夹具、钻床夹具、镗床夹具、加工中心夹具和其他机床夹具等；按驱动夹具工作的动力源，机床夹具可分为手动夹具、气动夹具、液压夹具、电动夹具、磁力夹具、真空夹具和自夹紧夹具等；按其通用化程度，机床夹具一般可分为通用夹具、专用夹具、成组可调夹具及组合夹具等。

①通用夹具的结构、尺寸已规格化，且具有很大的通用性，它无须调整或稍加调整就可用于装夹不同的工件，如三爪自定心卡盘、四爪单动卡盘、机床用平口虎钳、万能分度头、顶尖、中心架、电磁吸盘等。一般其已作为通用机床的附件，由专业工厂生产。采用这类夹具可缩短生产准备周期，减少夹具品种，从而降低生产成本。其缺点是定位与夹紧费时，生产率较低，故主要适用于单件、小批量的生产。

②专用夹具是针对某一工件的某一工序而专门设计和制造的。因为专用夹具不需考虑通用性，所以夹具可设计得结构紧凑、操作方便。由于这类夹具设计与制造周期较长，产品变更后无法利用，因此适用于大批量生产。专用夹具的组成及各部分与工艺系统的相互联系如图 3－2 所示。

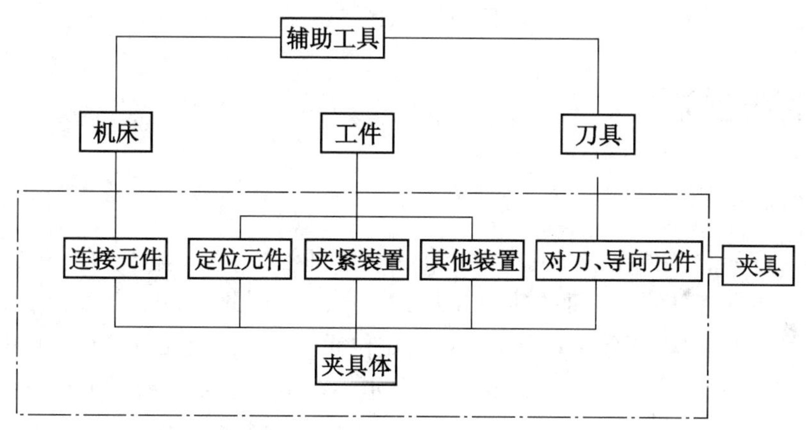

图 3－2　专用夹具的组成及各部分与工艺系统的相互联系

③成组可调夹具是针对通用夹具和专用夹具的缺陷而发展起来的，它是在加工某种工件后，经过调整或更换个别定位元件和夹紧元件，即可加工另外一种工件的夹具。它按成组原理设计，用于加工形状相似和尺寸相近的一组工件，故在多品种，中小批生产中使用可达到较好的经济效果。

④组合夹具是一种由一套标准元件组装而成的夹具（见图 3－3）。这种夹具用后可拆卸存放，当重新组装时又可循环重复使用。由于组合夹具的标准元件可以预先制造备存，还具有多次反复使用和组装迅速等特点，所以它在单件、中小批生产，以及数控加工和新产品试制中特别适用。

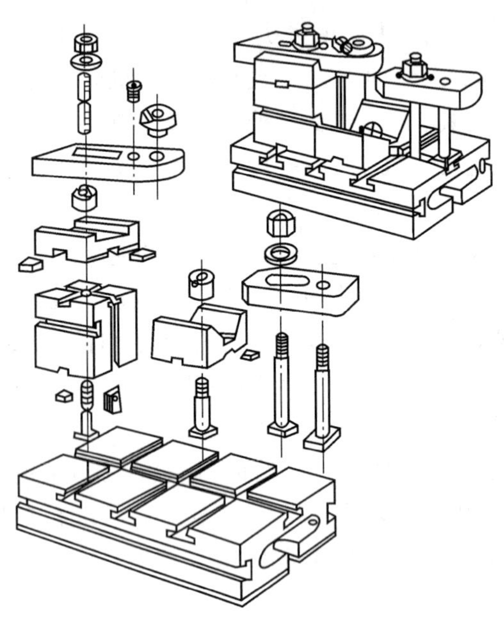

图 3－3　组合夹具

3.2　工件的定位

3.2.1　六点定位原理

如图 3－4 所示，工件在空间具有 6 个自由度，即沿 x、y、z 直角坐标轴方向的移动自由度 $\vec{x}$、$\vec{y}$、$\vec{z}$ 和绕这 3 个坐标轴的转动自由度 $\hat{x}$、$\hat{y}$、$\hat{z}$。因此，要完全确定工件的位置，就必须消除这 6 个自由度，通常用 6 个支承点（定位元件）来限制工件的 6 个自由度，其中每一个支承点限制对应一个自由度。如图 3－5 所示，在 xOy 平面上，不在同一直线上的 3 个支承点限制了工件的 $\vec{z}$、$\hat{x}$、$\hat{y}$ 3 个自由度，这个平面称为主基准面；在 yOz 平面上，沿长度方向布置的两个支承点限制了工件的 $\vec{x}$、$\hat{z}$ 两个自由度，这个平面称为导向平面；工件在 xOz 平面上，被一个支承点限制了 $\vec{y}$ 一个自由度，这个平面称为止动平面。

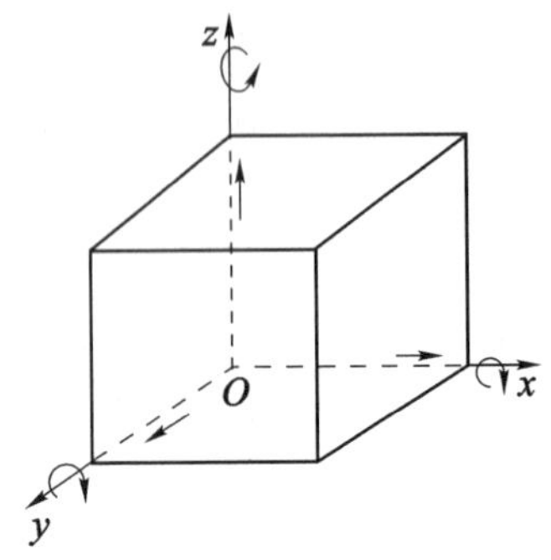

图 3－4　工件在空间的 6 个自由度

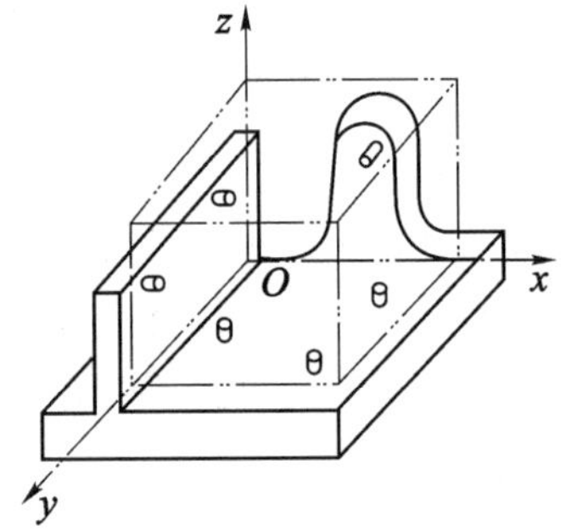

图 3－5　工件的六点定位

综上所述，若要使工件在夹具中获得确定的唯一位置，就需要在夹具上合理设置相当于定位元件的6个支承点，使工件的定位基准与定位元件紧贴接触，即可消除工件的所有6个自由度，这就是工件的六点定位原理。

3.2.2　六点定位原理的应用

六点定位原理对于任何形状工件的定位都是适用的，如果违背这个原理，工件在夹具中的位置就不能完全确定。然而，用工件六点定位原理进行定位时，必须根据具体加工要求灵活运用，工件形状不同，定位表面不同，定位点的布置情况各不相同，宗旨是使用最简单的定位方法，使工件在夹具中迅速获得正确的位置。

1. 完全定位

工件的6个自由度全部被夹具中的定位元件所限制，而在夹具中占有完全确定的唯一位置，称为完全定位。

2. 不完全定位

根据工件加工表面的不同加工要求，定位支承点的数目可以少于6个。有些自由度对加工要求有影响，有些自由度对加工要求无影响，只要分布与加工要求有关的支承点，就可以用较少的定位元件达到定位的要求，这种定位情况称为不完全定位。不完全定位是允许的，下面举例说明。

五点定位如图3－6所示，钻削加工小孔 ϕD，工件以内孔和一个端面在夹具的心轴和平面上定位，限制工件的 $\vec{x}$、$\vec{y}$、$\vec{z}$、$\hat{x}$、$\hat{y}$ 5个自由度，相当于5个支承点定位。工件绕心轴的转动 $\hat{z}$ 不影响对小孔 ϕD 的加工要求。

四点定位如图3－7所示，铣削加工通槽 B，工件以长外圆在夹具的双V形块上定位，限制工件的 $\vec{x}$、$\vec{y}$、$\hat{x}$、$\hat{y}$ 4个自由度，相当于4个支承点定位。工件的 $\vec{z}$ 和 $\hat{z}$ 两个自由度不影响对通槽 B 的加工要求。

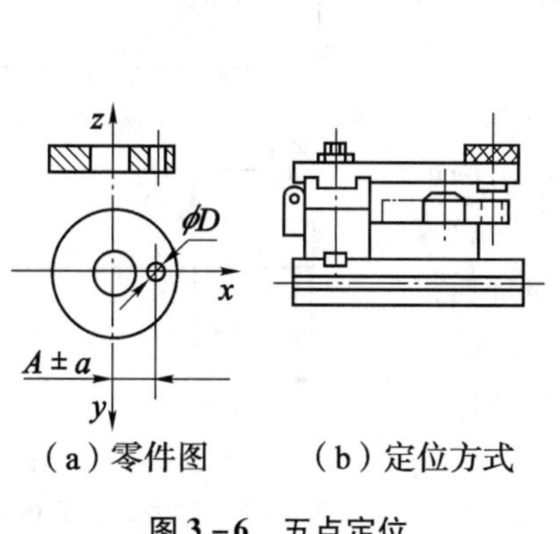

（a）零件图　（b）定位方式

图3－6　五点定位

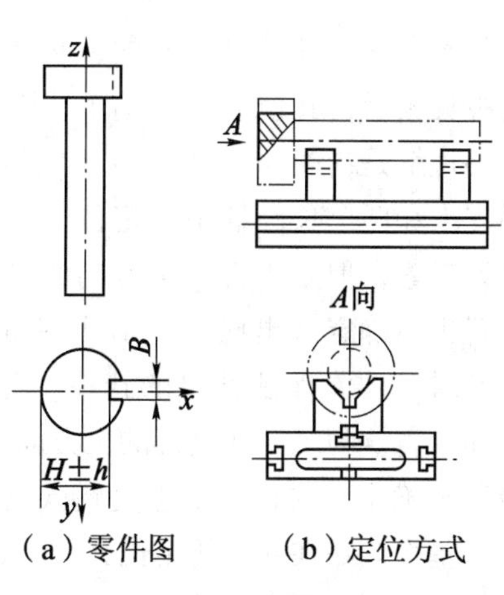

（a）零件图　（b）定位方式

图3－7　四点定位

3. 欠定位

按照加工要求应该限制的自由度没有被限制的定位称为欠定位。欠定位是不允许的，因为欠定位保证不了加工要求。铣削如图 3－8 所示工件上的通槽，应该限制 $\widehat{x}$、$\widehat{y}$、$\vec{z}$ 3 个自由度以保证槽底面与 A 面的平行度及尺寸 $60_{-0.2}^{\ 0}$mm 两项加工要求；应该限制 $\vec{x}$、$\widehat{z}$ 两个自由度以保证槽侧面与 B 面的平行度及尺寸（30 ±0. 1）mm 两项加工要求；$\vec{y}$ 自由度不影响通槽加工，可以不限制。如果 $\vec{z}$ 没有限制，$60_{-0.2}^{\ 0}$mm 就无法保证；如果 $\widehat{x}$ 或 $\widehat{y}$ 没有限制，槽底与 A 面的平行度就不能保证。

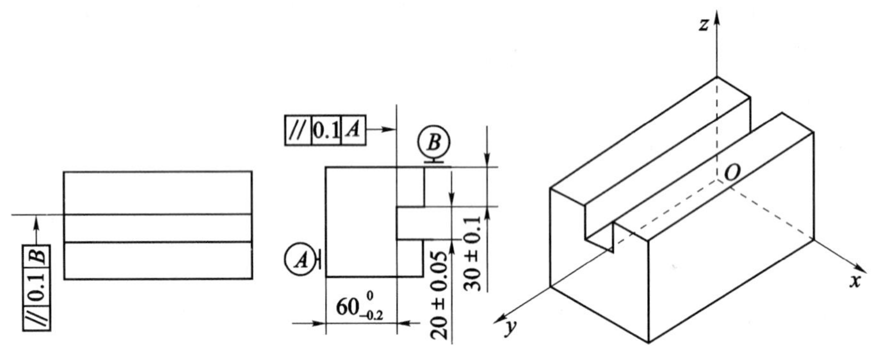

图 3－8　限制自由度与加工要求的关系

4. 过定位

工件的一个或几个自由度被不同的定位元件重复限制的定位称为过定位。当过定位导致工件或定位元件变形，影响加工精度时，应该严禁采用。但当过定位并不影响加工精度，反而对提高加工精度有利时，也可以采用，须具体情况具体分析。

3. 2. 3　定位与夹紧的关系

定位与夹紧的任务是不同的，两者不能互相取代。若认为工件被夹紧后，其位置不能动了，因此自由度都已被限制了，这种理解是错误的。图 3－9 为定位与夹紧的关系，工件在平面支承和两个长圆柱销上定位，工件放在实线和虚线位置都可以夹紧，但是工件在 x 方向的位置不能确定，钻出的孔的位置也不确定（出现尺寸 A_1 和 A_2）。只有在 x 方向设置一个挡销时，才能保证钻出的孔在 x 方向获得确定的位置。另一方面，若认为工件在挡销的反方向仍然有移动的可能性，因此位置不确定，这种理解也是错误的。定位时，必须使工件的定位基准紧贴在夹具的定位元件上，否则不能称为定位，而夹紧使工件不离开定位元件。

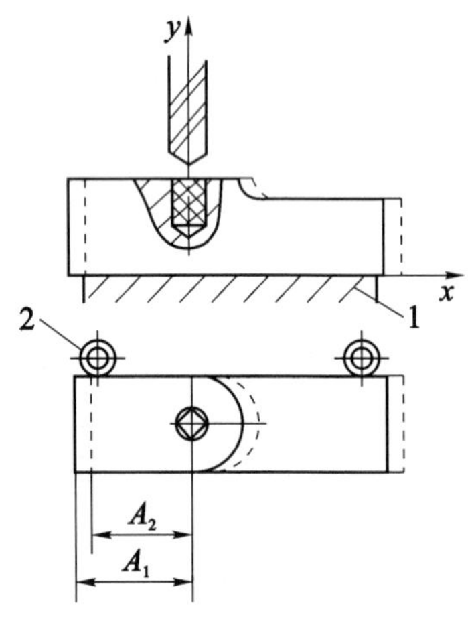

1—平面支承；2—长圆柱销。

图 3－9　定位与夹紧的关系

3.3 定位基准的选择原则

3.3.1 粗基准的选择原则

选择粗基准时，必须达到以下两个基本要求：其一，应保证所有加工表面都有足够的加工余量；其二，应保证工件加工表面与不加工表面之间具有一定的位置精度。粗基准的选择原则如下。

1. 相互位置要求原则

选取与加工表面相互位置精度要求较高的不加工表面作为粗基准，以保证不加工表面与加工表面的位置要求。如图 3－10 所示为手轮，因为铸造时有一定的形位误差，在第一次装夹车削时，应选择手轮内缘的不加工表面作为粗基准，加工后就能保证轮缘厚度 a 基本相等，如图 3－10（a）所示。如果选择手轮外圆（加工表面）作为粗基准，则加工后因铸造误差不能消除，会使轮缘厚薄明显不一致，如图 3－10（b）所示。也就是说，在车削前，应该找正手轮内缘，或用三爪自定心卡盘反撑在手轮的内缘上进行车削。

2. 加工余量合理分配原则

对所有表面都需要加工的工件，应该根据加工余量最小的表面找正，这样不会因位置偏移而造成余量太少的部位加工不出来。如图 3－11 所示，阶梯轴毛坯大小端外圆有 5 mm 的偏心，应以余量较小的 ϕ58 外圆作为粗基准。如果选 ϕ114 外圆作为粗基准，则无法加工出 ϕ50 外圆。

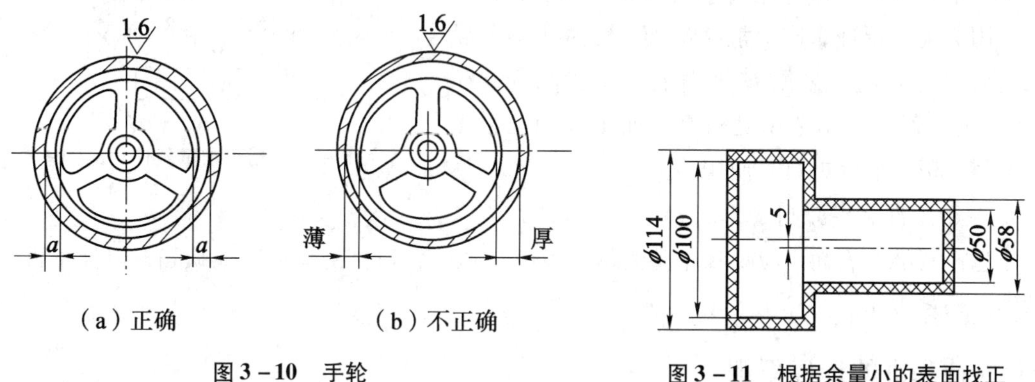

图 3－10 手轮

图 3－11 根据余量小的表面找正

3. 重要表面原则

为保证重要表面的加工余量均匀，应选择重要加工面为粗基准。如图 3－12 所示，床身导轨加工时，为了保证导轨面的金相组织均匀一致并且有较高的耐磨性，应使其加工余量小而均匀。因此，应先选择导轨面为粗基准，加工与床腿的连接面，如图 3－12（a）所示，然后以连接面为精基准，加工导轨面，如图 3－12（b）所示。这样才能保证导轨面加工时被切去的金属层尽可能薄而且均匀。

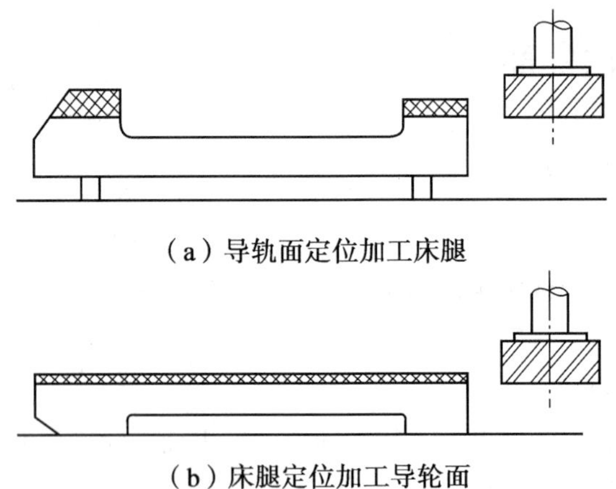
（a）导轨面定位加工床腿

（b）床腿定位加工导轮面

图 3－12　床身导轨加工粗基准的选择

4. 不重复使用原则

粗基准未经加工，表面比较粗糙且精度低，二次安装时，其在机床上（或夹具中）的实际位置可能与第一次安装时不一样，从而产生定位误差，导致相应加工表面出现较大的位置误差。因此，粗基准一般不重复使用。如图 3－13 所示的零件，若在加工端面 A、内孔 C 和钻孔 D 时，均使用未经加工的 B 表面定位，则钻孔 D 的位置精度就会相对于内孔 C 和端面 A 产生偏差（因为无法保证车床上加工端面 A、内孔 C 与钻铣床上加工孔 D 时，采用 B 表面上完全相同的定位点）。当然，若毛坯制造精度较高，而工件加工精度要求不高，粗基准也可重复使用。

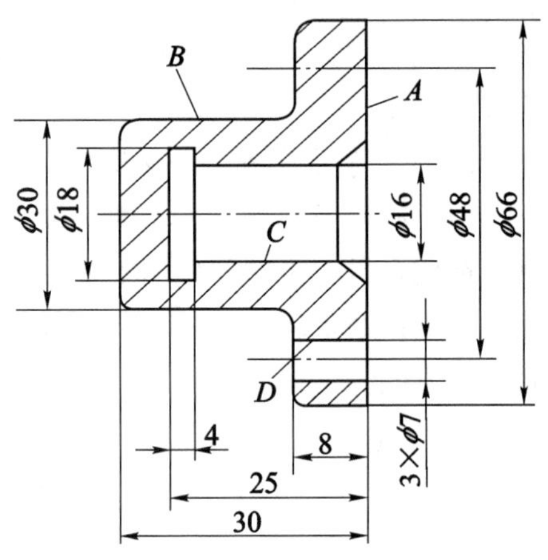

图 3－13　粗基准重复使用的误差

5. 便于工件装夹原则

作为粗基准的表面，应尽量平整光滑，没有飞边、冒口、浇口或其他缺陷，以使工件定位准确、夹紧可靠。

3.3.2　精基准的选择原则

1. 基准重合原则

直接选择加工表面的设计基准为定位基准，称为基准重合原则。采用基准重合原则可以避免由定位基准与设计基准不重合而引起的定位误差（基准不重合误差）。

如图 3－14（a）所示的零件，欲加工孔 3，其设计基准是面 2，要求保证尺寸 A。在用调整法加工时，若以面 1 为定位基准，如图 3－14（b）所示，则直接保证的尺寸是 C，尺寸 A 是通过控制尺寸 B 和 C 来间接保证的。因此，尺寸 A 的公差为

$$T_A = A_{max} - A_{min} = C_{max} - B_{min} - (C_{min} - B_{max}) = T_B + T_C \tag{3-1}$$

由此可以看出，尺寸 A 的加工误差中增加了一个从定位基准（面 1）到设计基准（面 2）之间尺寸 B 的误差，这个误差就是基准不重合误差。由于基准不重合误差的存在，只有提高本道工序尺寸 C 的加工精度，才能保证尺寸 A 的精度；当本道工序 C 的加工精度不能满足要求时，还需提高前道工序尺寸 B 的加工精度，从而增加了加工的难度。

若按图 3－14（c）所示用面 2 定位，则符合基准重合原则，可以直接保证尺寸 A 的精度。

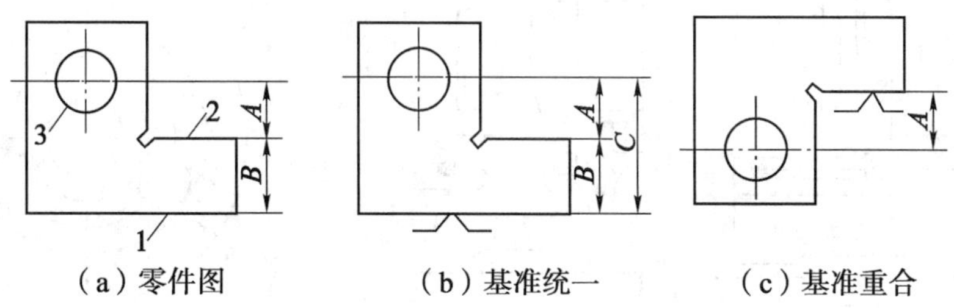

（a）零件图　（b）基准统一　（c）基准重合

图 3－14　设计基准与定位基准的关系

应用基准重合原则时，要具体情况具体分析。定位过程中，基准不重合误差是在用夹具装夹、调整法加工一批工件时产生的。若用试切法加工，设计要求的尺寸一般可直接测量，不存在基准不重合误差问题。在带有自动测量功能的数控机床上加工时，可在工艺中安排坐标系测量检查工步，即每个零件加工前由 CNC 系统自动控制测量头检测设计基准并自动计算、修正坐标值，消除基准不重合误差。因此，不必遵循基准重合原则。

2. 基准统一原则

同一零件的多道工序尽可能选择同一个定位基准，称为基准统一原则。这样既可保证各加工表面间的相互位置精度，避免或减少因基准转换而引起的误差，还可以简化夹具的设计与制造工作，降低成本，缩短生产准备周期。例如，轴类零件加工，采用两端中心孔做统一定位基准加工各阶梯外圆表面，可保证各阶梯外圆表面的同轴度误差。

基准重合和基准统一原则是选择精基准的两个重要原则，但在生产实际中有时会遇到两者相互矛盾的情况。此时，若采用统一定位基准能够保证加工表面的尺寸精度，则应遵循基准统一原则；若不能保证尺寸精度，则应遵循基准重合原则，以免使工序尺寸的实际公差值减小，增加加工难度。

3. 自为基准原则

精加工或光整加工工序要求余量小而均匀，选择加工表面本身作为定位基准，称为自为基准原则。

如图 3－15 所示，床身导轨面磨削时，在磨床上用百分表找正导轨面相对于机床运动方向的正确位置，然后磨去薄而均匀的一层磨削余量，以满足对床身导轨面的质量要求。采用自为基准原则时，只能提高加工表面本身的尺寸精度、形状精度，而不能提高加工表面的位置精度，加工表面的位置精度应由前道工序保证。此外，研磨、铰孔都是自为基准的例子。

4. 互为基准原则

为使各加工表面之间具有较高的位置精度，或为使加工表面具有均匀的加工余量，可采取两个加工表面互为基准反复加工的方法，称为互为基准原则。

如图 3－16 所示，精密齿轮齿面磨削时，因齿面淬硬层磨削余量小而均匀，为此需先以齿面分度圆为基准磨内孔，再以内孔为基准磨齿面，这样反复加工才能满足要求。

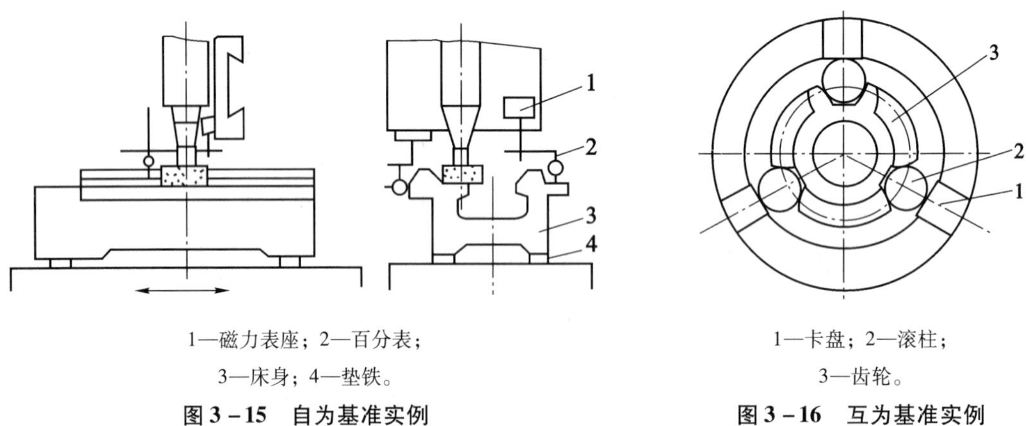

1—磁力表座；2—百分表；
3—床身；4—垫铁。

图 3－15　自为基准实例

1—卡盘；2—滚柱；
3—齿轮。

图 3－16　互为基准实例

5. 便于装夹原则

所选精基准应能保证工件定位准确稳定，装夹方便可靠，夹具结构简单适用，操作方便灵活。同时，定位基准应有足够大的接触面积，以承受较大的切削力。

3.3.3　辅助基准的选择

辅助基准是为了便于装夹或易于实现基准统一而人为制成的一种定位基准，如轴类零件加工所用的两个中心孔。如图 3－17 所示的汽车发动机机体加工时的工艺孔等，它不是零件的工作表面，只是出于工艺上的需要才做出的。如图 3－18 所示的零件，为安装方便，毛坯上专门铸出工艺搭子，也是典型的辅助基准，加工完毕后应将其从零件上切除。

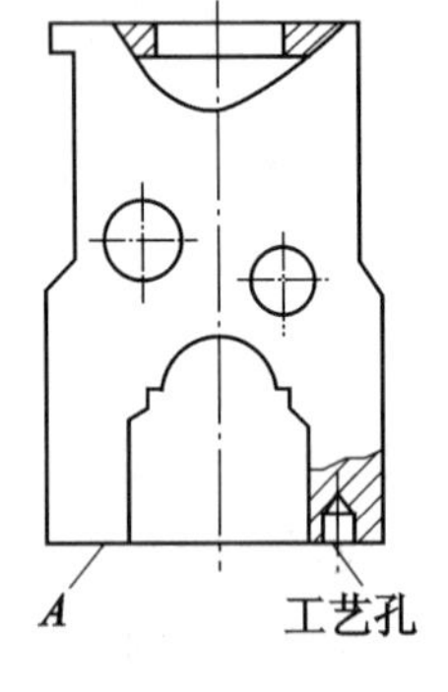

图 3－17　辅助基准例 1

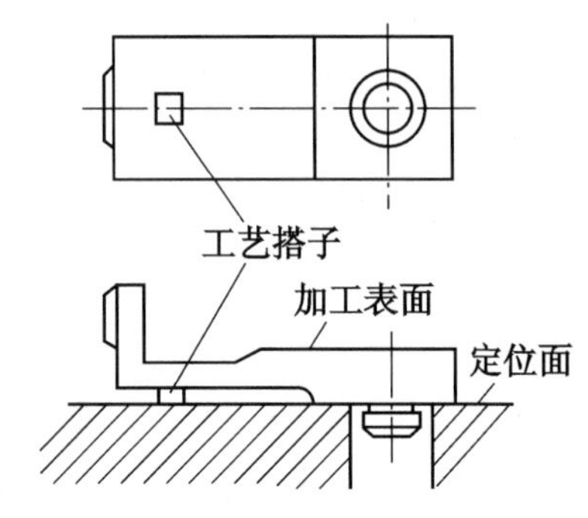

图 3－18　辅助基准例 2

3.4　常见定位方式及定位元件

工件的定位是通过工件上的定位基准面和夹具上定位元件工作表面之间的配合或接触实现的，一般应根据工件上定位基准面的形状选择相应的定位元件。常见定位元件及定位方式见表 3－1。

表 3－1　常见定位元件及定位方式

工件定位基准面	定位元件	定位方式简图	定位元件特点	限制的自由度
平面	支承钉		—	1、2、3—$\vec{z}$、$\hat{x}$、$\hat{y}$； 4、5—$\vec{x}$、$\hat{z}$； 6—$\vec{y}$
	支承板		每个支承板也可设计为两个或两个以上小支承板	1，2—$\vec{z}$，$\hat{x}$，$\hat{y}$； 3—$\vec{x}$，$\hat{z}$
	固定支承与浮动支承		1、3—固定支承； 2—浮动支承	1、2—$\vec{z}$、$\hat{x}$、$\hat{y}$； 3—$\vec{x}$、$\hat{z}$
	固定支承与辅助支承		1、2、3、4—固定支承； 5—辅助支承	1、2、3—$\vec{z}$、$\hat{x}$、$\hat{y}$； 4—$\vec{x}$、$\hat{z}$； 5—增加刚性，不限制自由度

续表

工件定位基准面	定位元件	定位方式简图	定位元件特点	限制的自由度
圆孔 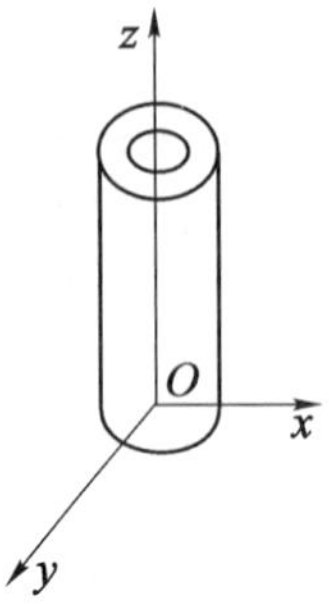	定位销（心轴）	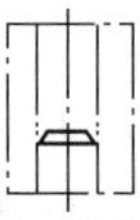	短销（短心轴）	$\vec{x}$、$\vec{y}$
		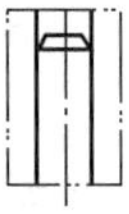	长销（长心轴）	$\vec{x}$、$\vec{y}$ $\hat{x}$、$\hat{y}$
	锥销	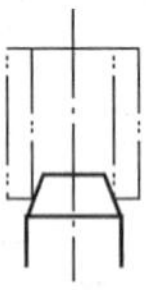	单锥销	$\vec{x}$、$\vec{y}$、$\vec{z}$
		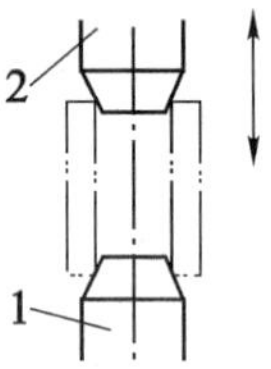	1—固定销； 2—活动销	$\vec{x}$、$\vec{y}$、$\vec{z}$ $\hat{x}$、$\hat{y}$
外圆柱面 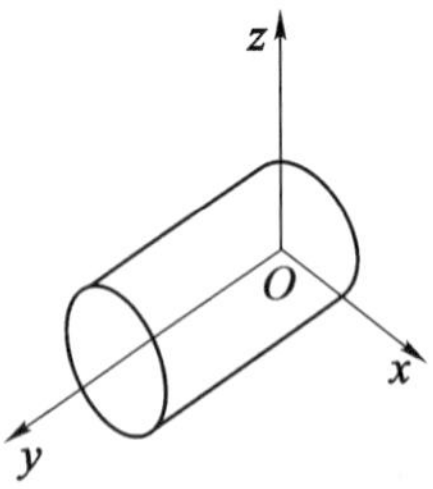	支承板或支承钉	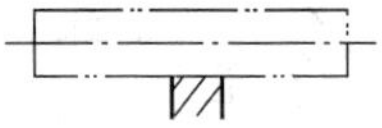	短支承板或支承钉	$\vec{z}$（或 $\hat{x}$）
			长支承板或两个支承钉	$\vec{z}$、$\hat{x}$
	V 形块	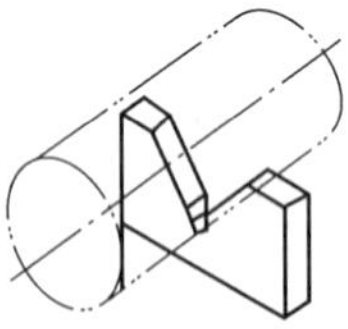	窄 V 形块	$\vec{x}$、$\vec{z}$
		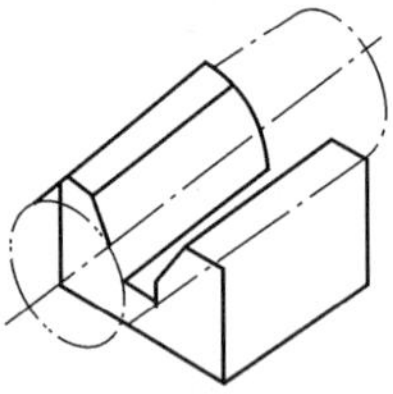	宽 V 形块或两个窄 V 形块	$\vec{x}$、$\vec{z}$ $\hat{x}$、$\hat{z}$
		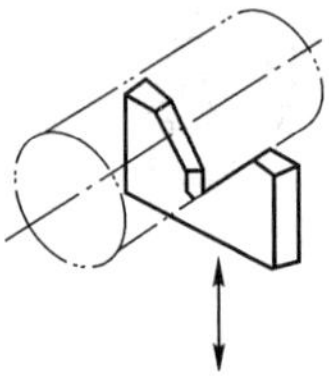	垂直运动的窄活动 V 形块	$\vec{x}$（或 $\hat{x}$）

续表

工件定位基准面	定位元件	定位方式简图	定位元件特点	限制的自由度
外圆柱面	定位套		短套	$\vec{x}$、$\vec{z}$
			长套	$\vec{x}$、$\vec{z}$ $\hat{x}$、$\hat{z}$
	半圆孔衬套		短半圆孔	$\vec{x}$、$\vec{z}$
			长半圆孔	$\vec{x}$、$\vec{z}$ $\hat{x}$、$\hat{z}$
	锥套		单锥套	$\vec{x}$、$\vec{y}$、$\vec{z}$
			1—固定锥套； 2—活动锥套	$\vec{x}$、$\vec{y}$、$\vec{z}$ $\hat{x}$、$\hat{z}$

1. 工件以平面定位

工件以平面定位时，常用的定位元件有固定支承、可调支承、浮动支承和辅助支承4类。

（1）固定支承。固定支承有支承钉和支承板两种形式，如图3－19所示。平头支承钉和支承板用于已加工平面的定位；球头支承钉主要用于毛坯面定位；齿纹头支承钉用于侧面定位，以增大摩擦系数。

（2）可调支承。可调支承用于工件定位过程中，支承钉高度需调整的场合，如图3－20所示，高度调整好后，用锁紧螺母2固定，就相当于固定支承。可调支承大多用于毛坯尺寸、形状变化较大，以及粗加工定位中。

（3）浮动支承。工件定位过程中，能随着工件定位基准位置的变化而自动调节的支承，称为浮动支承。浮动支承常用的有三点式［见图3－21（a）］和二点式［见图3－21（b）］。无论哪种形式的浮动支承，其作用都相当于一个固定支承，只限制一个自由度，其主要目的是提高工件的刚性和稳定性。浮动支承用于毛坯面定位或刚性不足的场合。

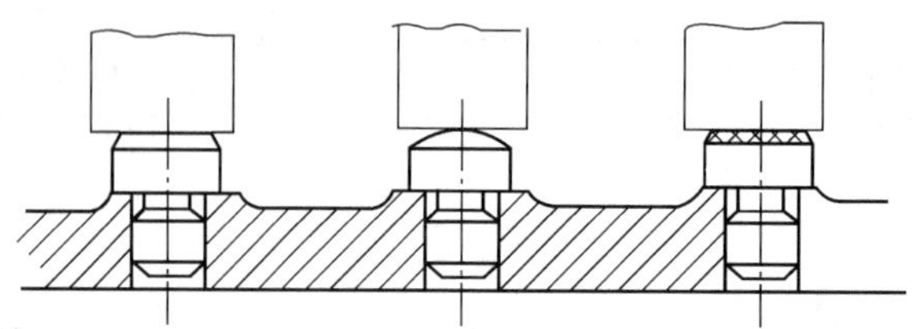

（a）平头支承钉 （b）球头支承钉 （c）齿纹头支承钉

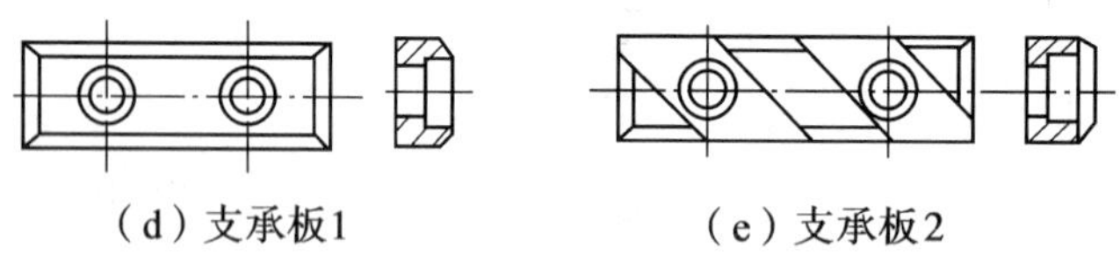

（d）支承板1　　（e）支承板2

图 3－19　支承钉和支承板

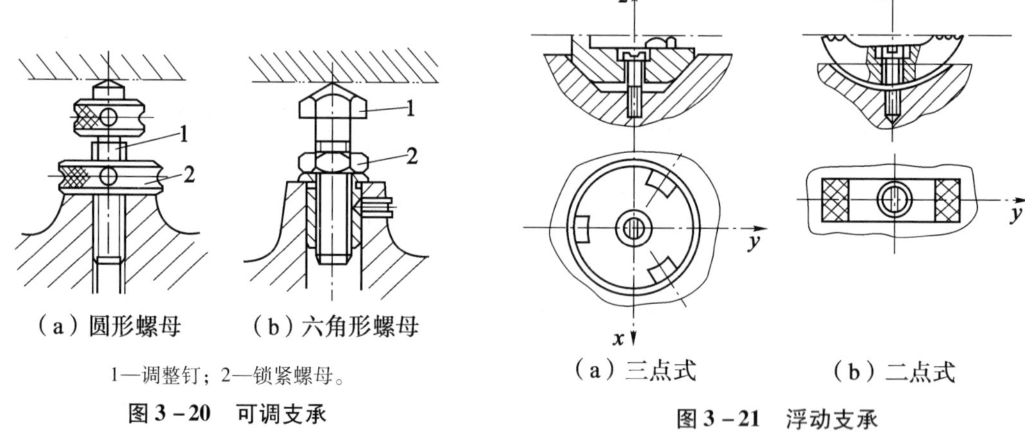

（a）圆形螺母　（b）六角形螺母

1—调整钉；2—锁紧螺母。

图 3－20　可调支承

（a）三点式　　（b）二点式

图 3－21　浮动支承

（4）辅助支承。辅助支承是指由于工件形状、夹紧力、切削力和工件重力等，可能使工件在定位后还产生变形或定位不稳，为了提高工件的装夹刚性和稳定性而增设的支承。因此，辅助支承只能起提高工件支承刚性的辅助定位作用，而不起限制自由度的作用，更不能破坏工件原有定位。

2. 工件以圆孔定位

工件以圆孔定位时（见表 3－1），常用的定位元件有定位销、圆柱心轴和圆锥销。

（1）定位销。定位销分为短销和长销。短销只能限制两个移动自由度；而长销除限制两个移动自由度外，还可限制两个转动自由度。

（2）圆柱心轴。圆柱心轴定位有间隙配合和过盈配合两种。间隙配合拆卸方便，但定心精度不高；过盈配合定心精度高，不用另设夹紧装置，但装拆工件不方便。

（3）圆锥销。采用圆锥销定位时，圆锥销与工件圆孔的接触线为一个圆，限制工件的 3

个移动自由度。

3. 工件以外圆柱面定位

工件以外圆柱面定位时的定位元件有支承板、V 形块、定位套、半圆孔衬套、锥套和三爪自定心卡盘等形式，数控铣床上最常用的是 V 形块。

V 形块的优点是对中性好，可以使工件的定位基准轴线保持在 V 形块两斜面的对称平面上，而且不受工件直径误差的影响，安装方便。V 形块有窄 V 形块、宽 V 形块和两个窄 V 形块组合 3 种结构。窄 V 形块定位限制工件的两个自由度；宽 V 形块和两个窄 V 形块组合定位，则限制工件的 4 个自由度。

4. 工件以一面两孔定位

如图 3 – 22 所示，一面两孔定位是数控铣床加工过程中最常用的定位方式之一，即以工件上的一个较大平面和平面上相距较远的两个孔组合定位。平面支承限制 $\widehat{x}$、$\widehat{y}$ 和 $\vec{z}$ 3 个自由度，一个圆柱销限制 $\vec{x}$ 和 $\vec{y}$ 两个自由度，另一个圆柱销限制 $\widehat{z}$ 自由度。为保证工件能够顺利安装，第 2 个销通常采用削边销结构（见表 3 – 2）。削边销与孔的最小配合间隙 X_{min} 可由式（3 – 2）计算：

$$X_{min} = \frac{b(T_D + T_d - \Delta)}{D} \tag{3-2}$$

式中：b——削边销的宽度；

T_D——两定位孔中心距公差；

T_d——两定位销中心距公差；

D——与削边销配合的孔的直径；

Δ——圆柱销与孔的最小配合间隙。

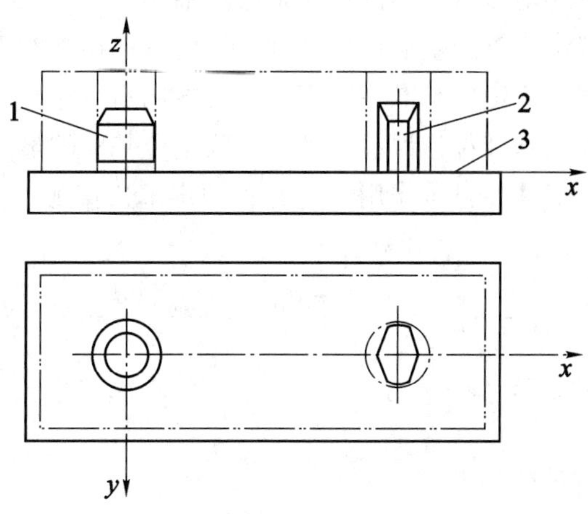

1—圆柱销；2—削边销；

3—定位平面。

图 3 – 22　一面两孔定位

表3-2 削边销结构尺寸 mm

图	D	3~6	6~8	8~20	20~25	25~32	32~40	40~50
	b	2	3	4	5	6	7	8
	B	$D-0.5$	$D-1$	$D-2$	$D-3$	$D-4$	$D-5$	

3.5 定位误差

1. 定位误差的概念与类型

工件在夹具中的位置是以其定位基面与定位元件的相互接触（配合）来确定的。由于定位基面、定位元件的工作表面本身存在一定的制造误差，导致一批工件在夹具中的实际位置不可能完全一样，从而使加工后各工件的加工尺寸存在误差。这种由工件在夹具上定位不准造成的加工误差，称为定位误差，它包括基准位移误差和基准不重合误差两种类型。

（1）基准位移误差。定位基准相对于其理想位置的最大变动量，称为基准位移误差，用Δ_Y表示。

如图3-23（a）所示键槽加工，工件内孔与定位心轴的尺寸分别为$D_{0}^{+T_D}$和$d_{-T_d}^{0}$，工序尺寸A是由工件与刀具的相对位置决定的。O是心轴轴心，O_1和O_2是工件内孔的中心。工件以内孔在圆柱心轴上定位，符合基准重合原则，因而不存在基准不重合误差。但由于心轴和工件内孔都存在制造误差，定位基准在工序尺寸A方向有一个变化范围，造成工序尺寸A的加工误差，这个误差就是基准位移误差，其大小为定位基准的最大变动范围。

当心轴水平放置时，工件在自重作用下与心轴固定单边接触［见图3-23（b）］，此时基准位移误差Δ_Y为

$$\Delta_Y = A_{max} - A_{min} = \frac{D_{max} - d_{min}}{2} - \frac{D_{min} - d_{max}}{2} = \frac{T_D}{2} + \frac{T_d}{2} \tag{3-3}$$

式中：A_{max}——最大工序尺寸；

A_{min}——最小工序尺寸；

T_D——工件内孔直径公差；

T_d——心轴直径公差。

当心轴垂直放置时，工件与心轴任意边接触［见图3-23（c）］，此时基准位移误差为

$$\Delta_Y = D_{max} - d_{min} = T_D + T_d + X_{min} \tag{3-4}$$

式中：X_{min}——定位孔与定位心轴间的最小配合间隙，$X_{min} = D - d$。

由式（3－3）和式（3－4）可以看出，基准位移误差是由定位副的制造误差造成的。

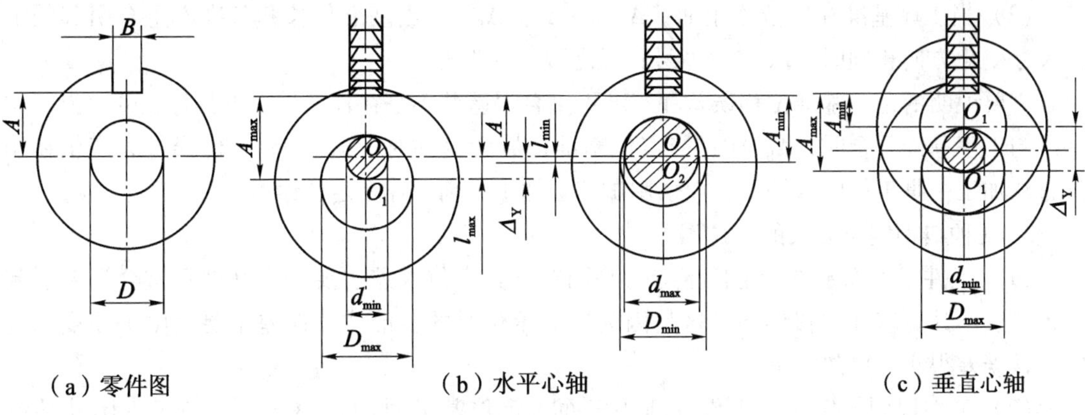

图 3－23　基准位移误差实例

（2）基准不重合误差。定位基准和工序基准不重合而造成的加工误差，称为基准不重合误差，用 Δ_B 表示。

如图 3－24 所示为铣沟槽工序简图，前一工序已将各平面加工好，本工序铣槽，工序尺寸 B 的基准是 D 面。为方便装夹，定位基准选择 F 面，因此定位基准与工序基准不重合。槽的位置相对于定位基准一定，由于工序基准相对于定位基准存在误差 $\pm\Delta L$，使得工序基准 D 在一定范围内变动，从而导致该批工件工序尺寸 B 存在基准不重合的加工误差。工序基准 D 相对于定位基准 F 的最大位置变动量就是基准不重合误差 Δ_B。

$$\Delta_B = 2\Delta L \tag{3-5}$$

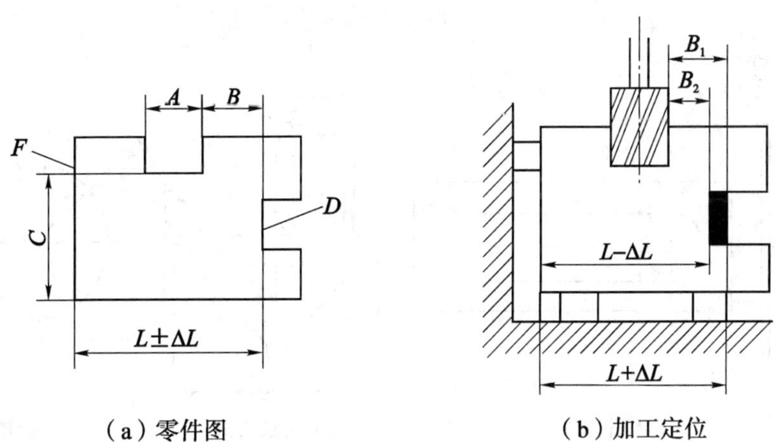

图 3－24　铣沟槽工序简图

2. 定位误差的计算方法

计算定位误差时，先分别计算出基准不重合误差 Δ_B 和基准位移误差 Δ_Y，然后根据具体情况按下述方法进行合成，即可得到定位误差 Δ_D。

（1）当工序基准不在定位面上时，$\Delta_D=\Delta_Y+\Delta_B$。

（2）当工序基准在定位面上时，$\Delta_D=|\Delta_Y\pm\Delta_B|$。当基准位移和基准不重合引起的加工尺寸变化方向相同时，取“+”号；反之取“-”号。

需要说明的是，基准位移误差和基准不重合误差并不是在任何情况下都存在的。当定位基准与工序基准重合时，$\Delta_B=0$；当定位基准位置无变动时，$\Delta_Y=0$。定位误差只产生在用调整法加工一批工件的条件下，而采用试切法加工，则不存在定位误差。

3. 几种典型定位方式的定位误差

（1）工件以平面定位。定位基准为平面时，其定位误差主要是由基准不重合误差引起的，一般不计算基准位移误差。这是因为平面定位时的基准位移误差主要是由平面度引起的，该误差很小，可忽略不计。

（2）工件以圆孔定位。工件以圆孔表面为定位基准时的定位误差，与工件圆孔的制造精度、定位元件的放置形式、工件圆孔与定位元件的配合性质，以及工序基准与定位基准是否重合等因素密切相关。如图 3-23 所示的铣槽工序，存在基准位移误差。但如果采用弹性可胀心轴为定位元件，则定位元件与定位基准之间无相对位移，此时基准位移误差 $\Delta_Y=0$。

（3）工件以外圆柱面在 V 形块上定位时的定位误差。铣削如图 3-25（a）所示轴的键槽时，工件以外圆柱面在 V 形块上定位［见图 3-25（b）］，定位基准是工件外圆轴心线，因工件外圆柱面直径有制造误差，其使工件在垂直方向上的基准位移误差为

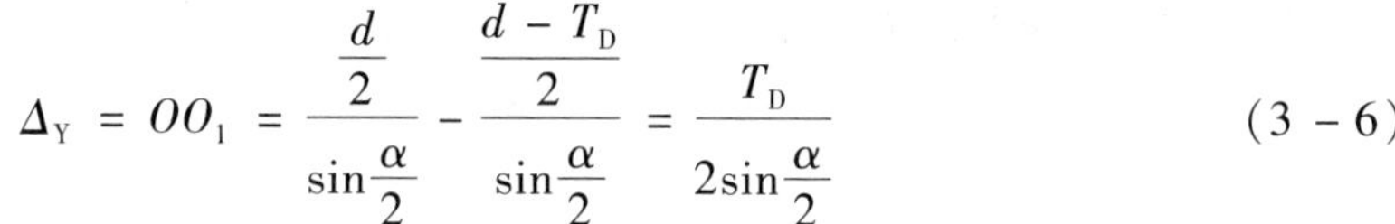

$$\Delta_Y=OO_1=\frac{\frac{d}{2}}{\sin\frac{\alpha}{2}}-\frac{\frac{d-T_D}{2}}{\sin\frac{\alpha}{2}}=\frac{T_D}{2\sin\frac{\alpha}{2}} \tag{3-6}$$

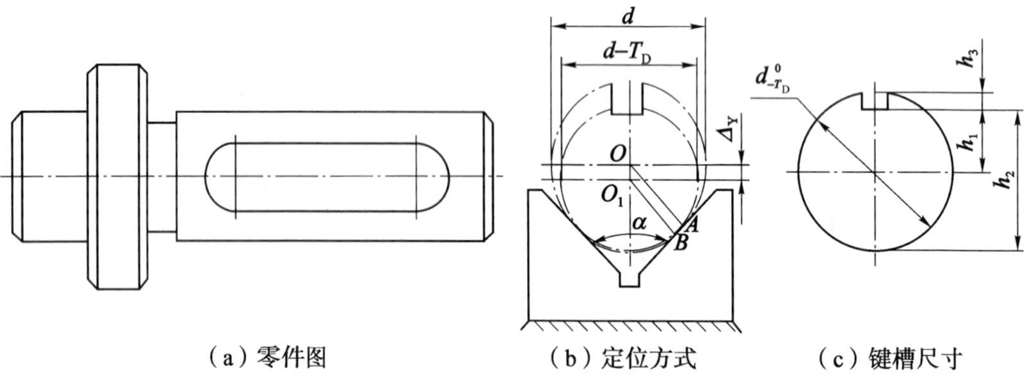

图 3-25　工件以外圆柱面在 V 形块上定位

下面分析如图 3-25（c）所示 3 种工序尺寸 h_1、h_2 和 h_3 的定位误差。

①当工序尺寸为 h_1 时，工序基准与定位基准重合，故 $\Delta_B=0$，则

$$\Delta_D = \Delta_Y = \frac{T_D}{2\sin\frac{\alpha}{2}} \tag{3-7}$$

②当工序尺寸为 h_2 时，工序基准是圆柱面的下母线，与定位基准不重合，工序基准相对于定位基准的最大变动量为基准不重合误差 $\Delta_B = T_D/2$。工序基准在定位基面上，因此定位误差 $\Delta_D = |\Delta_Y \pm \Delta_B|$。符号确定：当定位基面直径由大变小时，定位基准向下移动，使 h_2 变大；当定位基面直径由大变小时，假设定位基准不动，则工序基准相对于定位基准向上移动，使 h_2 变小。两者变动方向相反，故有

$$\Delta_D = |\Delta_Y - \Delta_B| = \left|\frac{T_D}{2\sin\frac{\alpha}{2}} - \frac{T_D}{2}\right| = \frac{T_D}{2}\left|\frac{1}{2\sin\frac{\alpha}{2}} - 1\right| \tag{3-8}$$

③当工序尺寸为 h_3 时，同理可以求出定位误差为

$$\Delta_D = \Delta_Y + \Delta_B = \frac{T_D}{2\sin\frac{\alpha}{2}} + \frac{T_D}{2} = \frac{T_D}{2}\left|\frac{1}{2\sin\frac{\alpha}{2}} + 1\right| \tag{3-9}$$

（4）工件以一面两孔组合定位时的定位误差。一面两孔定位时，定位误差的计算主要是基准位移误差的计算，这时定位基准是两孔中心的连线，限位基准是两销中心的连线。基准位移误差有移动和转动两种可能。

①移动的基准位移误差。移动的基准位移误差一般取决于第一定位副的最大配合间隙，可按定位销垂直放置时计算，即

$$\Delta_Y = X_{1\max} = T_{D1} + T_{d1} + X_{1\min} \tag{3-10}$$

式中：Δ_Y——移动的基准位移误差；

$X_{1\max}$——圆柱销与定位孔的最大配合间隙；

T_{D1}——与圆柱销配合的定位孔的直径公差；

T_{d1}——圆柱销的直径公差；

$X_{1\min}$——圆柱销与定位孔的最小配合间隙。

②转动的基准位移误差（转角误差）。如图3-26所示，转角误差取决于两定位孔与定位销的最大配合间隙 $X_{1\max}$ 和 $X_{2\max}$，以及中心距 L 和工件的偏转方向。当两孔同侧偏转时［见图3-26（a）］，其单边转角误差为

$$\Delta_\beta = \arctan\frac{X_{2\max} - X_{1\max}}{2L} \tag{3-11}$$

当两孔异侧偏转时［见图3-26（b）］，其单边转角误差为

$$\Delta_\alpha = \arctan\frac{X_{1\max} + X_{2\max}}{2L} \tag{3-12}$$

由于工件可能向另一侧偏转 Δ_β 和 Δ_α，因此真正的转角误差应该是 $\pm\Delta_\beta$ 和 $\pm\Delta_\alpha$。

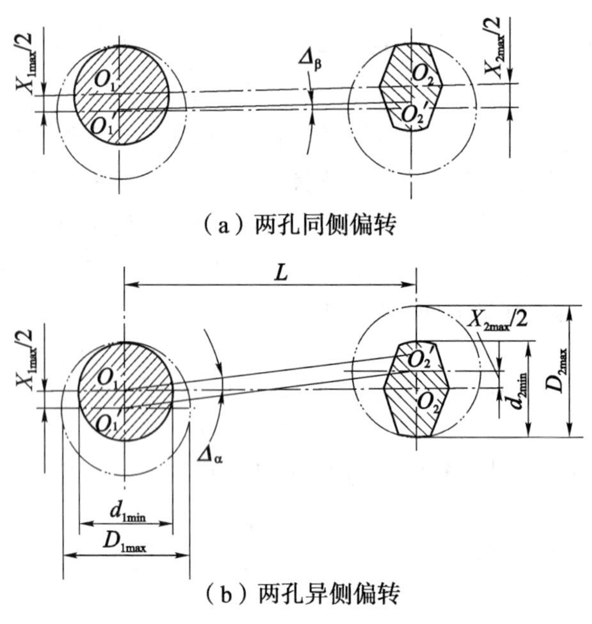

（a）两孔同侧偏转

（b）两孔异侧偏转

图 3－26　一面两孔定位转角误差

3.6　工件的夹紧

夹紧是工件装夹过程的重要步骤。工件定位后必须通过一定的机构产生夹紧力，把工件压紧在定位元件上，使其保持准确的定位位置，不会因切削力、工件重力、离心力或惯性力等作用而产生位置变化和振动，以保证加工精度和操作安全。这种产生夹紧力的机构称为夹紧装置。

1. 夹紧装置应具备的基本要求

（1）夹紧过程可靠，不改变工件定位后所占据的正确位置。

（2）夹紧力的大小适当，既要保证工件在加工过程中位置稳定不变、振动小，又要使工件不会产生过大的夹紧变形。

（3）操作简单方便、省力、安全。

（4）结构性好，结构力求简单、紧凑，便于制造和维修。

2. 夹紧力方向和作用点的选择

（1）夹紧力应朝向主要定位基准。如图 3－27（a）所示，工件被镗孔，与 *A* 面有垂直度要求，因此加工时以 *A* 面为主要定位基面，夹紧力 F_J的方向应朝向 *A* 面。如果夹紧力改为朝向 *B* 面，由于工件侧面 *A* 与底面 *B* 的夹角误差，夹紧时工件的定位位置被破坏，如图 3－27（b）所示，影响孔与 *A* 面的垂直度要求。

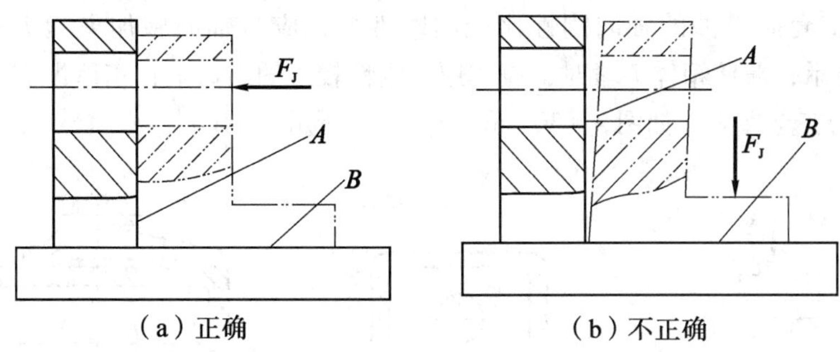

图 3-27　夹紧力方向示意图

(2) 夹紧力的作用点应落在定位元件的支承范围内，并靠近支承元件的几何中心。如图 3-28 所示，夹紧力作用在支承面之外，导致工件倾斜和移动，从而破坏工件的定位。夹紧力作用点的正确位置应是图中虚线所指的位置。

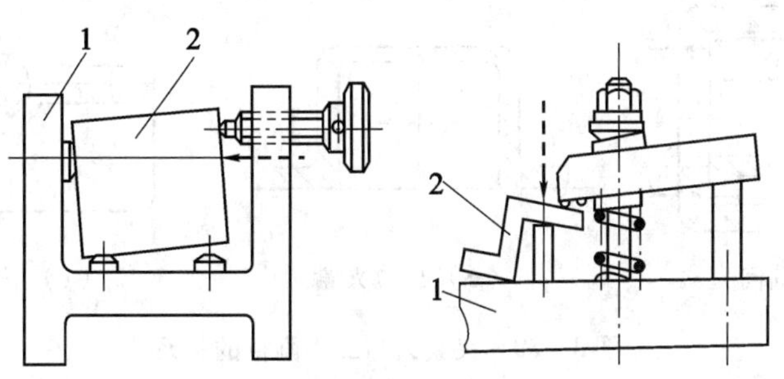

1—夹具；2—工件。

图 3-28　夹紧力作用点示意图

(3) 夹紧力的方向应有利于减小夹紧力的大小。如图 3-29 所示，钻削 *A* 孔时，夹紧力 F_J 与轴向切削力 F_H、工件重力 *G* 的方向相同，加工过程所需的夹紧力为最小。

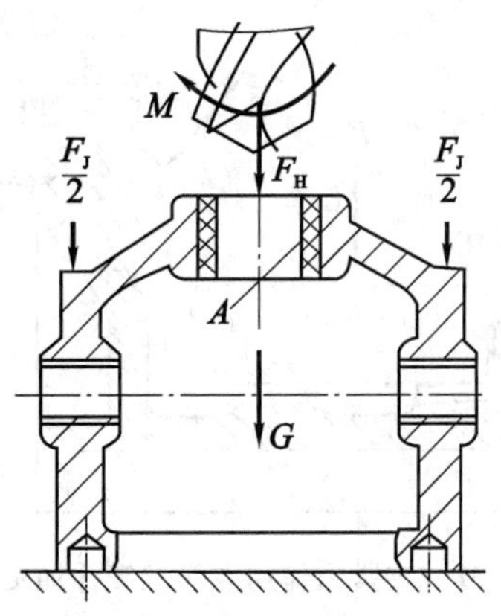

图 3-29　夹紧力与轴向切削力、重力的关系

(4) 夹紧力的方向和作用点应施加于工件刚性较好的方向和部位。如图 3-30 (a) 和

(d) 所示，薄壁套筒工件的轴向刚性比径向刚性好，应沿轴向施加夹紧力；如图 3－30 (b) 和 (e) 所示，薄壁箱体夹紧时，应作用于刚性较好的凸边上；箱体没有凸边时，可以将单点夹紧改为三点夹紧，如图 3－30 (c) 和 (f) 所示。

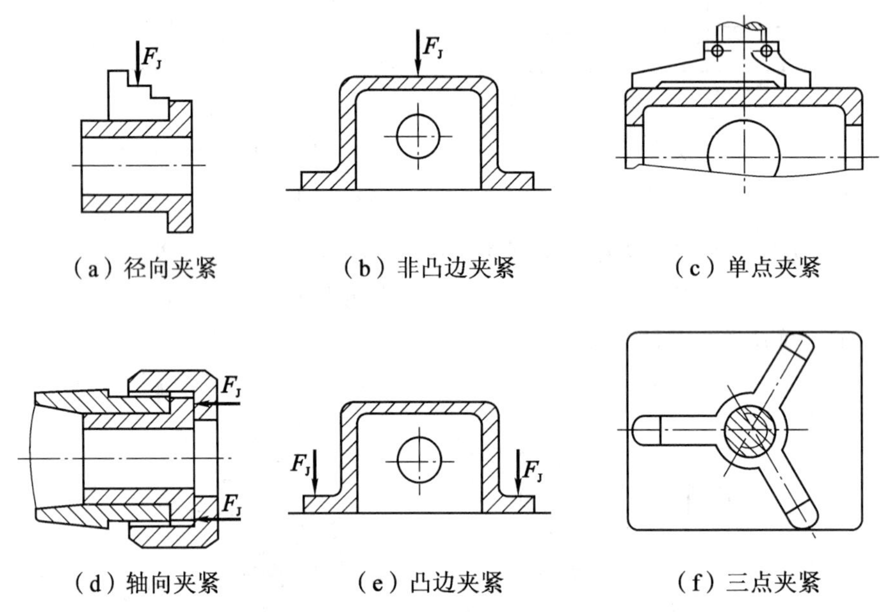

图 3－30　夹紧力与工件刚性的关系

(5) 夹紧力作用点应尽量靠近工件加工表面。为提高工件加工部位的刚性，防止或减少工件产生振动，应将夹紧力的作用点尽量靠近工件加工表面。如图 3－31 所示拨叉装夹时，主要夹紧力 F_1 垂直作用于主要定位基面，在靠近工件加工表面处设置辅助支承，再施加适当的辅助夹紧力 F_2，即可提高工件的安装刚度。

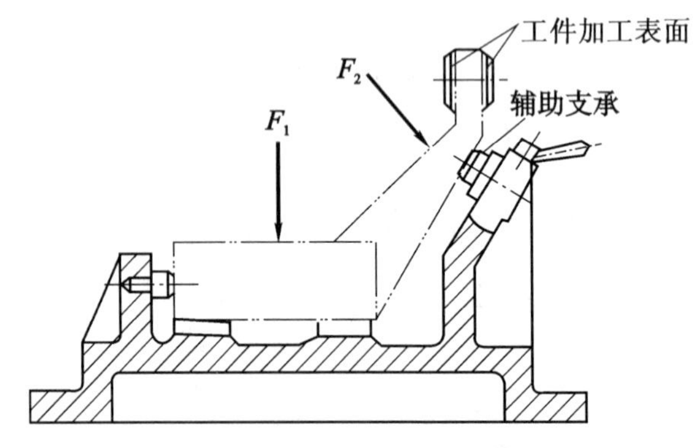

图 3－31　夹紧力作用点靠近工件加工表面

3. 夹紧力大小的估算

夹紧力的大小与工件安装的可靠性、工件和夹具的变形、夹紧机构的复杂程度等有很大关系。加工过程中，工件会受到切削力、离心力、惯性力和工件自身重力等的作用。一般情况下，加工中小工件时，切削力（矩）起决定性作用。加工重型、大型工件时，必须考虑工件重力的作用。在高速运动条件下加工工件时，不能忽略离心力或惯性力对夹紧作用的影响。此外，切削力本身是一个动态载荷，在加工过程中也是变化的。夹紧力的大小还与工艺系统刚度、夹紧机构的传动效率等因素有关。因此，夹紧力大小的计算是一个很复杂的问题，一般只能做粗略的估算。在确定夹紧力大小时，为简化可只考虑切削力（矩）对夹紧的影响，并假设工艺系统是刚性的，切削过程是平稳的，根据加工过程中对夹紧最不利的瞬时状态，按静力平衡原理求出夹紧力的大小，再乘以安全系数作为实际所需的夹紧力，即

$$F_J = kF \qquad (3-13)$$

式中：F_J——实际所需夹紧力；

F——一定条件下，按静力平衡计算出的夹紧力；

k——安全系数，考虑切削力的变化和工艺系统变形等因素，一般取 $k=1.5\sim3$。

实际应用中并非所有情况都需要计算夹紧力，手动夹紧机构一般根据经验或类比法确定夹紧力。若确实需要比较准确计算夹紧力，可采用上述方法进行计算。

3.7　数控机床典型夹具简介

3.7.1　车床夹具

1. 三爪自定心卡盘

如图 3-32 所示，三爪自定心卡盘是车床上较为常用的自定心夹具。它夹持工件时一般不需要找正，装夹速度较快；把它略加改进，还可以方便地装夹方料（见图 3-33）、其他形状的材料，同时还可以装夹小直径的圆棒料（见图 3-34）。

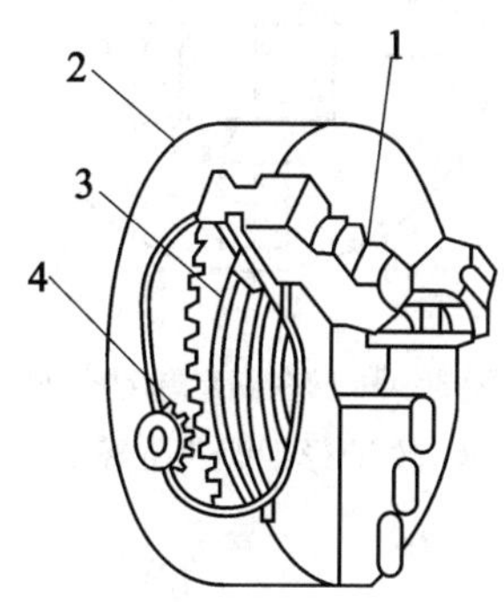

1—卡爪；2—卡盘体；
3—锥齿端面螺纹圆盘；
4—小锥齿轮。

图 3-32　三爪自定心卡盘

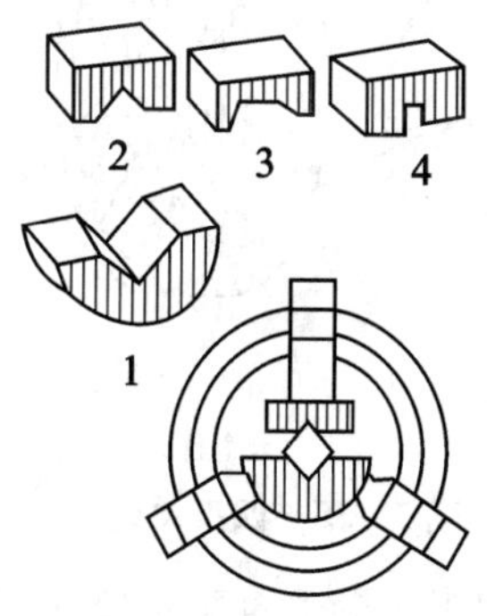

1—带 V 形槽的半圆件；
2—带 V 形槽的矩形件；
3，4—带其他形状的矩形件。

图 3-33　装夹方料

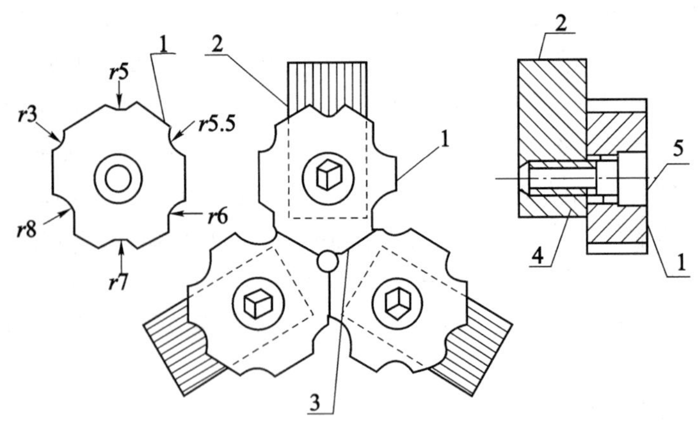

1—附加软六方卡爪；
2—三爪自定心卡盘的卡爪；
3—垫片；4—凸起定位键；5—螺栓。

图 3－34　装夹小直径的圆棒料

2. 四爪单动卡盘

四爪单动卡盘如图 3－35 所示，是车床上常用的夹具，它适用于装夹形状不规则或大型的工件，夹紧力较大，装夹精度较高，不受卡爪磨损的影响，但其装夹不如三爪自定心卡盘方便。装夹圆棒料时，如在四爪单动卡盘内放上一块 V 形架（见图 3－36），装夹就快捷多了。

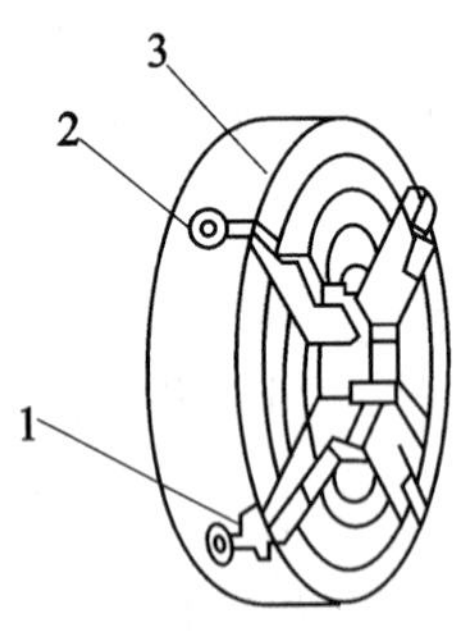

1—卡爪；2—螺杆；
3—卡盘体。

图 3－35　四爪单动卡盘

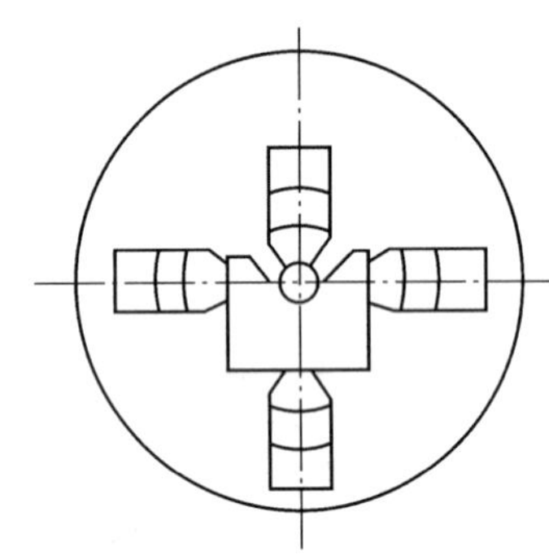

图 3－36　在四爪单动卡盘内放 V 形架装夹圆棒料

（1）四爪单动卡盘装夹操作须知。

①应根据工件被装夹处的尺寸调整卡爪，使相对两爪的距离略大于工件直径即可。

②工件被夹持部分不宜太长，一般以 10～15 mm 为宜。

③为了防止工件表面被夹伤和找正工件时方便，装夹位置应垫 0.5 mm 以上的铜皮。

④在装夹大型、不规则工件时，应在工件与导轨面之间垫放防护木板，以防工件掉下，

损坏机床表面。

（2）在四爪单动卡盘上找正工件。

①找正操作须知。一是把主轴放在空挡位置，便于卡盘转动；二是不能同时松开两只卡爪，以防工件掉下；三是灯光视线角度与针尖要配合好，以减小目测误差；四是工件找正后，四爪的夹紧力要基本相同，否则车削时工件容易发生位移；五是找正近卡爪处的外圆，发现有极小的误差时，不要盲目地松开卡爪，可把相对应卡爪再夹紧一点，做微量调整。

②盘类工件的找正方法。盘类工件的找正方法如图 3－37 所示。对于盘类工件，既要找正外圆，又要找正平面（*A* 点、*B* 点）。找正 *A* 点外圆时，用移动卡爪来调整，其调整量为间隙差值的一半，如图 3－37（b）所示；找正 *B* 点平面时，用铜锤或铜棒敲击，其调整量等于间隙差值，如图 3－37（c）所示。

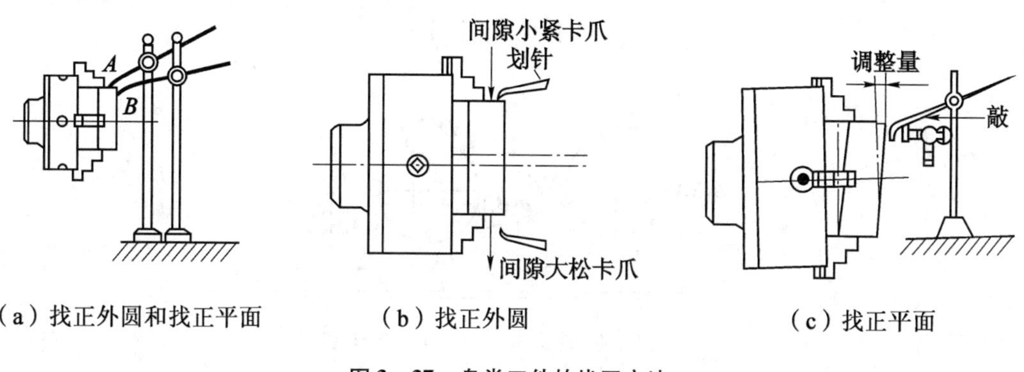

图 3－37 盘类工件的找正方法

③轴类工件的找正方法。轴类工件的找正方法如图 3－38 所示。轴类工件通常是找正外圆 *A*、*B* 两点。其方法是先找正 *A* 点外圆，再找正 *B* 点外圆。找正 *A* 点外圆时，应调整相应的卡爪，调整方法与盘类工件找正外圆方法一样；而找正 *B* 点外圆时，应用铜锤或铜棒敲击。

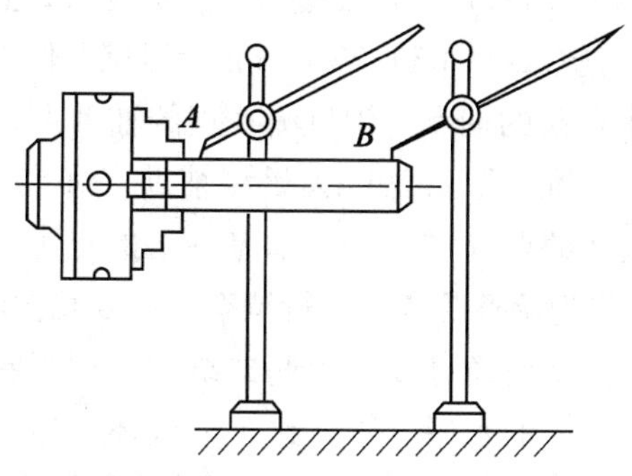

图 3－38 轴类工件的找正方法

④十字线的找正方法。十字线的找正方法如图 3－39 所示。先用手转动工件，找正

$A(A_1)B(B_1)$ 线段；调整划针高度，使针尖通过 AB，然后工件转过 180°。可能出现下列情况：一是针尖仍然通过 AB 线段，这表明针尖与主轴中心一致，且工件 AB 线段也已经找正，如图 3－39（a）所示；二是针尖在下方与 AB 线段相差距离 Δ，如图 3－39（b）所示，这表明划针应向上调整 $\Delta/2$，工件 AB 线段向下调整 $\Delta/2$；三是针尖在上方与 AB 线段相距 Δ，如图 3－39（c）所示，这时划针应向下调整 $\Delta/2$，AB 线段向上调整 $\Delta/2$。工件这样反复调转 180°进行找正，直至划针盘针尖通过 AB 线段为止。

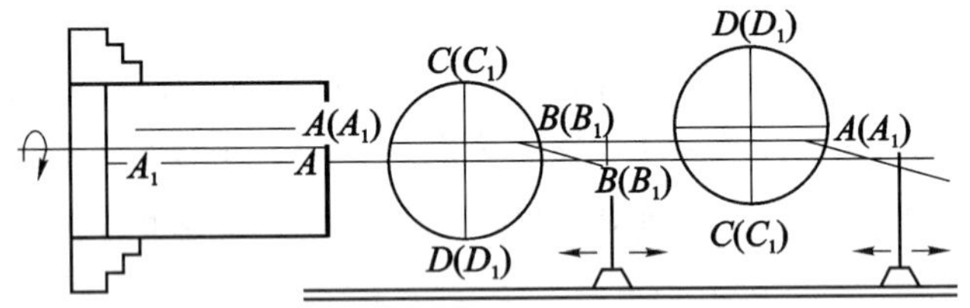

（a）针尖与主轴中心等高

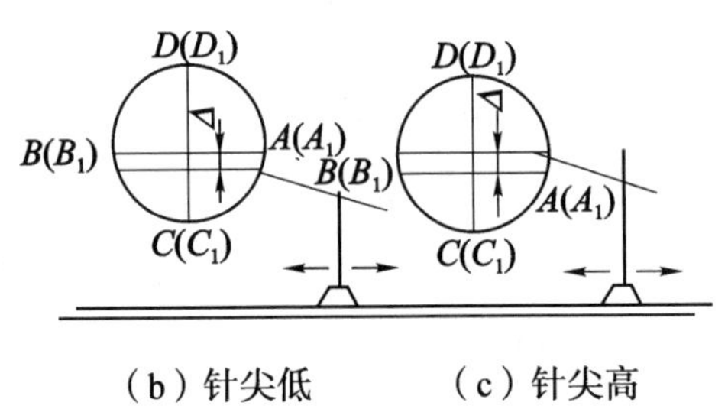

（b）针尖低　　（c）针尖高

图 3－39　十字线的找正方法

划针盘高度调整好后，再找正十字线时，就容易得多。工件上 $A(A_1)$ 和 $B(B_1)$ 线段找平后，如在划针针尖上方，工件就往下调；反之，工件就往上调。找正十字线时，要特别注意综合考虑，一般应该是先找内端线，后找外端线；两条十字线［见图 3－39 中 $A(A_1)B(B_1)$ 线段、$C(C_1)D(D_1)$ 线段］要同时找调，反复进行，全面检查，直至找正为止。

⑤两点目测的找正方法。选择四爪单动卡盘正面的标准圆环作为找正的参照基准（见图 3－40）；再把对称卡爪上第一个台阶的端点作为目测找正的辅助点，按照“两点成一线”的原理，利用枪支射击瞄准——“准星”办法，去目测辅助点 A 与参照基准上的点，挂空挡，把卡盘转过 180°，再将对应辅助点 B 与同一参照基准上的点进行比较，并按它们与同一参照基准两者距离之差的一半作为调整距离，进行调整，反复几次就能把第一对卡爪找正。同理，可找正另一对相应卡爪。此法经过一段时间的练习，即可在 2～3 min 的时间内完成，使找正精度达到 0.15～0.20 mm 的水平。不过这种方法还只适用于精度要求不高的工件或粗加工工序；而对于高精度要求的工件，这种方法只能作为粗找正。

⑥百分表、量块的找正方法。为保证高精度的工件达到要求，采用百分表、量块的找正方法效果较好，具体操作如下。

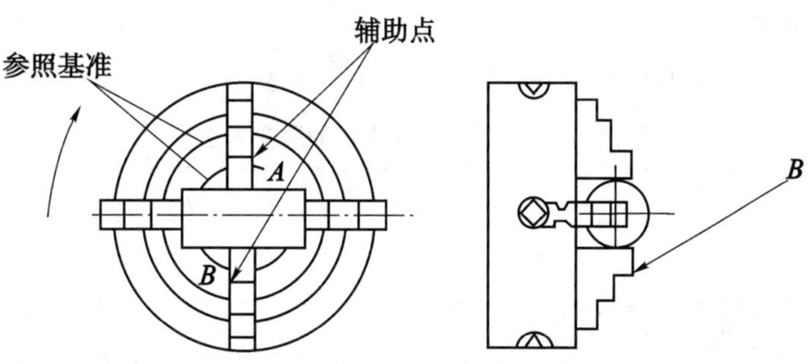

图 3－40　两点目测的找正方法

在粗找正结束后，百分表按如图 3－41 所示装夹在中溜板上，向前移动中溜板使百分表头与工件的回转轴线相垂直，用手转动卡盘至读数最大值，记下中溜板的刻度和此时百分表的读数；然后提起百分表头，向后移动中溜板，使百分表离开工件，退至安全位置；挂空挡，用手把卡盘转 180°，向前移动中溜板，摇到原位（与上次刻度重合），再转动卡盘到读数最大值，比较两点的读数值，若两点的读数值不重合，出现了读数差，则应把其差值除以 2 作为微调量进行微调，若两者读数重合，则表明工件在这个方向上的回转中心已经与主轴的轴线重合。应用这种方法，一般只需反复 2～3 次就能使一对卡爪达到要求。同理，可找正另一对卡爪。

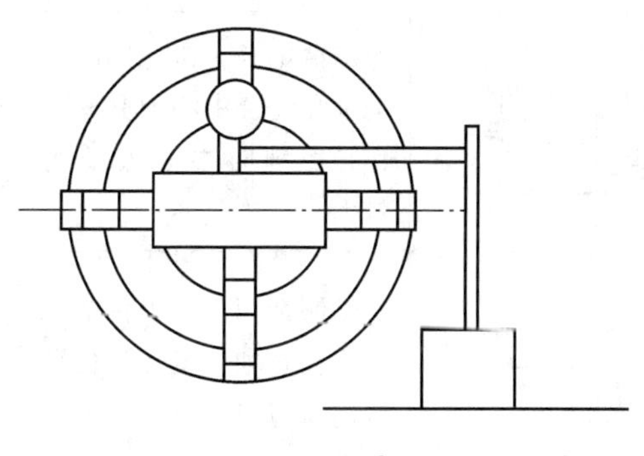

图 3－41　百分表的找正方法

用四爪单动卡盘找正偏心工件（单件或少量）比三爪自定心卡盘方便，而且精度高，尤其是在双重偏心工件加工中更能显出优势。一般情况下，工件的偏心距在 4.5 mm 范围以内时，直接运用百分表按上述找正方法即可完成找正工作；而当工件的偏心距大于 4.5 mm时，量程为 0～10 mm 的百分表就受到了局限。要解决这个问题，就得借助量块进行辅助，其找正方法与前面百分表的找正方法是一致的，所不同的是需垫量块辅助找正处。也就是说，要先在工件表面垫上量块，再拉起百分表的表头使其接触，压表范围控制在 1 mm 以内，转到最大值，记住读数，再拉起表头，拿出量块，退出百分表，余下的操作与前面介绍的完全一样。

3. 其他常用的装夹方法

一般工件常用的装夹方法见表 3-3。

表 3-3 一般工件常用的装夹方法

序号	装夹方法	图示	特点	适用范围
1	外梅花顶尖装夹		顶尖顶紧即可车削，装夹方便、迅速	适用于带孔工件，孔径大小应在顶尖允许的范围内
2	内梅花顶尖装夹		顶尖顶紧即可车削，装夹方便、迅速	适用于不留中心孔的轴类工件，需要磨削时，采用无心磨床磨削
3	摩擦力装夹		利用顶尖顶紧工件后产生的摩擦力克服切削力	适用于精车加工余量较小的圆柱面或圆锥面
4	中心架装夹		三爪自定心卡盘或四爪单动卡盘配合中心架紧固工作，切削时中心架受力较大	适用于加工曲轴等较长的异形轴类工件
5	锥形心轴装夹		心轴制造简单，工件的孔径可在心轴锥度允许的范围内适当变动	适用于齿轮拉孔后精车外圆等
6	夹顶式整体心轴装夹	工件 心轴 螺母	工件与心轴间隙配合，靠螺母旋紧后的端面摩擦力克服切削力	适用于孔与外圆同轴度要求一般的工件外圆车削
7	胀力心轴装夹	车床主轴 工件 A—A A A 拉紧螺杆	心轴通过圆锥的相对位移产生弹性变形而胀开，从而把工件夹紧，装卸工件方便	适用于孔与外圆同轴度要求较高的工件外圆车削

续表

序号	装夹方法	图　示	特　点	适用范围
8	带花键心轴装夹	花键心轴　工件	花键心轴外径带有锥度，工件轴向推入即可夹紧	适用于具有矩形花键或渐开线花键孔的齿轮和其他工件
9	外螺纹心轴装夹	工件 外螺纹心轴	利用工件本身的内螺纹旋入心轴后紧固，装卸工件不方便	适用于有内螺纹和对外圆同轴度要求不高的工件
10	内螺纹心轴装夹	工件 内螺纹心轴	利用工件本身的外螺纹旋入心套后紧固，装卸工件不方便	适用于多台阶而轴向尺寸较短的工件

4. 复杂、畸形、精密工件装夹

车削主要是加工有回转表面的、比较规则的工件，但也经常遇到一些外形复杂、不规则的异形工件。如图3－42所示的对开轴承座、十字孔工件、双孔连杆、环首螺栓、齿轮油泵体及偏心工件、曲轴等，这些工件不宜用三爪、四爪卡盘装夹。

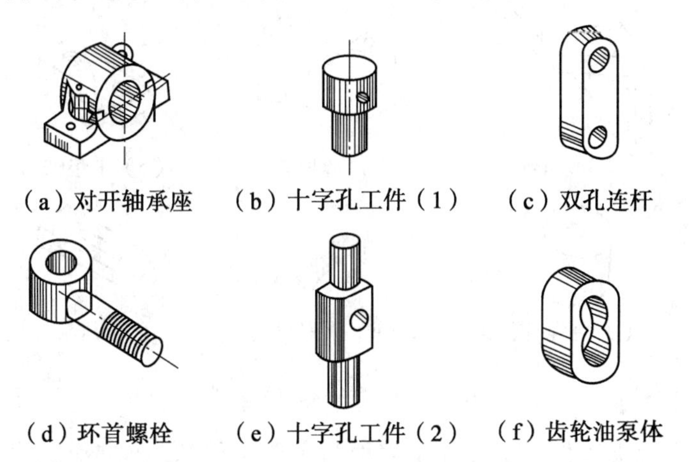

图3－42　复杂工件的种类

（1）花盘、角铁和常用附件。一些外形复杂、不规则的异形工件必须使用花盘、角铁或装夹在专用夹具上加工。

①花盘。花盘（见图 3 –43）是铸铁材料，用螺纹或定位孔形式直接装在车床主轴上。它的工作平面与主轴轴线垂直，平面度误差小，表面粗糙度 $Ra<1.6$。平面上有长短不等的 T 形槽（或通槽），用于安装螺栓紧固工件和其他附件。为了适应大小工件的要求，花盘也有各种规格，常用的有 ϕ250 mm、ϕ300 mm、ϕ420 mm 等。

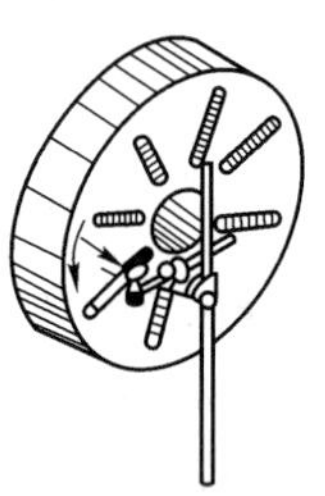

图 3 –43　用百分表检查花盘平面

②角铁。角铁又称弯板，是铸铁材料，如图 3 –44（a）所示。它有两个相互垂直的平面，表面粗糙度 $R_a<1.6$，并有较高的垂直度精度。

③V 形架。V 形架［见图 3 –44（b）］的工作表面是 V 形面，一般做成 90°或 120°，它的两个面之间都有较高的形位精度，主要用作工件以圆弧面为基准的定位。

④平垫铁。平垫铁［见图 3 –44（c）］装在花盘或角铁上，作为工件定位的基准平面或导向平面。

⑤平衡铁。平衡铁［见图 3 –44（d）］材料一般是钢或铸铁，有时为了减小体积，也可用铅制作。

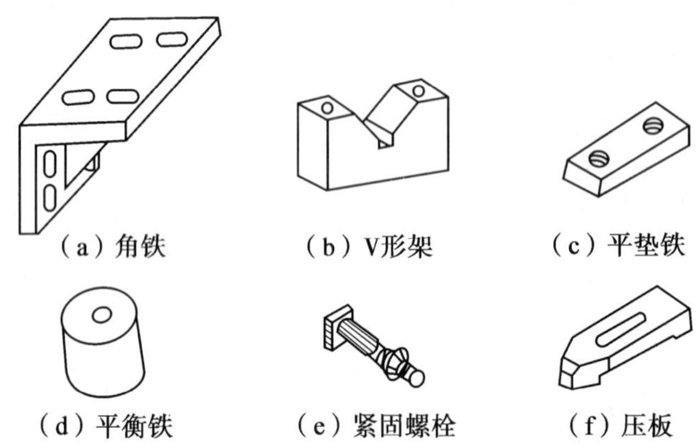

图 3 –44　角铁和常用附件

（2）在花盘上装夹工件。工件加工表面与主要定位基准面要求互相垂直的复杂工件（见图 3 –45），可以装夹在花盘上加工。

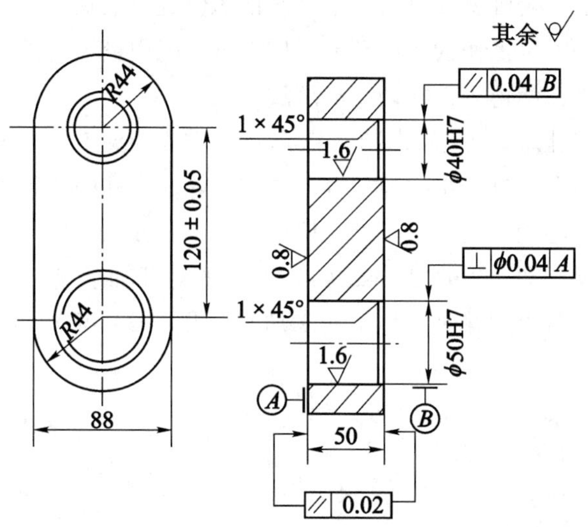

图 3-45 双孔连杆

双孔连杆的加工步骤如下。

①检查花盘精度（见图 3-43）。用百分表检查花盘端面的平面度和车床主轴的垂直度。用手转动花盘，百分表在花盘边缘，其跳动量要求在 0.02 mm 以内。

检查花盘平面度是将百分表装在刀架上，移动中溜板，观察花盘表面凹凸情况，在半径全长上允许偏差 0.02 mm，但只允许盘面中间凹。如果达不到要求，就先把花盘卸下，清除主轴与花盘装配接触面上的脏污和毛刺，再装上检查。若仍不符合要求，可把盘面精车一刀。精车时注意把床鞍紧固螺栓锁紧，最好同时采用低转速、大进给、宽修光刃的车刀进行加工。盘面车削后平面度要求平，应避免盘面出现大的凹凸不平，表面粗糙度应达到 $Ra \leqslant 3.2$。

②在花盘上装夹工件（见图 3-46）。先按划线校正连杆第一孔，并用 V 形架靠紧圆弧面，作为第二件工件定位基准，紧固压板螺钉，然后用手转动花盘，如果转动时没有碰撞，表明平衡恰当，即可车孔。在装夹和加工中要注意：花盘本身的形位精度比工件要求高 1 倍以上，才能保证工件的形位公差要求；工件的装夹基准面一定要进行精加工，以保证与花盘平面贴平；垫压板的垫铁面要平行，高度要合适，最好只垫一块；压板在工件的受力点要选实处，不要压在空当处，压点牢靠、对称、压紧力一致，以防工件变形或工件松动发生事故；工件压紧后，要进行静平衡，根据具体情况增减平衡铁。车床上静平衡就是将主轴箱转速手柄放在空挡位置用手转动花盘，如果花盘能在任何

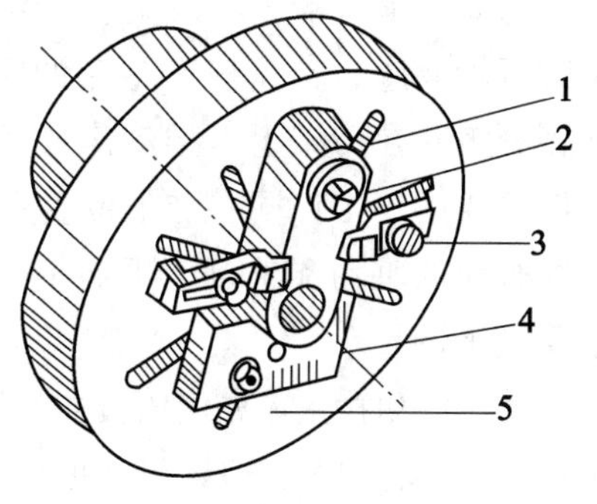

1—连杆；2—圆形压板；
3—压板；4—V 形架；5—花盘。

图 3-46 在花盘上装夹工件

位置停下，说明已平衡，否则就要重新调整平衡铁的位置或增减平衡铁的重量。静平衡很重要，是保证加工质量和安全操作的重要环节；加工时切削用量不能过大，特别是主轴转速过高时，会因离心力过大，使得工件松动造成事故。

加工双孔连杆第二孔时，可用如图 3－47 所示的方法装夹工件，先在花盘上安装一个定位柱，它的直径与第一孔具有较小间隙配合，再调整好定位柱中心到主轴中心的距离，使其符合双孔连杆的两孔中心距。装夹上工件，便可加工第二孔。

（3）在角铁上装夹工件。如图 3－42（a）所示的对开轴承座，当工件的主要定位基准面与加工表面平行时，可以用花盘上加角铁来加工（见图 3－48）。这种加工方法也是代替卧镗的方法。

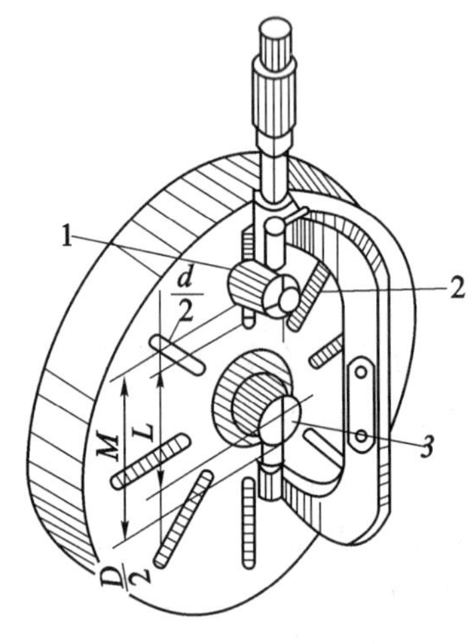

1—定位柱；2—螺母；3—心轴。

图 3－47　用定位圆柱找正中心

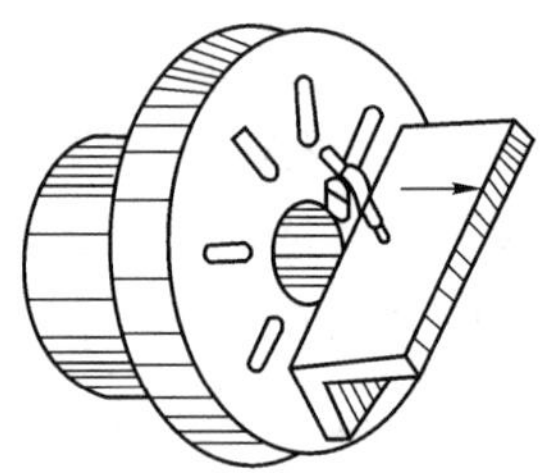

图 3－48　用百分表检查角铁平面与主轴轴线的平行度

装夹和找正的步骤如下。

①找正角铁精度。在复杂的装夹工作中，找正每一个基准面的精度是必不可少的。加工对开轴承座，首先找正花盘的平面，达到要求后，再把角铁装在花盘合适的位置上，把百分表装在刀架上，摇动床鞍，检查角铁平面与主轴轴线的平行度。这个平面的平行度误差要小于工件同一加工位置平行度误差的 1/2。如果不平行，可把角铁卸下，清除角铁结合面的脏污和毛刺，再装上去测量。若仍不平行，也可在角铁和花盘的结合面中间垫薄纸来调整。

②装夹和找正。先用压板初步压紧，再用划线盘找正轴承座中心线（见图 3－49）。找正轴承座中心线时，应该先根据划好的十字线找正轴承座的中心高。找正方法是水平移动划针盘，调整划针高度，使针尖通过工件水平中心线；然后把花盘旋转 180°，再用划针轻划一水平线，如果两线不重合，可把划针调整在两条线中间，把工件水平线向划针高度调整；再用以上方法直至找正。找正垂直中心线的方法同上。十字线调整好后，再用划针找正两侧

母线。最后复查，紧固工件。装上平衡块，用手转动花盘，观察有什么地方碰撞，如果花盘平衡，旋转不碰撞，即可进行车削。

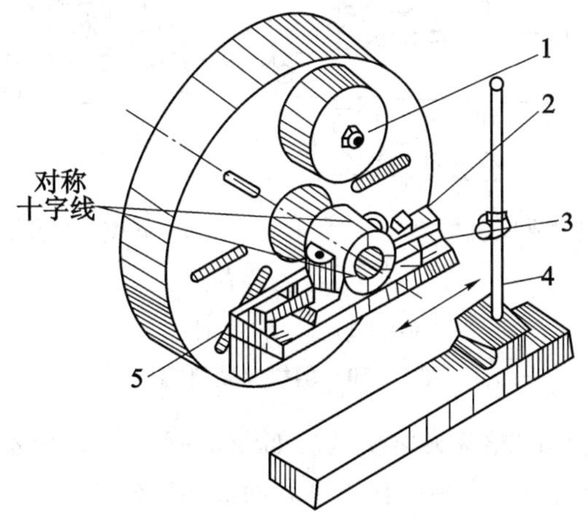

1—平衡铁；2—轴承座；
3—角铁；4—划针盘；5—压板。

图 3－49　在角铁上装夹和找正轴承座中心线

3.7.2　铣床夹具

铣床夹具中使用最普遍的是机械夹紧机构，这类机构大多数是利用机械摩擦的原理来夹紧工件的。斜楔夹紧机构是其中最基本的形式，螺旋、偏心等机构是斜楔夹紧机构的演变形式。

1. 斜楔夹紧机构

采用斜楔作为传力元件或夹紧元件的夹紧机构，称为斜楔夹紧机构。如图 3－50（a）所示为斜楔夹紧机构的应用示例，敲入斜楔 1 大头，使滑柱 2 下降，装在滑柱上的浮动压板 3 可同时夹紧两个工件 4。加工完后，敲斜楔 1 的小头，即可松开工件。采用斜楔直接夹紧工件的夹紧力较小，操作不方便，因此在实际生产中一般将其与其他机构联合使用。如图 3－50（b)所示为斜楔与螺旋夹紧机构的组合形式，当拧紧螺旋时楔块向左移动，使杠杆压板转动夹紧工件，当反向转动螺旋时，楔块向右移动，杠杆压板在弹簧力的作用下松开工件。

2. 螺旋夹紧机构

采用螺旋直接夹紧或采用螺旋与其他元件组合实现夹紧的机构，称为螺旋夹紧机构。螺旋夹紧机构具有结构简单、夹紧力大、自锁性好和制造方便等优点，比较适用于手动夹紧，因而在机床夹具中得到广泛的应用。缺点是夹紧动作较慢，因此在机动夹紧机构中应用较少。螺旋夹紧机构分为简单螺旋夹紧机构和螺旋压板夹紧机构。

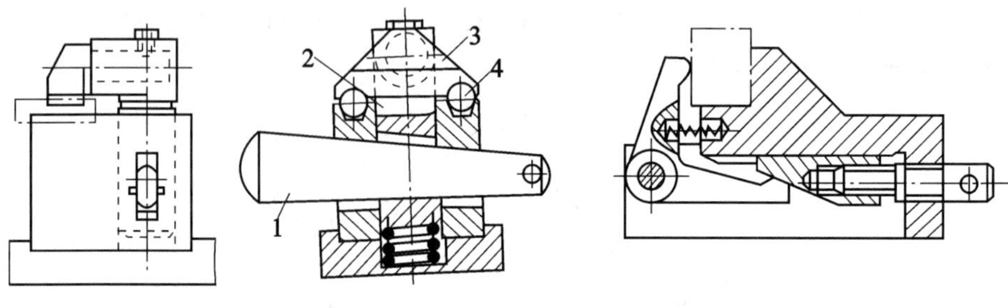

（a）斜楔夹紧机构　　（b）斜楔与螺旋夹紧机构的组合形式

1—斜楔；2—滑柱；

3—浮动压板；4—工件。

图 3－50　斜楔夹紧机构

如图 3－51 所示为简单的螺旋夹紧机构。如图 3－51（a）所示，螺栓头部直接对工件表面施加夹紧力，螺栓转动时，容易损伤工件表面或使工件转动，解决这一问题的办法是在螺栓头部套上一个摆动压块，如图 3－51（b）所示，这样既能保证螺栓与工件表面有良好的接触，防止夹紧时螺栓带动工件转动，又可避免螺栓头部直接与工件接触而造成压痕。摆动压块的结构已经标准化，可根据夹紧表面来选择。

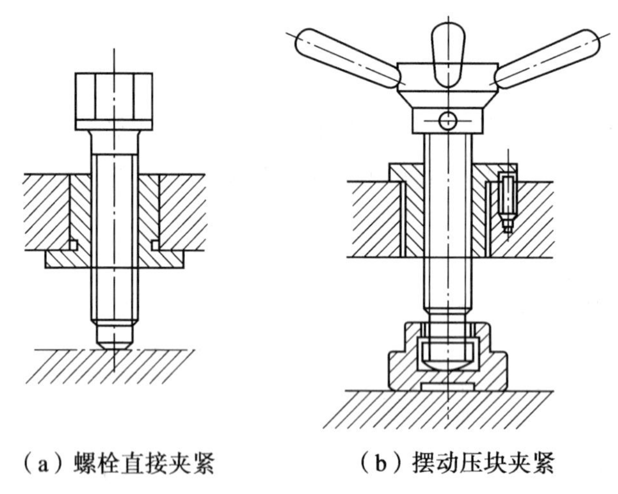

（a）螺栓直接夹紧　　（b）摆动压块夹紧

图 3－51　简单的螺旋夹紧机构

实际生产中使用较多的是如图 3－52 所示的螺旋压板夹紧机构，利用杠杆原理实现对工件的夹紧，杠杆比不同，夹紧力也不同。其结构形式变化很多，如图 3－52（a）和图 3－52（b）所示为移动压板，如图 3－52（c）和图 3－52（d）所示为转动压板。其中，如图 3－52（d）所示增力倍数最大。

3. 偏心夹紧机构

用偏心件直接或间接夹紧工件的机构，称为偏心夹紧机构。常用的偏心件有圆偏心轮［见图 3－53（a）和图 3－53（b）］、偏心轴［见图 3－53（c）］和偏心叉［见图 3－53（d）］。

偏心夹紧机构操作简单、夹紧动作快，但夹紧行程和夹紧力较小，一般用于没有振动或振动较小、对夹紧力要求不大的场合。

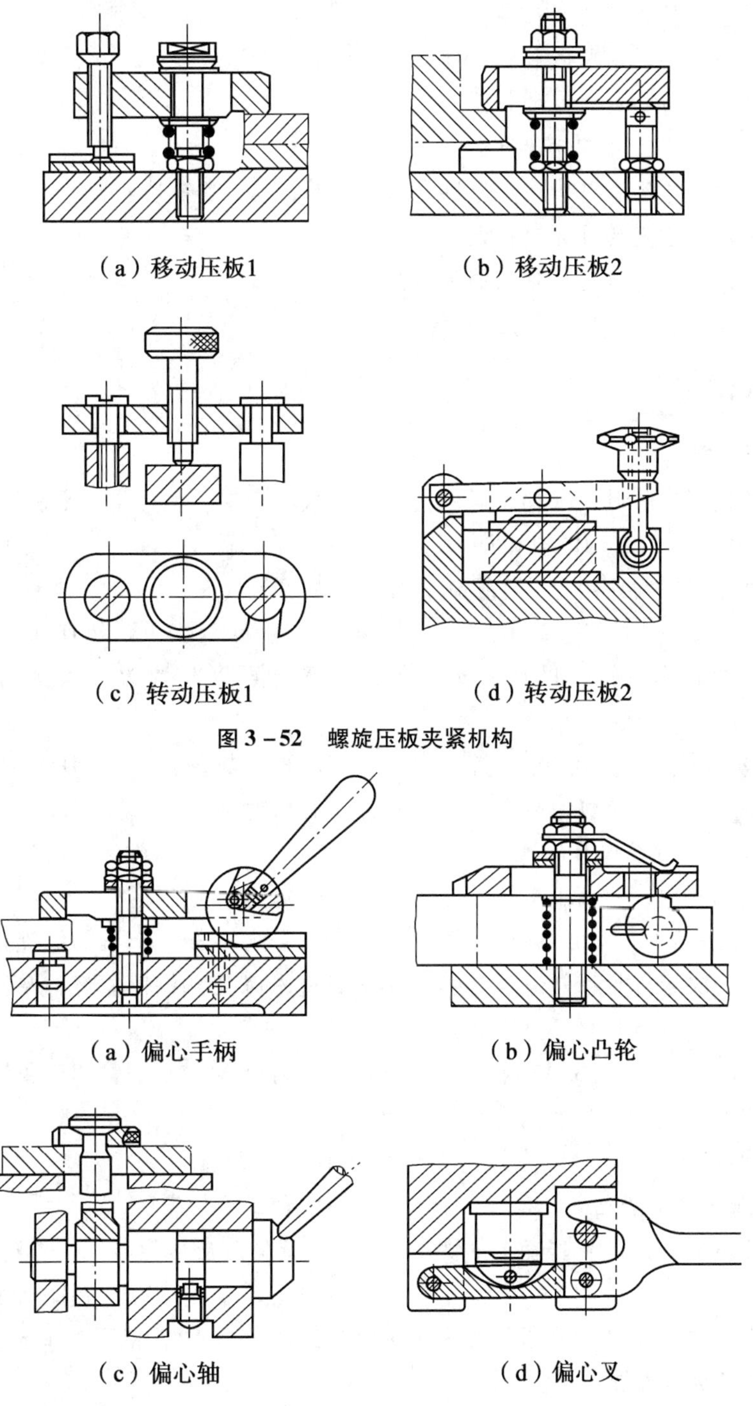

（a）移动压板1　（b）移动压板2

（c）转动压板1　（d）转动压板2

图3－52　螺旋压板夹紧机构

（a）偏心手柄　（b）偏心凸轮

（c）偏心轴　（d）偏心叉

图3－53　偏心夹紧机构

思考与练习题

1. 车削薄壁零件如何夹紧工件？
2. 确定工件在夹具中应限制自由度数目的依据是什么？
3. 试简述定位与夹紧之间的关系。
4. 采用夹具装夹工件有何优点？
5. 当基准重合原则和基准统一原则发生矛盾时，应怎么解决？
6. 什么情况下才需要计算定位误差？
7. 如何理解定位面与定位基准的区别？
8. 车床上装夹轴类零件时，应如何找正？

模拟自测题

一、单项选择题

1. 过定位是指定位时，工件的同一（　　）被多个定位元件重复限制的定位方式。

A. 平面　　B. 自由度　　C. 圆柱面　　D. 方向

2. 若工件采取一面两销定位，限制的自由度数目为（　　）个。

A. 6　　B. 2　　C. 3　　D. 4

3. 在磨一个轴套时，先以内孔为基准磨外圆，再以外圆为基准磨内孔，这是遵循（　　）原则。

A. 基准重合　　B. 基准统一　　C. 自为基准　　D. 互为基准

4. 采用短圆柱心轴定位，可限制（　　）个自由度。

A. 2　　B. 3　　C. 4　　D. 1

5. 在下列内容中，不属于工艺基准的是（　　）。

A. 定位基准　　B. 测量基准　　C. 装配基准　　D. 设计基准

6.（　　）夹紧机构不仅结构简单，容易制造，而且自锁性能好，夹紧力大，是夹具上用得较多的一种夹紧机构。

A. 斜楔　　B. 螺旋　　C. 偏心　　D. 铰链

7. 精基准是用（　　）作为定位基准面。

A. 未加工表面　　B. 复杂表面

C. 切削量小的表面　　D. 加工后的表面

8. 夹紧力的方向应尽量垂直于主要定位基准面，同时应尽量与（　　）方向一致。

A. 退刀　　B. 振动　　C. 换刀　　D. 切削刀

9. 选择粗基准时，重点考虑如何保证各加工表面（　　），使不加工表面与加工表面间的尺寸、位置符合零件图要求。

A. 对刀方便　　B. 切削性能好

C. 进/退刀方便　　D. 有足够的余量

10. 通常情况下，夹具的制造误差应是工件在该工序中允许误差的（　　）。

A. 1～3 倍　　B. 1/10～1/100　　C. 1/3～1/5　　D. 同等值

11. 铣床上用的分度头和各种虎钳都是（　　）夹具。

A. 专用　　B. 通用　　C. 组合　　D. 随身

12. 决定某种定位方法属几点定位，主要根据（　　）。

A. 有几个支承点与工件接触　　B. 工件被消除了几个自由度

C. 工件需要消除几个自由度　　D. 夹具采用几个定位元件

13. 轴类零件加工时，通常采用 V 形块定位，当采用宽 V 形块定位时，其限制的自由度数目为（　　）个。

A. 3　　B. 4　　C. 5　　D. 6

14. 车细长轴时，要使用中心架或跟刀架来增加工件的（　　）。

A. 韧性　　B. 强度　　C. 刚度　　D. 稳定性

15. 在两顶尖间测量偏心距时，百分表上指示出的（　　）就等于偏心距。

A. 最大值与最小值之差　　B. 最大值与最小值之和的一半

C. 最大值与最小值之差的两倍　　D. 最大值与最小值之差的一半

二、判断题（正确的打√，错误的打×）

1. 基准可以分为设计基准与工序基准两大类。（　　）

2. 夹紧力的方向应尽可能与切削力、工件重力平行。（　　）

3. 组合夹具是一种标准化、系列化、通用化程度较高的工艺装备。（　　）

4. 工件在夹具中定位时，应使工件的定位表面与夹具的定位元件相贴合，从而消除自由度。（　　）

5. 因欠定位没有完全限制按零件加工精度要求应该限制的自由度，因而在加工过程中是不允许的。（　　）

6. 加工表面的设计基准与定位基准重合时，不存在基准不重合误差。（　　）

7. 基准位移误差和基准不重合误差不一定同时存在。（　　）

8. 基准重合原则和基准统一原则发生矛盾时，若不能保证尺寸精度，则应遵循基准统一原则。（　　）

9. 车削偏心工件时，应保证偏心的中心与机床主轴的回转中心重合。（　　）

10. 过定位在任何情况下都不应该采用。（　　）

三、简答题

1. 什么是欠定位？什么是过定位？为什么不能采用欠定位？

2. 什么是辅助支承？使用时应注意什么问题？

3. 什么是浮动支承？其可限制几个自由度？

4. 什么叫定位误差？产生定位误差的原因是什么？

5. 工件以平面作定位基准时，常用支承类型有哪些？

6. 确定夹紧力的作用方向和作用点应遵循哪些原则？

7. 按照基准统一原则选用精基准有何优点？

8. 粗基准的选择原则是什么？

9. 精基准的选择原则是什么？

10. 夹紧装置应具备的基本要求是什么？

四、计算题

1. 轴套类零件铣槽时，其工序尺寸有 3 种标注方法，如图 3－54 所示，定位销为水平放置，试分别计算工序尺寸 H_1、H_2、H_3 的定位误差。

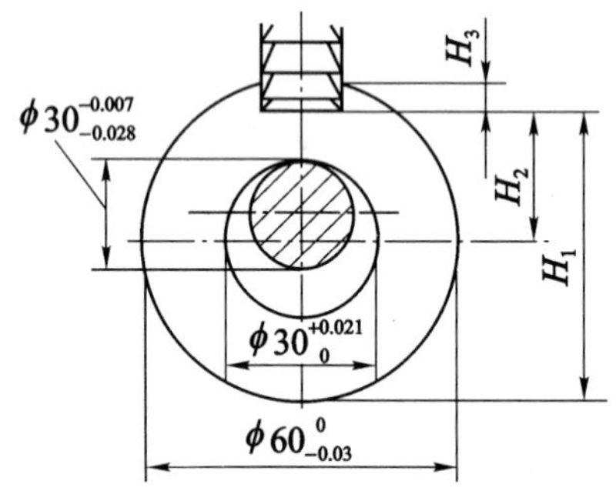

图 3－54　计算题图 1

2. 如图 3－55（a）所示的圆形零件，要在其上钻孔，保证 H 尺寸。试分析计算如图 3－55（b）和图 3－55（c）所示两种定位方案的定位误差，并判断哪种定位方案较好，并说明理由（V 形块夹角 $\alpha=90°$，工件外圆直径 $d=\phi 50_{-0.062}^{0}$ mm）。

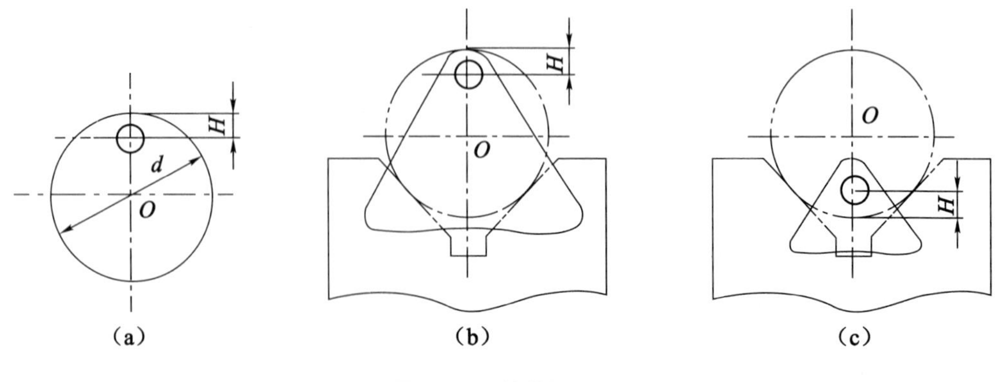

图 3－55　计算题图 2

五、分析题

1. 根据六点定位原理分析图 3－56 各定位方案的定位元件所限制的自由度。

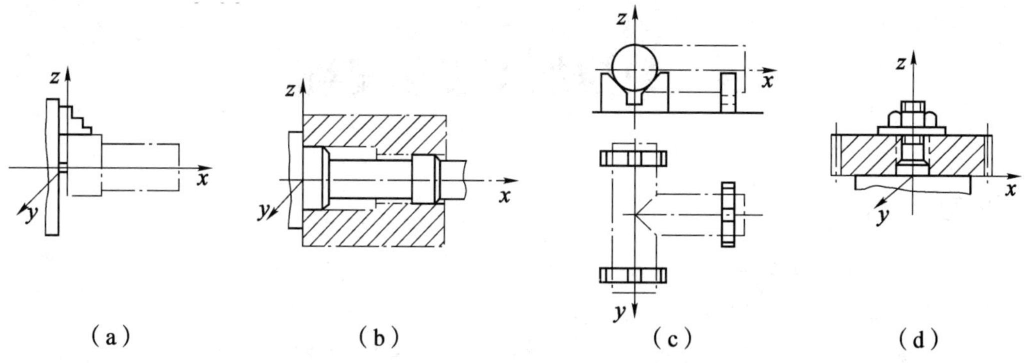

图 3-56 分析题图 1

2. 什么是过定位？试分析图 3-57 中的定位元件分别限制了哪些自由度。是否合理？如何改进？

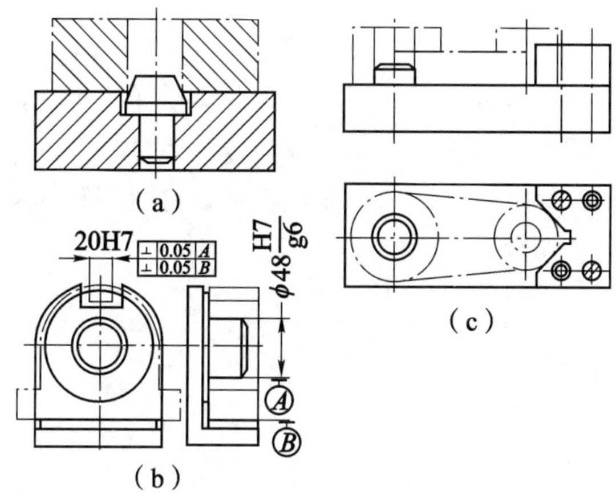

图 3-57 分析题图 2

3. 试分析图 3-58 中夹紧力的作用点与方向是否合理。为什么？如何改进？

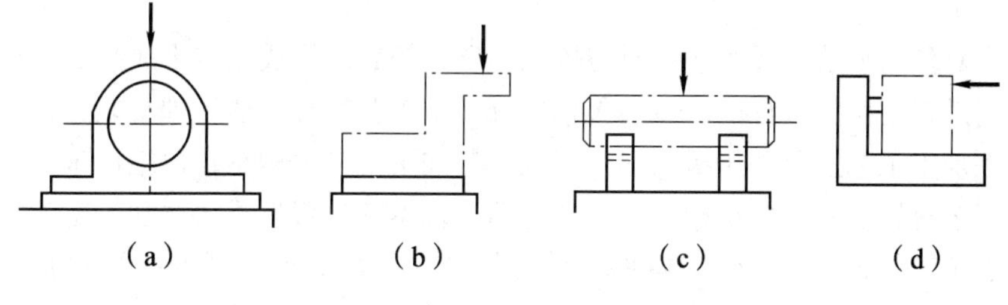

图 3-58 分析题图 3

4　数控加工工艺基础

学习目标

1. 掌握数控加工工序划分的原则及特点。
2. 掌握数控加工工序划分的一般方法。
3. 了解常用加工方法的种类及其所能达到的加工精度、表面粗糙度。
4. 掌握工序设计的主要内容及方法。
5. 了解影响加工精度的因素及提高加工精度的措施。
6. 掌握影响表面粗糙度的因素及减小表面粗糙度的措施。

内容提要

本章重点讨论加工方法的选择，工序的划分，加工顺序的安排，加工余量的确定，工序尺寸及其偏差的确定等工艺关键问题；介绍数控加工工艺分析、工艺路线设计和工序设计的基本内容、原则及方法，介绍对刀点与换刀点的选择，机械加工精度及表面质量。本章内容为后续各章内容的学习奠定基础。

4.1　基本概念

4.1.1　生产过程和工艺过程

1. 生产过程

把原材料转变为产品的全过程，称为生产过程。生产过程一般包括原材料的运输、仓库保管、生产技术准备、毛坯制造、机加工（含热处理）、装配、检验和包装等。

2. 工艺过程

改变生产对象的形状、尺寸、相对位置和性质，使其成为成品或半成品的过程，称为工艺过程。工艺过程是生产过程的主体，包括机械加工工艺过程、热处理工艺过程和装配工艺过程等。数控加工工艺主要是指机械加工工艺，其加工工艺过程是在数控机床上完成的，因而数控加工工艺有别于一般的机械加工工艺，但其基本理论仍然是机械加工工艺。

在机械加工工艺过程中，针对零件的结构特点和技术要求，采用不同的加工方法和装备，按照一定的顺序依次进行才能完成由毛坯到零件的转变。因此，机械加工工艺过程是由一个或若干个顺序排列的工序组成的，而工序又由工步、进给、安装和工位组成。

（1）工序。一个或一组工人，在一个工作地点，对一个或同时对几个工件连续完成的那一部分工艺过程，称为工序。划分工序的依据是工作地点是否发生变化和工作是否连续。

对于如图4－1所示的阶梯轴零件图，单件小批生产和大批大量生产时，按常规加工方法划分的工序分别见表4－1和表4－2。

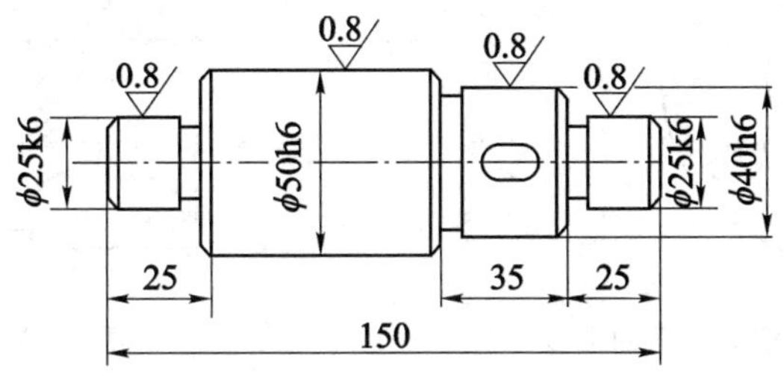

图4－1　阶梯轴零件图

表4－1　单件小批生产工序

工序号	工序内容	设　备
1	车两端面，钻两端中心孔（调头安装）	车　床
2	车外圆，车槽和倒角（调头安装）	车　床
3	铣键槽，去毛刺	铣床、钳工台
4	磨外圆	磨　床

表4－2　大批大量生产工序

工序号	工序内容	设　备
1	两端同时铣端面，钻中心孔	专用机床
2	车一端外圆，车槽和倒角	车　床
3	车另一端外圆，车槽和倒角	车　床
4	铣键槽	铣　床
5	去毛刺	钳工台或专门去毛刺机
6	磨外圆	磨　床

注意：数控加工的工序划分比较灵活，不受上述定义限制，详见4.3节有关内容。

（2）工步。在加工表面（或装配时连接面）和加工（或装配）工具不变的情况下，连续完成的那一部分工序内容，称为工步。划分工步的依据是加工表面和工具是否变化。表4－1的工序1有4个工步，表4－2的工序4只有1个工步。

为简化工艺文件，在一次安装中连续进行若干个相同的工步，常认为是一个工步。如图4－2所示的零件钻削6个ϕ20孔，可看成一个工步——钻6×ϕ20孔。有时，为了提高生产效率，用几把不同刀具或复合刀具同时加工一个零件上的几个表面（见图4－3），通常称此类工步为复合工步。在数控加工中，通常将一次安装时用一把刀连续切削零件上的多个表面划分为一个工步。

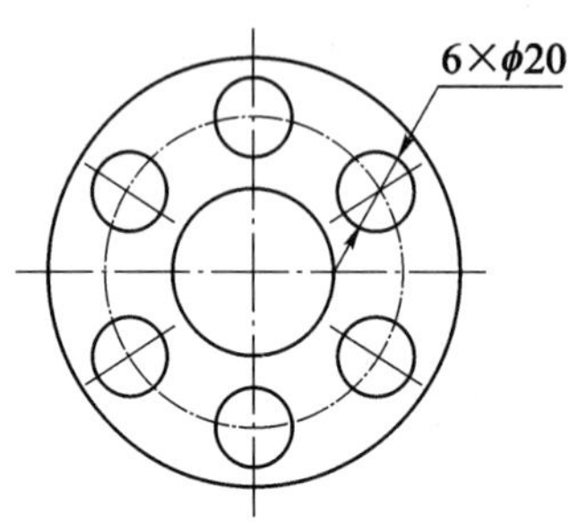

图 4－2　加工 6 个相同表面的工步

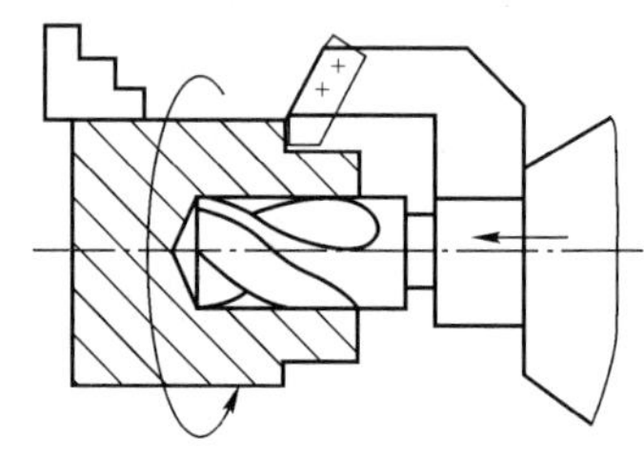

图 4－3　复合工步

（3）进给。在一个工步内，若被加工表面需切除的余量较大，可分几次切削，每次切削称为一次进给。车削如图 4－4 所示的阶梯轴，第一工步为一次进给，第二工步分两次进给。

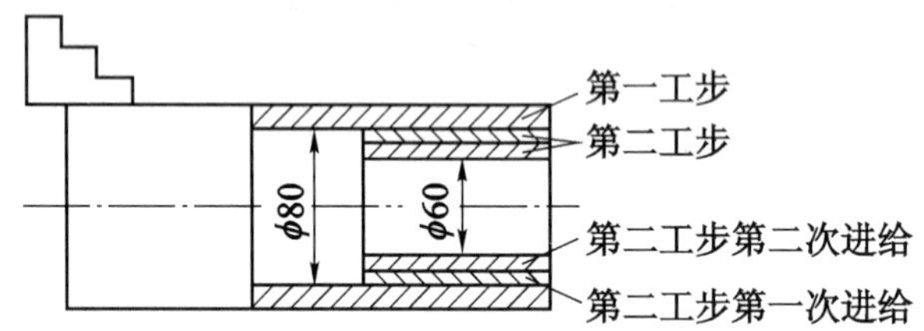

图 4－4　阶梯轴的车削进给

（4）安装。工件经一次装夹后所完成的那一部分工序，称为安装。在一道工序中，工件可能只需安装一次，也可能需要安装几次。例如，表 4－1 中的工序 2，至少需要安装两次；而表 4－2 中的工序 4，只需安装一次即可铣出键槽。

（5）工位。对于回转工作台（或夹具）、移动工作台（或夹具），工件在一次安装中先后处于几个不同的位置进行加工，每个位置称为一个工位。如图 4－5 所示，用移动工作台（或夹具），在一次安装中可完成铣端面和钻中心孔两个工位的加工。采用多工位加工方法，可减少安装次数，提高加工精度和效率。

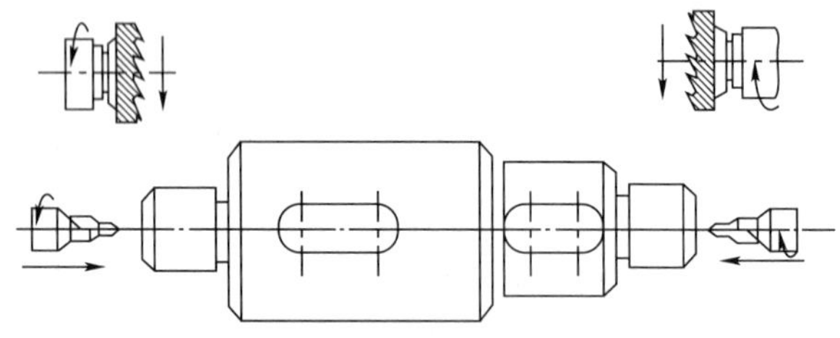

图 4－5　多工位加工示例

4.1.2　生产纲领和生产类型

1. 生产纲领

企业在计划期内应当生产的产品产量和进度计划称为生产纲领。计划期通常为一年，因此生产纲领也常称为年产量。需注意的是，零件的生产纲领还应该包括一定的备品和废品数，可按式（4－1）计算：

$$N = Qn(1+\alpha)(1+\beta) \tag{4-1}$$

式中：N——零件年产量，件/年；

Q——产品年产量，台/年；

n——每台产品中该零件的数量，件/台；

α——备品率；

β——废品率。

2. 生产类型

生产类型的划分主要由生产纲领决定，机械加工生产类型可分为3类。

（1）单件生产。单件生产是指产品品种多，每一种产品的结构、尺寸不同且产量少，各个工作地点的加工对象经常改变且很少重复的生产类型。例如，新产品试制、重型机械和专用设备的制造等均属于单件生产。

（2）大量生产。大量生产是指产品数量大，大多数工作地点长期按一定节拍进行某一个零件的某一道工序的加工。例如，汽车、摩托车、柴油机等的生产均属于大量生产。

（3）成批生产。成批生产是指一年中分批轮流地制造几种不同的产品，每种产品有一定的数量，工作地点的加工对象周期性地重复。例如，机床、电动机等的生产均属于成批生产。

成批生产按照批量大小与产品特征，又可分为小批生产、中批生产和大批生产3种。小批生产与单件生产相似，合称单件小批生产；大批生产与大量生产相似，合称大批大量生产。因此，成批生产通常仅指中批生产。产品的不同生产类型与生产纲领的关系见表4－3。

表4－3 产品的不同生产类型和生产纲领的关系

生产类型		生产纲领/（台/年或件/年）		
		重型零件（30 kg以上）	中型零件（4～30 kg）	轻型零件（4 kg以下）
单件生产		≤5	≤10	≤100
成批生产	小批生产	5～100	10～150	100～500
	中批生产	100～300	150～500	500～5 000
	大批生产	300～1 000	500～5 000	5 000～50 000
大量生产		>1 000	>5 000	>50 000

不同生产类型采用的制造工艺、工装设备、技术措施及经济效果不相同。单件小批生产通常采用通用设备及工装，生产效率低，加工成本高；大批大量生产采用高效率的工艺装备及专用机床，加工成本低。数控加工主要用于单件小批生产和成批生产，其适用的产品加工范围详见4.2节。各种生产类型的工艺特征见表4－4。

表4-4 各种生产类型的工艺特征

工艺特征	单件小批生产	成批生产	大批大量生产
毛坯的制造方法及加工余量	木模手工铸造或自由锻，毛坯精度低，加工余量大	金属模铸造或模锻部分毛坯，毛坯精度与加工余量适中	广泛采用金属模铸造和模锻，毛坯精度高，加工余量小
机床设备及布置	通用机床、数控机床，按机床类别采用机群式布置	部分通用机床、数控机床及高效机床，按工件类别分工段排列	广泛采用高效专用机床和自动机床，按流水线和自动线排列
工艺装备	多采用通用夹具、刀具和量具，靠划线和试切法达到精度要求	多采用可调夹具，部分靠找正装夹达到精度要求，较多采用专用刀具和量具	广泛采用高效率的夹具、刀具和量具，用调整法达到精度要求
工人技术水平	技术熟练工人	技术比较熟练工人	对操作工人技术要求低，对调整工人技术要求高
工艺文件	工艺过程卡，关键工序卡，数控加工工序卡和程序单	工艺过程卡，关键零件的工序卡，数控加工工序卡和程序单	工艺过程卡，工序卡，关键工序调整卡和检验卡
生产率	低	中	高
成本	高	中	低

4.2 数控加工工艺分析

规定零件制造工艺过程和操作方法等的工艺文件，称为工艺规程。工艺规程用于指导生产。在数控机床上加工零件时，要把被加工的全部工艺过程、工艺参数等编制成程序，整个加工过程是自动进行的，因此程序编制前的工艺分析是一项十分重要的工作。数控加工工艺分析的内容包括：选择适合数控加工的零件，确定数控加工的内容，数控加工零件的工艺性分析。

4.2.1 选择适合数控加工的零件

加入世界贸易组织（World Trade Organization，WTO）以来，中国作为世界制造中心的地位日益显现，数控机床在制造业的普及率不断提高，但不是所有的零件都适合在数控机床上加工。根据数控加工的特点和国内外大量应用实践经验，一般可按适应程度将零件分为3类。

1. 最适应类

（1）形状复杂，加工精度要求高，通用机床无法加工或很难保证加工质量的零件。

（2）具有复杂曲线或曲面轮廓的零件。

（3）具有难测量、难控制进给、难控制尺寸型腔的壳体或盒型零件。

（4）必须在一次装夹中完成铣、镗、锪、铰或攻丝等多工序的零件。

对于此类零件，首要考虑的因素是能否加工出来，只要有可能，就应把采用数控加工作为首选方案，而不要过多地考虑生产率与生产成本的问题。

2. 较适应类

（1）零件价值较高，在通用机床上加工时容易受人为因素（如工人技术水平高低、情绪波动等）干扰而影响加工质量，从而造成较大经济损失的零件。

（2）在通用机床上加工时必须制造复杂专用工装的零件。

（3）需要多次更改设计后才能定型的零件。

（4）在通用机床上加工需要做长时间调整的零件。

（5）用通用机床加工时，生产率很低或工人体力劳动强度很大的零件。

此类零件在分析可加工性的基础上，还要综合考虑生产效率和经济效益，一般情况下可把它们作为数控加工的主要选择对象。

3. 不适应类

（1）生产批量大的零件（不排除其中个别工序采用数控加工）。

（2）装夹困难或完全靠找正定位来保证加工精度的零件。

（3）加工余量极不稳定，而且在数控机床上无在线检测系统自动调整零件坐标位置的零件。

（4）必须用特定的工艺装备协调加工的零件。

此类零件采用数控加工后，在生产率和经济性方面一般无明显改善，甚至有可能得不偿失，一般不应该把此类零件作为数控加工的选择对象。

另外，选择数控加工零件还应该结合本单位拥有的数控机床的具体情况。

4. 2. 2　确定数控加工的内容

在选择并决定某个零件进行数控加工后，并不是说零件所有的加工内容都采用数控加工，数控加工可能只是零件加工工序的一部分。因此，有必要对零件图样进行仔细分析，选择那些最适合、最需要进行数控加工的内容和工序。同时，还应结合本单位的实际情况，立足于解决难题、攻克关键、提高生产效率和充分发挥数控加工的优势，一般可按下列原则选择数控加工内容。

（1）通用机床无法加工的内容应作为优先选择的内容。

（2）通用机床难加工、质量也难以保证的内容应作为重点选择的内容。

（3）通用机床加工效率低、工人手工操作劳动强度大的内容，可在数控机床尚存富余能力的基础上进行选择。

通常情况下，上述加工内容采用数控加工后，产品的质量、生产率与综合经济效益等指标都会得到明显的提高。相比之下，下列内容不宜采用数控加工。

（1）需要在机床上进行较长时间调整的加工内容，如以毛坯的粗基准定位来加工第一个精基准的工序。

（2）数控编程取数困难，容易与检验依据发生矛盾的型面、轮廓。

（3）不能在一次安装中完成加工的其他零星加工表面，采用数控加工又很麻烦时，可采用通用机床补加工。

（4）加工余量大而又不均匀的粗加工。

此外，选择数控加工的内容时，还应该考虑生产批量、生产周期、生产成本和工序间周转情况等因素，杜绝把数控机床当成普通机床来使用。

4.2.3 数控加工零件的工艺性分析

在选择并决定数控加工零件及其加工内容后，应对零件的数控加工工艺性进行全面、认真、仔细的分析，包括零件图样分析、零件的结构工艺性分析和选择合适的零件安装方式等。

1. 零件图样分析

首先应熟悉零件在产品中的作用、位置、装配关系和工作条件，分析各项技术要求对零件装配质量和使用性能的影响，找出主要的和关键的技术要求，然后对零件图样进行分析。

（1）零件尺寸标注方法分析。零件图上尺寸标注方法应适应数控加工的特点，如图4－6（a）所示，在数控加工零件图上，应以统一基准标注尺寸或直接给出坐标尺寸。这种标注方法既便于编程，又有利于设计基准、工艺基准、测量基准和编程原点的统一。由于零件设计人员一般在尺寸标注中较多地考虑装配等使用方面的特性，而不得不采用如图4－6（b）所示的分散基准标注，这样就给工序安排和数控加工带来诸多不便。由于数控加工精度和重复定位精度都很高，不会因产生较大的累积误差而破坏零件的使用特性，因此，可将局部的分散基准标注改为统一基准标注或直接给出坐标尺寸的标注方法。

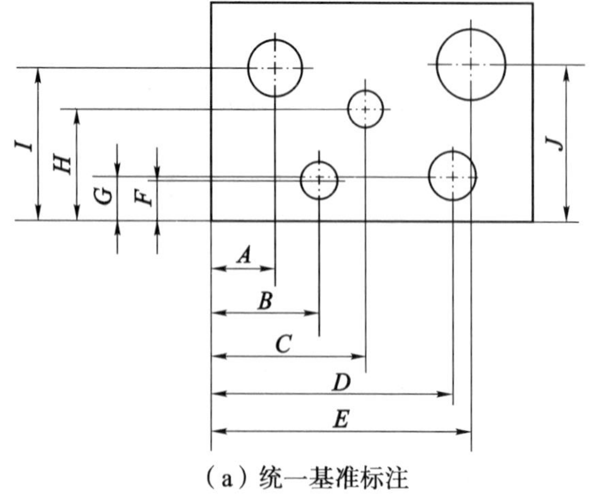

（a）统一基准标注

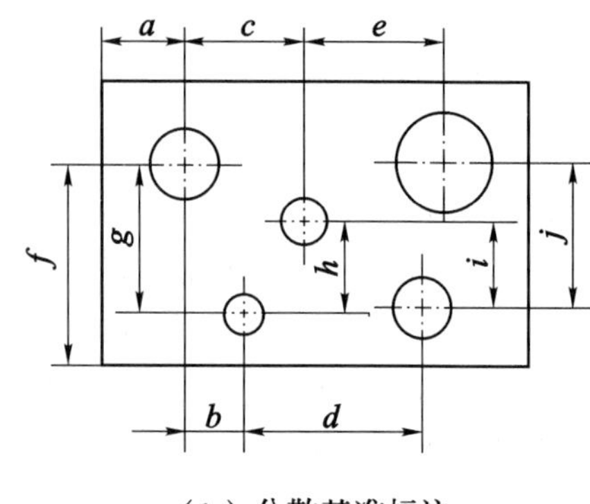

（b）分散基准标注

图4－6 零件尺寸标注方法分析

（2）零件图的完整性与正确性分析。构成零件轮廓的几何元素（点、线、面）的条件（如相切、相交、垂直、平行等）是数控编程的重要依据。手工编程时，要依据这些条件计算每一个节点的坐标；自动编程时，则要根据这些条件对构成零件的所有几何元素进行定义，无论哪一条件不明确，编程都无法进行。因此，在分析零件图样时，务必分析几何元素的给定条件是否充分，发现问题及时与设计人员协商解决。

（3）零件技术要求分析。零件的技术要求主要是指尺寸精度、形状精度、位置精度、表面粗糙度、热处理等。在保证零件使用性能的前提下，这些要求应经济合理。过高的精度和表面粗糙度要求会使工艺过程复杂，加工困难，成本提高。

（4）零件材料分析。在满足零件功能的前提下，应选用廉价、切削性能好的材料，而且材料选择应立足于国内市场，不要轻易选用贵重或紧缺的材料。

2. 零件的结构工艺性分析

零件的结构工艺性是指所设计的零件在满足使用要求的前提下制造的可行性和经济性。良好的零件结构工艺性可以使零件加工容易，节省工时和材料。而较差的零件结构工艺性会使零件加工困难，浪费工时和材料，有时甚至无法加工。因此，零件各加工部位的结构工艺性应符合数控加工的特点。

（1）零件的内腔和外形最好采用统一的几何类型和尺寸，这样可以减少刀具规格和换刀次数，使编程方便，提高生产效率。

（2）内槽圆角的大小决定刀具直径的大小，因此内槽圆角半径不应太小。对于如图4－7所示的零件，其结构工艺性的好坏与被加工轮廓的高低、转角圆弧半径的大小等因素有关。图4－7（b）与图4－7（a）相比，转角圆弧半径大，可以采用较大直径的立铣刀来加工；加工平面时，进给次数也相应减少，表面加工质量也会好一些，因而工艺性较好。通常 $R<0.2H$ 时，就可以判定零件该部位的工艺性不好。

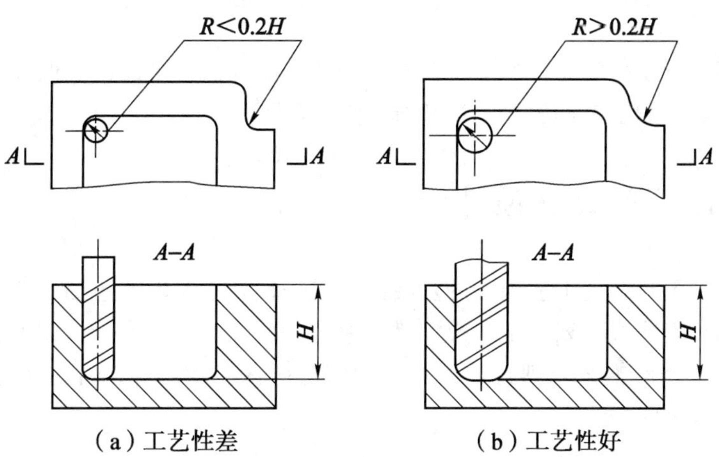

（a）工艺性差　　（b）工艺性好

图4－7　内槽结构工艺性对比

（3）加工零件铣槽底平面时，槽底圆角半径 r 不要过大。如图 4－8 所示，铣刀端面刃与铣削平面的最大接触直径 $d=D-2r$（D 为铣刀直径），当 D 一定时，r 越大，铣刀端面刃铣削平面的面积越小，加工平面的能力就越差，生产效率越低，工艺性也越差。当 r 大到一定程度，甚至必须用球头铣刀加工时，这种情况应该尽量避免。

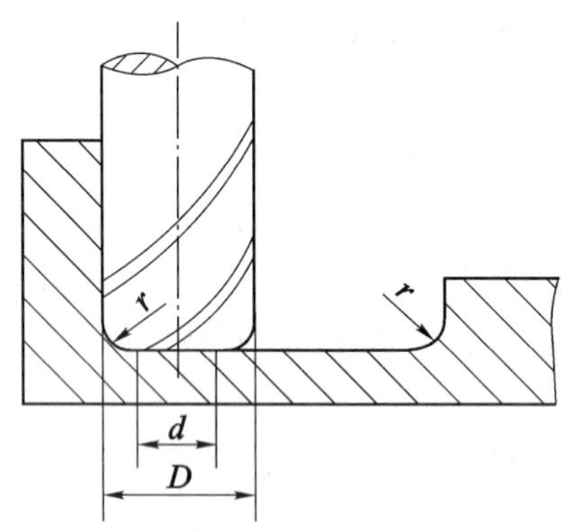

图 4－8　零件铣槽底平面圆弧对加工工艺的影响

（4）应采用统一的基准定位。在数控加工中若没有统一的定位基准，则会因工件的二次装夹而造成加工后两个面上的轮廓位置及尺寸不协调的现象。另外，零件上最好有合适的孔作为定位基准孔。若没有，则应设置工艺孔作为定位基准孔。若无法制出工艺孔，最起码也要用精加工表面作为统一基准，以减少二次装夹产生的误差。

3. 选择合适的零件安装方式

使用数控机床加工时，应尽量使零件能够一次安装，完成零件所有待加工面的加工。要合理选择定位基准和夹紧方式，以减少误差环节。应尽量采用通用夹具或组合夹具，必要时才设计专用夹具。夹具设计的原理和方法与普通机床所用夹具相同，但应使其结构简单，便于装卸，操作灵活。

此外，还应分析零件所要求的加工精度、尺寸公差等是否可以得到保证，有没有引起矛盾的多余尺寸或影响加工安排的封闭尺寸等。

4.3　数控加工工艺路线设计

工艺路线的拟定是制定工艺规程的重要内容之一，其主要内容包括：选择各加工表面的加工方法，划分加工阶段，划分工序及安排工序的先后顺序等。设计者应根据从生产实践中总结出来的一些综合性工艺原则，结合本厂的实际生产条件，提出几种方案，通过对比分析，从中选择最佳方案。

4.3.1　加工方法的选择

机械零件的结构形状是多种多样的，但它们都是由平面、外圆柱面、内圆柱面或曲面、成型面等基本表面组成的。每一种表面都有多种加工方法，具体选择时应根据零件的加工精度、表面粗糙度、材料、结构形状、尺寸及生产类型等因素，选用相应的加工方法和加工方案。

1. 外圆表面加工方法的选择

外圆表面的主要加工方法是车削和磨削。当表面粗糙度要求较高时，还要经光整加工。外圆表面的加工方案如图 4－9 所示。

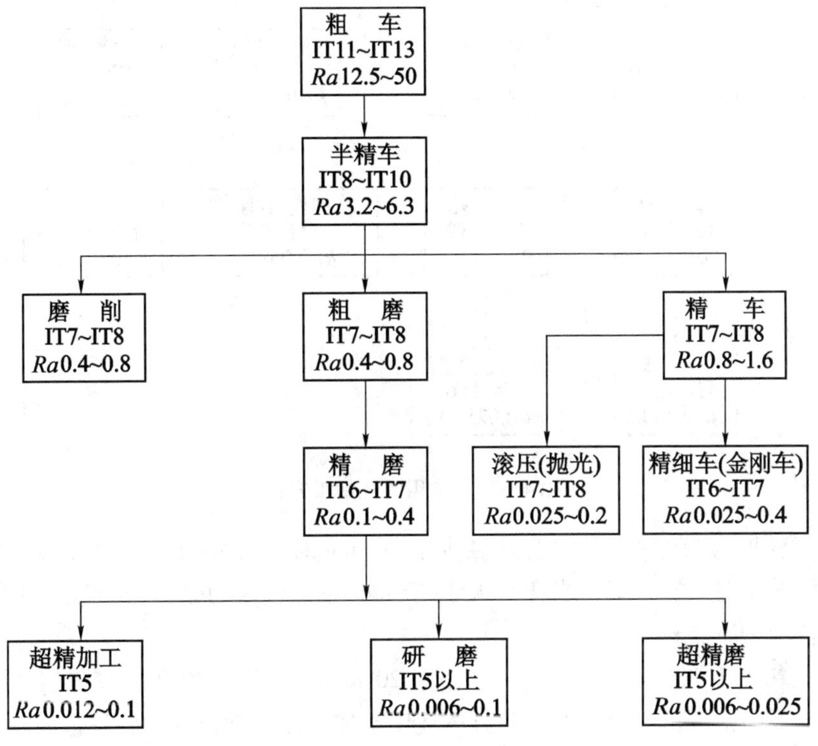

图 4－9 外圆表面的加工方案

（1）最终工序为车削的加工方案，适用于除淬火钢以外的各种金属。

（2）最终工序为磨削的加工方案，适用于淬火钢、未淬火钢和铸铁，不适用于有色金属，因为有色金属韧性大，磨削时易堵塞砂轮。

（3）最终工序为精细车（金刚车）的加工方案，适用于要求较高的有色金属的精加工。

（4）最终工序为光整加工，如研磨、超精磨及超精加工等，为提高生产效率和加工质量，一般在光整加工前进行精磨。

（5）对表面粗糙度要求高，而尺寸精度要求不高的外圆，可采用滚压或抛光。

2. 内孔表面加工方法的选择

内孔表面加工方法有钻孔、扩孔、铰孔、镗孔、拉孔、磨孔和光整加工。图 4－10 是常用的孔加工方案，应根据被加工孔的加工要求、尺寸、具体生产条件、批量的大小及毛坯上有无预制孔等情况合理选用。

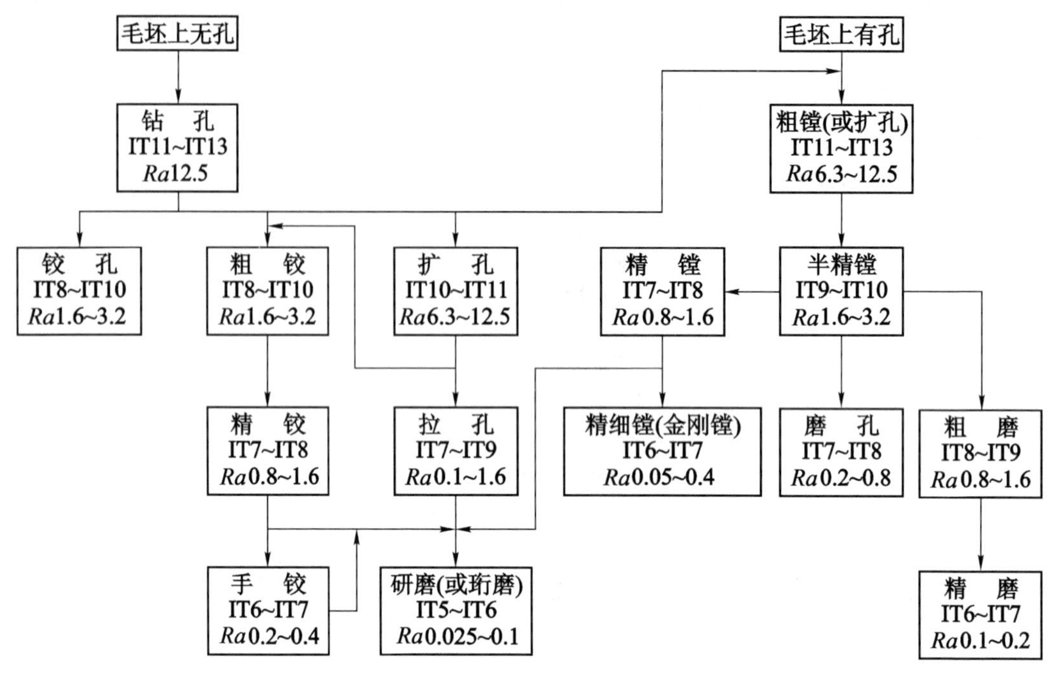

图 4－10 常用的孔加工方案

（1）加工精度为 IT9 级的孔，当孔径小于 10 mm 时，可采用钻→铰方案；当孔径小于 30 mm 时，可采用钻→扩方案；当孔径大于 30 mm 时，可采用钻→镗方案。工件材料为淬火钢以外的各种金属。

（2）加工精度为 IT8 级的孔，当孔径小于 20 mm 时，可采用钻→铰方案；当孔径大于 20 mm 时，可采用钻→扩→铰方案，此方案适用于加工淬火钢以外的各种金属，但孔径应在 20 ~ 80 mm，此外也可采用最终工序为精镗或拉削的方案。淬火钢可采用磨削加工。

（3）加工精度为 IT7 级的孔，当孔径小于 12 mm 时，可采用钻→粗铰→精铰方案；当孔径在 12 ~ 60 mm 时，可采用钻→扩→粗铰→精铰方案或钻→扩→拉方案。若毛坯上已铸出或锻出孔，可采用粗镗→半精镗→精镗方案或粗镗→半精镗→磨孔方案。最终工序为铰孔的方案适用于未淬火钢或铸铁，对有色金属铰出的孔表面粗糙度较大，常用精细镗孔替代铰孔。最终工序为拉孔的方案适用于大批大量生产，工件材料为未淬火钢、铸铁和有色金属。最终工序为磨孔的方案适用于加工除硬度低、韧性大的有色金属以外的淬火钢、未淬火钢及铸铁。

（4）加工精度为 IT6 级的孔，最终工序采用手铰、精细镗、研磨或珩磨等均可，视具体情况选择。韧性较大的有色金属不宜采用珩磨，可采用研磨或精细镗。研磨对大、小直径孔均适用，而珩磨只适用于大直径孔的加工。

3. 平面加工方法的选择

平面的主要加工方法有铣削、刨削、车削、磨削和拉削等，精度要求高的平面还需要经研磨或刮削加工。常见平面加工方案如图 4－11 所示，其中尺寸公差等级是指平行平面之间距离尺寸的公差等级。

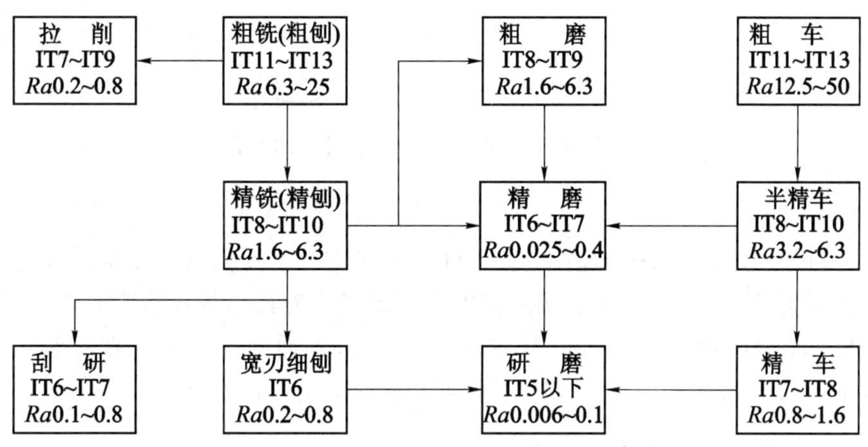

图 4－11 常见平面加工方案

（1）最终工序为刮研的加工方案多用于单件小批生产中配合表面要求高且非淬硬平面的加工。当批量较大时，可用宽刀细刨代替刮研，宽刀细刨特别适用于加工像导轨面这样的狭长平面，能显著提高生产效率。

（2）磨削适用于直线度及表面粗糙度要求较高的淬硬工件和薄片工件，以及未淬硬钢件上面积较大的平面的精加工，但不宜加工塑性较大的有色金属。

（3）车削主要用于回转零件端面的加工，以保证端面与回转轴线的垂直度要求。

（4）拉削适用于大批量生产中加工质量要求较高且面积较小的平面加工。

（5）最终工序为研磨的加工方案适用于精度高、表面粗糙度要求高的小型零件的精密平面，如量规等精密量具的表面。

4. 平面轮廓和曲面轮廓加工方法的选择

（1）平面轮廓加工方法的选择。平面轮廓是指可以展开成平面的轮廓。平面轮廓常用的加工方法有数控铣、线切割及磨削等。对如图 4－12（a）所示的内平面轮廓，当曲率半径较小时，可采用数控线切割方法加工。若选择铣削的方法，因铣刀直径受最小曲率半径的限制，直径太小，刚性不足，会产生较大的加工误差。对如图 4－12（b）所示的外平面轮廓，可采用数控铣削方法加工，常用粗铣→精铣方案，也可采用数控线切割方法加工。对精度及表面粗糙度要求较高的轮廓表面，在数控铣削加工之后，再进行数控磨削加工。数控铣削加工适用于除淬火钢以外的各种金属；数控线切割加工适用于各种金属；数控磨削加工适用于除有色金属以外的各种金属。

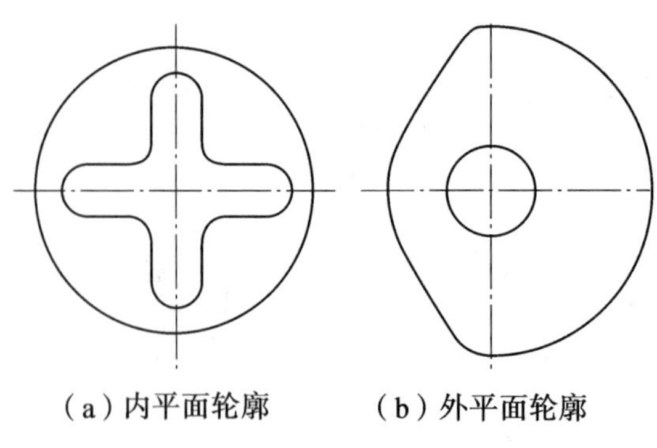
（a）内平面轮廓　　（b）外平面轮廓

图 4－12　平面轮廓类零件

（2）曲面轮廓加工方法的选择。立体曲面加工方法主要是数控铣削，多用球头铣刀，以“行切法”加工，如图 4－13 所示。根据曲面形状、刀具形状及精度要求等通常采用二轴半联动或三轴半联动。对精度和表面粗糙度要求高的曲面，当用三轴联动的“行切法”加工不能满足要求时，可用模具铣刀，选择四坐标或五坐标联动加工。

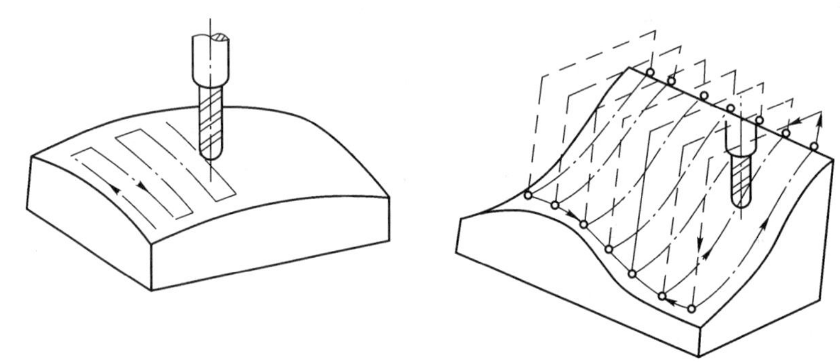
图 4－13　曲面的“行切法”加工

表面加工的方法选择，除了考虑加工质量、零件的结构形状和尺寸、零件的材料和硬度及生产类型外，还要考虑加工的经济性。

各种表面加工方法所能达到的精度和表面粗糙度都有一个相当大的范围。当精度达到一定程度后，想要继续提高精度，生产成本会急剧上升。例如，外圆车削，将精度从 IT7 级提高到 IT6 级，此时需要价格较高的金刚石车刀及很小的背吃刀量和进给量，这就增加了刀具费用，延长了加工时间，大大地增加了加工成本。对于同一表面加工，采用的加工方法不同，加工成本也不一样。例如，对公差为 IT7 级、表面粗糙度 Ra 为 0.4 μm 的外圆表面，采用精车就不如采用磨削经济。

任何一种加工方法获得的精度只在一定范围内才是经济的，这种一定范围内的加工精度为该加工方法的经济精度。它是指在正常加工条件下（采用符合质量标准的设备、工艺装备和标准等级的工人，不延长加工时间）所能达到的加工精度，相应的表面粗糙度称为经济粗糙度。应根据工件的精度要求选择与经济精度相适应的加工方法。常用加工方法的经济精度及表面粗糙度，可查阅有关工艺手册。

4.3.2 加工阶段的划分

当零件的加工质量要求较高时，往往不可能用一道工序来满足其要求，而要用几道工序逐步达到所要求的加工质量。为保证加工质量和合理地使用设备、人力，通常按工序性质不同，零件的加工过程分为粗加工、半精加工、精加工和光整加工 4 个阶段。

（1）粗加工阶段。其任务是切除毛坯上大部分多余的金属，使毛坯在形状和尺寸上接近零件成品，因此，这一阶段的主要目标是提高生产效率。

（2）半精加工阶段。其任务是使主要表面达到一定的精度，留有一定的精加工余量，为主要表面的精加工（如精车、精磨）做好准备，并可完成一些次要表面加工，如扩孔、攻螺纹、铣键槽等。

（3）精加工阶段。其任务是保证各主要表面达到规定的尺寸精度和表面粗糙要求。这一阶段的主要目标是全面保证零件加工质量。

（4）光整加工阶段。对零件上精度和表面粗糙度要求都很高（IT6 级以上，表面粗糙度为 0.2 μm 以下）的表面，需进行光整加工，其主要目标是提高尺寸精度，减小表面粗糙度。这一阶段一般不用来提高位置精度。

划分加工阶段的目的有以下几点。

（1）保证加工质量。工件在粗加工阶段时，切除的金属层较厚，切削力和夹紧力都比较大，切削温度也比较高，容易引起较大的变形。如果不划分加工阶段，粗、精加工混在一起，就无法避免上述原因引起的加工误差。按加工阶段加工，粗加工阶段造成的加工误差可以通过半精加工阶段和精加工阶段来纠正，从而保证零件的加工质量。

（2）合理使用设备。粗加工余量大，切削用量大，可采用功率大、刚度好、效率高而精度低的机床。精加工切削力小，对机床破坏小，可采用高精度机床。设备的各自特点得以发挥，既能提高生产效率，又能延长精密设备的使用寿命。

（3）便于及时发现毛坯缺陷。对毛坯的各种缺陷，如铸件的气孔、夹砂和余量不足等，在粗加工后即可发现，便于及时修补或决定报废，以免继续加工，造成浪费。

（4）便于安排热处理工序。如粗加工后，一般要安排去应力热处理，以消除内应力。精加工前要安排淬火等最终热处理，其变形可以通过精加工予以消除。

加工阶段的划分不应绝对化，应根据零件的质量要求、结构特点和生产纲领灵活掌握。当零件加工质量要求不高、工件刚性好、毛坯精度高、加工余量小、生产纲领不大时，可不必划分加工阶段。刚性好的重型零件装夹及运输很费时，也常在一次装夹下完成全部粗、精加工。对于不划分加工阶段的零件，为减少粗加工中产生的各种变形对加工质量的影响，在粗加工后，松开夹紧机构，停留一段时间，让零件充分变形，然后用较小的夹紧力重新夹紧，进行精加工。

4.3.3 工序的划分

1. 工序划分的原则

工序划分可以采用两种不同的原则，即工序集中原则和工序分散原则。

（1）工序集中原则。工序集中原则是指每道工序包括尽可能多的加工内容，从而使工序的总数减少。采用工序集中原则的优点是：有利于采用高效的专用设备和数控机床，提高生产效率；减少工序数目，缩短工艺路线，简化生产计划和生产组织工作；减少机床数量、操作工人数和占地面积；减少工件装夹次数，不仅保证了各加工表面间的相互位置精度，而且减少了夹具数量和装夹工件的辅助时间。但采用工序集中原则，专用设备和工艺装备投资大，调整维修比较麻烦，生产准备周期较长，不利于转产。

（2）工序分散原则。工序分散原则就是将工件的加工分散在较多的工序内进行，每道工序的加工内容很少。采用工序分散原则的优点是：加工设备和工艺装备结构简单，调整和维修方便，操作简单，转产容易；有利于选择合理的切削用量，减少机动时间。但采用工序分散原则，工艺路线较长，所需设备及工人数量多，占地面积大。

2. 工序划分的方法

工序划分主要考虑生产纲领、所用设备及零件本身的结构和技术要求等。大批大量生产时，若使用多轴、多刀的高效加工中心，可按工序集中原则组织生产；若在由组合机床组成的自动线上加工，一般按工序分散原则划分。随着现代数控技术的发展，特别是加工中心的应用，工艺路线的安排更多地趋向于工序集中。单件小批生产时，通常采用工序集中原则。成批生产时，可按工序集中原则划分，也可按工序分散原则划分，应视具体情况而定。对于结构尺寸和重量都很大的重型零件，应采用工序集中原则，以减少装夹次数和运输量。对于刚性差、精度高的零件，应按工序分散原则划分工序。

在数控机床上加工的零件，一般按工序集中原则划分工序，划分方法如下：

（1）按所用刀具划分。以同一把刀具完成的那一部分工艺过程为一道工序。这种方法适用于工件的待加工表面较多，机床连续工作时间过长，加工程序的编制和检查难度较大等情况。加工中心常用这种方法划分。

（2）按安装次数划分。以一次安装完成的那一部分工艺过程为一道工序。这种方法适用于加工内容不多的工件，加工完成后就能达到待检状态。

（3）按粗、精加工划分。粗加工中完成的那一部分工艺过程为一道工序，精加工中完成的那一部分工艺过程也为一道工序。这种划分方法适用于加工后变形较大，需粗、精加工分开的零件，如毛坯为铸件、焊接件或锻件。

（4）按加工部位划分。以完成相同型面的那一部分工艺过程为一道工序。对于加工表面多而复杂的零件，可按其结构特点（如内形、外形、曲面和平面等）划分为多道工序。

4.3.4 加工顺序的安排

在选定加工方法、划分工序后，工艺路线拟定的主要内容就是合理安排这些加工方法和加工工序的顺序。零件的加工工序通常包括切削加工工序、热处理工序和辅助工序（包括表面处理、清洗和检验等），这些加工工序的顺序直接影响零件的加工质量、生产效率和加工成本。因此，在设计工艺路线时，应合理安排切削加工工序、热处理工序和辅助工序的顺序，并解决好工序间的衔接问题。

1. 切削加工工序的安排

切削加工工序通常按下列原则安排顺序。

（1）基面先行原则。用作精基准的表面应优先加工出来，因为定位基准的表面越精确，装夹误差就越小。例如，轴类零件加工时，总是先加工中心孔，再以中心孔为精基准加工外圆表面和端面。又如，箱体类零件总是先加工定位用的平面和两个定位孔，再以平面和定位孔为精基准加工孔系和其他平面。

（2）先粗后精原则。各个表面的加工顺序按照粗加工→半精加工→精加工→光整加工的顺序依次进行，逐步提高表面的加工精度和减小表面粗糙度。

（3）先主后次原则。零件的主要工作表面、装配基面应先加工，从而能及早发现毛坯中主要表面可能出现的缺陷。次要表面可穿插进行，放在主要加工表面加工到一定程度后、最终精加工之前进行。

（4）先面后孔原则。对箱体、支架类零件，平面轮廓尺寸较大，一般先加工平面，再加工孔和其他尺寸。这样安排加工顺序，一方面用加工过的平面定位，稳定可靠；另一方面在加工过的平面上加工孔，比较容易，并能提高孔的加工精度，特别是钻孔，孔的轴线不易偏斜。

2. 热处理工序的安排

为提高材料的力学性能，改善材料的切削加工性和消除工件的内应力，在工艺过程中要适当安排一些热处理工序。热处理工序在工艺路线中的安排主要取决于零件的材料和热处理的目的。

（1）预备热处理。预备热处理的目的是改善材料的切削性能，消除毛坯制造时的残余应力，改善组织。其工序位置多在机械加工之前，常用的有退火、正火等。

（2）消除残余应力热处理。由于在制造和机械加工过程中毛坯产生的内应力会引起工件变形，影响加工质量，所以要安排消除残余应力热处理。消除残余应力热处理最好安排在粗加工之后精加工之前。对精度要求不高的零件，一般将消除残余应力的人工时效和退火安排在毛坯进入机加工车间之前进行。对精度要求较高的复杂铸件，在机加工过程中通常安排两次时效处理：铸造→粗加工→时效→半精加工→时效→精加工。对高精度零件，如精密丝杠、精密主轴等，应安排多次消除残余应力热处理，甚至采用冰冷处理以稳定尺寸。

（3）最终热处理。最终热处理的目的是提高零件的强度、表面硬度和耐磨性，常安排在精加工工序（磨削加工）之前。常用的方式有淬火、渗碳、渗氮和碳氮共渗等。

3. 辅助工序的安排

辅助工序主要包括检验、清洗、去毛刺、去磁、倒棱边、涂防锈油和平衡等。其中检验工序是主要的辅助工序，是保证产品质量的主要措施之一，一般安排在粗加工全部结束后精加工之前、重要工序之后、工件在不同车间交接之前和工件全部加工结束后。

4. 数控加工工序与普通工序的衔接

数控加工工序前后一般都穿插有其他普通工序，如衔接不好就容易产生矛盾。因此，要解决好数控加工工序与非数控加工工序之间的衔接问题，最好的办法是建立相互状态要求。例如，要不要为后道工序留加工余量，留多少；定位面与孔的精度要求及形位公差等。其目的是达到工序之间满足加工需要，且质量目标与技术要求明确，交接验收有依据。关于手续问题，如果是在同一个车间，可由编程人员与主管该零件的工艺员协商确定，在制定工序工艺文件中互审会签，共同负责；如果不是在同一个车间，则采用交接状态表进行规定，共同会签，然后反映在工艺规程中。

4.4 数控加工工序设计

当数控加工工艺路线确定之后，各道工序的加工内容已基本确定，接下来便可以着手进行数控加工工序设计。

数控加工工序设计的主要任务是为每一道工序选择夹具、刀具、机床及量具，确定走刀路线与工步顺序、定位与夹紧方案、加工余量、工序尺寸及其公差、切削用量和时间定额等，为编制加工程序做好充分准备。下面就主要问题进行讨论。

4.4.1 走刀路线和工步顺序的确定

走刀路线是刀具在整个加工工序中相对于工件的运动轨迹，其不但包括了工步的内容，而且反映工步的顺序。走刀路线是编写程序的依据之一。因此，在确定走刀路线时最好画一张工序简图，画出已经拟定的走刀路线（包括进、退刀路线），这样可为编程带来很多方便。

工步顺序是指同一道工序中，各个表面加工的先后次序。它对零件的加工质量、加工效率和数控加工中的走刀路线有直接影响，应根据零件的结构特点和工序的加工要求等合理安排。工步的划分与安排一般可随走刀路线来进行，在确定走刀路线时，主要考虑以下几点。

（1）对点位加工的数控机床，如钻、镗床，要考虑尽可能缩短走刀路线，以减少空程时间，提高加工效率。

（2）为保证工件轮廓表面加工后的粗糙度要求，最终轮廓应安排最后一次走刀连续加工。

（3）刀具的进退刀路线须认真考虑，要尽量避免在轮廓处停刀或垂直切入、切出工件，以免留下刀痕（切削力发生突然变化而造成弹性变形）。在车削和铣削零件时，应尽量避免按如图4－14（a）所示的径向切入（或切出），而应按如图4－14（b）所示的切向切入

（或切出），这样加工后的表面粗糙度较好。

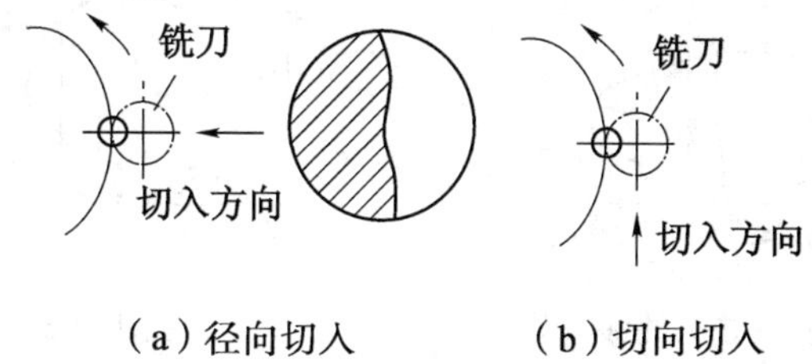

图 4－14　进刀路线

（4）铣削轮廓加工的走刀路线要合理选择，一般采用如图 4－15 所示的 3 种方式进行。如图 4－15（a）所示为 Z 字形（双方向）走刀方式，如图 4－15（b）所示为单向走刀方式，如图 4－15（c）所示为环形走刀方式。在铣削封闭的凹轮廓时，刀具的切入（或切出）不允许外延，最好选在两面的交界处；否则，会产生刀痕。为保证表面质量，最好选择如图 4－16（b）和图 4－16（c）所示的走刀路线。

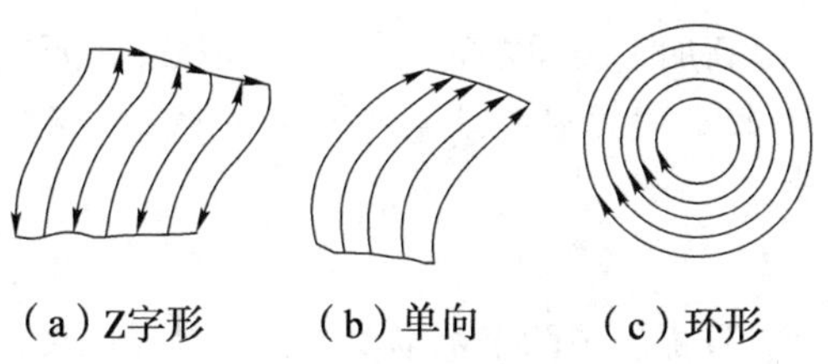

图 4－15　轮廓加工的走刀方式

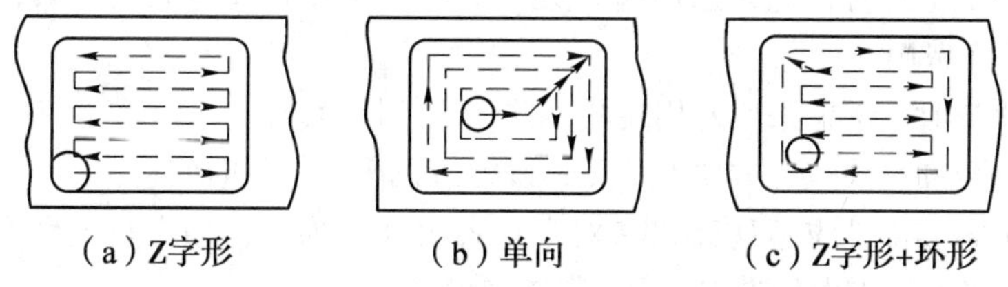

图 4－16　轮廓加工的走刀路线

（5）旋转体类零件一般采用数控车或数控磨床加工，由于车削零件的毛坯多为棒料或锻件，加工余量大且不均匀，因此合理制定粗加工时的加工路线，对于编程至关重要。

如图 4－17 所示，手柄加工实例的轮廓由 3 段圆弧组成，由于加工余量较大而且又不均匀，因此比较合理的方案是先用直线和斜线程序车去图中虚线所示的加工余量，再用圆弧程序精加工成型。

如图 4－18 所示，零件表面形状复杂，毛坯为棒料，加工时余量不均匀，其粗加工路线应按图中 1 ~4 依次分段加工，然后换精车刀一次成型，最后用螺纹车刀粗、精车螺纹。至于粗加工走刀的具体次数，应视每次的切削深度而定。

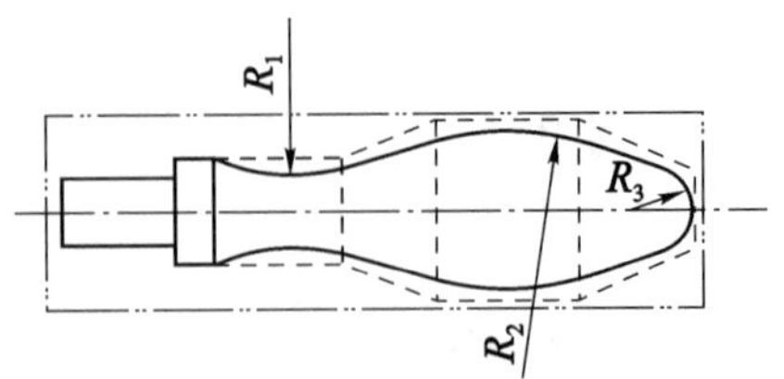

图4-17　直线、斜线走刀路线

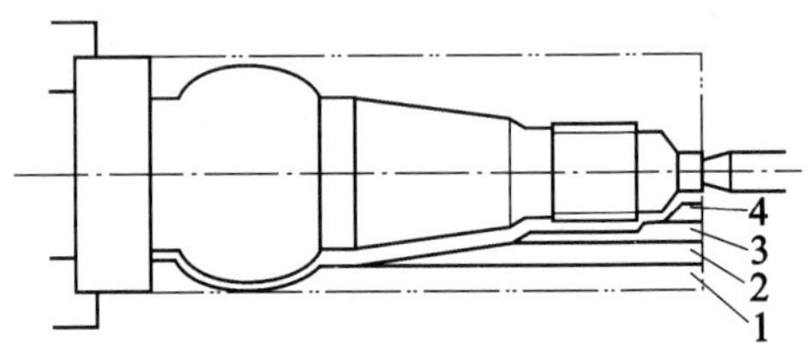

图4-18　矩形走刀路线

4.4.2　定位与夹紧方案的确定

工件的定位与夹紧方案的确定，应遵循3.3节中有关定位基准的选择原则与3.6节中有关工件夹紧的基本要求。此外，还应该注意以下3点。

（1）力求设计基准、工艺基准与编程原点统一，以减少基准不重合误差和数控编程中的计算工作量。

（2）设法减少装夹次数，尽可能做到一次定位装夹后能加工出工件上全部或大部分待加工表面，以减少装夹误差，提高加工表面之间的相互位置精度，充分发挥数控机床的效率。

（3）避免采用占机人工调整式方案，以免占机时间太多，影响加工效率。

4.4.3　夹具的选择

因数控加工的特点，对夹具提出了两个基本要求：一是保证夹具的坐标方向与机床的坐标方向相对固定；二是能协调零件与机床坐标系的尺寸。除此之外，还要重点考虑以下几点。

（1）单件小批生产时，优先选用组合夹具、可调夹具和其他通用夹具，以缩短生产准备时间和节省生产费用。

（2）成批生产时，考虑采用专用夹具，并力求结构简单。

（3）零件的装卸要快速、方便、可靠，以缩短机床的停顿时间。

（4）夹具上各零部件应不妨碍机床对零件各表面的加工，即夹具要敞开，其定位、夹紧机构元件不能影响加工中的走刀（如产生碰撞等）。

（5）为提高数控加工的效率，批量较大的零件加工可以采用多工位、气动或液压夹具。

4.4.4　刀具的选择

刀具的选择是数控加工工序设计的重要内容之一，它不仅影响机床的加工效率，而且直接影响加工质量。另外，数控机床主轴转速比普通机床高1~2倍，且主轴输出功率大，因此与传统加工方法相比，数控加工对刀具的要求更高。数控加工不仅要求刀具精度高、强度大、刚度好、耐用度高，而且要求刀具尺寸稳定、安装调整方便。这就要采用新型优质材料制造数控加工刀具，并合理选择刀具结构、几何参数。

刀具的选择应考虑工件材质、加工轮廓类型、机床允许的切削用量和刚性以及刀具耐用度等因素（参考2.4节）。一般情况下应优先选用标准刀具（特别是硬质合金可转位刀具），必要时也可采用各种高生产率的复合刀具及一些其他专用刀具。对于硬度大的难加工工件，可选用整体硬质合金刀具、陶瓷刀具、CBN 刀具等。刀具的类型、规格和精度等级应符合加工要求。刀具合理几何角度的选择参考第 1 章相关内容，关于车刀、铣刀类型及其规格的选择将在第 5 章、第 6 章中详细介绍。

4.4.5 机床的选择

当工件表面的加工方法确定之后，机床的种类也就基本确定了。但是，每一类机床都有不同的形式，其工艺范围、技术规格、加工精度、生产率及自动化程度都各不相同。为了正确地为每一道工序选择机床，除了充分了解机床的性能外，尚需考虑以下几点。

（1）机床的类型应与工序划分的原则相适应。数控机床或通用机床适用于工序集中的单件小批生产；大批大量生产则应选择高效自动化机床和多刀、多轴机床。若按工序分散原则划分，应选择结构简单的专用机床。

（2）机床的主要规格尺寸应与工件的外形尺寸和加工表面的有关尺寸相适应，即小工件用小规格的机床加工，大工件用大规格的机床加工。

（3）机床的精度与工序要求的加工精度相适应。粗加工工序应选用精度低的机床；精度要求高的精加工工序应选用精度高的机床。但机床精度不能过低，也不能过高。机床精度过低，不能保证加工精度；机床精度过高，会增加零件制造成本。应根据零件加工精度要求合理选择机床。

4.4.6 量具的选择

数控加工主要用于单件小批生产，一般采用通用量具，如游标卡尺、百分表等。对于成批生产和大批大量生产中的部分数控工序，应采用各种量规和一些高生产率的专用检具与量仪等。量具精度必须与加工精度相适应。

4.4.7 加工余量的确定

1. 加工余量的概念

加工余量是指加工过程中，所切去的金属层厚度。加工余量有工序加工余量（简称工序余量）和加工总余量之分。相邻两工序的工序尺寸之差为工序加工余量 Z_i。毛坯尺寸与零件图设计尺寸之差为加工总余量 Z_Σ，它等于各工序加工余量之和，即

$$Z_\Sigma = \sum_{i=1}^{n} Z_i \tag{4-2}$$

式中：n——工序数量。

由于工序尺寸有公差，所以实际切除的工序余量是一个变值。因此，工序余量分为基本余量 Z（公称余量）、最大工序余量 Z_{max} 和最小工序余量 Z_{min}。工序余量与工序尺寸及其公差的关系如图 4－19 所示。图中 L_a、T_a 分别为上一道工序的基本尺寸与公差，L_b、T_b 分别

为本工序的基本尺寸与公差，公差 T_a、T_b 按“入体原则”标注。

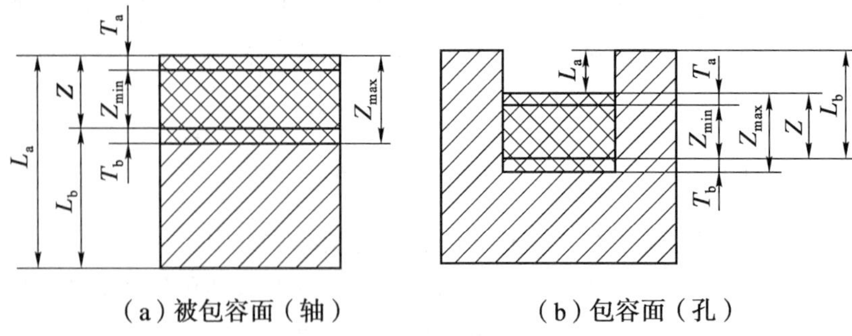

（a）被包容面（轴）　　（b）包容面（孔）

图 4－19　工序余量与工序尺寸及其公差的关系

注意：平面的加工余量是单边余量，而内孔与外圆的加工余量是双边余量。

2. 影响加工余量的因素

余量太大，会造成材料及工时浪费，增加机床、刀具及动力消耗；余量太小，则无法消除上一道工序留下的各种误差、表面缺陷和本工序的装夹误差。因此，应根据影响余量大小的因素合理地确定加工余量。影响加工余量的因素有下列几种。

（1）上一道工序表面粗糙度 Ra 和缺陷层 D_a。如图 4－20 所示，本工序余量应切到正常组织层。

（2）上一道工序的尺寸公差 T_a。由图 4－19 可知，本工序余量应包含上一道工序的尺寸公差 T_a。

（3）上一道工序的形位误差 ρ_a。如图 4－21 所示的小轴，上一道工序轴线的直线度误差 ω 须在本工序中纠正，则直径方向的加工余量应增加 2ω。

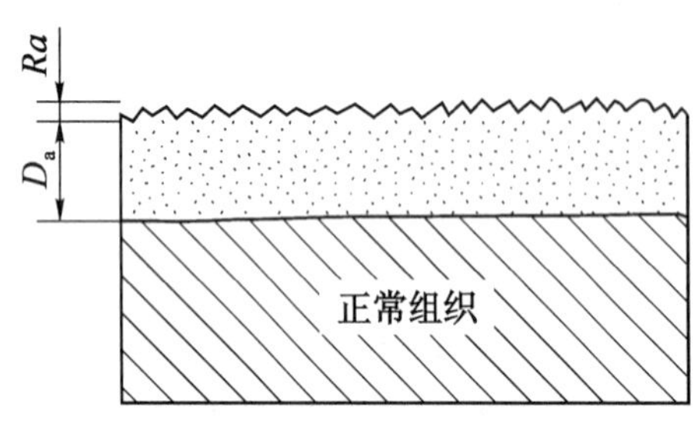

图 4－20　表面粗糙度及缺陷层

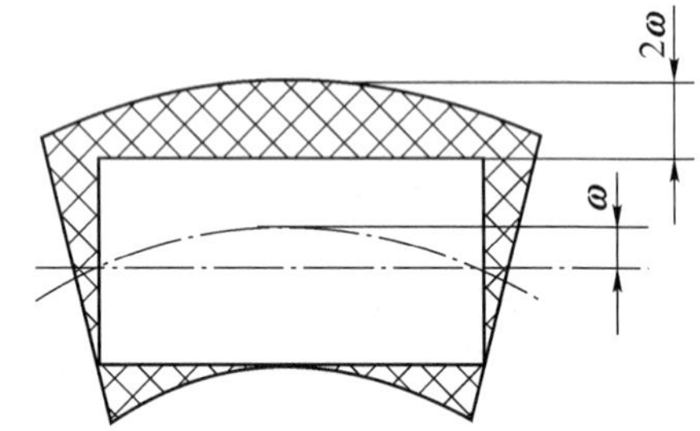

图 4－21　轴线弯曲对加工余量的影响

（4）本工序的装夹误差 ε_b。本工序的装夹误差包括定位误差、装夹误差（夹紧变形）及夹具本身的误差。如图4－22 所示，用三爪自定心卡盘夹持工件外圆磨削内孔时，由于三爪自定心卡盘定心不准，工件轴线偏离主轴旋转轴线的值为 e，导致内孔磨削余量不均匀，甚至有可能造成局部表面无加工余量的情况。为保证待加工表面有足够的加工余量，孔的直径余量应增加 $2e$。

3. 确定加工余量的方法

（1）经验估算法。凭借工艺人员的实践经验估计加工余量，所估加工余量一般偏大，仅用于单件小批生产。

（2）查表修正法。先从《加工余量手册》中查得所需数据，然后结合工厂的实际情况进行适当修正。此方法目前应用最广。注意：查表所得加工余量为基本余量，对称表面的加工余量是双边余量，非对称表面的加工余量是单边余量。

（3）分析计算法。分析计算法是根据加工余量的计算公式和一定的试验资料，对影响加工余量的各项因素进行综合分析和计算来确定加工余量的一种方法。用这种方法确定的加工余量比较经济合理，但必须有比较全面和可靠的试验资料。这种方法适用于贵重材料和军工生产。

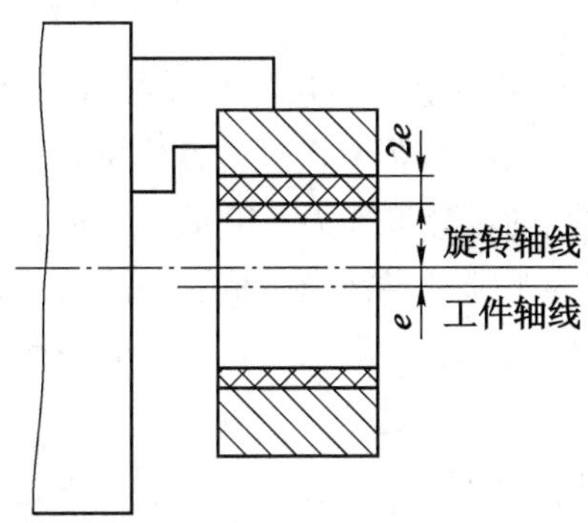

图 4-22　装夹误差对加工余量的影响

确定加工余量时应该注意以下几个问题。

①采用最小加工余量原则。在保证加工精度和加工质量的前提下，加工余量越小越好，以缩短加工时间，减少材料消耗，降低加工费用。

②加工余量要充分。防止因加工余量不足而造成废品。

③加工余量应包含热处理引起的变形。

④大零件取大加工余量。零件越大，切削力、内应力引起的变形越大。因此工序加工余量应取大一些，以便通过本道工序消除变形。

⑤加工总余量（毛坯余量）和工序加工余量要分别确定。加工总余量的大小与所选择的毛坯制造精度有关。粗加工工序的加工余量不能用查表法确定，应等于加工总余量减去其他各工序的余量之和。

4.4.8　工序尺寸及其公差的确定

零件上的设计尺寸一般要经过几道加工工序才能得到，每道工序尺寸及其公差的确定，不仅取决于设计尺寸、加工余量及各工序所能达到的经济精度，而且还与定位基准、工序基准、测量基准、编程原点的确定及基准的转换有关。因此，确定工序尺寸及其公差时，应具体情况具体分析。

1. 基准重合时工序尺寸及其公差的计算

当定位基准、工序基准、测量基准、编程原点与设计基准重合时，工序尺寸及其公差直接由各工序的加工余量和所能达到的精度确定。其计算方法是由最后一道工序开始向前推算，具体步骤如下。

（1）确定毛坯总余量和工序余量。

（2）确定工序尺寸公差。最终工序公差等于零件图上设计尺寸公差，其余工序尺寸公差按经济精度确定。

（3）计算工序基本尺寸。从零件图上的设计尺寸开始向前推算，直至毛坯尺寸。最终工序尺寸等于零件图的基本尺寸，其余工序尺寸等于后道工序基本尺寸加上或减去后道工序加工余量。

（4）标注工序尺寸公差。最后一道工序尺寸公差按零件图设计尺寸公差标注，中间工序尺寸公差按“入体原则”标注，毛坯尺寸公差按双向标注。

例如，某车床主轴箱主轴孔的设计尺寸为 $\phi100^{+0.035}_{0}$ mm，表面粗糙度为 $Ra0.8$，毛坯为铸铁件。已知其加工工艺过程为粗镗→半精镗→精镗→浮动镗。用查表法或经验估算法确定毛坯总余量和各工序余量，其中粗镗余量由毛坯总余量减去其余各工序余量之和确定。各道工序的基本余量为：

浮动镗　　$Z=0.1$ mm

精镗　　$Z=0.5$ mm

半精镗　　$Z=2.4$ mm

毛坯　　$Z=8$ mm

粗镗　　$Z=[8-(2.4+0.5+0.1)]$ mm $=5$ mm

最后一道工序浮动镗的公差等于设计尺寸公差，其余各工序按所能达到的经济精度查表确定。各工序尺寸公差分别为：

浮动镗　　$T=0.035$ mm

精镗　　$T=0.054$ mm

半精镗　　$T=0.23$ mm

粗镗　　$T=0.46$ mm

毛坯　　$T=2.4$ mm

各工序的基本尺寸计算如下：

浮动镗　　$D=100$ mm

精镗　　$D=(100-0.1)$ mm $=99.9$ mm

半精镗　　$D=(99.9-0.5)$ mm $=99.4$ mm

粗镗　　$D=(99.4-2.4)$ mm $=97$ mm

毛坯　　$D=(97-5)$ mm $=92$ mm

按工艺要求分布公差，最终得到各工序尺寸及其偏差为：毛坯 $\phi(92\pm1.2)$ mm；粗镗 $\phi97^{+0.46}_{0}$；半精镗 $\phi99.4^{+0.23}_{0}$；精镗 $\phi99.9^{+0.54}_{0}$；浮动镗 $\phi100^{+0.035}_{0}$。

孔加工余量、公差及工序尺寸的分布如图4-23所示。

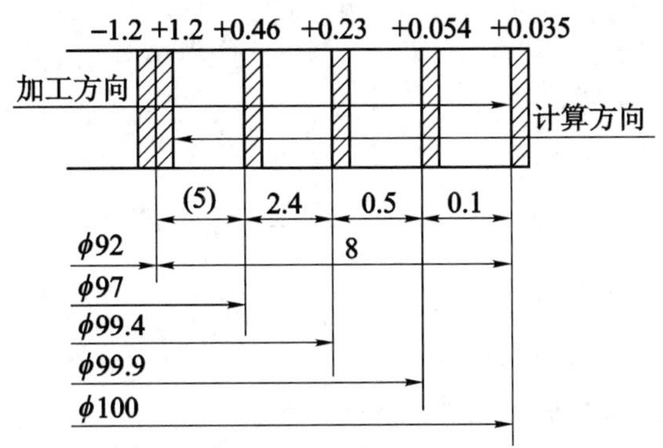

图 4-23　孔加工余量、公差及工序尺寸的分布

2. 基准不重合时工序尺寸及其公差的确定

当定位基准、工序基准、测量基准或编程原点与设计基准不重合时，工序尺寸及其公差的确定需要借助工艺尺寸链的基本尺寸和计算方法才能确定。

(1) 工艺尺寸链的概念。在机器装配或零件加工过程中，由互相联系且按一定顺序排列的尺寸组成的封闭链环，称为尺寸链。如图 4-24 所示为用调整法加工凹槽时定位基准与设计基准不重合的工艺尺寸链。如图 4-25 所示为测量基准与设计基准不重合的工艺尺寸链。

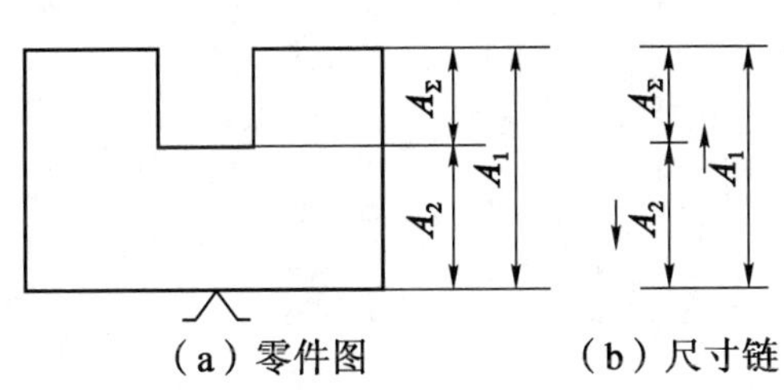

图 4-24　用调整法加工凹槽时定位基准与设计基准不重合的工艺尺寸链

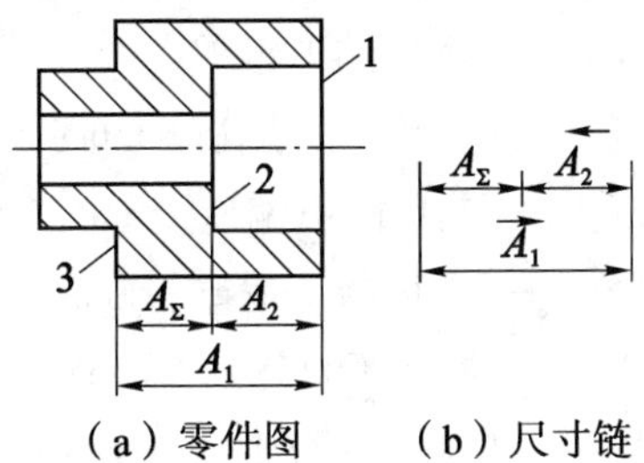

图 4-25　测量基准与设计基准不重合的工艺尺寸链

(2) 工艺尺寸链的特征。

①关联性。任何一个直接保证的尺寸及其精度的变化，必将影响间接保证的尺寸及其精度。

②封闭性。尺寸链中的各个尺寸首尾相接组成封闭的链环。

(3) 工艺尺寸链的组成。尺寸链中的每一个尺寸称为尺寸链的环，尺寸链的环按性质分为组成环和封闭环两类。组成环是加工过程中直接形成的尺寸，封闭环是由其他尺寸最终间接得到的尺寸。组成环按其对封闭环的影响可分为增环和减环。当某组成环增大时，若封闭环也增大，则称该组成环为增环；反之，为减环。一个尺寸链中，只有一个封闭环。

(4) 工艺尺寸链的基本计算公式。尺寸链计算的关键是正确判定封闭环，常用计算方法有极值法和概率法。生产中一般用极值法，其计算公式如下。

$$\left.\begin{array}{ll} A_{\Sigma}=\sum_{i=1}^{m}\overrightarrow{A_i}-\sum_{j=m+1}^{n-1}\overleftarrow{A_j} & A_{\Sigma\max}=\sum_{i=1}^{m}\overrightarrow{A_{i\max}}-\sum_{j=m+1}^{n-1}\overleftarrow{A_{j\min}} \\ A_{\Sigma\min}=\sum_{i=1}^{m}\overrightarrow{A_{i\min}}-\sum_{j=m+1}^{n-1}\overleftarrow{A_{j\max}} & ES_{A_{\Sigma}}=\sum_{i=1}^{m}ES_{\overrightarrow{A_i}}-\sum_{j=m+1}^{n-1}EI_{\overleftarrow{A_j}} \\ EI_{A_{\Sigma}}=\sum_{i=1}^{m}EI_{\overrightarrow{A_i}}-\sum_{j=m+1}^{n-1}ES_{\overleftarrow{A_j}} & T_{A_{\Sigma}}=ES_{A_{\Sigma}}-EI_{A_{\Sigma}}=\sum_{i=1}^{n-1}T_i \end{array}\right\} \tag{4-3}$$

式中：A_{Σ}——封闭环的基本尺寸，mm；

$A_{\Sigma\max}$——封闭环的最大极限尺寸，mm；

$A_{\Sigma\min}$——封闭环的最小极限尺寸，mm；

$\overrightarrow{A_i}$——增环的基本尺寸，mm；

$\overleftarrow{A_j}$——减环的基本尺寸，mm；

$\overrightarrow{A_{i\max}}$——增环最大极限尺寸，mm；

$\overleftarrow{A_{j\max}}$——减环最大极限尺寸，mm；

$\overrightarrow{A_{i\min}}$——增环最小极限尺寸，mm；

$\overleftarrow{A_{j\min}}$——减环最小极限尺寸，mm；

$ES_{A_{\Sigma}}$——封闭环的上偏差，mm；

$EI_{A_{\Sigma}}$——封闭环的下偏差，mm；

$ES_{\overrightarrow{A_i}}$——增环的上偏差，mm；

$EI_{\overrightarrow{A_i}}$——增环的下偏差，mm；

$EI_{\overleftarrow{A_j}}$——减环的下偏差，mm；

$ES_{\overleftarrow{A_j}}$——减环的上偏差，mm；

$T_{A_{\Sigma}}$——封闭环的公差，mm；

T_i——组成环的公差，mm；

m——增环的环数；

n——包括封闭环在内的总环数。

在极值法中，封闭环的公差大于任一组成环的公差。当封闭环的公差一定时，若组成环数目较多，各组成环的公差就会过小，造成加工困难。因此，分析尺寸链时，应使尺寸链的组成环数目为最少，即遵循尺寸链最短原则。

（5）工序尺寸及其公差计算实例。重点以数控编程原点与设计基准不重合为例。设计零件图时，从保证使用性能的角度考虑，尺寸标注多采用局部分散法。而在数控编程中，所有点、线、面的尺寸和位置都是以编程原点为基准的。当编程原点与设计基准不重合时，为方便编程，必须将分散标注的尺寸换算成以编程原点为基准的工序尺寸。

以图 4－26 所示阶梯轴为例，轴上部轴向尺寸 Z_1、Z_2……Z_6 为设计尺寸，编程原点在左端面与轴线的交点上，与尺寸 Z_2、Z_3、Z_4、Z_5 的设计基准不重合，编程时按工序尺寸 Z_1'、Z_2'……Z_6'编程。为此必须计算工序尺寸 Z_2'、Z_3'、Z_4'、Z_5'及其偏差。所用尺寸链分别如图 4－26（b）、图 4－26（c）、图 4－26（d）、图 4－26（e）所示，Z_2、Z_3、Z_4、Z_5 为封闭环，计算过程从略。计算结果如下：

$$Z_2'=42_{-0.6}^{-0.28},\ Z_3'=142_{-1.08}^{-0.6}$$

$$Z_4'=164_{-0.54}^{-0.28},\ Z_5'=184_{-0.58}^{-0.24}$$

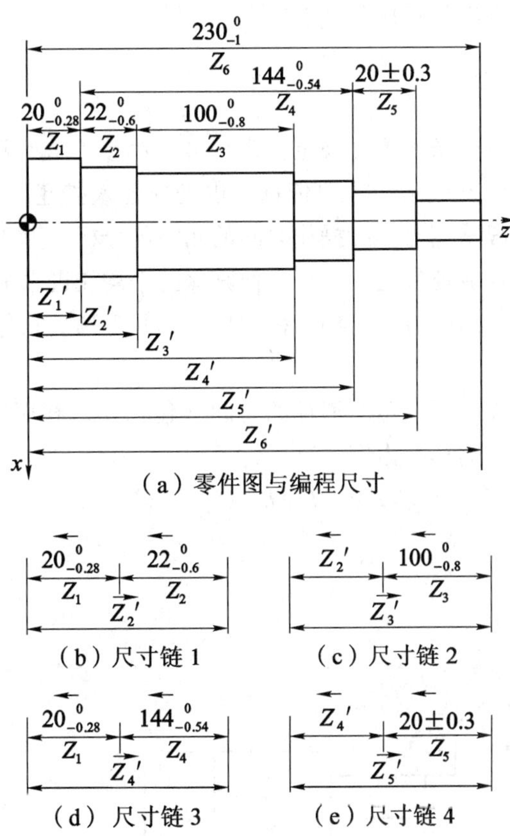

图 4－26　编程原点与设计基准不重合时的工艺尺寸链

4.4.9　切削用量的确定

切削用量应根据加工性质、加工要求、工件材料及刀具的材料和尺寸等，查阅《切削用量手册》并结合实践经验确定。除了遵循 1.4.3 节所述原则与方法外，还应考虑以下几个因素。

1. 刀具差异

不同厂家生产的刀具质量差异较大，因此切削用量须根据实际所用刀具和现场经验加以修正。一般进口刀具允许的切削用量高于国产刀具。

2. 机床特性

切削用量受机床电动机的功率和机床刚性的限制，必须在机床说明书规定的范围内选取。避免因功率不够而发生闷车，因刚性不足而产生大的机床变形或振动，从而影响加工精度和表面粗糙度。

3. 数控机床生产率

数控机床的工时费用较高，刀具损耗费用所占比例较低，应尽量使用高的切削用量，通过适当降低刀具寿命来提高数控机床的生产率。

4.4.10 时间定额的确定

时间定额是指在一定生产条件下，规定生产一件产品或完成一道工序所需消耗的时间。它是安排生产计划、计算生产成本的重要依据，也是新建或扩建工厂（或车间）时计算设备和工人数量的依据。一般采用对实际操作时间的测定与分析计算相结合的方法对时间定额进行确定。使用中，时间定额还应定期修订，使其保持平均先进水平。

完成一个零件的一道工序的时间定额，称为单件时间定额。它包括下列几部分。

1. 基本时间 T_b

基本时间是指直接切除工序余量所消耗的时间（包括切入和切出时间），可通过计算求出。以如图 4－27 所示的外圆车削为例，有

$$T_b = (L + L_1 + L_2)i/nf \tag{4-4}$$

式中：i——进给次数；

L——切削长度；

L_1——切入距离；

L_2——切出距离。

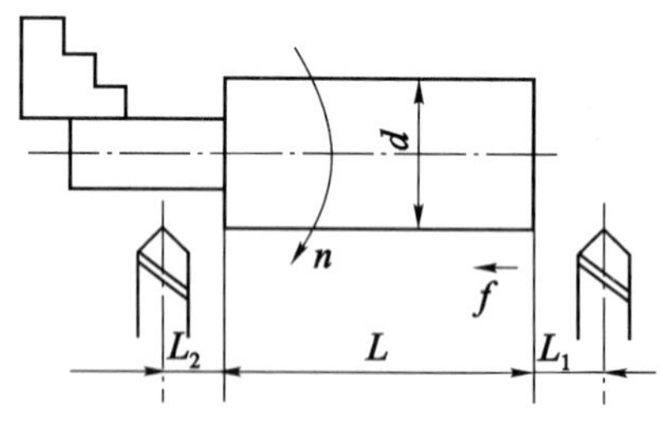

图 4－27　外圆车削

2. 辅助时间 T_a

装卸工件、开停机床等各种辅助动作所消耗的时间，称为辅助时间。

基本时间和辅助时间的总和称为作业时间 T_B，它是直接用于制造产品或零部件所消耗的时间。

3. 布置工作地时间 T_s

为使加工正常进行，工人照管工作地（包括清理切屑、润滑机床、收拾工具等）所消耗的时间，称为布置工作地时间。布置工作地时间一般按作业时间的 2%～7% 计算。

4. 休息与生理需要时间 T_r

工人在工作班内为恢复体力和满足生理需要所消耗的时间，称为休息与生理需要时间。休息与生理需要时间一般按作业时间的2% ~4%计算。

上述时间的总和称为单件时间 T_p，即 $T_p = T_b + T_a + T_s + T_r = T_B + T_s + T_r$。

5. 准备与终结时间 T_e

为生产一批产品或零部件，进行准备和结束工作所消耗的时间，称为准备与终结时间。准备工作有：熟悉工艺文件，领料，领取工艺装备，调整机床等。结束工作有：拆卸和归还工艺装备，送交成品等。若批量为 N，则分摊到每个零件上的时间为 T_e/N。

单件时间定额 $T_c = T_p + T_e/N = T_b + T_a + T_s + T_r + T_e/N$。

大批大量生产时，$T_e/N \approx 0$，可以忽略不计，则单件时间定额为 $T_c = T_p = T_b + T_a + T_s + T_r$。

4.4.11 数控加工工艺文件的填写

1. 数控加工工序卡片

数控加工工序卡片是编制数控加工程序的主要依据和操作人员配合数控程序进行数控加工的主要指导性文件。它主要包括工步顺序、工步内容、各工步所用刀具及切削用量等。当工序加工内容十分复杂时，也可把工序简图画在工序卡片上。

2. 数控加工刀具卡片

数控加工刀具卡片是组装刀具和调整刀具的依据。它的主要内容包括刀具号、刀具名称、刀柄型号、刀具直径和长度等。

3. 数控加工进给路线图

进给路线（也称走刀路线）主要反映加工过程中刀具的运动轨迹。其作用是：一方面方便编程人员编程；另一方面帮助操作人员了解刀具的进给路线，以便确定夹紧位置和夹紧元件的高度。

当前，数控加工工序卡片、数控加工刀具卡片及数控加工进给路线图还没有统一的标准格式，都是由各个单位结合具体情况自行确定。其参考格式详见第5章和第6章。

4.5 对刀点与换刀点的选择

对刀点与换刀点的选择是数控加工工艺分析的重要内容之一。对刀点是数控加工时刀具相对零件运动的起点，又称起刀点，也就是程序运行的起点。对刀点选定后，便确定了机床坐标系和零件坐标系之间的相互位置关系。

刀具在机床上的位置是由刀位点的位置来表示的。不同的刀具，刀位点不同。对平头立铣刀、端铣刀类刀具，刀位点为它们的底面中心；对钻头，刀位点为钻尖；对球头铣刀，则为球心；对车刀、镗刀类刀具，刀位点为其刀尖。对刀点找正的准确度直接影响加工精度，对刀时，应使刀位点与对刀点一致。

对刀点选择的原则主要是考虑对刀点在机床上对刀方便，便于观察和检测，编程时便于数学处理和有利于简化编程。对刀点可选在零件或夹具上。为提高零件的加工精度，减少对刀误差，对刀点应尽量选在零件的设计基准或工艺基准上。例如，以孔定位的零件，应将孔的中心作为对刀点；对车削加工，则通常将对刀点设在工件外端面的中心上。

对数控车床、镗铣床、加工中心等多刀加工数控机床，在加工过程中需要进行换刀，因此编程时应考虑不同工序之间的换刀位置（换刀点）。为避免换刀时刀具与工件及夹具发生干涉，换刀点应设在工件的外部。

4.6　机械加工精度及表面质量

4.6.1　加工精度和表面质量的基本概念

1. 加工精度

加工精度是指零件加工后的实际几何参数（尺寸、几何形状和相互位置）与理想几何参数相符合的程度，两者之间的不符合程度（偏差）称为加工误差。加工误差的大小反映了加工精度的高低。生产中加工精度的高低是用加工误差的大小来表示的。加工精度包括 3 方面。

（1）尺寸精度。其限制加工表面与其基准间尺寸误差不超过一定的范围。

（2）几何形状精度。其限制加工表面的宏观几何形状误差，如圆度、圆柱度、直线度和平面度等。

（3）相互位置精度。其限制加工表面与其基准间的相互位置误差，如平行度、垂直度和同轴度等。

2. 表面质量

表面质量是指零件加工后的表层状态，它是衡量机械加工质量的一个重要方面。表面质量包括以下几方面。

（1）表面粗糙度。其是指零件表面微观几何形状误差。

（2）表面波纹度。其是指零件表面周期性的几何形状误差。

（3）冷作硬化。表层金属因加工中塑性变形而引起的硬度提高现象。

（4）残余应力。表层金属因加工中塑性变形和金相组织的可能变化而产生的内应力。

（5）表层金相组织变化。表层金属因切削热而引起的金相组织变化。

4.6.2　表面质量对零件使用性能的影响

1. 对零件耐磨性的影响

（1）由于加工后的零件表面存在凹凸不平，故当两个做相对运动的零件受力作用时，凸峰接触部分单位面积上的应力就增大，表面越粗糙，实际接触面积越小，凸峰处单位面积上的应力也越大，磨损越快。一般情况下，表面粗糙度小的表面磨损得慢些，但表面粗糙度不是越小越好，Ra 太小，贮油能力差，容易造成干摩擦，导致耐磨性下降。表面粗糙度的最佳值为 $Ra=0.3\sim1.2$。另外，表面硬度高，也可提高耐磨性。

（2）零件表面在加工过程中产生强烈的塑性变形后，其强度、硬度都得到提高并达到一定深度，这种现象称为冷作硬化。表面层的冷作硬化提高了表面的硬度，增加了表层的接触刚度，减少了摩擦表面间发生弹性变形和塑性变形的可能性，使金属之间的咬合现象减小，耐磨性提高。冷作硬化程度越高，其耐磨性越好，但有一定限度，过度的硬化会使表面产生细小的裂纹及剥落，加剧磨损。

2. 对零件疲劳强度的影响

（1）表面粗糙度对零件疲劳强度有较大的影响。表面上微观不平的凹谷处在交变载荷作用下，容易形成应力集中，产生和加剧疲劳裂纹以致疲劳损坏。因此，减小表面粗糙度可提高零件疲劳强度。重要零件的应力集中区域，其表面应采用精磨甚至用抛光方法来减小表面粗糙度。

（2）表面层在加工或热处理过程中会产生残余的拉应力或压应力。当工作载荷产生的拉应力与残余拉应力叠加后大于材料的强度时，表面会产生疲劳裂纹。而工件的表面残余压应力可以抵消部分工件拉应力，防止产生表面裂纹，从而提高零件的疲劳强度。在交变载荷下工作的零件，一般需要其表面具有很高的残余压应力。

（3）粗糙度大的表面与腐蚀介质有很大的接触面积，吸附在表面上的腐蚀性气体或液体也越多，而且凹谷中容易积留腐蚀介质并通过凹谷向内部渗透，凹谷越深，尤其有裂纹时，腐蚀作用越强烈；而经过精磨、研磨及抛光的表面光滑，积聚腐蚀介质的条件差甚至不易积聚，因此不易腐蚀。

3. 对零件配合性质的影响

在间隙配合中，如果零件的配合表面粗糙，使表面顶峰部分产生很大的剪切应力，在开始运转时即被剪断，工作过程中的初期磨损量大，配合间隙增大。在过盈配合中，如果零件的配合表面粗糙，装配时表面上的凸峰被挤平，使有效过盈量减少，降低了过盈配合的强度，同样也降低了配合精度。因此，为了提高配合的稳定性，对有配合要求的表面必须规定较小的粗糙度。

4.6.3 影响加工精度的因素及提高加工精度的措施

1. 产生加工误差的原因

从工艺因素的角度考虑，产生加工误差的原因可分为以下几种。

（1）加工原理误差。采用近似的加工方法所产生的误差称为加工原理误差，包括近似的成形运动、近似的刀刃轮廓或近似的传动关系等不同类型。例如，用模数片铣刀铣削齿轮时，齿廓是由模拟齿槽形状的刀刃加工而得到的。实际生产是把所用的刀具分组，每把刀具对应加工一定齿数范围的一组齿轮。由于每组齿轮所用的刀具是按照该组齿轮最小齿数的齿轮进行设计的，因此，用该刀具加工其他齿数的齿轮，齿形会存在误差。

（2）工艺系统的几何误差。由于工艺系统中各组成环节的实际几何参数和位置，相对于理想几何参数和位置发生偏离而引起的误差，统称为几何误差。几何误差只与工艺系统各环节的几何要素有关。对于固定调整的工序，该项误差一般为常值。

（3）工艺系统受力变形引起的误差。工艺系统在切削力、夹紧力、重力和惯性力等作用下会产生变形，从而破坏工艺系统各组成部分的相互位置关系，产生加工误差并影响加工过程的稳定性。

（4）工艺系统受热变形引起的误差。在加工过程中，由于受切削热、摩擦热及工作场地周围热源的影响，工艺系统的温度会产生复杂的变化。在各种热源的作用下，工艺系统会发生变形，导致系统中各组成部分原本正确的相对位置发生改变，使工件与刀具的相对位置和相对运动产生误差。

（5）工件内应力引起的加工误差。内应力是工件自身的误差因素。工件经过冷热加工后会产生一定的内应力。通常情况下，内应力处于平衡状态，但对具有内应力的工件进行加工时，工件原有的内应力平衡状态被破坏，从而使工件产生变形。

（6）测量误差。在工序调整及加工过程中测量工件时，由于测量方法、量具精度，以及工件和环境温度等因素对测量结果准确性的影响而产生的误差，统称为测量误差。

2. 减少加工误差的措施

（1）减少工艺系统受力变形的措施。

①提高接触刚度，改善机床主要零件接触面的配合质量。例如，对机床导轨及装配面进行刮研。

②设辅助支承，提高局部刚度。例如，细长轴加工时采用跟刀架，提高切削时的刚度。

③采用合理的装夹方法。在夹具设计或工件装夹时，必须尽量减少弯曲力矩。

④采用补偿或转移变形的方法。

（2）减少和消除内应力的措施。

①合理设计零件结构。设计零件时，尽量简化零件结构，减小壁厚差，提高零件刚度等。

②合理安排工艺过程。例如，粗精加工分开，使粗加工后有充足的时间让内应力重新分布，保证工件充分变形，再经精加工后，就可减少变形误差。

③对工件进行热处理和时效处理。

（3）减少工艺系统受热变形的措施。

①机床采用对称式结构设计。

②采用主动控制方式均衡关键工件的温度。

③采用切削液进行冷却。

④加工前先让机床空转一段时间，使之达到热平衡状态后再加工。

⑤改变刀具及切削参数。

⑥大型或长工件，在夹紧状态下应使其末端能自由伸缩。

4.6.4 影响表面粗糙度的工艺因素及改进措施

零件在切削加工过程中，由于刀具几何形状和切削运动引起的残留面积，黏结在刀具刃口上的积屑瘤划出的沟纹，工件与刀具之间的振动引起的振动波纹以及刀具后刀面磨损造成的挤压与摩擦痕迹等，零件表面产生了粗糙度。影响表面粗糙度的工艺因素主要有工件材料、切削用量、刀具几何参数及切削液等。

1. 工件材料

一般韧性较大的塑性材料，加工后表面粗糙度较大，而韧性较小的塑性材料，加工后易得到较小的表面粗糙度。对于同种材料，其晶粒组织越大，加工表面粗糙度越大。因此，为了减小加工表面粗糙度，常在切削加工前对材料进行调质或正火处理，以获得均匀细密的晶粒组织和较大的硬度。

2. 切削用量

如图4－28所示，*ABE* 所包围的面积称为残留面积 ΔA_D，残留面积的高度（最大轮廓高度）R_y 直接影响已加工表面的粗糙度（见图4－29），其计算公式为：

$$R_y = \frac{f}{\cot\kappa_r + \cot\kappa_r{}'} \tag{4-5}$$

若刀尖呈圆弧形且进给量 $f \leqslant 2r_\varepsilon$ 时，则最大轮廓高度 R_y 为：

$$R_y = f^2/8r_\varepsilon \tag{4-6}$$

式中：r_ε——刀尖圆弧半径，mm。

从式（4－5）和式（4－6）可以看出，进给量越大，残留面积高度越高，零件表面越粗糙。因此，减小进给量可有效地减小表面粗糙度。

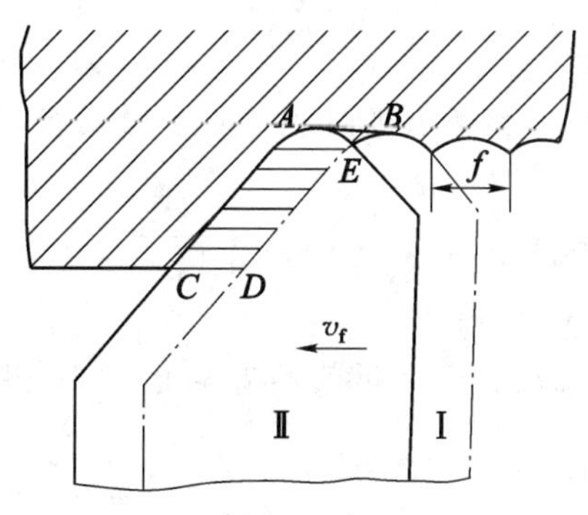

图4－28 切削层残留面积

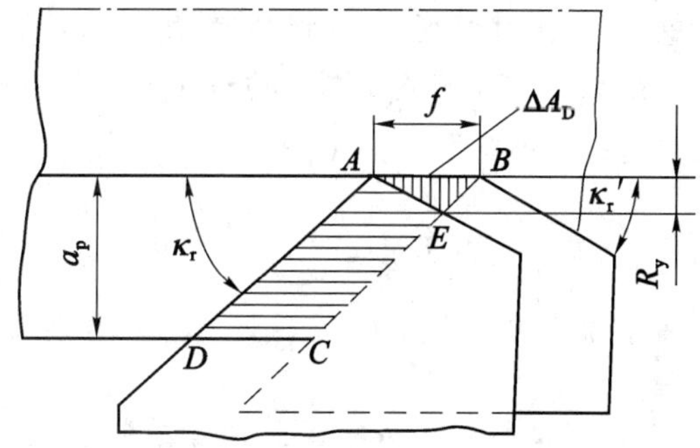

图4－29 残留面积及其高度

切削速度对表面粗糙度的影响也很大。以中速切削塑性材料时，由于容易产生积屑瘤，且塑性变形较大，故加工后零件表面粗糙度较大。通常采用低速或高速切削塑性材料，可有效地避免积屑瘤的产生，这对减小表面粗糙度有积极作用。

3. 刀具几何参数

由式（4－5）和式（4－6）可知，主偏角 κ_r，副偏角 $\kappa_r{}'$及刀尖圆弧半径 r_ε对零件表面

粗糙度有直接影响。在进给量一定的情况下，减小主偏角 κ_r 和副偏角 κ_r'，或增大刀尖圆弧半径 r_ε，可减小表面粗糙度。另外，适当增大前角和后角，减小切削变形和前后刀面间的摩擦，可抑制积屑瘤的产生，也可减小表面粗糙度。

4. 切削液

切削液的冷却作用使切削温度降低，切削液的润滑作用使刀具与被加工表面之间的摩擦状况得到改善，从而使切削层金属表面的塑性变形程度下降并抑制积屑瘤和鳞刺的生长，这对降低表面粗糙度有很大的作用。

思考与练习题

1. 试述单件小批生产、成批生产及大批大量生产的工艺特征的区别。
2. 什么样的零件适合采用数控加工？
3. 简述确定零件加工方法和加工方案应考虑的因素。
4. 分析尺寸链时，为何要遵循尺寸链最短原则？
5. 简述对刀点与换刀点的区别。

模拟自测题

一、单项选择题

1. 零件的机械加工精度主要包括（　　）。

A. 机床精度、几何形状精度、相对位置精度

B. 尺寸精度、几何形状精度、装夹精度

C. 尺寸精度、定位精度、相对位置精度

D. 尺寸精度、几何形状精度、相互位置精度

2. 换刀点是指在编制数控程序时，相对于机床固定参考点而设置的一个自动换刀的位置，它一般不能设置在（　　）上。

A. 加工零件　　　　B. 程序原点

C. 机床固定参考点　　　　D. 浮动原点

3. 加工精度高，（　　），自动化程度高，劳动强度低，生产效率高等是数控机床加工的特点。

A. 加工轮廓简单、生产批量又特别大的零件

B. 对加工对象的适应性强

C. 装夹困难或必须依靠人工找正、定位才能保证其加工精度的单件零件

D. 适于加工余量特别大、加工余量不稳定的坯件

4. 在数控加工中，（　　）相对于工件运动的轨迹称为进给路线，进给路线不仅包括加工内容，也反映加工顺序，是编程的依据之一。

A. 刀具原点　　　　B. 刀具

C. 刀具刀尖点　　　　　　　　　　　　D. 刀具刀位点

5. 下列叙述中，不属于确定加工路线时应遵循的原则的是（　　）。

A. 加工路线应保证被加工零件的精度和表面粗糙度

B. 使数值计算简单，以减少编程工作量

C. 应使加工路线最短，这样既可以减少程序段，又可以减少空刀时间

D. 对于既有铣面又有镗孔的零件，可先铣面后镗孔

6. 尺寸链按功能分为设计尺寸链和（　　）。

A. 封闭尺寸链　　　　　　　　　　　　B. 装配尺寸链

C. 零件尺寸链　　　　　　　　　　　　D. 工艺尺寸链

7. 下列关于尺寸链叙述正确的是（　　）。

A. 由相互联系的尺寸按顺序排列的链环

B. 一个尺寸链可以有一个以上封闭环

C. 在极值算法中，封闭环公差大于任一组成环公差

D. 分析尺寸链时，与尺寸链中的组成环数目多少无关

8. 零件的相互位置精度主要限制（　　）。

A. 加工表面与其基准间尺寸误差不超过一定的范围

B. 加工表面的宏观几何形状误差

C. 加工表面的微观几何形状误差

D. 加工表面与其基准间的相互位置误差

9. 在下列内容中，不属于工艺基准的是（　　）。

A. 定位基准　　　　B. 测量基准　　　　C. 装配基准　　　　D. 设计基准

二、判断题（正确的打√，错误的打×）

1. 为避免换刀时刀具与工件或夹具发生干涉，换刀点应设在工件外部。（　　）

2. 在加工过程中的有关尺寸形成的尺寸链，称为工艺尺寸链。（　　）

3. 尺寸链按其功能可分为设计尺寸链和工艺尺寸链。（　　）

4. 尺寸链中封闭环的基本尺寸，是其他各组成环基本尺寸的代数差。（　　）

5. 平行度、对称度同属于形状公差。（　　）

6. 轮廓加工完成时，应在刀具离开工件之前取消刀补。（　　）

7. 立铣刀铣削平面轮廓时，铣刀应沿工件轮廓的切向切入、法向切出。（　　）

8. 对刀点选定后，机床坐标系和工件坐标系之间的相互位置关系也就确定了。（　　）

9. 设计基准和定位基准重合时，不存在基准不重合误差。（　　）

10. 一般情况下，减小进给量，可有效地减小表面粗糙度。（　　）

三、简答题

1. 什么是工序和工步？划分工序和工步的依据是什么？

2. 在数控机床上加工零件，一般按什么原则划分工序？如何划分？

3. 划分加工阶段的目的是什么？

4. 什么是对刀点？对刀点位置确定的原则有哪些？

5. 什么是尺寸链？尺寸链有哪些特征？

6. 切削加工顺序安排的原则是什么？

7. 确定加工余量应注意哪些问题？

8. 何谓加工精度？包括哪些方面？

9. 何谓表面质量？包括哪些方面？

10. 从工艺因素考虑，产生加工误差的原因有哪些？

11. 影响表面粗糙度的工艺因素有哪些？

四、计算题

1. 如图 4－30 所示为轴类零件图，其内孔和外圆和各端面均已加工好，试分别计算按图示 3 种定位方案加工时的工序尺寸及其偏差。

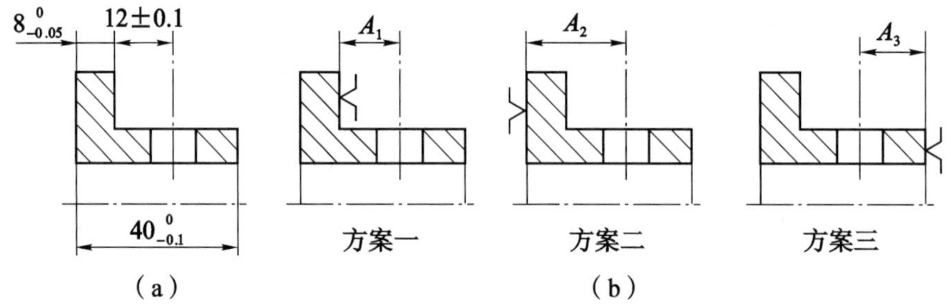

图 4－30　计算题图 1

2. 如图 4－31 所示零件，$A_1=70_{-0.07}^{-0.02}$ mm，$A_2=60_{-0.04}^{0}$ mm，$A_3=20_{0}^{+0.19}$ mm。因 A_3 不便测量，试重新标出测量尺寸 A_4 及其公差。

3. 如图 4－32 所示零件，镗孔前 A、B、C 面已经加工好。镗孔时，为便于装夹，选择 A 面为定位基准，并按工序尺寸 L_4 进行加工。已知 $L_1=280_{0}^{+0.1}$ mm，$L_2=80_{-0.06}^{0}$ mm，$L_3=(100\pm0.15)$ mm，试计算 L_4 的尺寸及其偏差。

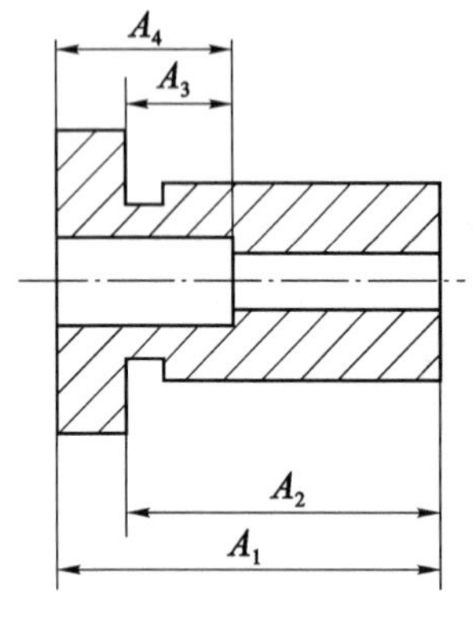

图 4－31　计算题图 2

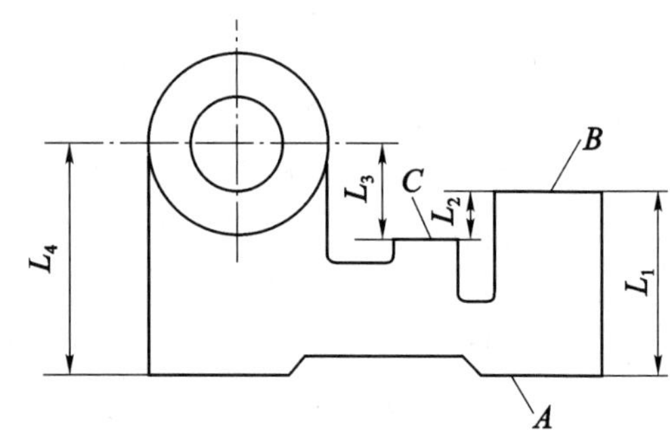

图 4－32　计算题图 3

4. 如图 4-33 所示套筒，以端面 A 定位加工缺口时，试计算尺寸 A_3 及其公差。

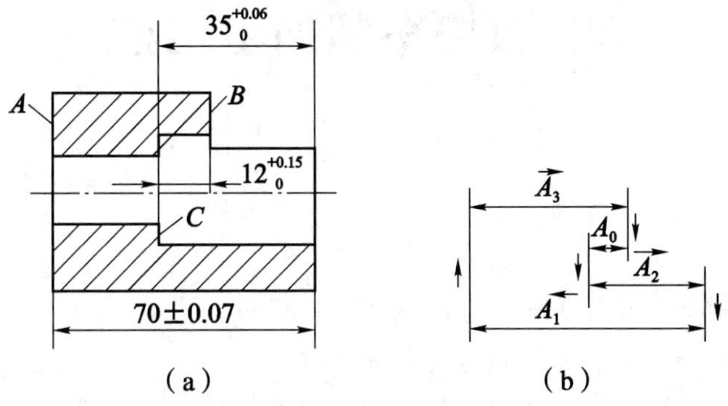

图 4-33 计算题图 4

5　数控车削加工工艺

学习目标

1. 了解数控车削加工的主要对象。
2. 掌握数控车削加工零件工艺性分析的主要内容与方法。
3. 掌握数控车削加工工艺路线拟定的内容及方法。
4. 能够独立完成中等复杂零件的数控车削加工工序设计。

内容提要

本章重点讨论数控车削加工工艺路线和工序设计，车削加工中的装刀与对刀技术；介绍数控车削加工的主要对象，数据车削加工零件工艺性分析的主要内容与方法，并结合典型零件加以分析。

5.1　数控车削加工的主要对象

数控车削是数控加工中用得较多的加工方法之一。由于数控车床具有加工精度高、能做直线和圆弧插补（高档车床数控系统还有非圆曲线插补功能），以及在加工过程中能自动变速等特点，其工艺范围较普通车床宽得多。针对数控车床的特点，下列几种零件最适合数控车削加工。

1. 轮廓形状特别复杂或难于控制尺寸的回转体零件

由于数控车床具有直线和圆弧插补功能，部分车床数控装置还有某些非圆曲线插补功能，所以其可以车削由任意直线和平面曲线组成的形状复杂的回转体零件，以及难于控制尺寸的零件，如具有封闭内成型面的壳体零件。如图 5－1 所示的壳体零件封闭内腔的成型面，“口小肚大”，在普通车床上是无法加工的，而在数控车床上很容易加工出来。

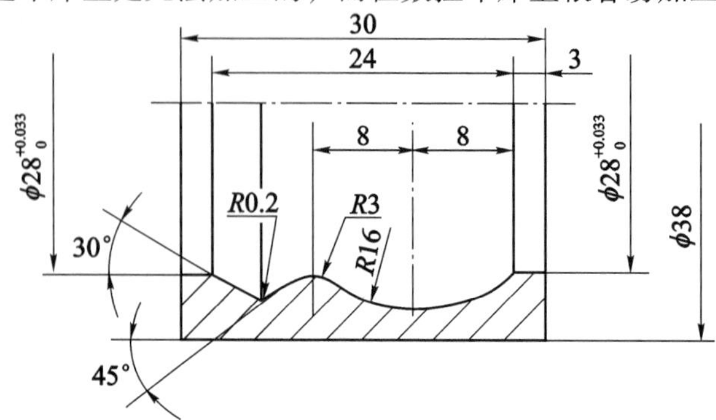

图 5－1　壳体零件封闭内腔的成型面

组成零件轮廓的曲线可以是数学方程式描述的曲线，也可以是列表曲线。对于由直线或圆弧组成的轮廓，可直接利用数控机床的直线或圆弧插补功能。对于由非圆曲线组成的轮廓，可利用非圆曲线插补功能；若所选数控机床没有非圆曲线插补功能，则应先用直线或圆弧去逼近，然后用直线或圆弧插补功能进行插补切削。

2. 精度要求高的回转体零件

零件的精度要求主要是指尺寸、形状、位置和表面等精度要求，其中的表面精度主要是指表面粗糙度。例如，尺寸精度高（达0.001 mm或更小）的零件；圆柱度要求高的圆柱体零件；素线直线度、圆度和倾斜度均要求高的圆锥体零件；线轮廓度要求高的零件（其轮廓形状精度可超过用数控线切割加工的样板精度）；在特种精密数控车床上，还可加工出几何轮廓精度极高（达0.000 1 mm）、表面粗糙度值极小（*Ra* 达0.02 μm）的超精零件（如复印机中的回转鼓及激光打印机上的多面反射体等），以及通过恒线速度切削功能，加工表面精度要求高的各种变径表面类零件等。

3. 带特殊螺纹的回转体零件

普通车床所能车削的螺纹相当有限，它只能车削等导程的直面或锥面的公、英制螺纹，而且一台车床只能限定加工若干种导程的螺纹。数控车床不但能车削任何等导程的直、锥和端面螺纹，而且能车增导程、减导程及要求在等导程与变导程之间平滑过渡的螺纹，还可以车高精度的模数螺旋零件（如圆柱、圆弧蜗杆）和端面螺旋零件等。数控车床可以配备精密螺纹切削功能，再加上一般采用硬质合金成型刀具以及使用较高的转速，因此车削出来的螺纹精度高，表面粗糙度小。

5.2 数控车削加工工艺分析

工艺分析是数控车削加工的前期工艺准备工作。工艺制定得合理与否，对程序编制、机床的加工效率和零件的加工精度都有重要影响。因此，应遵循一般的工艺原则并结合数控车床的特点，认真而详细地制定好零件的数控车削加工工艺。其主要内容有：分析零件图纸，确定工件在车床上的装夹方式、各表面的加工顺序和刀具的进给路线及刀具、夹具和切削用量的选择等。

5.2.1 数控车削加工零件的工艺性分析

1. 零件图分析

零件图分析是制定数控车削加工工艺的首要工作，主要包括以下内容。

（1）尺寸标注方法分析。零件图上尺寸标注方法应适应数控车床加工的特点，如图5－2所示，应以同一基准标注尺寸或直接给出坐标尺寸。这种标注方法既便于编程，又有利于设计基准、工艺基准、测量基准和编程原点的统一。

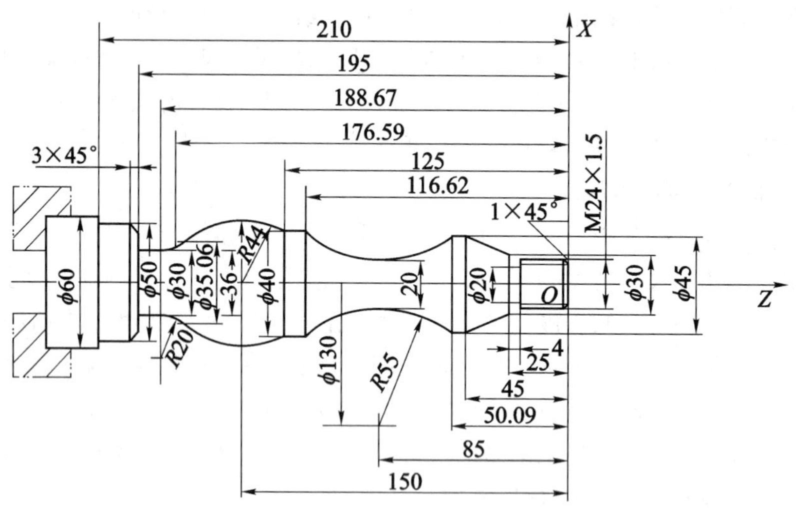

图5－2　尺寸标注方法分析

（2）轮廓几何元素分析。在手工编程时，要计算每个节点坐标，在自动编程时，要对构成零件轮廓的所有几何元素进行定义，因此在分析零件图时，要分析几何元素的给定条件是否充分。

例如，在如图5－3所示的几何元素中，根据图示尺寸计算，圆弧与斜线相交而并非相切。又如，在如图5－4所示的几何元素中，图样上给定的几何条件自相矛盾，总长不等于各段长度之和。

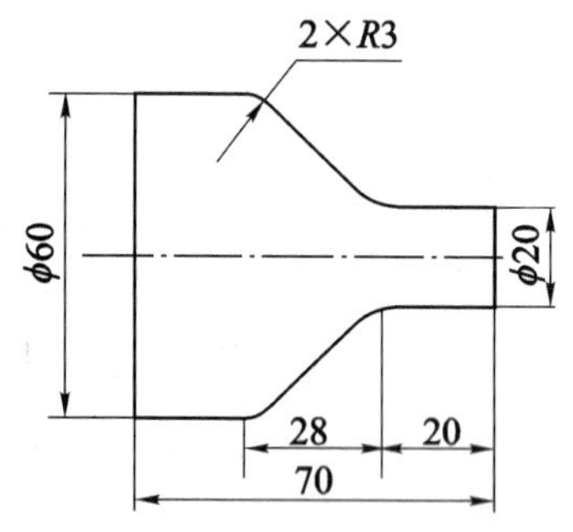

图5－3　几何元素缺陷示例1

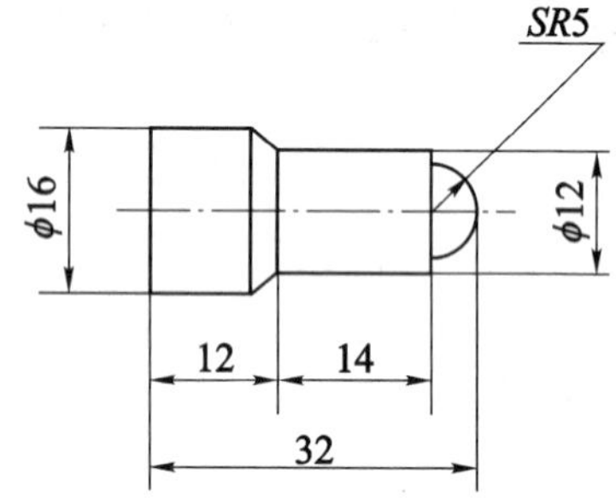

图5－4　几何元素缺陷示例2

（3）精度及技术要求分析。对被加工零件的精度及技术要求进行分析，是零件工艺性分析的重要内容。只有在分析零件尺寸精度和表面粗糙度的基础上，才能正确合理地选择加工方法、装夹方式、刀具及切削用量等。精度及技术要求分析的主要内容如下。

①分析精度及各项技术要求是否齐全、是否合理。

②分析本工序的数控车削加工精度能否达到图样要求，若达不到，需采取其他措施（如磨削）弥补，则应给后续工序留有余量。

③找出图样上有位置精度要求的表面，这些表面应在一次安装下完成。

④对表面粗糙度要求较高的表面，应确定用恒线速度切削。

2. 结构工艺性分析

零件的结构工艺性是指零件对加工方法的适应性，即所设计的零件结构应便于加工成型。在数控车床上加工零件时，应根据数控车削的特点，认真审视零件结构的合理性。如图5－5（a）所示的零件，需用3把不同宽度的切槽刀切槽，如无特殊需要，显然是不合理的，若改成如图5－5（b）所示的结构，只需1把刀即可切出3个槽。这样既减少了刀具数量，少占了刀架刀位，又节省了换刀时间。在进行结构工艺性分析时，若发现问题应向设计人员或有关部门提出修改意见。

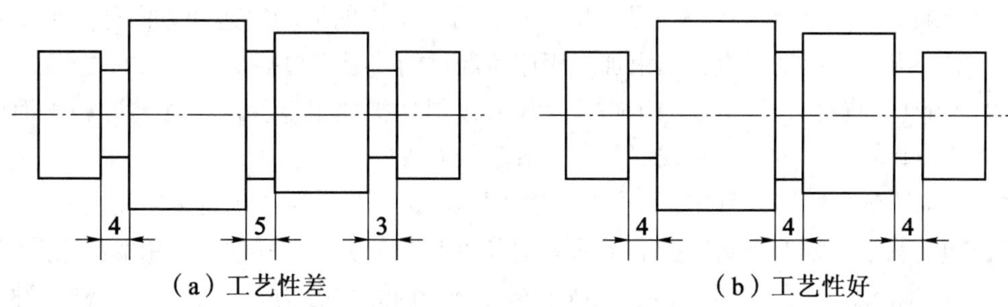

图5－5　结构工艺性分析示例

3. 零件安装方式的选择

在数控车床上零件的安装方式与普通车床一样，要合理选择定位基准和夹紧方案，主要注意以下两点。

（1）力求设计、工艺与编程计算的基准统一，这样有利于提高编程时数值计算的简便性和精确性。

（2）尽量减少装夹次数，尽可能在一次装夹后，加工出全部待加工面。

5.2.2　数控车削加工工艺路线的拟定

由于生产规模的差异，同一零件的车削工艺方案有所不同，应根据具体条件，选择经济、合理的车削工艺方案。

1. 加工方法的选择

在数控车床上，能够完成内外回转体表面的车削、钻孔、镗孔、铰孔和攻螺纹等加工操作，具体选择时应根据零件的加工精度、表面粗糙度、材料、结构形状、尺寸及生产类型等因素，选用相应的加工方法和加工方案。

2. 加工工序划分

在数控机床上加工零件，工序可以比较集中，一次装夹应尽可能完成全部工序。与普通机床相比，数控机床加工工序划分有自己的特点，常用的工序划分原则有以下两种。

（1）保持精度原则。数控加工要求工序尽可能集中，通常粗、精加工在一次装夹下完成，为减少热变形和切削力变形对工件的形状、位置精度、尺寸精度和表面粗糙度的影响，应将粗、精加工分开进行。对于轴类或盘类零件，待加工面先粗加工，留少量余量精加工，以保证表面质量要求。对于轴上有孔、螺纹的工件，应先加工表面，而后加工孔、螺纹。

（2）提高生产效率原则。在数控加工中，为减少换刀次数，节省换刀时间，应将需用同一把刀加工的加工部位全部完成后，再换另一把刀来加工其他部位。同时应尽量减少空行程，用同一把刀加工工件的多个部位时，应以最短的路线到达各加工部位。

在实际生产中，数控加工工序的划分要根据具体零件的结构特点、技术要求等情况综合考虑。

3. 加工路线的确定

在数控加工中，刀具（严格说是刀位点）相对于工件的运动轨迹和方向称为加工路线，即刀具从对刀点开始运动，直至结束加工程序所经过的路径，包括切削加工的路径及刀具引入、返回等非切削空行程。确定加工路线首先必须保持被加工零件的尺寸精度和表面质量，其次考虑数值计算简单，走刀路线尽量短，效率较高等。

因为精加工的进给路线基本都是沿零件轮廓顺序进行的，所以确定进给路线的工作重点是确定粗加工及空行程的进给路线。下面举例分析数控车削加工零件时常用的加工路线。

（1）车圆锥的加工路线分析。在车床上车外圆锥时可以分为车正锥和车倒锥两种情况，每一种情况又有两种加工路线。如图 5－6 所示为车正锥的两种加工路线。按图 5－6（a）车正锥时，需要计算终刀距 S。假设圆锥大径为 D，小径为 d，锥长为 L，背吃刀量为 a_p，则由相似三角形可得

$$\frac{D-d}{2L}=\frac{a_p}{S} \tag{5-1}$$

则 $S=\dfrac{2La_p}{D-d}$，按此种加工路线，刀具切削运动的距离较短。

当按图 5－6（b）的走刀路线车正锥时，不需要计算终刀距 S，只要确定背吃刀量 a_p，即可车出圆锥轮廓，编程方便。但在每次切削中，背吃刀量是变化的，而且切削运动的路线较长。

图 5－7（a）和图 5－7（b）为车倒锥的两种加工路线，分别与图 5－6（a）和图 5－6（b）相对应，车倒锥原理与车正锥相同。

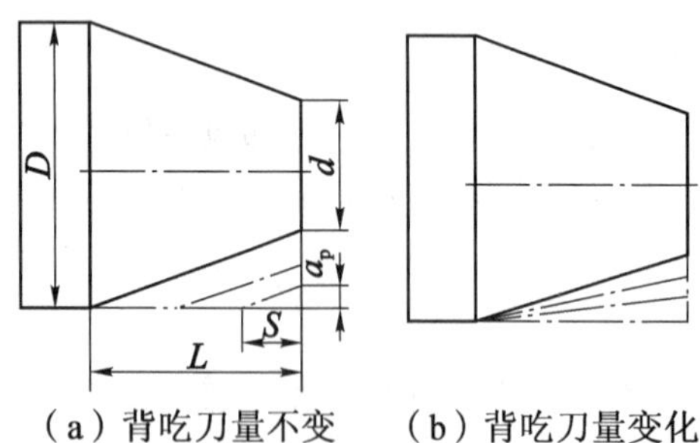

（a）背吃刀量不变　（b）背吃刀量变化

图 5－6　车正锥的两种加工路线

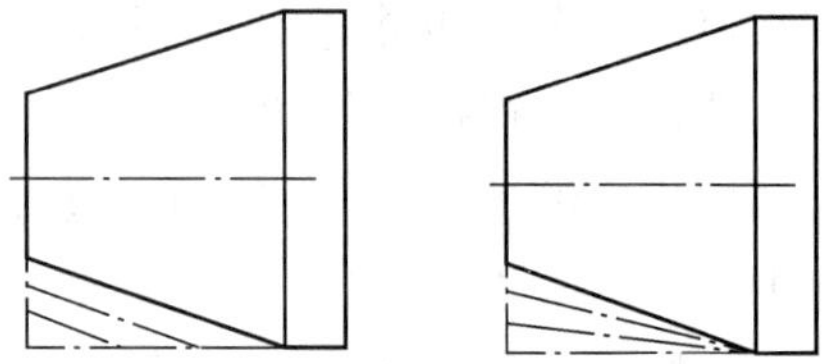

（a）背吃刀量不变　（b）背吃刀量变化

图 5－7　车倒锥的两种加工路线

（2）车圆弧的加工路线分析。应用 G02（或 G03）指令车圆弧，若用一刀就把圆弧加

工出来，则背吃刀量太大，容易打刀。因此，在实际切削时，需要多刀加工，先将大部分余量切除，最后才车得所需圆弧。

如图 5－8 所示为车圆法的切削路线车圆弧，即用不同半径圆来车削，最后将所需圆弧加工出来。此方法在确定了每次背吃刀量后，对 90°圆弧的起点、终点坐标较易确定。图 5－8（a）的走刀路线较短，图 5－8（b）加工的空行程时间较长。此方法数值计算简单，编程方便，常采用，适合于较复杂的圆弧。

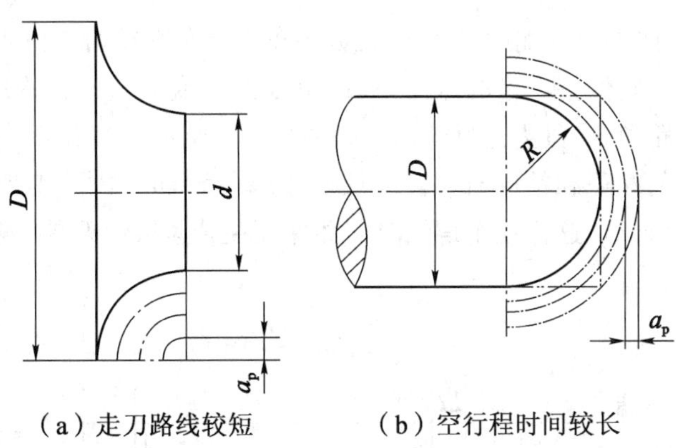

（a）走刀路线较短　　（b）空行程时间较长

图 5－8　车圆法的切削路线车圆弧

如图 5－9 所示为车锥法的切削路线车圆弧，即先车一个圆锥，再车圆弧。但要注意车圆锥时的起点和终点的确定。若确定不好，则可能损坏圆弧表面，也可能将余量留得过大。确定方法是连接 OB 交圆弧于 D，过 D 点作圆弧的切线 AC。由几何关系得

$$BD = OB - OD = \sqrt{2}R - R \approx 0.414R \qquad (5-2)$$

此为车圆锥时的最大切削余量，即车圆锥时，加工路线不能超过 AC 线。由 BD 与 $\triangle ABC$ 的关系，可得

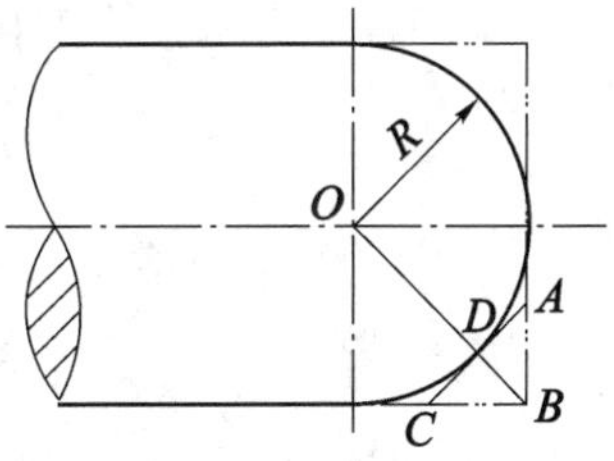

图 5－9　车锥法的切削路线车圆弧

$$AB = CB = \sqrt{2}BD \approx 0.585R \qquad (5-3)$$

这样可以确定车锥时的起点和终点。当 R 不太大时，可取 $AB = CB = 0.5R$。此方法数值计算较烦琐，但其刀具切削路线较短。

（3）轮廓粗车加工路线分析。切削进给路线最短，可有效提高生产效率，降低刀具损耗。安排最短切削进给路线时，应同时兼顾工件的刚性和加工工艺性等要求，不要顾此失彼。

图 5－10 给出了 3 种不同的轮廓粗车切削进给路线图。其中，图 5－10（a）表示利用数控系统具有的封闭式复合循环功能控制车刀沿着工件轮廓线进行进给的路线；图 5－10（b）为三角形循环进给路线；图 5－10（c）为矩形循环进给路线，其路线总长最短，因此在同等切削条件下的切削时间最短，刀具损耗最少。

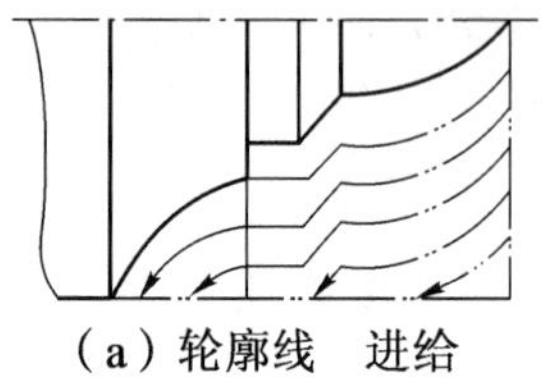
（a）轮廓线 进给

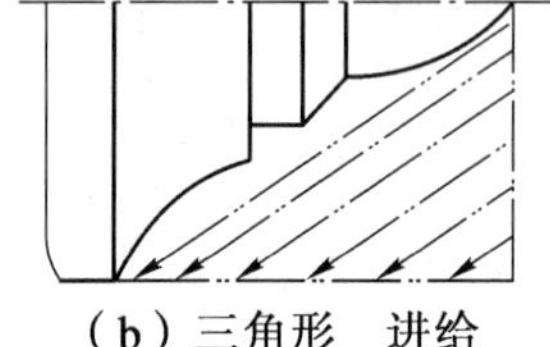
（b）三角形 进给

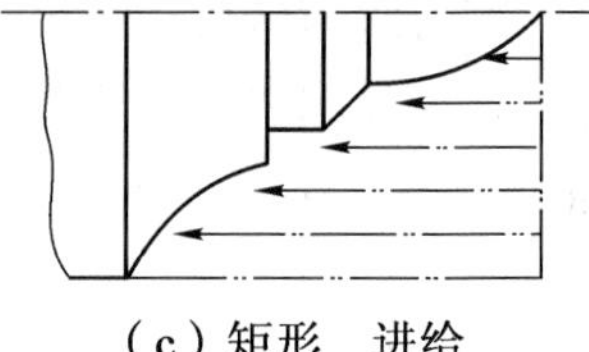
（c）矩形 进给

图 5－10 粗车切削进给路线示例

（4）车螺纹时的轴向进给距离分析。在数控车床上车螺纹时，由于沿螺距方向的 Z 向进给应与车床主轴的旋转保持严格的速比关系，因此应避免在进给机构加速或减速的过程中切削。为此要有引入距离 δ_1 和超越距离 δ_2，如图 5－11 所示。δ_1 和 δ_2 的数值与车床拖动系统的动态特性、螺纹的螺距和精度有关。一般 δ_1 为 2～5 mm，对大螺距和高精度的螺纹取大值；δ_2 一般为 1～2 mm。这样在车螺纹时，能保证在升速后使刀具接触工件，刀具离开工件后再降速。

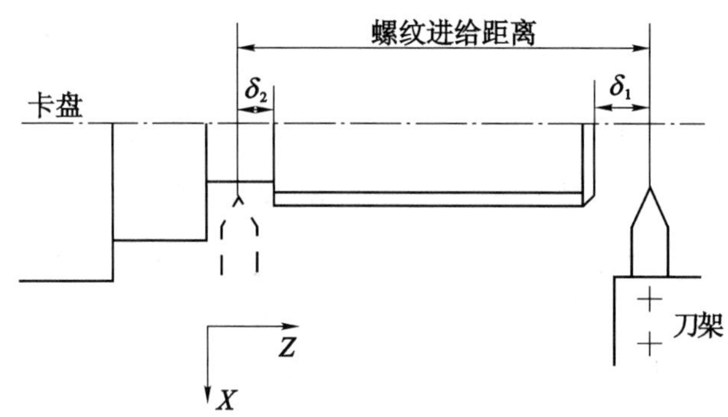

图 5－11 切削螺纹时引入距离和超越距离

4. 车削加工顺序的安排

制定零件车削加工顺序一般遵循下列原则。

（1）先粗后精。按照粗车→半精车→精车的顺序进行，逐步提高加工精度。粗车在较短的时间内将工件表面上的大部分加工余量（见图 5－12 中的双点画线内所示部分）切掉，一方面提高金属切除率，另一方面满足精车的余量均匀性要求。若粗车后所留余量的均匀性满足不了精加工的要求时，则要安排半精车，以此为精车做准备。精车要保证加工精度，按图样尺寸一刀切出零件轮廓。

（2）先近后远。在一般情况下，离对刀点近的部位先加工，离对刀点远的部位后加工，以便缩短刀具移动距离，减少空行程时间。对于车削而言，先近后远还有利于保持坯件或半成品的刚性，改善其切削条件。

例如，加工如图 5－13 所示的零件，当第一刀吃刀量未超限时，应该按 $\phi34\rightarrow\phi36\rightarrow\phi38$ 的次序先近后远地安排车削加工顺序。

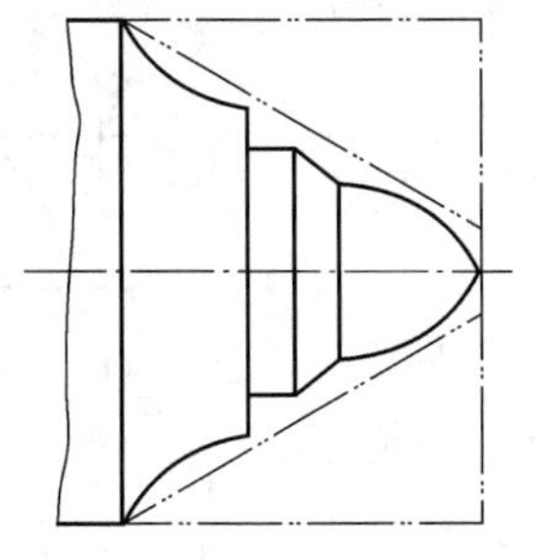

图 5－12 先粗后精示例

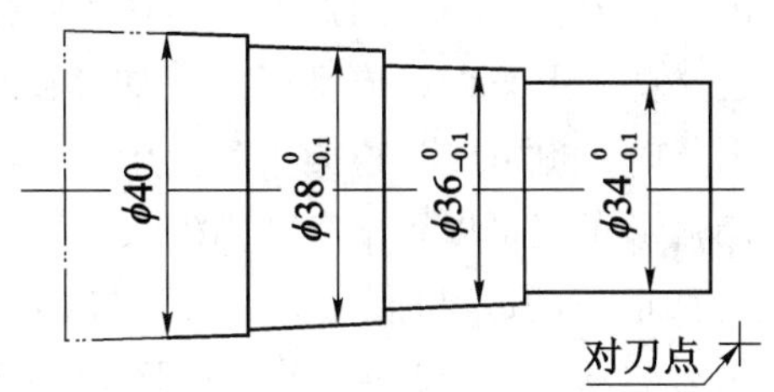

图 5－13 先近后远示例

（3）内外交叉。对既有内表面（内型腔），又有外表面需加工的零件，安排车削加工顺序时，应先进行内外表面粗加工，后进行内外表面精加工，切不可将零件上一部分表面（外表面或内表面）加工完毕后，再加工其他表面（内表面或外表面）。

（4）基面先行原则。用作精基准的表面应优先加工出来，因为定位基准的表面越精确，装夹误差就越小。例如，轴类零件加工时，总是先加工中心孔，再以中心孔为精基准加工外圆表面和端面。

5.2.3 数控车削加工工序的设计

1. 夹具的选择

车床主要用于加工工件的内外圆柱面、圆锥面、回转成型面、螺纹及端平面等。上述各表面都是绕机床主轴的轴心旋转而形成的，根据这一加工特点和夹具在车床上安装的位置，车床夹具分为两种基本类型：一类是安装在车床主轴上的夹具，这类夹具和车床主轴相连接并带动工件一起随主轴旋转，除了各种卡盘（三爪、四爪）、顶尖等通用夹具或其他机床附件外，往往根据加工的需要设计出各种心轴或其他专用夹具；另一类是安装在滑板或床身上的夹具，对于某些形状不规则和尺寸较大的工件，常把夹具安装在车床滑板上，夹具做进给运动，刀具则安装在车床主轴上做旋转运动。车床夹具的选择参考 3.7 节中的相关内容。

2. 刀具的选择

（1）常用车刀种类及选择。数控车削常用车刀一般分尖形车刀、圆弧形车刀和成型车刀 3 类。

①尖形车刀。它是以直线形切削刃为特征的车刀。这类车刀的刀尖（同时也为其刀位点）由直线形的主、副切削刃构成，如 90°内外圆车刀、左右端面车刀、切断（车槽）车刀以及刀尖倒棱很小的各种外圆和内孔车刀。

用这类车刀加工零件时，零件的轮廓形状主要由一个独立的刀尖或一条直线形主切削刃位移后得到，与另两类车刀加工所得到零件轮廓形状的原理是截然不同的。

尖形车刀几何参数（主要是几何角度）的选择方法与普通车削时基本相同，但应适合数控加工的特点（如加工路线、加工干涉等）进行全面的考虑，并应兼顾刀尖本身的强度。

②圆弧形车刀。它是以一圆度误差或线轮廓误差很小的圆弧形切削刃为特征的车刀

（见图5-14）。该车刀圆弧形切削刃上每一点都是圆弧形车刀的刀尖，因此，刀位点不在圆弧上，而在该圆弧的圆心上。

当某些尖形车刀或成型车刀（如螺纹车刀）的刀尖具有一定的圆弧形状时，也可作为这类车刀使用。

圆弧形车刀可以用于车削内外表面，特别适合于车削各种光滑连接（凹形）的成型面。选择车刀圆弧半径时应考虑两点：一是车刀切削刃的圆弧半径应小于或等于零件凹形轮廓上的最小曲率半径，以免发生加工干涉；二是该半径不宜选择太小，否则不但制造困难，还会因刀具强度太弱或刀体散热能力差而导致车刀损坏。

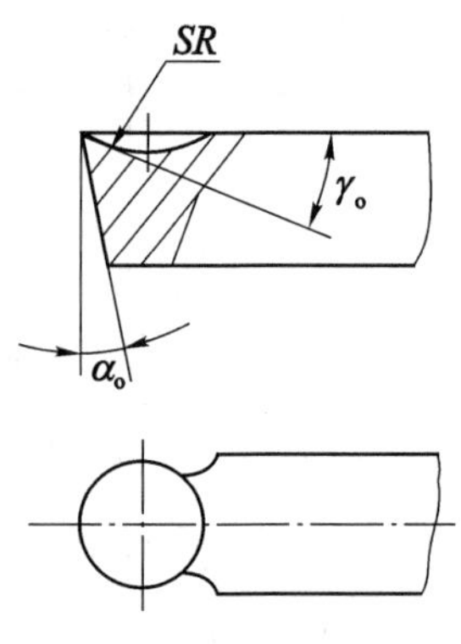

图5-14 圆弧形车刀

③成型车刀。成型车刀俗称样板车刀，其加工零件的轮廓形状完全由车刀刀刃的形状和尺寸决定。在数控车削加工中，常见的成型车刀有小半径圆弧车刀、非矩形槽车刀和螺纹车刀等。在数控加工中，应尽量少用或不用成型车刀，当确有必要选用时，则应在工艺准备文件或加工程序单上进行详细说明。

如图5-15所示为常用车刀的种类、形状和用途。

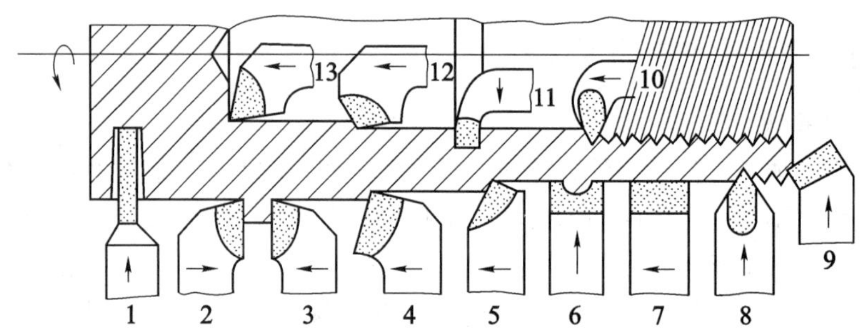

1—切断刀；2—90°左偏刀；3—90°右偏刀；
4—弯头车刀；5—直头车刀；6—成型车刀；
7—宽刃精车刀；8—外螺纹车刀；
9—端面车刀；10—内螺纹车刀；
11—内槽车刀；12—通孔车刀；13—盲孔车刀。

图5-15 常用车刀的种类、形状和用途

（2）机夹可转位车刀的选用。目前，数控机床上大多使用系列化、标准化刀具，对机夹可转位外圆车刀、端面车刀等的刀柄和刀头都有国家标准及系列化型号。

对所选择的刀具，在使用前都需对刀具尺寸进行严格的测量以获得精确资料，并由操作者将这些数据输入数控系统，经程序调用而完成加工过程，从而加工出合格的工件。为了减少换刀时间和方便对刀，便于实现机械加工的标准化，数控车削加工时，应尽量采用机夹刀和机夹刀片。数控车床常用的机夹可转位车刀的结构形式如图5-16所示。

①刀片材质的选择。常见的刀片材质有高速钢、硬质合金、涂层硬质合金、陶瓷、立方氮化硼和金刚石等，其中应用最多的是硬质合金和涂层硬质合金。选择刀片材质主要依据被

加工工件的材料、被加工表面的精度、表面质量要求、切削载荷的大小及切削过程有无冲击和振动等。

②刀片尺寸的选择。刀片尺寸的大小取决于必要的有效切削刃长度 L。有效切削刃长度与背吃刀量 a_p 和车刀的主偏角 κ_r 有关（见图 5 - 17），使用时可查阅有关刀具手册。

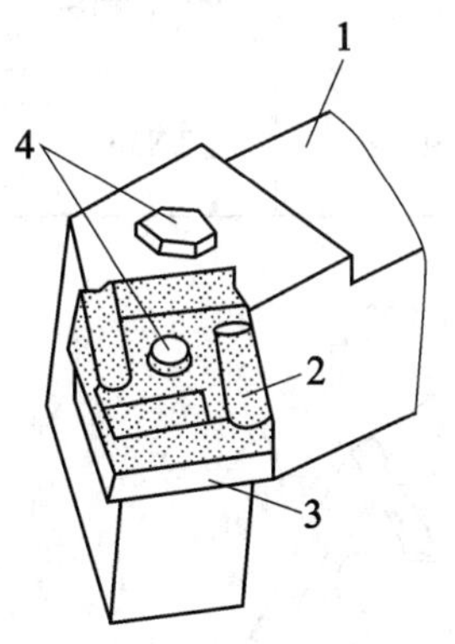

1—刀杆；2—刀片；3—刀垫；4—夹紧元件。

图 5 - 16　数控车床常用的机夹可转位车刀的结构形式

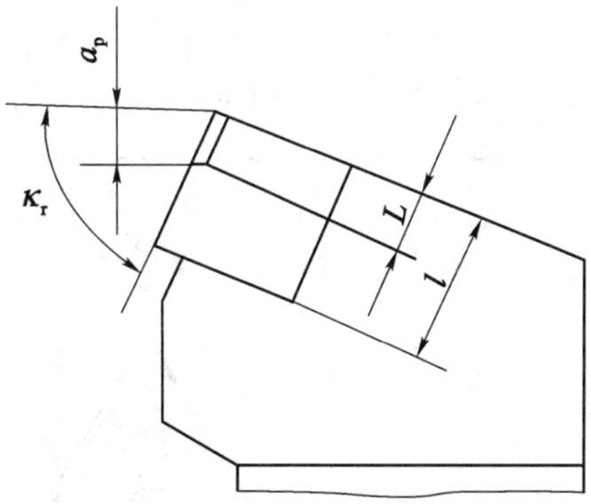

图 5 - 17　有效切削刃长度与背吃刀量和车刀的主偏角的关系

③刀片形状的选择。刀片形状的选择主要依据被加工工件的表面形状、切削方法、刀具寿命和刀片的转位次数等。被加工表面形状与适用的刀片可参考表 5 - 1 选取，表中刀片型号组成见国家标准《切削刀具用可转位刀片型号表示规则》（GB/T 2076—2007）。常见可转位车刀刀片形状及角度如图5 - 18所示。

表 5 - 1　被加工表面形状与适用的刀片

	主偏角	45°	45°	60°	75°	95°
车削外圆表面	刀片形状及加工示意图	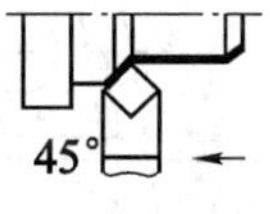 45°	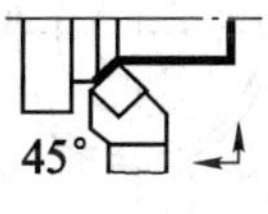 45°	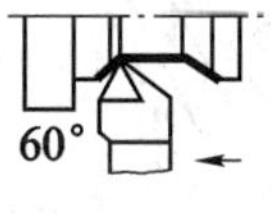 60°	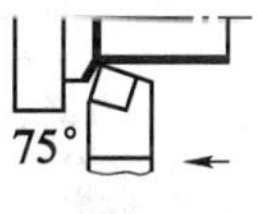 75°	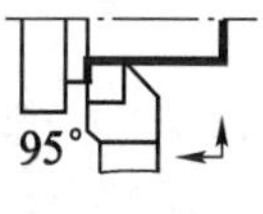 95°
	推荐选用刀片	SCMA SPMR SCMM SNMM - 8 SPUN SNMM - 9	SCMA SPMR SCMM SNMG SPUN SPGR	TCMA TNMM - 8 TCMM TPUN	SCMM SPUM SCMA SPMR SNMA	CCMA CCMM CNMM - 7
	主偏角	75°	90°	90°	95°	
车削端面	刀片形状及加工示意图	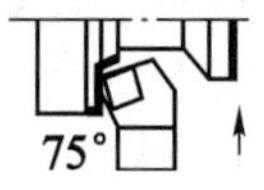 75°	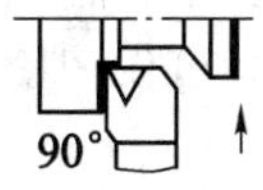 90°	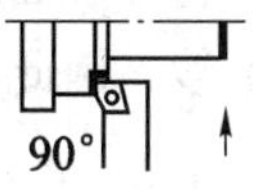 90°	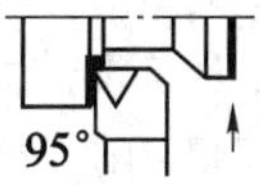 95°	
	推荐选用刀片	SCMA SPMR SCMM SPUR SPUN CNMG	TNUN TNMA TCMA TPUM TCMM TPMR	CCMA	TPUN TPMR	

续表

	主偏角	15°	45°	60°	90°	93°
车削成型面	刀片形状及加工示意图	15°	45°	60°	90°	
	推荐选用刀片	RCMM	RNNG	TNMM－8	TNMG	TNMA

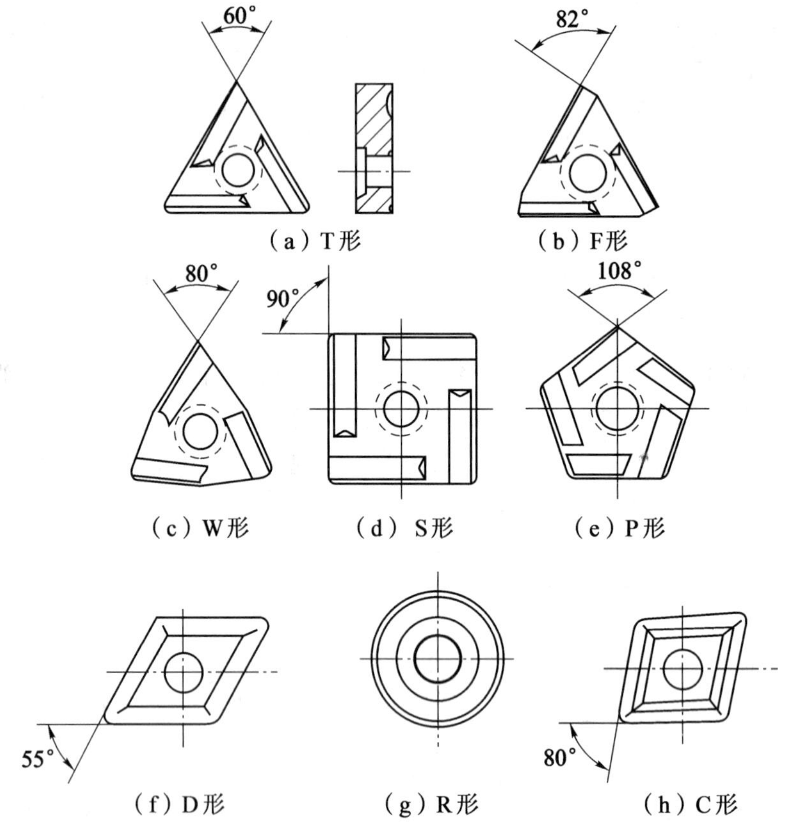

（a）T形　（b）F形　（c）W形　（d）S形　（e）P形　（f）D形　（g）R形　（h）C形

图 5－18　常见可转位车刀刀片形状及角度

特别需要注意，加工凹形轮廓表面时，若主、副偏角选得太小，会导致加工时刀具主后刀面、副后刀面与工件发生干涉，因此必要时可作图检验。

3. 切削用量的确定

数控编程时，编程人员必须确定每道工序的切削用量，并以指令的形式写入程序。切削用量包括主轴转速、背吃刀量及进给速度等。对于不同的加工方法，需要选用不同的切削用量。切削用量的选择原则：保证零件加工精度和表面粗糙度，充分发挥刀具的切削性能，保证合理的刀具耐用度；充分发挥机床的性能，最大限度提高生产率，降低成本。

（1）主轴转速 n 的确定。车削加工主轴转速 n 应根据允许的切削速度 v_c 和工件直径 d 来选择，按式（1－2）计算。切削速度 v_c 由刀具的耐用度决定，计算时可参考表 5－2 或《切削用量手册》。对有级变速的铣床，须按铣床说明书选择与所计算主轴转速 n 接近的转速。

表 5－2　硬质合金外圆车刀切削速度的参考值

工件材料	热处理状态	$a_p=0.3\sim2$ mm	$a_p=2\sim6$ mm	$a_p=6\sim10$ mm
		$f=0.08\sim0.3$ mm/r	$f=0.3\sim0.6$ mm/r	$f=0.6\sim1$ mm/r
		$v_c/(\mathrm{m\cdot min^{-1}})$	$v_c/(\mathrm{m\cdot min^{-1}})$	$v_c/(\mathrm{m\cdot min^{-1}})$
低碳钢 易切钢	热　轧	140～180	100～120	70～90
中碳钢	热　轧	130～160	90～110	60～80
	调　质	100～130	70～90	50～70
合金结构钢	热　轧	100～130	70～90	50～70
	调　质	80～110	50～70	40～60
工具钢	退　火	90～120	60～80	50～70
灰铸铁	<190 HBS	90～120	60～80	50～70
	190～225 HBS	80～110	50～70	40～60
高锰钢（w_{Mn}13%）	—	—	10～20	—
铜及铜合金	—	200～250	120～180	90～120
铝及铝合金	—	300～600	200～400	150～200
铸铝合金（w_{Al}13%）	—	100～180	80～150	60～100

注：切削钢及灰铸铁时，刀具耐用度约为 60 min。

利用数控车床加工螺纹时，因其传动链的改变，原则上转速只要能保证主轴每转一周时，刀具沿主进给轴（多为 Z 轴）方向位移一个导程即可，不应受到限制。但数控车螺纹时会受到以下几方面的影响。

①螺纹加工程序段中指令的导程值相当于以进给量 f 表示的进给速度 F。如果机床的主轴转速选择过高，其换算后的进给速度则必定大大超过正常值。

②刀具在其位移过程的始（终）都受到伺服驱动系统升（降）频率和数控装置插补运算速度的约束。升（降）频特性满足不了加工需要等因素可能导致主进给运动产生“超前”和“滞后”，使得部分螺牙的导程不符合要求。

③车削螺纹必须通过主轴的同步运行功能实现，即车削螺纹需要有主轴脉冲发生器（编码器）。当其主轴转速选择过高，通过编码器发出的定位脉冲（主轴每转一周时所发出

的一个基准脉冲信号）可能因“过冲”（特别是当编码器的质量不稳定时）而导致工件螺纹产生乱纹（俗称“烂牙”）。

鉴于上述影响，不同的数控系统车螺纹时推荐不同的主轴转速范围，大多数经济型数控车床数控系统推荐车螺纹时主轴转速如下：

$$n \leqslant \frac{1\,200}{P} - k \qquad (5-4)$$

式中：P——被加工螺纹导程，mm；

k——保险系数，一般为 80。

（2）进给速度 v_f的确定。进给速度 v_f是数控机床切削用量中的重要参数，其大小直接影响表面粗糙度的值和车削效率。进给速度主要根据零件的加工精度和表面粗糙度要求及刀具、工件的材料性质选取。最大进给速度受机床刚度和进给系统的性能限制。确定进给速度的原则有以下几点。

①当工件的质量要求能够得到保证时，为提高生产效率，可选择较高的进给速度，一般在 100 ~ 200 mm/min 选取。

②在切断、加工深孔或用高速钢刀具加工时，宜选择较低的进给速度，一般在 20 ~ 50 mm/min选取。

③当加工精度、表面粗糙度要求较高时，进给速度应选小些，一般在 20 ~ 50 mm/min 选取。

④刀具空行程时，特别是远距离“回零”时，可以设定该机床数控系统设定的最高进给速度。

计算进给速度时，可参考表 5 – 3、表 5 – 4 或查阅《切削用量手册》选每转进给量 f，然后按式（1 – 3）计算。

表 5 – 3　硬质合金车刀粗车外圆及端面的进给量

工件材料	车刀刀杆尺寸 $(B \times H)$/(mm × mm)	工件直径 d_w/mm	背吃刀量 a_p/mm				
			≤3	3 ~ 5	5 ~ 8	8 ~ 12	>12
			进给量 f/(mm · r^{-1})				
碳素结构钢、合金结构钢及耐热钢	16 × 25	20	0.3 ~ 0.4	—	—	—	—
		40	0.4 ~ 0.5	0.3 ~ 0.4	—	—	—
		60	0.5 ~ 0.7	0.4 ~ 0.6	0.3 ~ 0.5	—	—
		100	0.6 ~ 0.9	0.5 ~ 0.7	0.5 ~ 0.6	0.4 ~ 0.5	—
		400	0.8 ~ 1.2	0.7 ~ 1.0	0.6 ~ 0.8	0.5 ~ 0.6	—
	20 × 30 25 × 25	20	0.3 ~ 0.4	—	—	—	—
		40	0.4 ~ 0.5	0.3 ~ 0.4	—	—	—
		60	0.5 ~ 0.7	0.5 ~ 0.7	0.4 ~ 0.6	—	—
		100	0.8 ~ 1.0	0.7 ~ 0.9	0.5 ~ 0.7	0.4 ~ 0.7	—
		400	1.2 ~ 1.4	1.0 ~ 1.2	0.8 ~ 1.0	0.6 ~ 0.9	0.4 ~ 0.6

续表

工件材料	车刀刀杆尺寸 $(B \times H)/(mm \times mm)$	工件直径 d_w/mm	背吃刀量 a_p/mm				
			≤3	3~5	5~8	8~12	>12
			进给量 $f/(mm \cdot r^{-1})$				
铸铁及铜合金	16×25	40	0.4~0.5	—	—	—	—
		60	0.5~0.8	0.5~0.8	0.4~0.6	—	—
		100	0.8~1.2	0.7~1.0	0.6~0.8	0.5~0.7	—
		400	1.0~1.4	1.0~1.2	0.8~1.0	0.6~0.8	—
	20×30 25×25	40	0.4~0.5	—	—	—	—
		60	0.5~0.9	0.5~0.8	0.4~0.7	—	—
		100	0.9~1.3	0.8~1.2	0.7~1.0	0.5~0.8	—
		400	1.2~1.8	1.2~1.6	1.0~1.3	0.9~1.1	0.7~0.9

注：1. 加工断续表面及有冲击的工件时，表内进给量应乘系数 $k=0.75 \sim 0.85$。

2. 在无外皮加工时，表内进给量应乘系数 $k=1.1$。

3. 加工耐热钢及其合金时，进给量不大于 1 mm/r。

4. 加工淬硬钢时，进给量应减小。当钢的硬度为 44~56 HRC 时，乘系数 $k=0.8$；当钢的硬度为 57~62 HRC 时，乘系数 $k=0.5$。

表 5-4 按表面粗糙度选择进给量的参考值

工件材料	表面粗糙度 $Ra/\mu m$	切削速度范围 $v_c/(m \cdot min^{-1})$	刀尖圆弧半径 r_ε/mm		
			0.5	1.0	2.0
			进给量 $f/(mm \cdot r^{-1})$		
铸铁、青铜、铝合金	5~10	不限	0.25~0.40	0.40~0.50	0.50~0.60
	2.5~5		0.15~0.25	0.25~0.40	0.40~0.60
	1.25~2.5		0.10~0.15	0.15~0.20	0.20~0.35
碳钢及合金钢	5~10	<50	0.30~0.50	0.45~0.60	0.55~0.70
		>50	0.40~0.55	0.55~0.65	0.65~0.70
	2.5~5	<50	0.18~0.25	0.25~0.30	0.30~0.40
		>50	0.25~0.30	0.30~0.35	0.30~0.50
	1.25~2.5	<50	0.10	0.11~0.15	0.15~0.22
		50~100	0.11~0.16	0.16~0.25	0.25~0.35
		>100	0.16~0.20	0.20~0.25	0.25~0.35

注：$r_\varepsilon=0.5$ mm，用于 12 mm×12 mm 以下刀杆；$r_\varepsilon=1$ mm，用于 30 mm×30 mm 以下刀杆；$r_\varepsilon=2$ mm，用于 30 mm×45 mm及以上刀杆。

（3）背吃刀量 a_p 的确定。背吃刀量应根据机床、工件和刀具的刚度来决定。在刚度允许的条件下，应尽可能使背吃刀量等于工件的加工余量，这样可以减少走刀次数，提高生产效率。为了保证加工表面质量，可留少许精加工余量，一般为0.2～0.5 mm。

注意：按照上述方法确定的切削用量进行加工，工件表面的加工质量未必十分理想。因此，切削用量的具体数值还应根据机床性能、相关的手册并结合实际经验用模拟方法确定，使主轴转速、进给速度及背吃刀量三者相互适应，以形成最佳切削用量。

5.2.4 数控车削加工中的装刀与对刀技术

装刀与对刀是数控车削加工中极其重要并十分棘手的一项基本工作。对刀的好与差将直接影响加工程序的编制及零件的尺寸精度。通过对刀或刀具预调，还可同时测定其各号刀的刀位偏差，有利于设定刀具补偿量。

1. 车刀安装

在实际切削中，车刀安装的高低、车刀刀杆轴线是否垂直于主轴轴线，对车刀工作角度有很大影响。以车削外圆（或横车）为例，当车刀刀尖高于工件轴线时，因其车削平面与基面的位置发生变化，使前角增大，后角减小；反之，则前角减小，后角增大。车刀安装歪斜对主偏角、副偏角影响较大，特别是在车螺纹时，会使牙形半角产生误差。因此，正确地安装车刀是保证加工质量、减小刀具磨损、提高刀具使用寿命的重要步骤。

如图5－19所示为车刀安装角度示意图。如图5－19（a）所示为“－”的倾斜角度（增大刀具切削力）；如图5－19（b）所示为“＋”的倾斜角度（减小刀具切削力）。

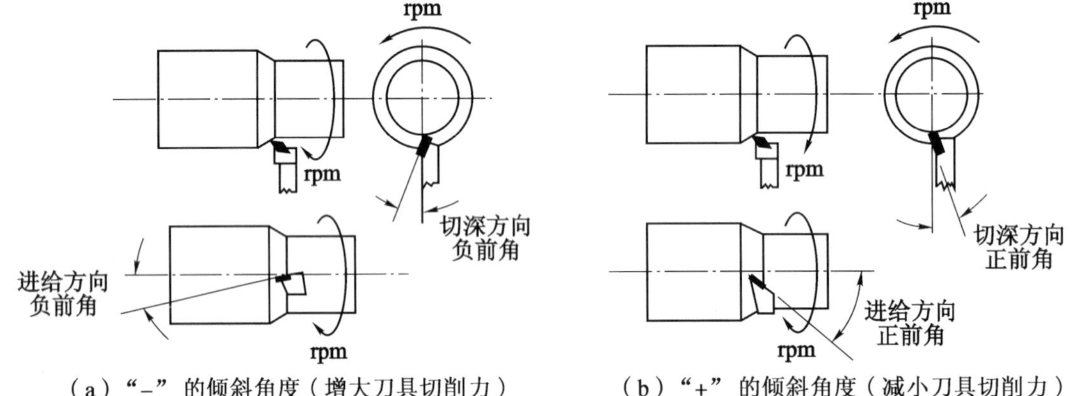

（a）“－”的倾斜角度（增大刀具切削力）　（b）“＋”的倾斜角度（减小刀具切削力）

图5－19　车刀安装角度示意图

2. 刀位点

刀位点是指在加工程序编制中，用以表示刀具特征的点，也是对刀和加工的基准点。对于车刀，各类车刀的刀位点如图5－20所示。

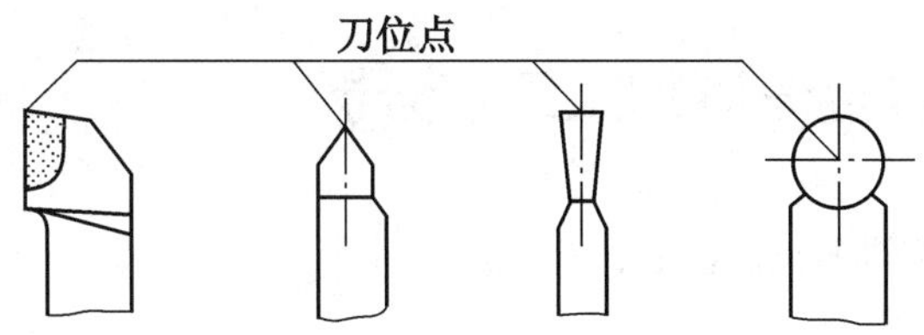

图 5－20 各类车刀的刀位点

3. 对刀

在加工程序执行前，调整每把刀的刀位点，使其尽量重合于某一理想基准点，这一过程称为对刀。理想基准点可以设在基准刀的刀尖上，也可以设在对刀仪的定位中心（如光学对刀镜内的十字刻线交点）上。

对刀一般分为手动对刀和自动对刀两大类。目前，绝大多数的数控机床（特别是车床）采用手动对刀，基本方法有定位对刀法、光学对刀法、ATC 对刀法和试切对刀法。前 3 种手动对刀方法均可能受到手动和目测等多种误差的影响，对刀精度十分有限，往往通过试切对刀以得到更加准确和可靠的结果。数控车床常用的试切对刀方法如图 5－21 所示。

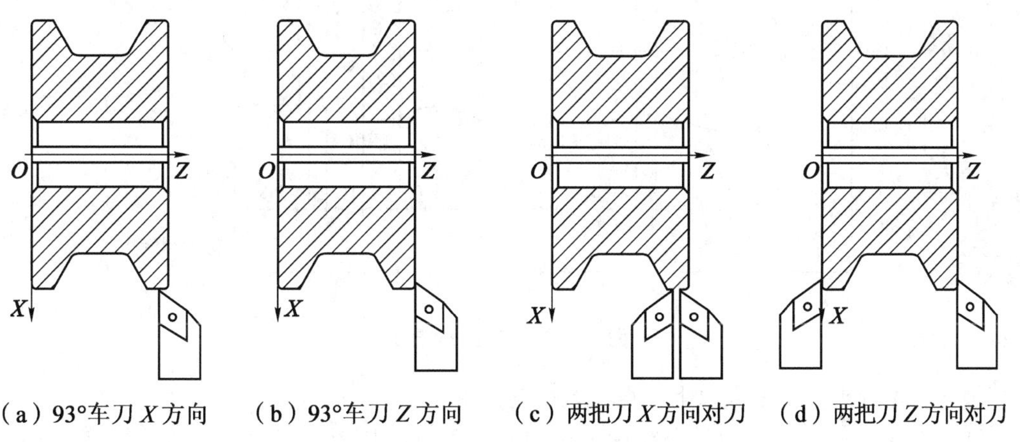

（a）93°车刀 X 方向　（b）93°车刀 Z 方向　（c）两把刀 X 方向对刀　（d）两把刀 Z 方向对刀

图 5－21 数据车床常用的试切对刀方法

4. 换刀点位置的确定

换刀点是指在编制加工中心、数控车床等多刀加工的各种数控机床所需加工程序时，相对于机床固定原点而设置的一个自动换刀或换工作台的位置。换刀的位置可设定在程序原点、机床固定原点或浮动原点上，具体的位置应根据工序内容而定。

为了防止在换（转）刀时碰撞到被加工零件或夹具，除特殊情况外，其换刀点都设置在被加工零件的外面，并留有一定的安全区。

5.3 典型零件的数控车削加工工艺分析

5.3.1 轴类零件数控车削加工工艺分析

以图5－22所示的典型轴类零件为例，所用机床为TND360数控车床，其数控车削加工工艺分析如下。

1. 零件图工艺分析

该零件表面由圆柱、圆锥、顺圆弧、逆圆弧及双线螺纹等表面组成。其中多个直径尺寸有较严的尺寸精度和表面粗糙度要求；球面 $S\phi50$ mm 的尺寸公差还兼有控制该球面形状（线轮廓）误差的作用。尺寸标注完整，轮廓描述清楚。零件材料为45钢，无热处理和硬度要求。

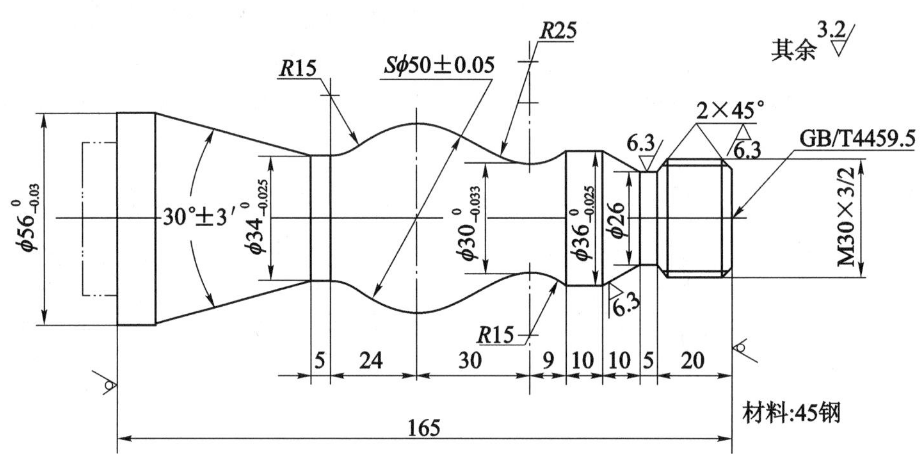

图5－22　典型轴类零件

通过上述分析，可采取以下几点工艺措施。

（1）对于图样上给定的几个精度要求较高的尺寸，因其公差数值较小，故编程时不必取平均值，全部取其基本尺寸即可。

（2）在轮廓曲线上，有3处为过象限圆弧，其中两处为既过象限又改变进给方向的轮廓曲线，因此在加工时应进行机械间隙补偿，以保证轮廓曲线的准确性。

（3）为了便于装夹，坯件左端应预先车出夹持部分（见图5－22双点画线部分），右端面也应先粗车并钻好中心孔。毛坯选 $\phi60$ mm 棒料。

2. 确定装夹方案

确定坯件轴线和左端大端面（设计基准）为定位基准。左端采用三爪自动定心卡盘夹紧，右端采用活动顶尖支承的装夹方式。

3. 确定加工顺序及进给路线

加工顺序按由粗到精、由近到远（由右到左）的原则确定，即先从右到左进行粗车（留 0.25 mm 精车余量），然后从右到左进行精车，最后车削螺纹。

TND360 数控车床具有粗车循环和车螺纹循环功能，只要正确使用编程指令，机床数控系统就会自行确定进给路线。因此，该零件的粗车循环和车螺纹循环不需要人为确定进给路线，但精车的进给路线需要人为确定，该零件是从右到左沿零件表面轮廓进给，如图 5－23 所示。

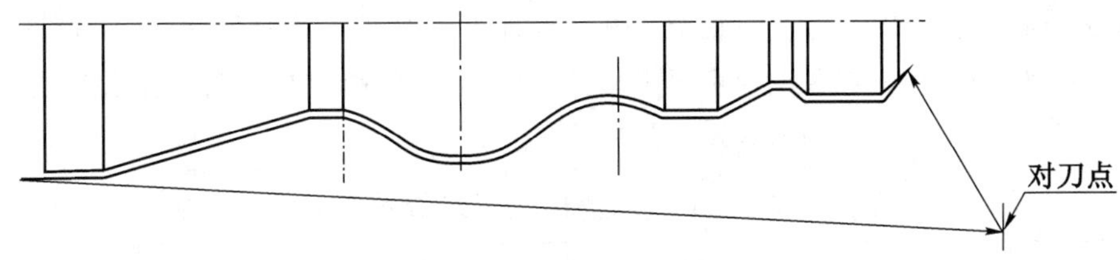

图 5－23　精车轮廓进给路线

4. 刀具选择

（1）选用 $\phi5$ 中心钻钻削中心孔。

（2）粗车及平端面选用硬质合金 90°外圆车刀右偏刀，为防止副后刀面与工件轮廓干涉（可用作图法检验），副偏角不宜太小，选 $\kappa_r'=35°$。

（3）为减少刀具数量和换刀次数，精车和车螺纹选用硬质合金 60°外螺纹车刀，刀尖圆弧半径应小于轮廓最小圆角半径，取 $r_\varepsilon=0.15\sim0.2$ mm。

将所选定的刀具参数填入表 5－5 轴类零件数控加工刀具卡片中，以便于编程和操作管理。

表 5－5　轴类零件数控加工刀具卡片

<table>
<tr><td colspan="3">产品名称或代号</td><td colspan="3">×××</td><td colspan="2">零件名称</td><td>轴</td><td>零件图号</td><td>×××</td></tr>
<tr><td>序号</td><td>刀具号</td><td colspan="4">刀具规格名称</td><td>数量</td><td colspan="2">加工表面</td><td>刀尖半径/mm</td><td>备　注</td></tr>
<tr><td>1</td><td>T01</td><td colspan="4">$\phi5$ 中心钻</td><td>1</td><td colspan="2">钻 $\phi5$ mm 中心孔</td><td></td><td></td></tr>
<tr><td>2</td><td>T02</td><td colspan="4">硬质合金 90°外圆车力</td><td>1</td><td colspan="2">车端面及粗车轮廓</td><td></td><td>右偏刀</td></tr>
<tr><td>3</td><td>T03</td><td colspan="4">硬质合金 60°外螺纹车刀</td><td>1</td><td colspan="2">精车轮廓及螺纹</td><td>0.15</td><td></td></tr>
<tr><td colspan="2">编制</td><td>×××</td><td colspan="2">审核</td><td colspan="2">×××</td><td>批准</td><td>×××</td><td>共　页</td><td>第　页</td></tr>
</table>

5. 切削用量选择

（1）背吃刀量的选择。轮廓粗车循环时选 $a_p=3$ mm，精车 $a_p=0.25$ mm；螺纹粗车循环时选 $a_p=0.4$ mm，精车 $a_p=0.1$ mm。

（2）主轴转速的选择。车直线和圆弧时，查表 5－2 选粗车切削速度 $v_c = 90$ m/min，精车切削速度 $v_c = 120$ m/min，然后利用式（1－2）计算主轴转速 n（粗车工件直径 $D =$ 60 mm，精车工件直径取平均值）：粗车 500 r/min，精车 1 200 r/min。车螺纹时，利用式（5－4）计算主轴转速 $n = 320$ r/min。

（3）进给速度的选择。先查表 5－3 和表 5－4 选择粗车、精车每转进给量分别为 0.4 mm/r 和 0.15 mm/r，再根据式（1－3）计算粗车、精车进给速度分别为 200 mm/min 和 180 mm/min。

将前面分析的各项内容综合成轴类零件数控加工工序卡（见表 5－6），此表是编制加工程序的主要依据和操作人员配合数控程序进行数控加工的指导性文件，主要内容包括工步号、工步内容、各工步所用的刀具及切削用量等。

表 5－6　轴类零件数控加工工序卡

单位名称		× × ×	产品名称或代号		零件名称		零件图号	
			× × ×		轴		× × ×	
工序号		程序编号	夹具名称		使用设备		车间	
001		× × ×	三爪自动定心卡盘和活动顶尖		TND360		数控中心	
工步号	工步内容		刀具号	刀具规格/mm	主轴转速/($r \cdot min^{-1}$)	进给速度/($mm \cdot min^{-1}$)	背吃刀量/mm	备注
1	平端面		T02	25×25	500			手动
2	钻中心孔		T01	$\phi 5$	950			手动
3	粗车轮廓		T02	25×25	500	200	3	自动
4	精车轮廓		T03	25×25	1 200	180	0.25	自动
5	粗车螺纹		T03	25×25	320	960	0.4	自动
6	精车螺纹		T03	25×25	320	960	0.1	自动
编制	× × ×	审核 × × ×	批准	× × ×	年　月　日		共　页	第　页

5.3.2　轴套类零件数控车削加工工艺分析

下面以如图 5－24 所示的轴承套零件为例，分析其数控车削加工工艺（单件小批生产），所用机床为 CJK6240。

1. 零件图工艺分析

该零件表面由内外圆柱面、内圆锥面、顺圆弧、逆圆弧及外螺纹等表面组成，其中多个直径尺寸与轴向尺寸有较高的尺寸精度和表面粗糙度要求。零件图尺寸标注完整，符合数控加工尺寸标注要求，轮廓描述清楚完整。零件材料为45钢，切削加工性能较好，无热处理和硬度要求。

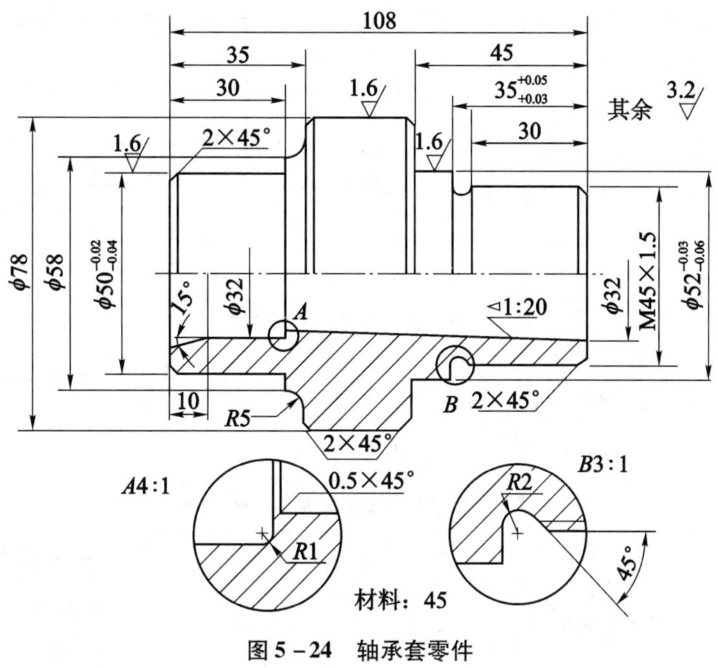

图5－24 轴承套零件

通过上述分析，可采取以下几点工艺措施。

（1）对于零件图样上带公差的尺寸，因公差值较小，故编程时不必取其平均值，而取基本尺寸即可。

（2）左右端面均为多个尺寸的设计基准，相应工序加工前，应先将左右端面车出来。

（3）内孔尺寸较小，镗1∶20锥孔、镗φ32孔及15°斜面时需掉头装夹。

2. 确定装夹方案

内孔加工时以外圆定位，用三爪自动定心卡盘夹紧。加工外轮廓时，为保证一次安装加工出全部外轮廓，需要设一圆锥心轴装置（见图5－25双点画线部分），用三爪自动定心卡盘夹持心轴左端，心轴右端留有中心孔并用尾座顶尖顶紧以提高工艺系统的刚性。

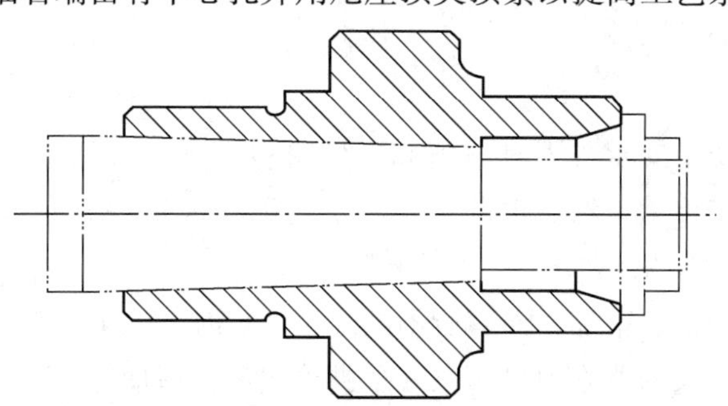

图5－25 外轮廓车削装夹方案

3. 确定加工顺序及走刀路线

加工顺序按由内到外、由粗到精、由近到远的原则确定，在一次装夹中尽可能加工出较多的工件表面。结合本零件的结构特征，可先加工内孔各表面，然后加工外轮廓表面。由于该零件为单件小批生产，走刀路线设计不必考虑最短进给路线或最短空行程路线，外轮廓表面车削走刀路线可沿零件轮廓顺序进行，如图 5－26 所示。

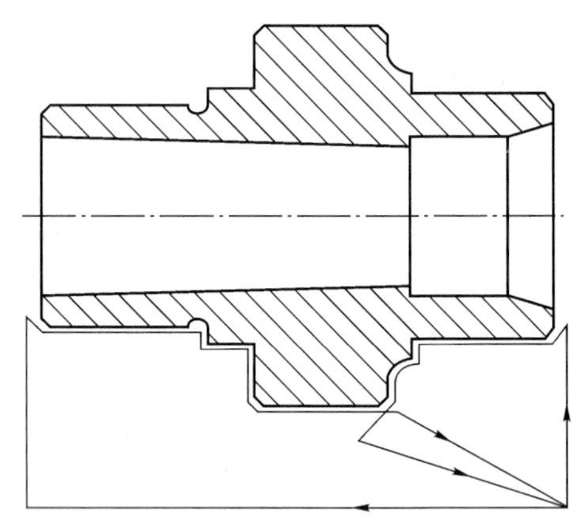

图 5－26　外轮廓加工走刀路线

4. 刀具选择

将所选定的刀具参数填入表 5－7 轴套类数控加工刀具卡片中，以便于编程和操作管理。注意：车削外轮廓时，为防止副后刀面与工件表面发生干涉，应选择较大的副偏角，必要时可作图检验。本例中选 $\kappa_r'=55°$。

表 5－7　轴套类数控加工刀具卡片

产品名称或代号		×××		零件名称	轴承套	零件图号	×××
序号	刀具号	刀具规格名称	数量	加工表面		刀尖半径/mm	备注
1	T01	硬质合金 45°端面车刀	1	车端面		0.5	25×25
2	T02	ϕ5 中心钻	1	钻 ϕ5 mm 中心孔			
3	T03	ϕ26 mm 钻头	1	钻底孔			
4	T04	镗刀	1	镗内孔各表面		0.4	20×20
5	T05	93°右偏刀	1	自右至左车外表面		0.2	25×25
6	T06	93°左偏刀	1	自左至右车外表面		0.2	25×25
7	T07	60°外螺纹车刀	1	车 M45 螺纹		0.1	25×25
编制 ×××	审核 ×××	批准	×××	年　月　日		共　页	第　页

注：备注栏表示标准刀杆截面尺寸。

5. 切削用量选择

根据被加工表面质量要求、刀具材料和工件材料，参考《切削用量手册》或有关资料选取切削速度与每转进给量，然后根据式（1－2）和式（1－3）计算主轴转速与进给速度（计算过程略），将计算结果填入表 5－8 中。

背吃刀量的选择因粗、精加工而有所不同。粗加工时，在工艺系统刚性和机床功率允许的情况下，尽可能取较大的背吃刀量，以减少进给次数；精加工时，为保证零件表面粗糙度要求，背吃刀量一般取 0.1～0.4 mm 较为合适。

6. 数控加工工序卡片拟定

将前面分析的各项内容综合成轴套类数控加工工序卡（见表5-8），此表是编制加工程序的主要依据和操作人员配合数控程序进行数控加工的指导性文件，主要内容包括工步号、工步内容、各工步所用的刀具及切削用量等。表5-8中所列各项数据是作者所在单位举办数控车操作工职业技能培训班上广大学员实践经验的结晶，具有很高的可信度。

表5-8 轴套类数控加工工序卡

<table>
<tr><td colspan="2" rowspan="2">单位名称</td><td colspan="2" rowspan="2">北方工业大学</td><td colspan="2">产品名称或代号</td><td>零件名称</td><td colspan="3">零件图号</td></tr>
<tr><td colspan="2">数控车工艺分析实例</td><td>轴承套</td><td colspan="3">Lathe-01</td></tr>
<tr><td colspan="2">工序号</td><td colspan="2">程序编号</td><td colspan="2">夹具名称</td><td>使用设备</td><td colspan="3">车间</td></tr>
<tr><td colspan="2">001</td><td colspan="2">Latheprg-01</td><td colspan="2">三爪自动定心卡盘和自制心轴</td><td>CJK6240</td><td colspan="3">数控中心</td></tr>
<tr><td>工步号</td><td colspan="3">工步内容</td><td>刀具号</td><td>刀具规格/mm</td><td>主轴转速/(r·min⁻¹)</td><td>进给速度/(mm·min⁻¹)</td><td>背吃刀量/mm</td><td>备注</td></tr>
<tr><td>1</td><td colspan="3">平端面</td><td>T01</td><td>25×25</td><td>320</td><td></td><td>1</td><td>手动</td></tr>
<tr><td>2</td><td colspan="3">钻 φ5 中心孔</td><td>T02</td><td>φ5</td><td>950</td><td></td><td>2.5</td><td>手动</td></tr>
<tr><td>3</td><td colspan="3">钻底孔</td><td>T03</td><td>φ26</td><td>200</td><td></td><td>13</td><td>手动</td></tr>
<tr><td>4</td><td colspan="3">粗镗 φ32 内孔、15°斜面及0.5×45°倒角</td><td>T04</td><td>20×20</td><td>320</td><td>40</td><td>0.8</td><td>自动</td></tr>
<tr><td>5</td><td colspan="3">精镗 φ32 内孔、15°斜面及0.5×45°倒角</td><td>T04</td><td>20×20</td><td>400</td><td>25</td><td>0.2</td><td>自动</td></tr>
<tr><td>6</td><td colspan="3">掉头装夹粗镗 1∶20 锥孔</td><td>T04</td><td>20×20</td><td>320</td><td>40</td><td>0.8</td><td>自动</td></tr>
<tr><td>7</td><td colspan="3">精镗 1∶20 锥孔</td><td>T04</td><td>20×20</td><td>400</td><td>20</td><td>0.2</td><td>自动</td></tr>
<tr><td>8</td><td colspan="3">心轴装夹自右至左粗车外轮廓</td><td>T05</td><td>25×25</td><td>320</td><td>40</td><td>1</td><td>自动</td></tr>
<tr><td>9</td><td colspan="3">自左至右粗车外轮廓</td><td>T06</td><td>25×25</td><td>320</td><td>40</td><td>1</td><td>自动</td></tr>
<tr><td>10</td><td colspan="3">自右至左精车外轮廓</td><td>T05</td><td>25×25</td><td>400</td><td>20</td><td>0.1</td><td>自动</td></tr>
<tr><td>11</td><td colspan="3">自左至右精车外轮廓</td><td>T06</td><td>25×25</td><td>400</td><td>20</td><td>0.1</td><td>自动</td></tr>
<tr><td>12</td><td colspan="3">卸心轴改为三爪自动定心卡盘装夹粗车 M45 螺纹</td><td>T07</td><td>25×25</td><td>320</td><td>480</td><td>0.4</td><td>自动</td></tr>
<tr><td>13</td><td colspan="3">精车 M45 螺纹</td><td>T07</td><td>25×25</td><td>320</td><td>480</td><td>0.1</td><td>自动</td></tr>
<tr><td>编制</td><td>×××</td><td>审核</td><td>×××</td><td>批准</td><td>×××</td><td colspan="2">年 月 日</td><td>共 页</td><td>第 页</td></tr>
</table>

思考与练习题

1. 普通车床加工螺纹与数控车床加工螺纹有何区别？
2. 车削螺纹时，为何要有引入距离与超越距离？
3. 车削加工台阶轴、凹形轮廓时，对刀具主、副偏角有何要求？
4. 加工路线的选择应遵循什么原则？

模拟自测题

一、单项选择题

1. 车削加工适合加工（　　）类零件。

A. 回转体　　B. 箱体
C. 任何形状　　D. 平面轮廓

2. 车削加工的主运动是（　　）。

A. 工件回转运动　　B. 刀具横向进给运动
C. 刀具纵向进给运动　　D. 三者都是

3. 车细长轴时，使用中心架和跟刀架可以增加工件的（　　）。

A. 韧性　　B. 强度
C. 刚性　　D. 稳定性

4. 影响刀具寿命的根本因素是（　　）。

A. 刀具材料的性能　　B. 切削速度
C. 背吃刀量　　D. 工件材料的性能

5. 确定数控车削加工进给路线的工作重点，是确定（　　）的进给路线。

A. 精加工　　B. 粗加工
C. 空行程　　D. 粗加工及空行程

6. 当手动操作换刀时，从刀盘方向观察，数控车床的自转位刀架只允许刀盘（　　）换刀。

A. 逆时针转动　　B. 顺时针转动
C. 任意转动　　D. 由指令控制

7. 数控车削用车刀一般分为 3 类，即（　　）。

A. 环形刀、盘形刀和成型车刀　　B. 球头铣刀、盘形刀和成型车刀
C. 鼓形铣刀、球头铣刀和成型车刀　　D. 尖形车刀、圆弧形车刀和成型车刀

8. 制定加工方案的一般原则为先粗后精、先近后远、先内后外，程序段最少，（　　）及特殊情况特殊处理。

A. 走刀路线最短　　B. 将复杂轮廓简化成简单轮廓
C. 将手工编程改成自动编程　　D. 将空间曲线转化为平面曲线

9. 影响数控车床加工精度的因素很多，要提高加工工件的质量，有很多措施，但(　　)不能提高加工精度。

A. 将绝对编程改变为增量编程　　B. 正确选择车刀类型

C. 控制刀尖中心高误差　　D. 减小刀尖圆弧半径对加工的影响

10. 车削时，为降低表面粗糙度，可采用(　　)的方法进行改善。

A. 增大主偏角　　B. 减小进给量

C. 增大副偏角　　D. 减小刀尖圆弧半径

11. 车削中，刀杆中心线不与进给方向垂直，对刀具的(　　)影响较大。

A. 前角、后角　　B. 主偏角、副偏角

C. 后角　　D. 刃倾角

二、判断题（正确的打√，错误的打×）

1. 数控车床适宜加工轮廓形状特别复杂或难于控制尺寸的回转体类零件、箱体类零件、精度要求高的回转体类零件、特殊的螺旋类零件等。(　　)

2. 车削力按车床坐标系可以分解为 F_x、F_y、F_z共3个分力，其中 F_y消耗功率最多。

(　　)

3. 车内螺纹前的底孔直径必须大于或等于螺纹标准中规定的螺纹小径。(　　)

4. 车削偏心工件时，应保证偏心的中心与车床主轴的回转中心重合。(　　)

5. 机床坐标系和工件坐标系之间的联系是通过对刀来实现的。(　　)

6. 数控车床常用的对刀方法有试切对刀法、光学对刀法、ATC自动对刀法等，其中试切法可以得到更加准确和可靠的结果。(　　)

7. 可转位式车刀用钝后，只需要将刀片转过一个位置，即可使新的刀刃投入切削。当几个刀刃都用钝后，更换新刀片。(　　)

8. 车削螺纹时，主轴每转一周，刀具沿主轴进给移动 -个导程。(　　)

9. 当表面粗糙度要求较高时，应选择较大的进给速度。(　　)

10. 车削螺纹时，主轴转速越高越好。(　　)

三、简答题

1. 数控车削加工的主要对象是什么?

2. 数控车削加工工艺分析的主要内容有哪些?

3. 确定零件车削加工工序顺序应遵循哪些原则?

4. 轮廓粗车加工路线有哪些方式?

5. 常用数控车削刀具的种类有哪些?各有何特点?

6. 数控车床常用对刀方法有哪些?

四、分析题

1. 确定如图5-27所示套筒零件的加工顺序及进给路线，并选择相应的加工刀具。

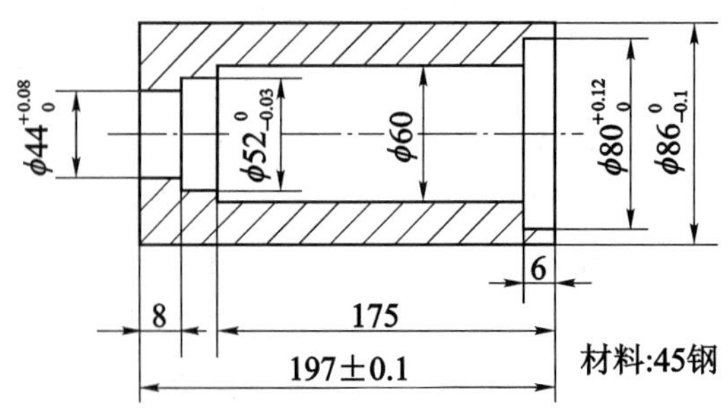

图 5－27　分析题图 1

2. 编制如图 5－28 所示轴类零件的数控车削加工工艺，毛坯为 ϕ45 棒料。

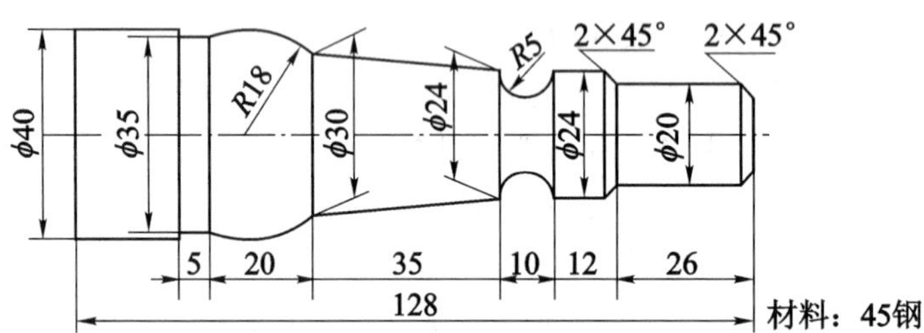

图 5－28　分析题图 2

3. 车削如图 5－29 所示轴类零件（尺寸用代码标注），毛坯材料为 7075 铝合金，单件小批生产，确定该零件的装夹方案、加工顺序及进给路线、所需刀具，编写数控加工刀具卡片和数控加工工序卡。

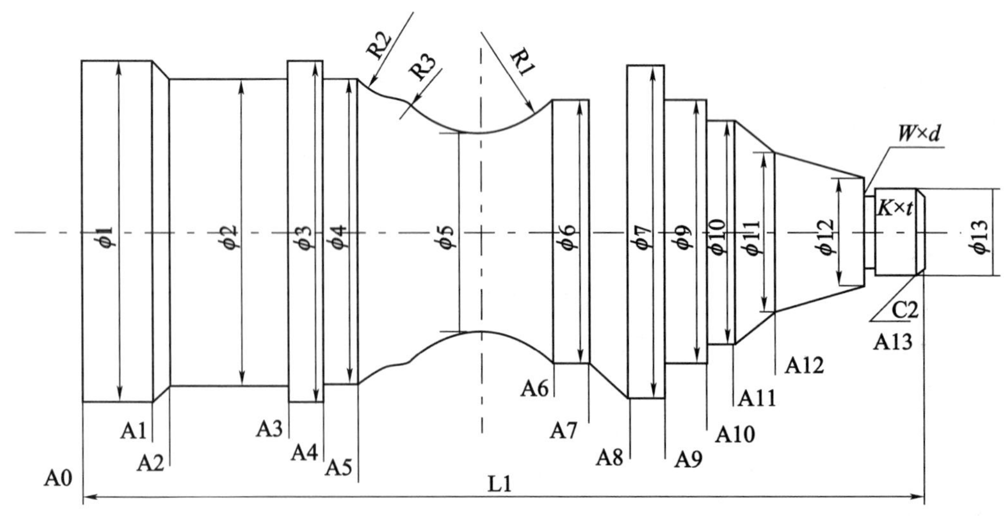

图 5－29　分析题图 3

6 数控铣削加工工艺

学习目标

1. 了解数控铣削加工的主要对象。
2. 掌握数控铣削加工零件工艺性分析的主要内容与方法。
3. 掌握数控铣削加工工艺路线拟定的内容及方法。
4. 能够独立完成一般零件的数控铣削加工工序设计。

内容提要

本章重点讨论数控铣削加工工艺路线和工序设计，铣削加工中的装刀与对刀技术；介绍数控铣削加工的主要对象，铣削加工零件的工艺性分析，并结合典型零件对铣削加工工艺进行分析。

6.1 数控铣削加工的主要对象

数控铣削加工工艺是以普通铣床的加工工艺为基础，结合数控铣床的特点，综合运用多方面的知识解决数控铣削加工过程中面临的工艺问题。其内容包括金属切削原理与刀具、加工工艺、典型零件加工及工艺性分析等方面的基础知识和基本理论。本章的宗旨是从工程实际应用的角度介绍数控铣削加工工艺所涉及的基础知识和基本原则，以便于读者在操作实训过程中科学、合理地设计加工工艺，充分发挥数控铣床的特点，实现数控加工优质、高产、低耗的特点。

数控铣削是机械加工中常用的和主要的数控加工方法之一，它除了能铣削普通铣床所能铣削的各种零件表面外，还能铣削普通铣床不能铣削的、需要二至五坐标联动的各种平面轮廓和立体轮廓。根据数控铣床的特点，从铣削加工角度考虑，适合数控铣削的主要加工对象有以下几类。

1. 平面轮廓零件

这类零件的加工面平行或垂直于定位面，或加工面与定位面的夹角为固定角度，如各种盖板、凸轮及飞机整体结构件中的框、肋等，如图 6－1 所示。目前，在数控铣床上加工的大多数零件属于平面轮廓零件，其特点是各个加工面是平面，或可以展开成平面。

平面轮廓零件是数控铣削加工中最简单的一类零件，一般只需用三坐标数控铣床的两坐标联动（或两轴半坐标联动）就可以将其加工出来。

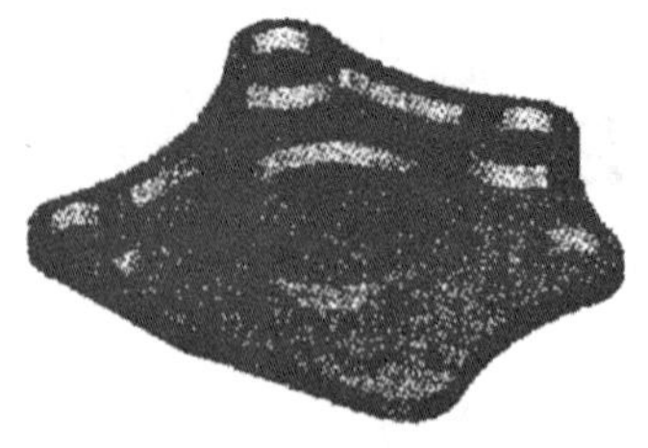
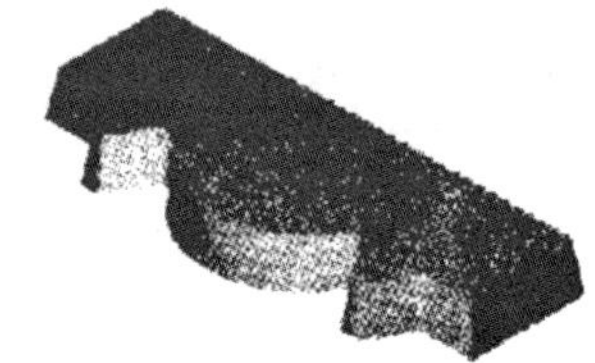

图 6－1　平面轮廓零件

2. 变斜角类零件

加工面与水平面的夹角呈连续变化的零件称为变斜角零件，如图 6－2 所示的飞机上变斜角梁缘条。

变斜角类零件的变斜角加工面不能展开为平面，但在加工过程中，其加工面与铣刀圆周的瞬时接触为一条线。最好采用四坐标、五坐标数控铣床摆角加工，若没有上述机床，也可采用三坐标数控铣床进行两轴半近似加工。

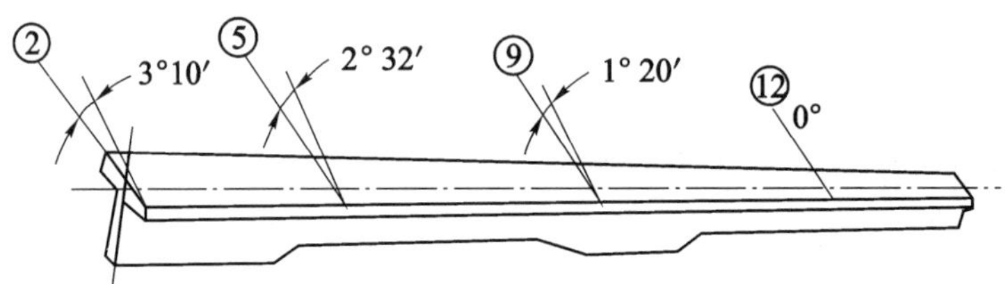

图 6－2　飞机上变斜角梁缘条

3. 空间曲面轮廓零件

这类零件的加工面为空间曲面，如模具、叶片、螺旋桨等。曲面轮廓零件不能展开为平面。加工时，铣刀与加工面始终为点接触，一般采用球头铣刀在三轴数控铣床上加工。当曲面较复杂，通道较狭窄，会伤及相邻表面及需要刀具摆动时，须采用四坐标或五坐标铣床加工，如图 6－3 所示。

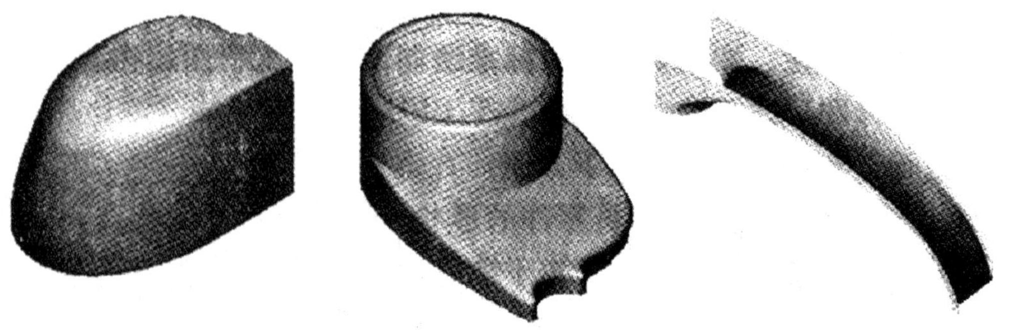

图 6－3　空间曲面轮廓零件

4. 孔

孔及孔系的加工可以在数控铣床上进行，如钻、扩、铰和镗等加工。由于孔加工多采用定尺寸刀具，需要频繁换刀，当加工孔的数量较多时，就不如用加工中心加工方便、快捷。

5. 螺纹

内外螺纹、圆柱螺纹、圆锥螺纹等都可以在数控铣床上加工。

6.2 数控铣削加工工艺分析

数控铣削加工工艺设计是在普通铣削加工工艺设计的基础上，考虑和利用数控铣床的特点，充分发挥其优势。其关键在于合理安排工艺路线，协调数控铣削工序与其他工序之间的关系，确定数控铣削工序的内容和步骤，并为程序编制准备必要的条件。

6.2.1 选择并确定数控铣削的加工部位及内容

一般情况下，某个零件并不是所有的表面都需要采用数控加工，应根据零件的加工要求和企业的生产条件进行具体的分析，确定具体的加工部位、内容及要求。具体而言，以下几方面适宜采用数控铣削加工。

（1）由直线、圆弧、非圆曲线及列表曲线构成的内外轮廓。

（2）空间曲线或曲面。

（3）形状虽然简单，但尺寸繁多、检测困难的部位。

（4）用普通机床加工时难以观察、控制及检测的内腔、箱体内部等。

（5）有严格位置尺寸要求的孔或平面。

（6）能够在一次装夹中顺带加工出来的简单表面或形状。

（7）采用数控铣削加工能有效提高生产率、减轻劳动强度的一般加工内容。

而像简单的粗加工面、需要用专用工装协调的加工内容等则不宜采用数控铣削加工。在具体确定数控铣削的加工内容时，还应结合企业设备条件、产品特点及现场生产组织管理方式等具体情况进行综合分析，以优质、高效、低成本完成零件加工为原则。

6.2.2 数控铣削加工零件工艺性分析

零件的工艺性分析是制定数控铣削加工工艺的前提，其主要内容包括以下几点。

1. 零件图及其结构工艺性分析

关于数控加工零件图和结构工艺性分析，在4.2节中已做了介绍，下面结合数控铣削加工的特点做进一步说明。

（1）分析零件的形状、结构及尺寸的特点，确定零件上是否有妨碍刀具运动的部位，是否有会产生加工干涉或加工不到的区域，零件的最大形状尺寸是否超过机床的最大行程，零件的刚性随着加工的进行是否有较大的变化等。

（2）检查零件的加工要求，如尺寸加工精度、形位公差及表面粗糙度在现有的加工条件下是否可以得到保证，是否还有更经济的加工方法或方案。

（3）在零件上是否存在对刀具形状及尺寸有限制的部位和尺寸要求，如过渡圆角、倒角、槽宽等，这些尺寸是否过于凌乱，是否可以统一。尽量使用较少的刀具进行加工，减少刀具规格、换刀及对刀次数和时间，以缩短总加工时间。

（4）对于零件加工中使用的工艺基准应当着重考虑，它不仅决定了各个加工工序的前后顺序，还将对各个工序加工后的各个加工表面之间的位置精度产生直接影响。应分析零件上是否有可以利用的工艺基准，对于一般加工精度要求，可以利用零件上现有的一些基准面或基准孔，或者专门在零件上加工出工艺基准。当零件的加工精度要求很高时，必须采用先进的统一基准定位装夹系统才能保证加工要求。

（5）分析零件材料的种类、牌号及热处理要求，了解零件材料的切削加工性能，合理选择刀具材料和切削参数。同时要考虑热处理对零件的影响，如热处理变形，并在工艺路线中安排相应的工序消除这种影响。而零件的最终热处理状态也将影响工序的前后顺序。

（6）当零件上的一部分内容已经加工完成时，应充分了解零件的已加工状态，数控铣削加工的内容与已加工内容之间的关系，尤其是位置尺寸关系，以及这些内容之间在加工时如何协调，采用什么方式或基准保证加工要求，如对其他企业的外协零件的加工。

（7）构成零件轮廓的几何元素（点、线、面）的条件（如相切、相交、垂直和平行等）是数控编程的重要依据。因此，在分析零件图时，务必分析几何元素的给定条件是否充分，发现问题及时与设计人员协商解决。

数控铣床加工零件结构工艺性实例见表 6－1。

表 6－1　数控铣床加工零件结构工艺性实例

序号	A 工艺性差的结构	B 工艺性好的结构	说　　明
1	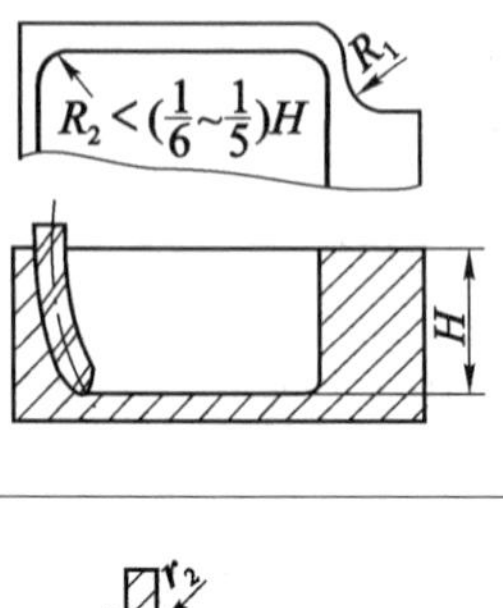 R_1；$R_2<(\frac{1}{6}\sim\frac{1}{5})H$；$H$	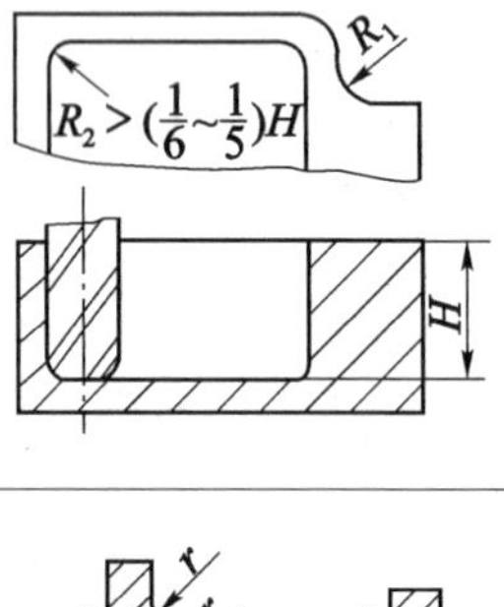 R_1；$R_2>(\frac{1}{6}\sim\frac{1}{5})H$；$H$	B 结构可选用较高刚性的刀具
2	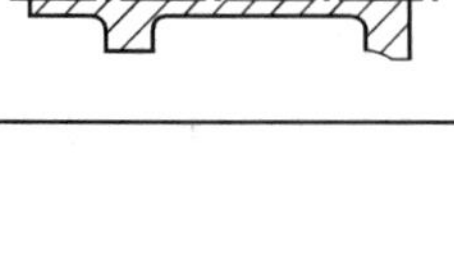 r_1；r_2；r_3；r_4	 r；r；r；r	B 结构需用刀具比 A 结构少，减少了换刀的辅助时间

续表

序号	A 工艺性差的结构	B 工艺性好的结构	说　明
3	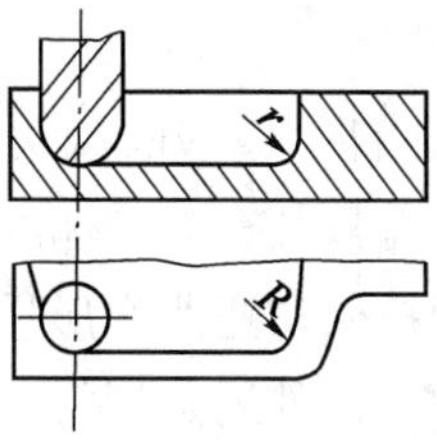	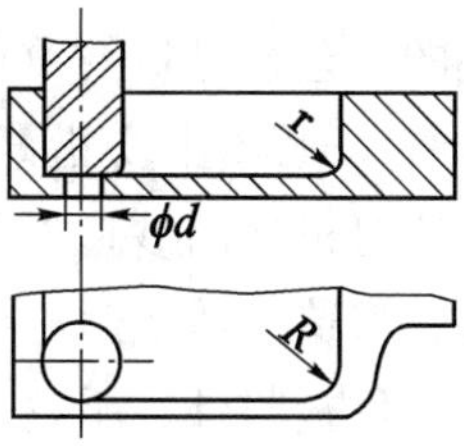	B 结构 R 大，r 小，铣刀端刃铣削面积大，生产效率高
4	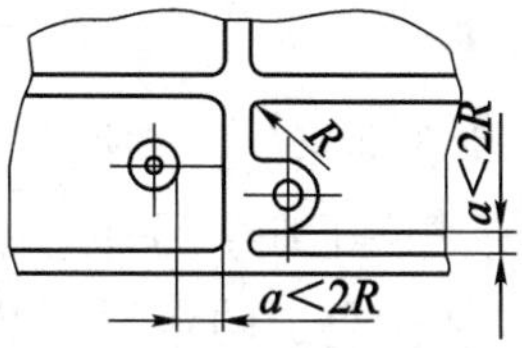	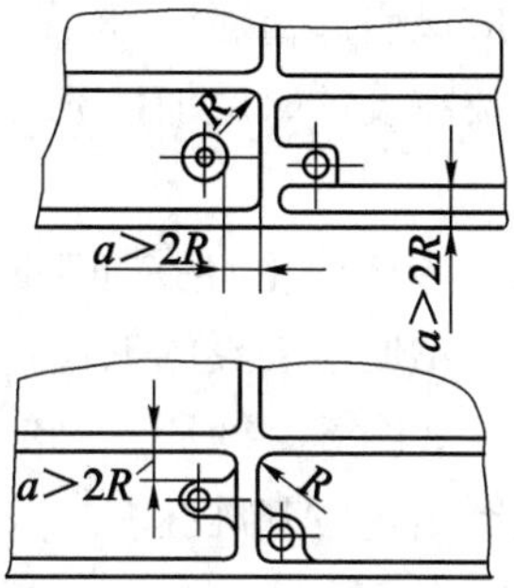	B 结构 $a>2R$，便于半径为 R 的铣刀进入，所需刀具少，加工效率高
5	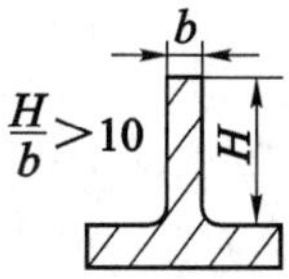	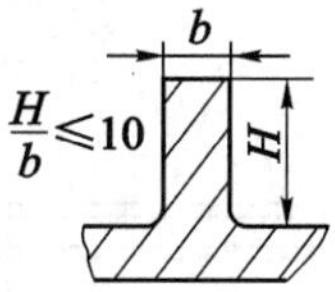	B 结构刚性好，可用大直径铣刀加工，加工效率高
6	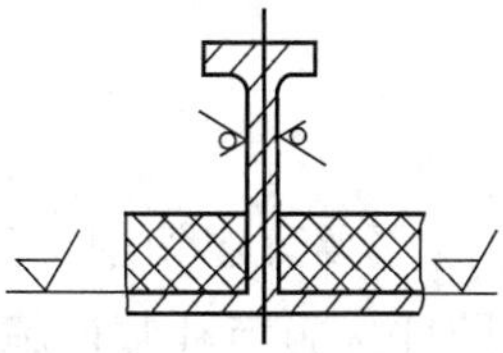	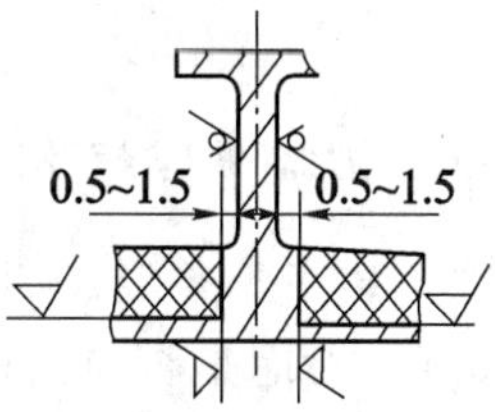	B 结构在加工面与不加工面之间加入过渡表面，减少了切削量
7	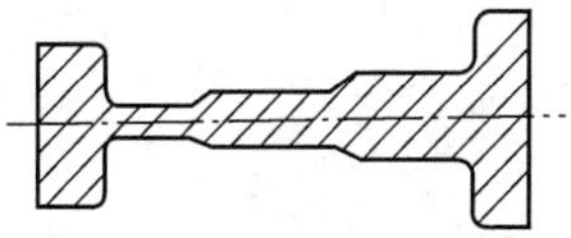	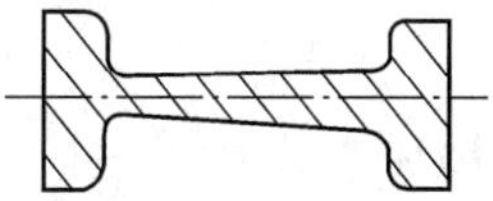	B 结构用斜面筋代替阶梯筋，节约材料，简化编程
8	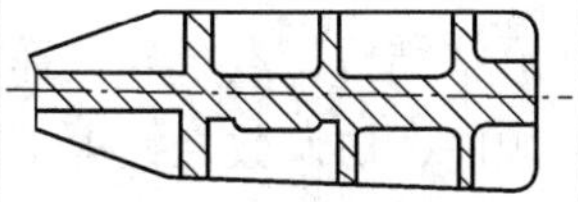	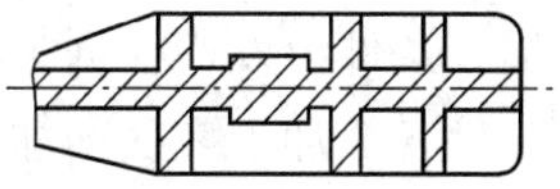	B 结构采用对称结构，简化编程

2. 零件毛坯的工艺性分析

在零件进行数控铣削加工时，由于加工过程是自动化的，故余量的大小、装夹等问题在设计毛坯时就要仔细考虑好。否则，如果毛坯不适合数控铣削，加工将很难进行下去。根据实践经验，下列几方面应作为零件毛坯的工艺性分析的重点。

（1）毛坯应有充分、稳定的加工余量。毛坯主要指锻件、铸件。模锻时因欠压量与允许的错模量会造成余量的多少不等；铸造时也会因砂型误差、收缩量及金属液体的流动性差不能充满型腔等造成余量的不等。此外，锻造、铸造后，毛坯的挠曲与扭曲变形量的不同也会造成加工余量不充分、不稳定。因此，除板料外，不论是锻件、铸件还是型材，只要准备采用数控铣削加工，其加工面均应有较充分的余量。经验表明，数控铣削中最难保证的是加工面与非加工面之间的尺寸，这一点应该引起重视。如果已确定或准备采用数控铣削加工，就应事先对毛坯的设计进行必要更改或在设计时就加以充分考虑，即在零件图注明的非加工面处也增加适当的余量。

（2）分析毛坯的装夹适应性。其主要考虑毛坯在加工时定位和夹紧的可靠性与方便性，以便在一次安装中加工出较多表面。对不便于装夹的毛坯，可考虑在毛坯上另外增加装夹余量或工艺凸台、工艺凸耳等辅助基准。如图6－4所示，该工件缺少合适的定位基准，故在毛坯上铸出两个工艺凸耳，在凸耳上制出定位基准孔。

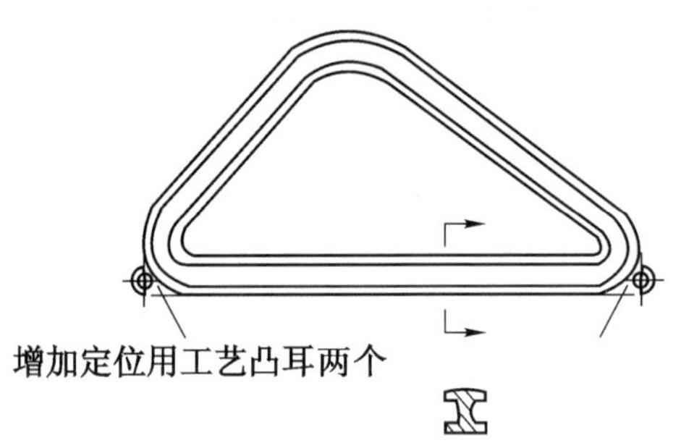

图6－4　增加辅助基准示例

（3）分析毛坯的余量大小及均匀性。其主要考虑在加工时要不要分层切削，分几层切削；也要分析加工中与加工后的变形程度，考虑是否应采取预防性措施与补救措施。例如，热轧中厚铝板经淬火时效后很容易在加工中与加工后发生变形，最好采用经预拉伸处理的淬火板坯。

6.2.3　数控铣削加工工艺路线的拟定

随着数控加工技术的发展，在不同设备和技术条件下，同一个零件的加工工艺路线会有较大的差别，但关键路线都是从现有加工条件出发，根据工件形状结构特点合理选择加工方法，划分加工工序，确定加工路线和工件各个加工表面的加工顺序，协调数控铣削工序与其他工序之间的关系及考虑整个工艺方案的经济性等。

1. 加工方法的选择

数控铣削加工对象一般可采用加工表面的加工方案（见表 6－2）。

表 6－2 加工表面的加工方案

序号	加工表面	加工方案	所使用的刀具
1	平面内外轮廓	X、Y、Z 方向粗铣→内外轮廓方向分层半精铣→轮廓高度方向分层半精铣→内外轮廓精铣	整体高速钢或硬质合金立铣刀，机夹可转位硬质合金立铣刀
2	空间曲面	X、Y、Z 方向粗铣→曲面 Z 方向分层粗铣→曲面半精铣→曲面精铣	整体高速钢或硬质合金立铣刀、球头铣刀，机夹可转位硬质合金立铣刀、球头铣刀
3	孔	定尺寸刀具加工	麻花钻、扩孔钻、铰刀、镗刀
		铣削	整体高速钢或硬质合金立铣刀，机夹可转位硬质合金立铣刀
4	外螺纹	螺纹铣刀铣削	螺纹铣刀
5	内螺纹	攻丝	丝锥
		螺纹铣刀铣削	螺纹铣刀

（1）平面加工方法的选择。数控铣床上加工平面主要采用端铣刀和立铣刀加工。粗铣的尺寸精度和表面粗糙度一般可达 IT 11～13，*Ra*6.3～25；精铣的尺寸精度和表面粗糙度一般可达 IT 8～10，*Ra*1.6～6.3。需要注意：当零件表面粗糙度要求较高时，应采用顺铣方式。

（2）平面轮廓加工方法的选择。平面轮廓多由直线和圆弧或各种曲线构成，通常采用三坐标数控铣床进行两轴半坐标加工。如图 6－5 所示，由直线和圆弧构成的零件平面轮廓 *ABCDEA*，采用半径为 *R* 的立铣刀沿周向加工，虚线 *A′B′C′D′E′A′* 为刀具中心的运动轨迹。为保证加工面光滑，刀具沿 *PA′* 切入，沿 *A′K* 切出。

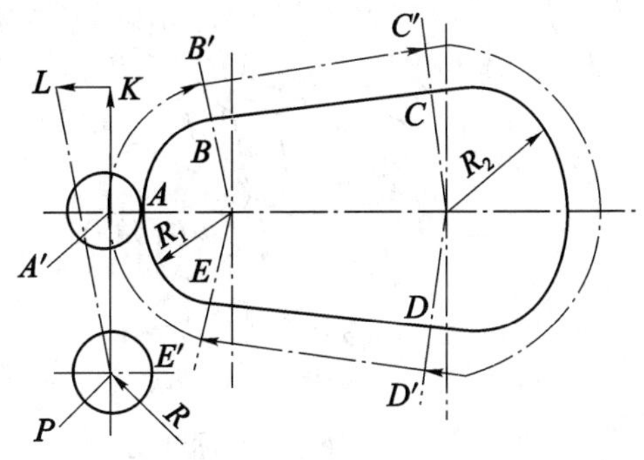

图 6－5 平面轮廓铣削

（3）固定斜角平面加工方法的选择。固定斜角平面是与水平面成一固定夹角的斜面，常用的加工方法如下。

当零件尺寸不大时，可用斜垫板垫平后加工；如果机床主轴可以摆角，则可以摆成适当的定角，用不同的刀具来加工（见图 6－6）。当零件尺寸很大，斜面斜度又较小时，常用行切法加工，但加工后，会在加工面上留下残留面积，需要用钳修方法加以清除，用三坐标数控立铣加工飞机整体壁板零件时常用此法。当然，加工斜面的最佳方法是采用五坐标数控铣床，主轴摆角后加工，可以不留下残留面积。

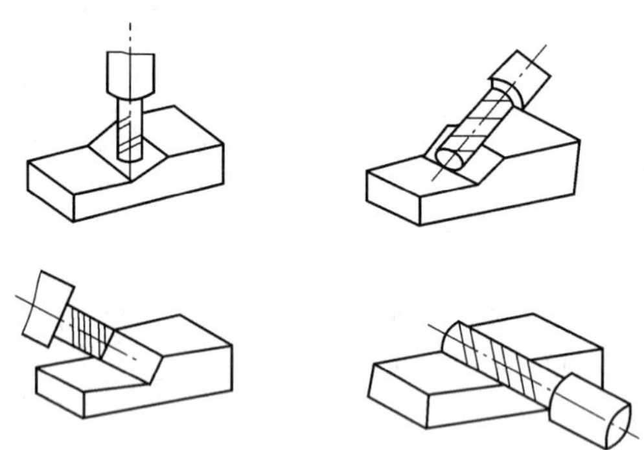

图6－6　主轴摆角加工固定斜面

（4）变斜角面加工方法的选择。

①对曲率变化较小的变斜角面，选用 x、y、z 和 A 四坐标联动数控铣床，采用立铣刀（但当零件斜角过大，超过机床主轴摆角范围时，可用角度成型铣刀加以弥补）以插补方式摆角加工，如图6－7（a）所示。加工时，为保证刀具与零件型面在全长上始终贴合，刀具绕 A 轴摆动角度 α。

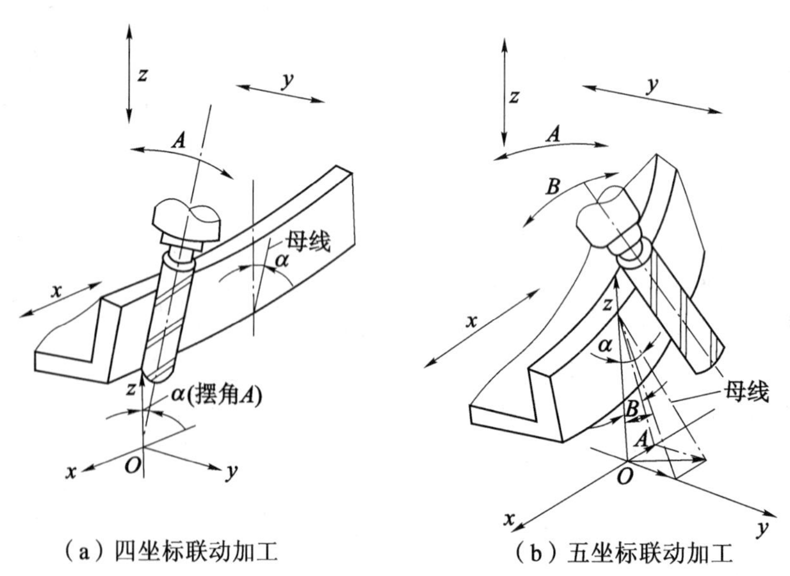

（a）四坐标联动加工　　（b）五坐标联动加工

图6－7　四坐标、五坐标联动数控铣床加工零件变斜角面

②对曲率变化较大的变斜角面，用四坐标联动加工难以满足加工要求，最好用 x、y、z、A 和 B（或 C 转轴）的五坐标联动数控铣床，以圆弧插补方式摆角加工，如图6－7（b）

所示。夹角 A 和 B 分别是零件斜面母线与 z 坐标轴夹角 α 在 zOy 平面上和 xOy 平面上的分夹角。

③采用三坐标数控铣床两坐标联动，利用球头铣刀和鼓形铣刀，以直线或圆弧插补方式进行分层铣削加工，加工后的残留面积用钳修方法清除，即为如图 6－8 所示的用鼓形铣刀分层铣削变斜角面的情形。由于鼓形铣刀的鼓径可以做得比球头铣刀的球径大，所以加工后的残留面积高度小，加工效果比球头铣刀好。

（5）曲面轮廓加工方法的选择。立体曲面的加工应根据曲面形状、刀具形状及精度要求采用不同的铣削加工方法，如两轴半、三轴、四轴及五轴等联动加工。

①对曲率变化不大和精度要求不高的曲面的粗加工，常用两轴半坐标的行切法加工，即 x、y、z 三轴中任意两轴做联动插补，第三轴做单独的周期进给。如图 6－9 所示，将 x 向分成若干段，球头铣刀沿 yOz 平面所截的曲线进行铣削，每一段加工完后进给 Δx，再加工另一相邻曲线，如此依次切削即可加工整个曲面。在行切法中，应根据轮廓表面粗糙度的要求及刀头不干涉相邻表面的原则选取 Δx。球头铣刀的刀头半径应选得大一些，有利于散热，但刀头半径应小于内凹曲面的最小曲率半径。

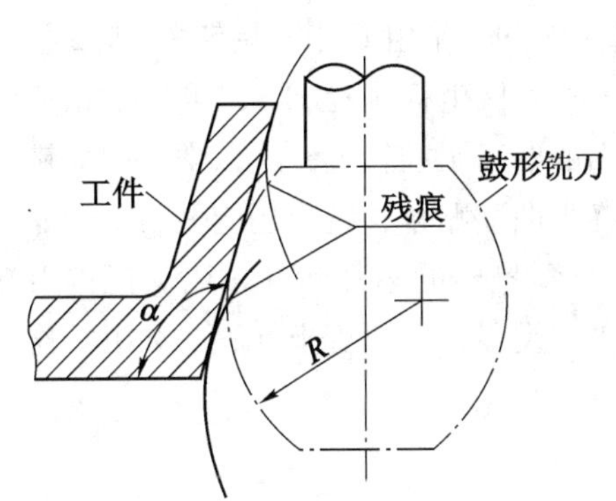

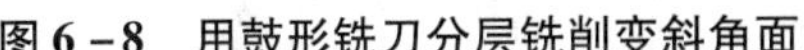
图 6－8　用鼓形铣刀分层铣削变斜角面

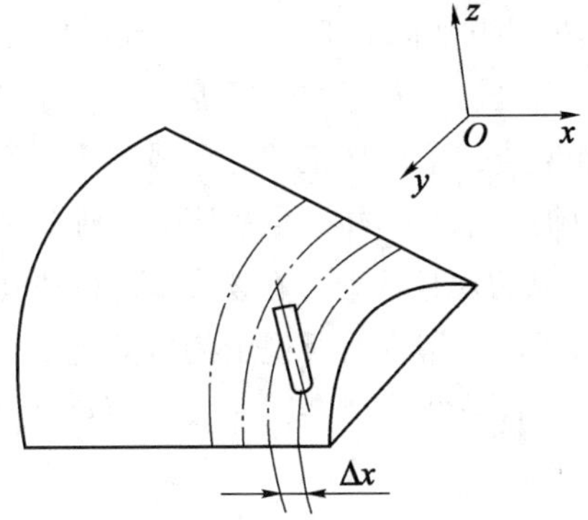

图 6－9　两轴半坐标行切法加工曲面

两轴半坐标加工曲面的刀心轨迹 O_1O_2 和切削点轨迹 ab 如图 6－10 所示。$ABCD$ 为被加工曲面，P_{yz} 平面为平行于 yOz 平面的一个行切面，刀心轨迹 O_1O_2 为曲面 $ABCD$ 的等距面 $IJKL$ 与行切面 P_{yz} 的交线，显然 O_1O_2 是一条平面曲线。由于曲面的曲率变化，改变了球头铣刀与曲面切削点的位置，使切削点的连线成为一条空间曲线，故在曲面上形成扭曲的残留沟纹。

②对曲率变化较大和精度要求较高的曲面的精加工，常用 x、y、z 三坐标联动插补的行切法加工。如图 6－11 所示，P_{yz} 平面为平行于坐标平面的一个行切面，它与曲面的交线为 ab。由于是三坐标联动，球头铣刀与曲面的切削点始终处在平面曲线 ab 上，可获得较规则的残留沟纹。但这时的刀心轨迹 O_1O_2 不在 P_{yz} 平面上，而是一条空间曲线。

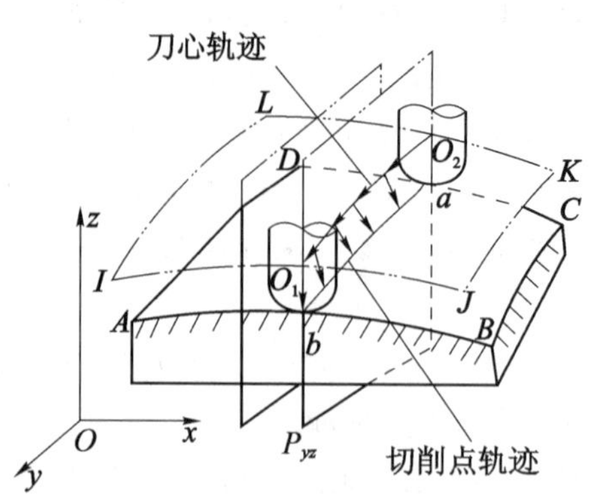

图6－10　两轴半坐标行切法加工曲面的切削点轨迹

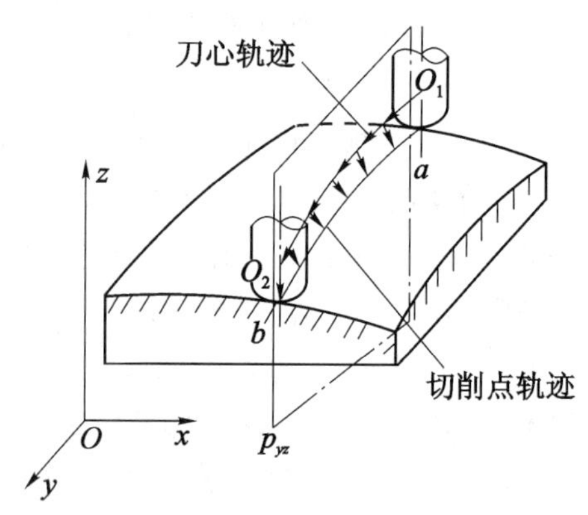

图6－11　三坐标联动行切法加工曲面的切削点轨迹

③对像叶轮、螺旋桨这样的零件，因其叶片形状复杂，刀具容易与相邻表面干涉，常用五坐标联动加工，相应的加工原理如图6－12所示。半径为R_i的圆柱面与叶面的交线AB为螺旋线的一部分，螺旋角为ψ_i，叶片的径向叶型线（轴向割线）EF的倾角α为后倾角，螺旋线AB用极坐标加工方法，并且以折线段逼近。逼近段mn是由C坐标旋转$\Delta\theta$与z坐标位移Δz的合成。当AB加工完后，刀具径向位移Δx（改变极坐标半径R_i），再加工相邻的另一条叶型线，依次加工即可形成整个叶面。由于叶面的曲率半径较大，所以常采用立铣刀加工，以提高生产率并简化程序。为保证铣刀端面始终与曲面贴合，铣刀还应做由坐标A和坐标B形成的摆角运动。在摆角运动的同时，还应做直角坐标的附加运动，以保证铣刀端面中心始终位于编程值所规定的位置上。以上说明加工这类零件需要五坐标联动加工。这种加工的编程计算相当复杂，一般采用自动编程。

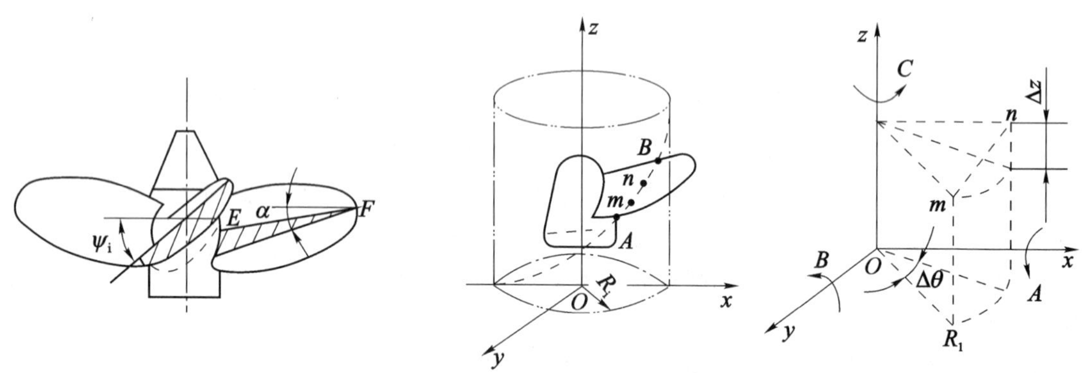

图6－12　曲面的五坐标联动加工原理

2. 工序的划分

在确定加工内容和加工方法的基础上，根据加工部位的性质、刀具使用情况及现有的加工条件，参照4.3.3节中工序划分的原则和方法，将这些加工内容安排在一个或几个数控铣削加工工序中。

（1）当加工中使用的刀具较多时，为了减少换刀次数，缩短辅助时间，可以将一把刀具所加工的内容安排在一个工序（或工步）中。

（2）按照工件加工表面的性质和要求，将粗加工、精加工分为依次进行的不同工序（或工步）。先进行所有表面的粗加工，然后进行所有表面的精加工。

一般情况下，为了减少工件加工的周转时间，提高数控铣床的利用率，保证加工精度的要求，在数控铣削工序划分的时候，尽量使工序集中。当数控铣床的数量比较多，同时有相应的设备技术措施保证工件的定位精度时，为了更合理地使机床的负荷均匀，协调生产组织，也可以将加工内容适当分散。

3. 加工顺序的安排

在确定了某个工序的加工内容后，应进行详细的工步设计，即安排这些工序内容的加工顺序，同时考虑程序编制时刀具运动轨迹的设计。一般将一个工步编制为一个加工程序，因此，工步顺序实际上也就是加工程序的执行顺序。

一般数控铣削采用工序集中的方式，这时的工步顺序就是工序分散时的工序顺序，可以参照前面 4.3.4 中的原则进行安排。通常应按照从简单到复杂的原则，即先加工平面、沟槽、孔，再加工外形、内腔，最后加工曲面；先加工精度要求低的表面，再加工精度要求高的部位等。

4. 加工路线的确定

在确定走刀路线时，除了遵循 4.4.1 中的有关原则外，数控铣削应重点考虑以下几方面。

（1）应能保证零件的加工精度和表面粗糙度要求。如图 6－13 所示，当铣削平面零件外轮廓时，一般采用立铣刀侧刃切削。刀具切入工件时，不应沿零件外廓的法向切入，而应沿外廓曲线延长线的切向切入，以避免在切入处产生刀具的刻痕而影响表面质量，从而保证零件外廓曲线平滑过渡。同理，在切离工件时，也应避免在工件的轮廓处直接退刀，而应该沿零件轮廓延长线的切向逐渐切离工件。

铣削封闭的内轮廓表面时，若内轮廓曲线允许外延，则应沿切线方向切入、切出。若内轮廓曲线不允许外延（见图 6－14），刀具只能沿内轮廓曲线的法向切入、切出，此时刀具的切入、切出点应尽量选在内轮廓曲线两几何元素的交点处。当内部几何元素相切无交点时（见图 6－15），为防止刀补取消时在轮廓拐角处留下凹口［见图 6－15（a）］，刀具切入、切出点应远离拐角［见图 6－15（b）］。

圆弧插补方式铣削外整圆时的走刀路线可参考图 6－16。当整圆加工完毕时，不要在切点处直接退刀，应让刀具沿切线方向多运动一段距离，以免取消刀补时，刀具与工件表面相碰，造成工件报废。铣削内圆弧时也要遵循从切向切入的原则，最好安排从圆弧过渡到圆弧的加工路线（见图 6－17），这样可以提高内孔表面的加工精度和加工质量。

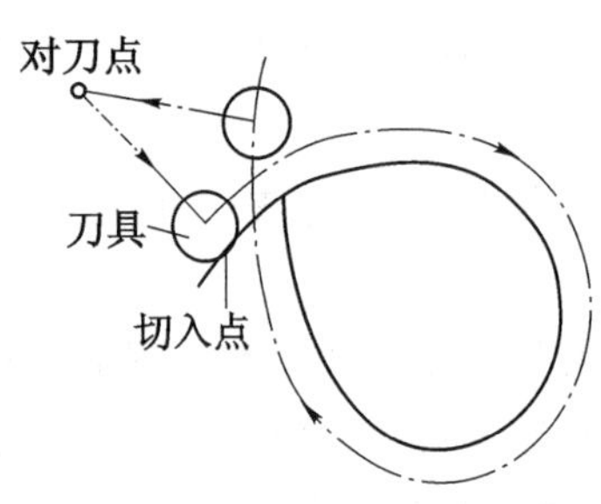

图 6－13　外轮廓加工刀具的切入、切出

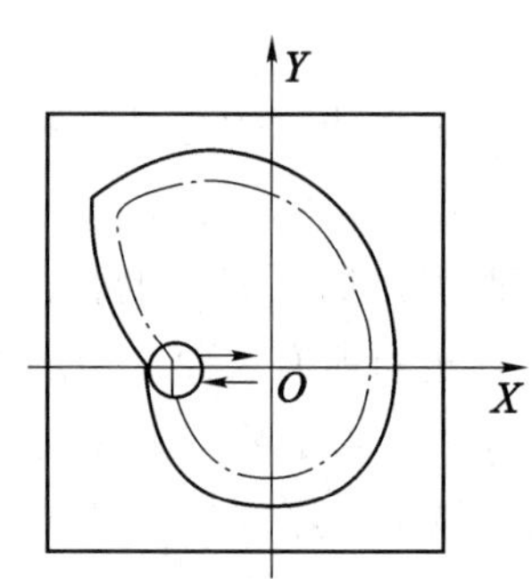

图 6－14　内轮廓加工刀具的切入、切出

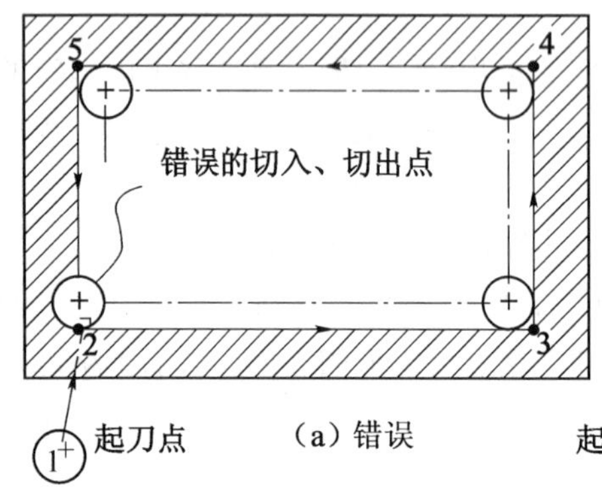

图 6－15　无交点内轮廓加工刀具的切入、切出

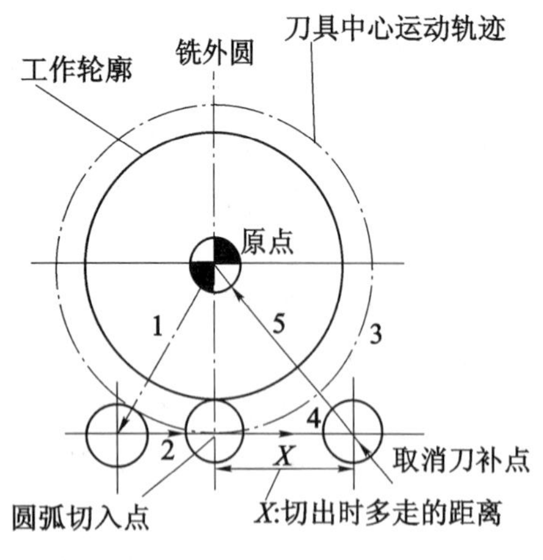

图 6－16　外圆铣削

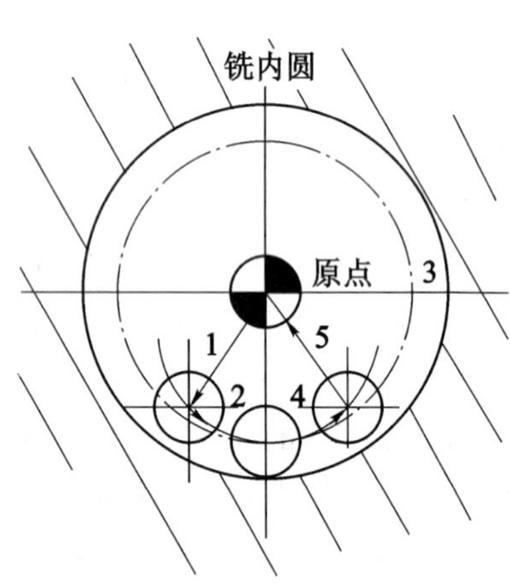

图 6－17　内圆铣削

对于孔位置精度要求较高的零件，在精镗孔系时，镗孔路线一定要注意各孔的定位方向一致，即采用单向趋近定位点的方法，以避免传动系统反向间隙误差或测量系统的误差对定位精度的影响。如图 6－18（a）所示的孔系加工路线，在加工孔Ⅳ时，X 方向的反向间隙

会影响Ⅲ和Ⅳ两孔的孔距精度；如果改为如图 6－18（b）所示的加工路线，可使各孔的定位方向一致，从而提高孔距精度。

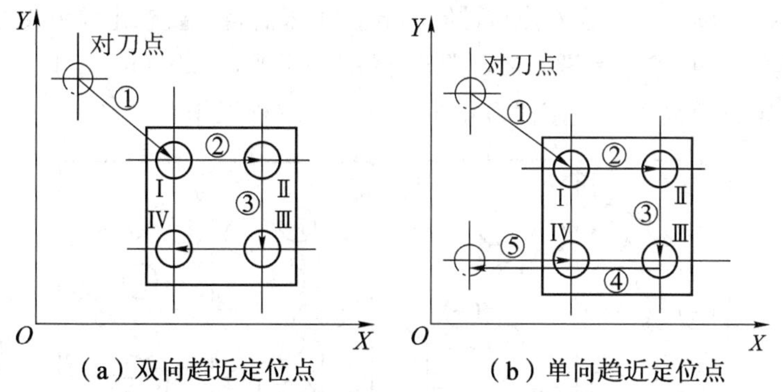

（a）双向趋近定位点　　（b）单向趋近定位点

图 6－18　孔系加工路线方案比较

铣削曲面时，常采用球头铣刀行切法进行加工。所谓行切法是指刀具与零件轮廓的切点轨迹是一行一行的，而行间的距离是按零件加工精度的要求确定的。对于边界敞开的曲面加工，可采用两种走刀路线。加工发动机大叶片时，采用如图 6－19（a）所示的加工方案时，每次沿直线加工，刀位点计算简单，程序少，加工过程符合直纹面的形成，可以准确保证母线的直线度；当采用如图 6－19（b）所示的加工方案时，叶形的准确度较高，符合这类零件数据给出情况，便于加工后检验，但程序较多。由于曲面零件的边界是敞开的，没有其他表面限制，所以边界曲面可以延伸，球头铣刀应由边界外开始加工。

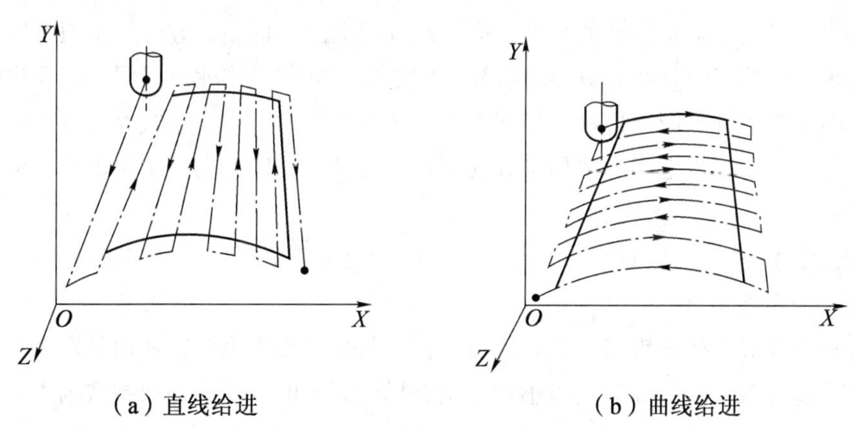

（a）直线给进　　（b）曲线给进

图 6－19　曲面加工的走刀路线

此外，轮廓加工中应避免进给停顿。因为加工过程中的切削力会使工艺系统产生弹性变形并处于相对平衡状态，进给停顿时，切削力突然减小，会改变系统的平衡状态，刀具会在进给停顿处的零件轮廓上留下刻痕。

为提高零件表面的精度和减小粗糙度，可以采用多次走刀的方法，精加工余量一般以 0. 2 ~ 0. 5 mm 为宜。而且精铣时宜采用顺铣，以减小零件被加工表面粗糙度的值。

（2）应使走刀路线最短，减少刀具空行程时间，提高加工效率。图 6－20 是正确选择钻孔加工路线的举例。按照一般习惯，总是先加工均布于同一圆周上的 8 个孔，再加工另一圆周上的孔［见图 6－20（a）］。但是对点位控制的数控机床而言，要求定位精度高，定位过程尽可能快，因此这类机床应按空程最短来安排走刀路线［见图6－20（b）］，以节省加工时间。

（3）应使数值计算简单，程序段数量少，以减少编程工作量。

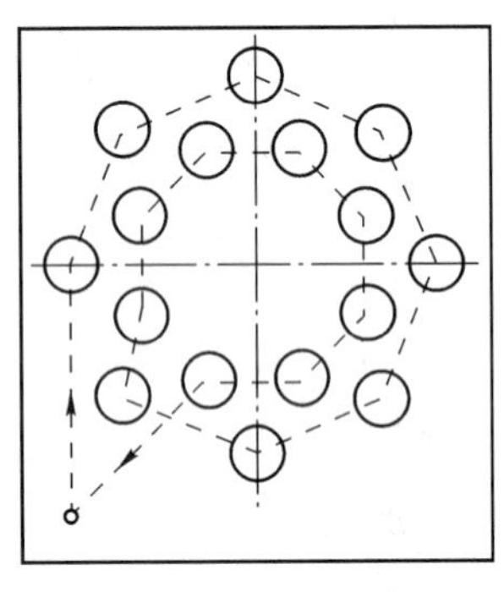

（a）走刀路线长　　（b）走刀路线短

图 6－20　正确选择钻孔加工路线

6.2.4　数控铣削加工工序设计

1. 夹具的选择

数控铣床可以加工形状复杂的零件，但数控铣床上的工件装夹方法与普通铣床一样，其所使用的夹具往往并不太复杂，只要求有简单的定位、夹紧机构就可以了，但要将加工部位敞开，不能因装夹工件而影响进给和切削加工。选择夹具时，应注意减少装夹次数，尽量做到在一次安装中能把零件上所有要加工表面都加工出来，具体选用见 4.4.3 节，常用铣床夹具见 3.7.2 节。

2. 刀具的选择

（1）对刀具的基本要求。

①铣刀刚性要好。要求铣刀刚性好的目的：一是满足提高生产效率而采用大切削用量的需要；二是为适应数控铣床加工过程中难以调整切削用量的特点。在数控铣削中，因铣刀刚性较差而断刀并造成零件损伤的事例是经常有的，所以解决数控铣刀的刚性问题是至关重要的。

②铣刀的耐用度要高。当一把铣刀加工的内容很多时，如果刀具磨损较快，不仅会影响零件的表面质量和加工精度，而且会增加换刀与对刀次数，从而导致零件加工表面留下因对刀误差而形成的接刀台阶，降低零件的表面质量。

除上述两点外，铣刀切削刃的几何角度参数的选择与排屑性能等也非常重要。切屑黏刀形成积屑瘤在数控铣削中是十分忌讳的。总之，根据被加工工件材料的热处理状态、切削性能及加工余量，选择刚性好、耐用度高的铣刀，是充分发挥数控铣床的生产效率和获得满意加工质量的前提条件。

（2）常用铣刀的种类。

①面铣刀。如图 6－21 所示，面铣刀圆周方向切削刃为主切削刃，端部切削刃为副切削刃。面铣刀多制成套式镶齿结构，刀齿为高速钢或硬质合金，刀体为 40Cr。高速钢面铣刀按国家标准规定，直径 $d=80\sim250$ mm，螺旋角 $\beta=10°$，刀齿数 $Z=10\sim26$。

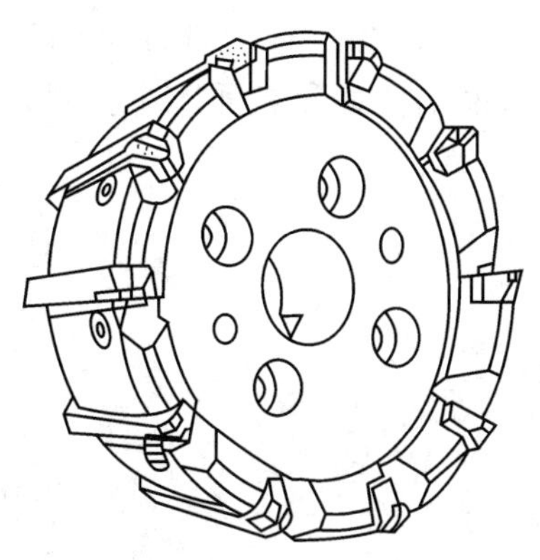

图 6－21　面铣刀

硬质合金面铣刀的铣削速度、加工效率和工件表面质量均高于高速钢铣刀，并可加工带有硬皮和淬硬层的工件，因而在数控加工中得到广泛的应用。图 6－22 为常用硬质合金面铣刀的种类，由于整体焊接式和机夹焊接式的面铣刀难于保证焊接质量，而且刀具耐用度底，重磨较费时，因此硬质合金面铣刀目前已被可转位面铣刀所取代。

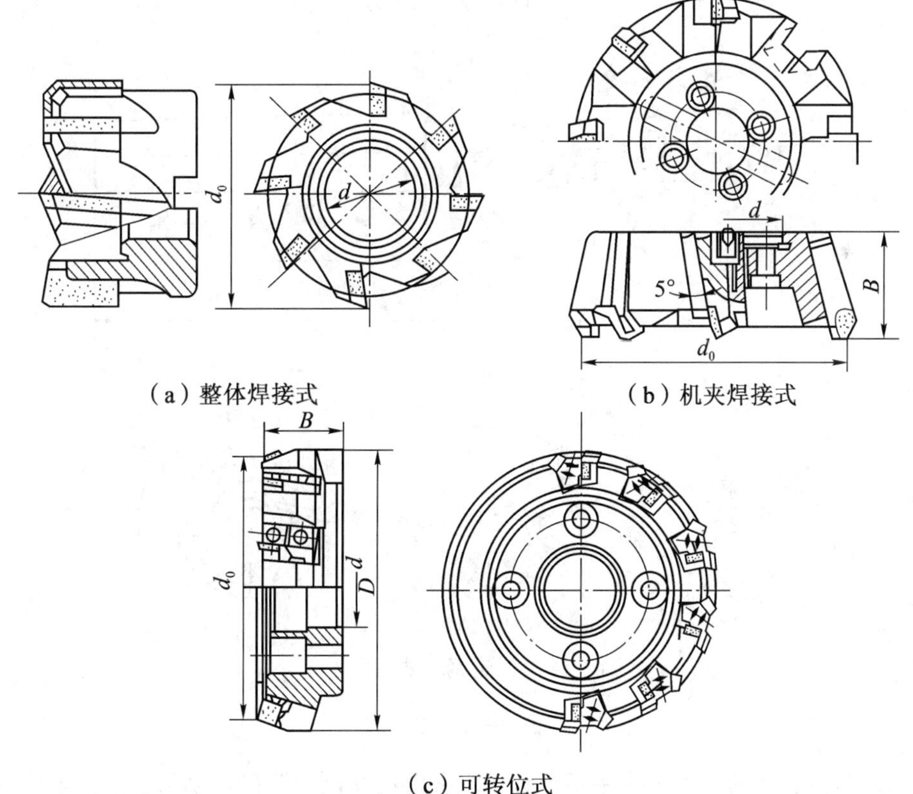

图 6－22　常用硬质合金面铣刀的种类

可转位面铣刀的直径已经标准化，采用公比 1.25 的标准直径系列：16 mm，20 mm，25 mm，32 mm，40 mm，50 mm，63 mm，80 mm，100 mm，125 mm，160 mm，200 mm，250 mm，315 mm，400 mm，500 mm，630 mm。

②立铣刀。立铣刀是数控机床上用得最多的一种铣刀，其结构如图 6－23 所示。立铣刀的圆柱表面和端面上都有切削刃，它们可同时进行切削，也可单独进行切削。

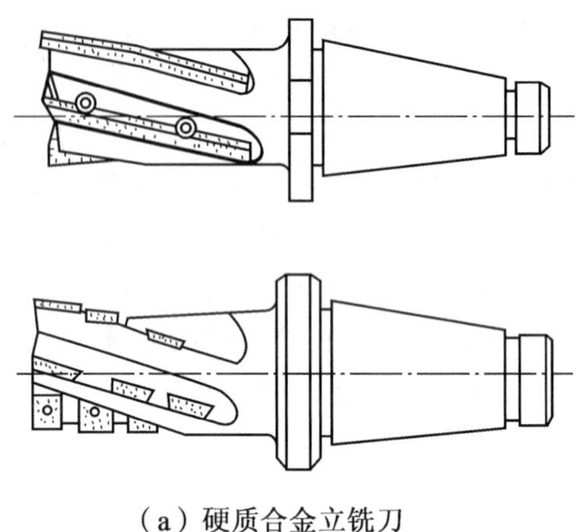

（a）硬质合金立铣刀

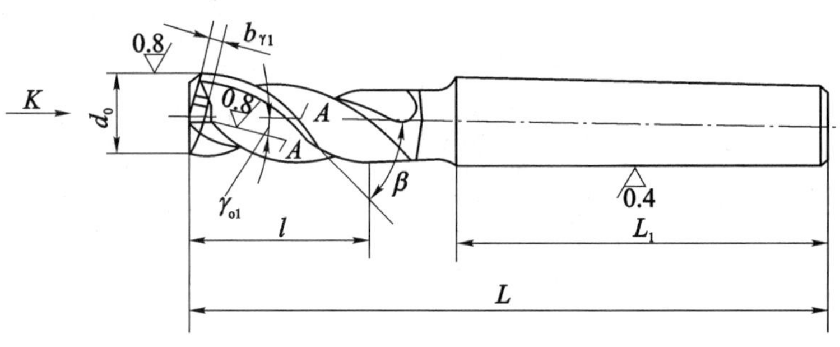

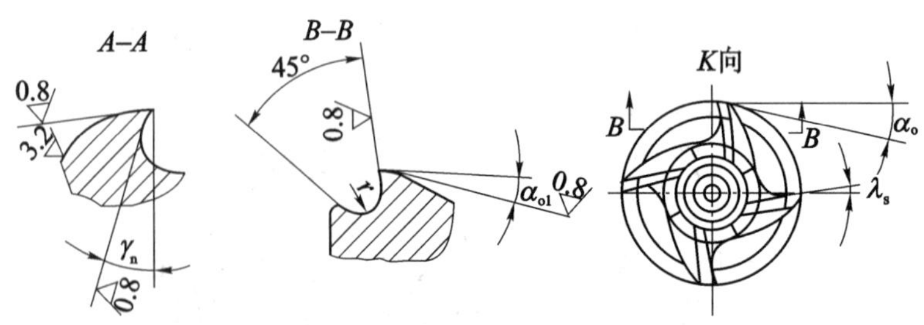

（b）高速钢立铣刀

图 6－23　立铣刀

立铣刀圆柱表面的切削刃为主切削刃，端面上的切削刃为副切削刃。主切削刃一般为螺旋齿，这样可以增加切削平稳性，提高加工精度。由于普通立铣刀端面中心处无切削刃，所以立铣刀不能做轴向进给，端面刃主要用来加工与侧面相垂直的底平面。

为了能加工较深的沟槽，并保证有足够的备磨量，立铣刀的轴向长度一般较长。为改善切屑卷曲情况，增大容屑空间，防止切屑堵塞，立铣刀齿数比较少，而容屑槽圆弧半径较大。一般粗齿立铣刀齿数 $Z=3\sim4$，细齿立铣刀齿数 $Z=5\sim8$，套式结构 $Z=10\sim20$，容屑槽圆弧半径 $r=2\sim5$ mm。当立铣刀直径较大时，可制成不等齿距结构，以增强抗振作用，使切削过程平稳。

标准立铣刀的螺旋角 β 为 40°～45°（粗齿）和 30°～35°（细齿），套式结构立铣刀的 β 为 15°～25°。直径较小的立铣刀，一般制成带柄形式。$\phi2\sim\phi7$ mm 的立铣刀制成直柄；$\phi6\sim\phi63$ mm的立铣刀制成莫氏锥柄；$\phi25\sim\phi80$ mm 的立铣刀制成 7∶24 锥柄，内有螺孔用来拉紧刀具。但是由于数控机床要求铣刀能快速自动装卸，故立铣刀柄部形式也有很大不同，一般是由专业厂家按照一定的规范设计制成统一形式、统一尺寸的刀柄。直径超过 60 mm 的立铣刀可做成套式结构。

③模具铣刀。模具铣刀由立铣刀发展而成，可分为圆锥形立铣刀（圆锥半角 $\alpha/2=3°$、5°、7°、10°）、圆柱形球头立铣刀和圆锥形球头立铣刀 3 种。其柄部分为直柄、削平型直柄和莫氏锥柄。它的结构特点是球头或端面上布满了切削刃，圆周刃与球头刃圆弧连接，可以做径向和轴向进给。铣刀工作部分用高速钢或硬质合金制造。国家标准规定直径 $d=4\sim63$ mm。如图 6－24 所示为高速钢制造的模具铣刀，如图 6－25 所示为用硬质合金制造的模具铣刀。小规格的硬质合金模具铣刀多制成整体结构，16 mm 以上直径的，制成焊接或机夹可转位刀片结构。

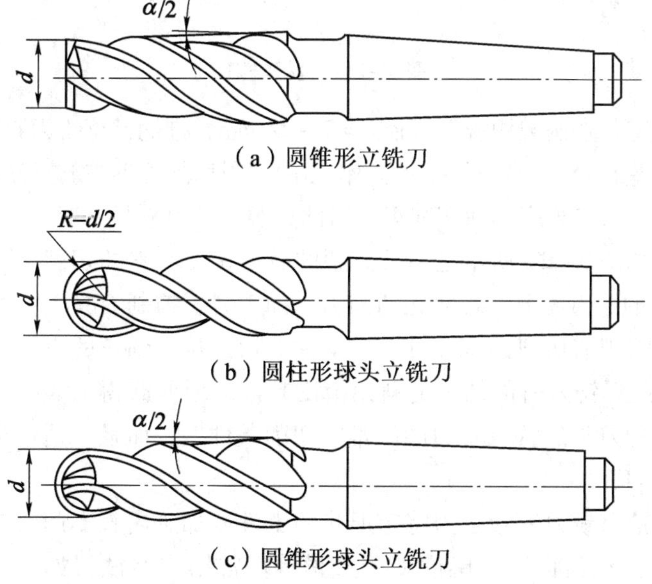

（a）圆锥形立铣刀

（b）圆柱形球头立铣刀

（c）圆锥形球头立铣刀

图 6－24　高速钢制造的模具铣刀

④键槽铣刀。键槽铣刀如图 6－26 所示，它有两个刀齿，圆柱面和端面都有切削刃，端面刃延至中心，既像立铣刀，又像钻头。加工时先轴向进给达到槽深，然后沿键槽方向铣出键槽全长。

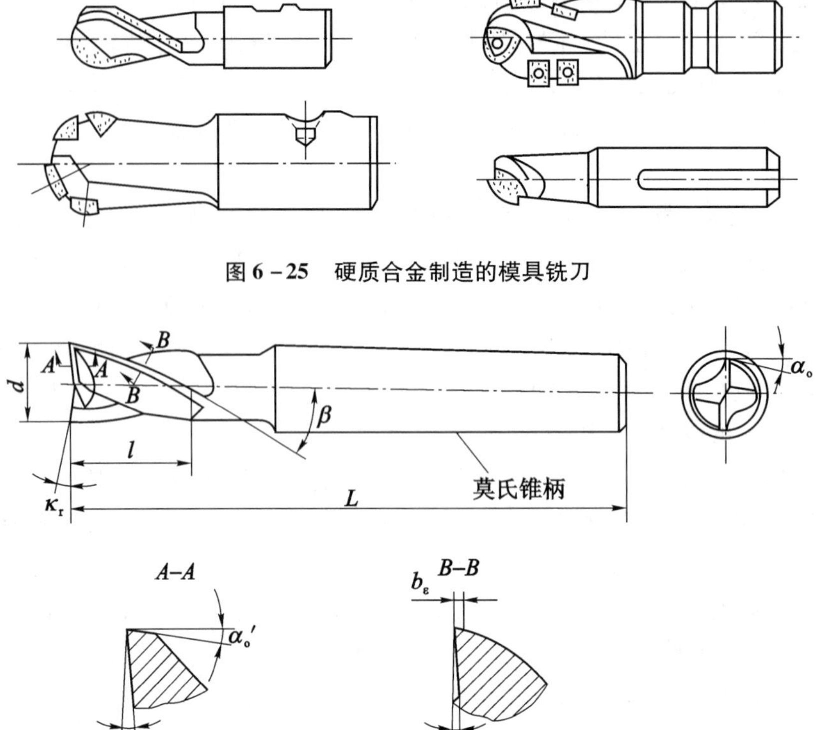

图 6 – 25　硬质合金制造的模具铣刀

图 6 – 26　键槽铣刀

按国家标准规定，直柄键槽铣刀直径 $d = 2 \sim 22$ mm，锥柄键槽铣刀直径 $d = 14 \sim 50$ mm。键槽铣刀直径的偏差有 e8 和 d8 两种。键槽铣刀的圆周切削刃仅在靠近端面的一小段长度内发生磨损，重磨时，只需刃磨端面切削刃，因此重磨后铣刀直径不变。

⑤鼓形铣刀。如图 6 – 27 所示是一种典型的鼓形铣刀，它的切削刃分布在半径为 R 的圆弧面上，端面无切削刃。加工时，控制刀具上下位置，相应改变刀刃的切削部位，可以在工件上切出从负到正的不同斜角。R 越小，鼓形铣刀所能加工的斜角范围越广，但所获得的表面质量也越差。这种刀具的特点是刃磨困难，切削条件差，而且不适于加工有底的轮廓表面。

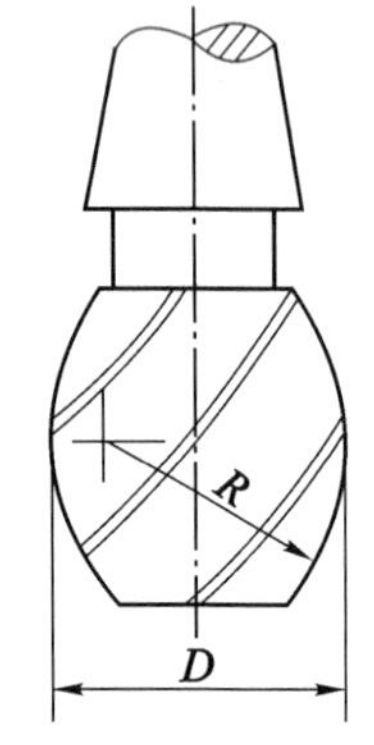

图 6 – 27　一种典型的鼓形铣刀

⑥成型铣刀。成型铣刀一般是为特定形状的工件或加工内容专门设计制造的，如渐开线齿面、燕尾槽和 T 形槽等。常用成型铣刀如图 6 – 28所示。

除了上述几种类型的铣刀外，数控铣床也可使用各种通用铣刀。但因不少数控铣床的主轴内有特殊的拉刀装置，或因主轴内锥孔有别，须配过渡套和拉钉。

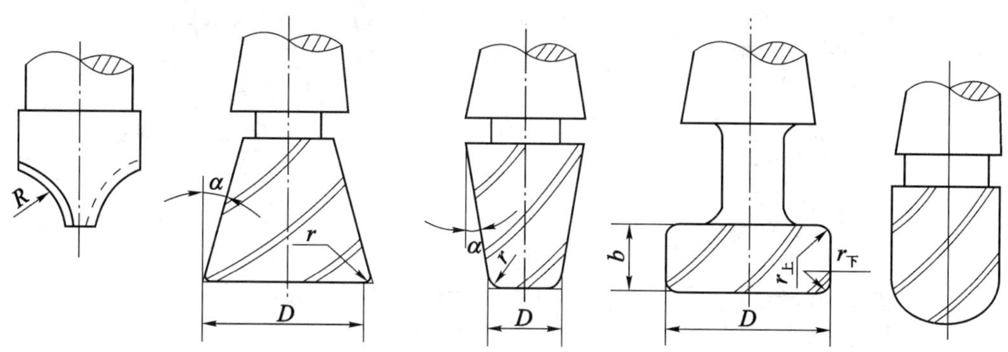

图 6－28　常用成型铣刀

（3）铣刀的选择。铣刀类型应与工件表面形状与尺寸相适应。加工较大的平面应选择面铣刀；加工凹槽、较小的台阶面及平面轮廓应选择立铣刀；加工空间曲面、模具型腔或凸模成型表面等多选用模具铣刀；加工封闭的键槽选择键槽铣刀；加工变斜角零件的变斜角面应选用鼓形铣刀；加工各种直的或圆弧形的凹槽、斜角面、特殊孔等应选用成型铣刀。数控铣床上使用最多的是可转位面铣刀和立铣刀，因此，以下重点介绍面铣刀和立铣刀参数的选择。

①面铣刀主要参数的选择。标准可转位面铣刀直径 ϕ 为 16～630 mm，应根据侧吃刀量 a_e选择适当的铣刀直径，尽量包容工件整个加工宽度，以提高加工精度和效率，减小相邻两次进给之间的接刀痕迹和保证铣刀的耐用度。

可转位面铣刀有粗齿、细齿和密齿 3 种。粗齿铣刀容屑空间较大，常用于粗铣钢件；粗铣带断续表面的铸件和在平稳条件下铣削钢件时，可选用细齿铣刀；密齿铣刀的每齿进给量较小，主要用于加工薄壁铸件。

面铣刀几何角度的标注如图 6－29 所示。前角的选择原则与车刀基本相同，只是由于铣削时有冲击，故前角数值一般比车刀略小，尤其是硬质合金面铣刀，前角数值减小得更多。铣削强度和硬度都高的材料可选用负前角。面铣刀的前角数值主要根据工件材料和刀具材料来选择，其具体数值可参考表 6－3。

铣刀的磨损主要发生在后刀面上，因此适当加大后角，可减少铣刀磨损，常取 $\alpha_o=5°\sim12°$。工件材料软时取大值，工件材料硬时取小值；粗齿铣刀取小值，细齿铣刀取大值。

铣削时冲击力大，为了保护刀尖，硬质合金面铣刀的刃倾角常取 $\lambda_s=-5°\sim15°$。只有在铣削低强度材料时，取 $\lambda_s=5°$。

主偏角 κ_r在 45°～90°范围内选取，铣削铸铁常用 45°，铣削一般钢材常用 75°，铣削带凸肩的平面或薄壁零件时要用 90°。

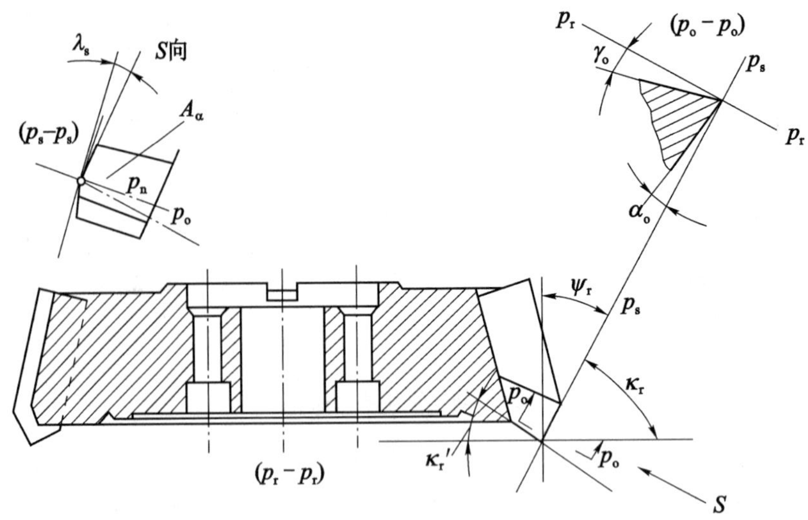

图 6－29　面铣刀几何角度的标注

表 6－3　面铣刀的前角

工件材料	面铣刀的前角	
	高速钢铣刀	硬质合金铣刀
钢	10°～20°	－15°～15°
铸铁	5°～15°	－5°～5°
黄铜、青铜	10°	4°～6°
铝合金	25°～30°	15°

②立铣刀主要参数的选择。立铣刀主切削刃的前角在法剖面内测量，后角在端剖面内测量，前后角的标注如图 6－23（b）所示。前后角都为正值，分别根据工件材料和铣刀直径选取，其具体数值可分别参考表 6－4 和表 6－5。

表 6－4　立铣刀前角

工件材料	强度和硬度	前　角
钢	$\sigma_b < 0.589$ GPa	20°
	0.589 GPa $< \sigma_b < 0.981$ GPa	15°
	$\sigma_b > 0.981$ GPa	10°
铸铁	≤150 HBS	15°
	＞150 HBS	10°

表6－5 立铣刀后角

铣刀直径 d_0/mm	后 角
≤10	25°
10～20	20°
>20	16°

立铣刀的尺寸选择（见图6－30）推荐按下述经验数据选取：

a. 刀具半径 R 应小于零件内凹轮廓面的最小曲率半径 ρ，一般取 $R=(0.8\sim0.9)\rho$。

b. 零件的加工高度 $H\leqslant(5\sim6)R$，以保证刀具具有足够的刚度。

c. 对不通孔（深槽），选取 $l=H+(5\sim10)$ mm（l 为刀具切削部分长度，H 为零件高度）。

d. 加工外形及通槽时，选取 $l=H+r+(5\sim10)$ mm（r 为端刃圆角半径）。

e. 粗加工内轮廓面时（见图6－31），铣刀最大直径 $D_{粗}$ 可按式（6－1）计算：

$$D_{粗}=\frac{2(\delta\sin\varphi/2-\delta_1)}{1-\sin\varphi/2}+D \tag{6-1}$$

式中：D——轮廓的最小凹圆角直径；

δ——圆角邻边夹角等分线上的精加工余量；

δ_1——精加工余量；

φ——圆角两邻边的夹角。

f. 加工筋时，刀具直径为 $D=(5\sim10)b$（b 为筋的厚度）。

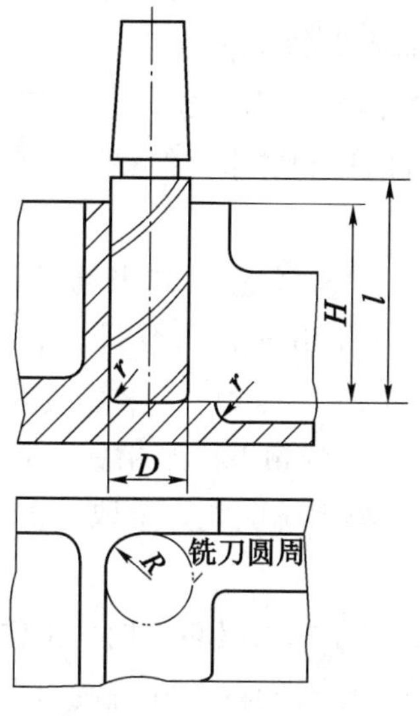

图6－30 立铣刀的尺寸选择

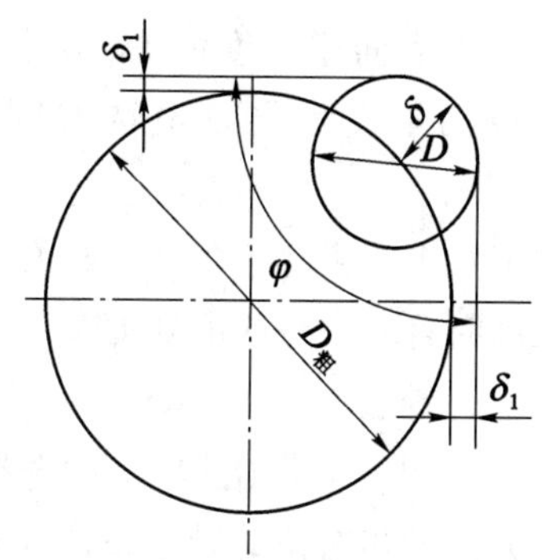

图6－31 粗加工立铣刀直径估算

3. 切削用量的选择

如图6-32所示，铣削加工切削用量包括主轴转速（切削速度）、进给速度、背吃刀量和侧吃刀量。切削用量的大小对切削力、切削功率、刀具磨损、加工质量和加工成本均有显著影响。数控加工中选择切削用量时，就是在保证加工质量和刀具耐用度的前提下，充分发挥机床性能和刀具切削性能，使切削效率最高，加工成本最低。

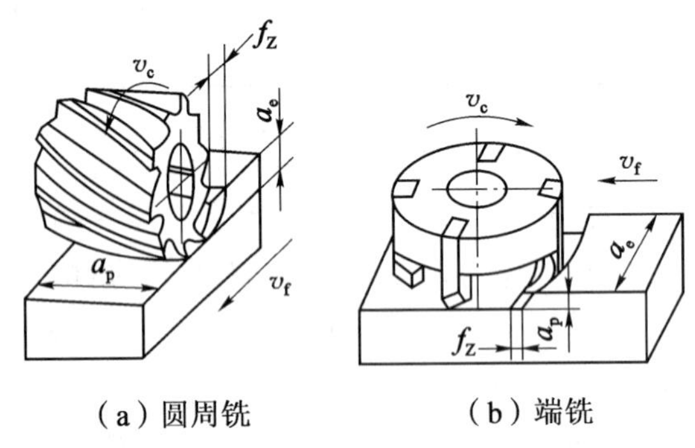

（a）圆周铣　　（b）端铣

图6-32　铣削加工切削用量

切削用量的选择原则参考1.4.3节内容，为保证刀具的耐用度，铣削用量的选择方法是：首先选取背吃刀量或侧吃刀量，其次确定进给量和进给速度，最后确定切削速度。

（1）背吃刀量（端铣）或侧吃刀量（圆周铣）的选择。

背吃刀量a_p为平行于铣刀轴线测量的切削层尺寸，单位为mm。端铣时，a_p为切削层深度；而圆周铣削时，a_p为被加工表面的宽度。

侧吃刀量a_e为垂直于铣刀轴线测量的切削层尺寸，单位为mm。端铣时，a_e为被加工表面宽度；而圆周铣削时，a_e为切削层的深度。

背吃刀量或侧吃刀量的选取主要由加工余量和对表面质量的要求决定。

①在工件表面粗糙度值Ra要求为12.5～25 μm时，如果圆周铣削的加工余量小于5 mm，端铣的加工余量小于6 mm，则粗铣一次进给就可以达到要求。但在余量较大，工艺系统刚性较差或机床动力不足时，可分两次进给完成。

②在工件表面粗糙度值Ra要求为3.2～12.5 μm时，可分粗铣和半精铣两步进行。粗铣时背吃刀量或侧吃刀量选取同前。粗铣后留0.5～1.0 mm的余量，在半精铣时切除。

③在工件表面粗糙度值Ra要求为0.8～3.2 μm时，可分粗铣、半精铣、精铣三步进行。半精铣时背吃刀量或侧吃刀量取1.5～2 mm；精铣时圆周铣侧吃刀量取0.3～0.5 mm，面铣刀背吃刀量取0.5～1 mm。

（2）进给量f与进给速度v_f的选择。铣削加工的进给量是指刀具转一周，工件与刀具沿进给运动方向的相对位移量，单位为mm/r；进给速度是单位时间内工件与铣刀沿进给方向的相对位移量，单位为mm/min。进给量与进给速度是数控铣床加工切削用量中的重要参数，须根据零件的表面粗糙度、加工精度要求、刀具及工件材料等因素，参考《切削用量手册》选取或参考表6－6选取。工件刚性差或刀具强度低时，应取小值。铣刀为多齿刀具时，其进给速度 v_f，刀具转速 n，刀具齿数 Z 及进给量 f_Z 的关系见式（1－4）。

表6－6 铣刀每齿进给量 f_Z

工件材料	每齿进给量 f_Z/(mm·Z^{-1})			
	粗铣		精铣	
	高速钢铣刀	硬质合金铣刀	高速钢铣刀	硬质合金铣刀
钢	0.10～0.15	0.10～0.25	0.02～0.05	0.10～0.15
铸铁	0.12～0.20	0.15～0.30		

（3）铣削速度 v_c 的选择。根据已经选定的背吃刀量、进给量及刀具耐用度选择铣削速度，单位为m/min。铣削速度可用经验公式计算，也可根据生产实践经验在机床说明书允许的铣削速度范围内查阅《切削用量手册》或参考表6－7选取。

实际编程中，铣削速度 v_c 确定后，还要按式（1－2）计算出铣床主轴转速 n（单位：r/min，对有级变速的铣床，须按铣床说明书选择与所计算转速 n 接近的转速），并填入程序单中。

表6－7 铣削速度参考值

工件材料	硬度/HBS	铣削速度 v_c/(m·min^{-1})	
		高速钢铣刀	硬质合金铣刀
钢	<225	18～42	66～150
	225～325	12～36	54～120
	325～425	6～21	36～75
铸铁	<190	21～36	66～150
	190～260	9～18	45～90
	160～320	4.5～10	21～30

6.2.5 数控铣削加工中的装刀与对刀技术

对刀点和换刀点的选择主要根据铣削加工操作的实际情况，考虑如何在保证加工精度的同时，使操作简便。

1. 对刀点的选择

在加工时，工件在机床加工尺寸范围内的安装位置是任意的，要正确执行加工程序，必须确定工件在机床坐标系中的确切位置。对刀点是工件在机床上定位装夹后，设置在工件坐标系中，用于确定工件坐标系与机床坐标系空间位置关系的参考点。在工艺设计和程序编制时，应合理设置对刀点，以操作简单、对刀误差小为原则。

对刀点可以设置在工件上，也可以设置在夹具上，但都必须在编程坐标系中有确定的位置，如图 6－33 中的 X_1 和 Y_1。对刀点既可以与编程原点重合，也可以不重合，这主要取决于加工精度和对刀的方便性。当对刀点与编程原点重合时，$X_1=0$，$Y_1=0$。

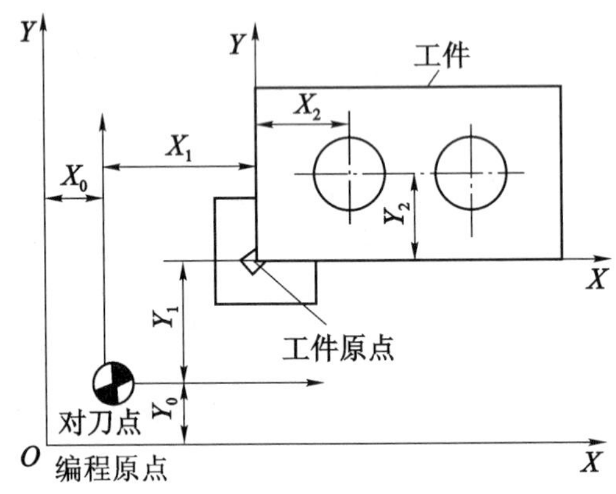

图 6－33　对刀点的选择

为了保证零件的加工精度要求，对刀点应尽可能选在零件的设计基准或工艺基准上。一般以零件上孔的中心点或两条相互垂直的轮廓边的交点作为对刀点较为合适，但应根据加工精度对这些孔或轮廓面提出相应的精度要求，并在对刀之前准备好。有时零件上没有合适的部位，也可以加工出工艺孔用来对刀。

确定对刀点在机床坐标系中位置的操作称为对刀。对刀的准确程度将直接影响零件加工的位置精度，因此，对刀是数控机床操作中的一项重要且关键的工作。对刀操作一定要仔细，对刀方法一定要与零件的加工精度要求相适应，生产中常使用百分表、中心规及寻边器等工具。寻边器如图 6－34 所示。

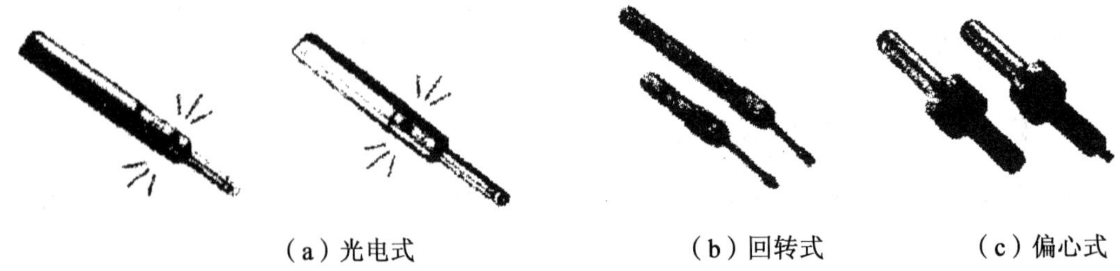

（a）光电式　　（b）回转式　　（c）偏心式

图 6－34　寻边器

无论采用哪种工具，都是使数控铣床主轴中心与对刀点重合，利用机床的坐标显示确定对刀点在机床坐标系中的位置，从而确定工件坐标系在机床坐标系中的位置。简单地说，对刀就是指明机床工件装夹在机床工作台的位置。

2. 对刀方法

对刀方法如图 6－35 所示，对刀点与工件坐标系原点如果不重合（在确定编程坐标系时，最好考虑使对刀点与工件坐标系重合），在设置机械零点偏置时（G54 对应的值），应当考虑两者的差值。

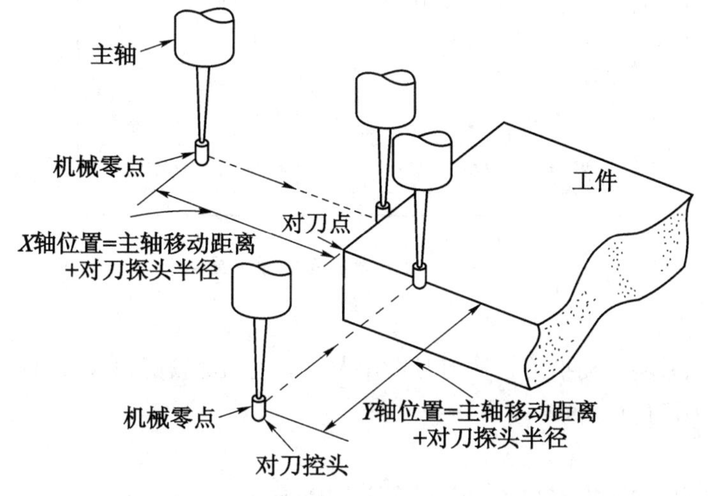

图 6－35　对刀方法

对刀过程的操作方法如下（XK5025/4 数控铣床，FANUC 0MD 系统）。

（1）方式选择开关置“回零”位置。

（2）手动按“＋*Z*”键，*Z* 轴回零。

（3）手动按“＋*X*”键，*X* 轴回零。

（4）手动按“＋*Y*”键，*Y* 轴回零。此时，CRT 上显示各轴坐标均为 0。

（5）*X* 轴对刀，记录机械坐标 *X* 的显示值（假设为－220.000）。

（6）*Y* 轴对刀，记录机械坐标 *Y* 的显示值（假设为－120.000）。

（7）*Z* 轴对刀，记录机械坐标 *Z* 的显示值（假设为－50.000）。

（8）根据所用刀具的尺寸（假设为 ϕ20）及上述对刀数据，建立工件坐标系，有两种方法：

①执行 G92 X-210 Y-110 Z-50 指令，建立工件坐标系。

②将工件坐标系的原点坐标（－210，－110，－50）输入 G54 寄存器，然后在 MDI 方式下执行 G54 指令。工件坐标系的显示画面如图 6－36 所示。

工件坐标系设定			O0012	N6178
NO.	（SHIFT）	NO.	（G55）	
00	X 0.000	02	X 0.000	
	Y 0.000		Y 0.000	
	Z 0.000		Z 0.000	
NO.	(G54)	NO.	(G56)	
01	X－210.000	03	X 0.000	
	Y－110.000		Y 0.000	
	Z－50.000		Z 0.000	
ADRS				
15:37:50			MDI	
磨损	MACRO		坐标系	TOOLLF

图 6－36　工件坐标系的显示画面

3. 换刀点的选择

由于数控铣床采用手动换刀，换刀时操作人员的主动性较高，故换刀点只要求设在零件外面，不发生换刀阻碍即可。

6.3　典型零件的数控铣削加工工艺分析

6.3.1　平面槽形凸轮零件数控铣削加工工艺分析

图 6－37 为平面槽形凸轮零件，其外部轮廓尺寸已经由前道工序加工完成，本工序的任务是在铣床上加工槽与孔。零件材料为 HT200，小批生产，其数控铣床加工工艺分析如下。

1. 零件图工艺分析

凸轮槽内外轮廓由直线和圆弧组成，几何元素之间关系描述清楚完整，凸轮槽侧面与 $\phi20^{+0.021}_{0}$ 和 $\phi12^{+0.018}_{0}$ 两个内孔表面粗糙度要求较高，*Ra* 为 1.6。凸轮槽内外轮廓面和 $\phi20^{+0.021}_{0}$ 孔与底面有垂直度要求。零件材料为 HT200，切削加工性能较好。

根据上述分析，凸轮槽内外轮廓与 $\phi20^{+0.021}_{0}$ 和 $\phi12^{+0.018}_{0}$ 两个孔的加工应分粗、精加工两个阶段进行，以保证表面粗糙度要求。同时应以底面 *A* 定位，提高装夹刚度以满足垂直度要求。

2. 确定装夹方案

根据零件的结构特点，加工 $\phi20^{+0.021}_{0}$ 和 $\phi12^{+0.018}_{0}$ 两个孔时，以底面 *A* 定位（必要时可设工艺孔），采用螺旋压板机构夹紧。加工凸轮槽内外轮廓时，采用“一面两孔”的方式定位，即以底面 *A* 与 $\phi20^{+0.021}_{0}$ 和 $\phi12^{+0.018}_{0}$ 两个孔为定位基准，凸轮槽加工装夹示意图如图 6－38 所示。

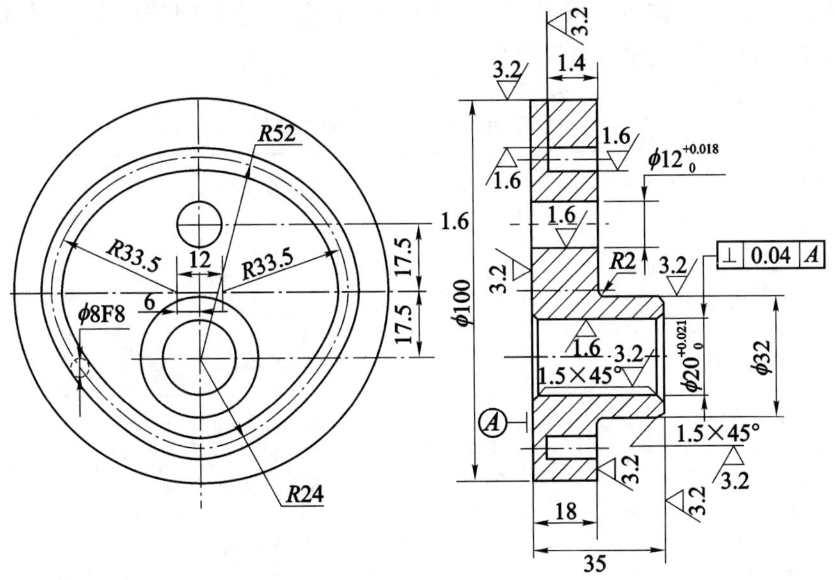

图 6－37　平面槽形凸轮零件

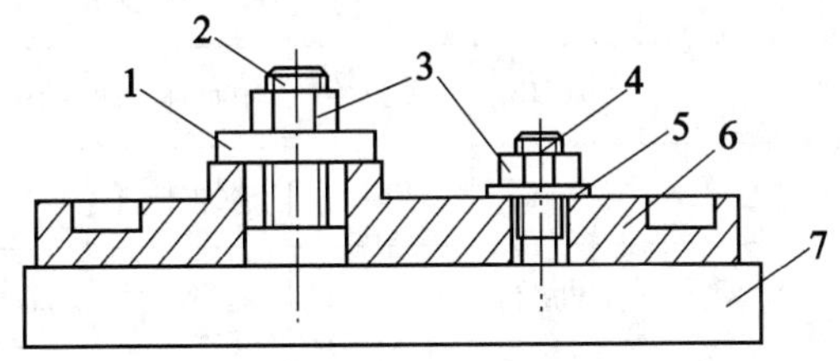

1—开口垫圈；2—带螺纹圆柱销；

3—压紧螺母；4—带螺纹削边销；

5—垫圈；6—工件；7—垫块。

图 6－38　凸轮槽加工装夹示意图

3. 确定加工顺序及走刀路线

加工顺序按照基面先行、先粗后精的原则确定。因此，应先加工用作定位基准的 $\phi20^{+0.021}_{0}$ 和 $\phi12^{+0.018}_{0}$ 两个孔，然后加工凸轮槽内外轮廓表面。为保证加工精度，粗、精加工应分开，其中 $\phi20^{+0.021}_{0}$ 和 $\phi12^{+0.018}_{0}$ 两个孔的加工采用钻孔→粗铰→精铰方案。走刀路线包括平面进给和深度进给两部分。平面进给时，外凸轮廓从切线方向切入，内凹轮廓从过渡圆弧切入。为使凸轮槽表面具有较好的表面质量，采用顺铣方式铣削。深度进给有两种方法：一种方法是在 xOz 平面（或 yOz 平面）来回铣削逐渐进刀到既定深度；另一种方法是先打一个工艺孔，然后从工艺孔进刀到既定深度。

4. 刀具的选择

根据零件的结构特点，铣削凸轮槽内外轮廓时，铣刀直径受槽宽限制，取直径 6 mm。

粗加工选用 $\phi 6$ 高速钢立铣刀，精加工选用 $\phi 6$ 硬质合金立铣刀。所选刀具及其加工表面见表 6-8 平面槽形凸轮数控加工刀具卡片。

表 6-8　平面槽形凸轮数控加工刀具卡片

<table>
<tr><td colspan="2">产品名称或代号</td><td colspan="2">×××</td><td>零件名称</td><td>平面槽形凸轮</td><td>零件图号</td><td>×××</td></tr>
<tr><td rowspan="2">序号</td><td rowspan="2">刀具号</td><td colspan="3">刀具</td><td colspan="2" rowspan="2">加工表面</td><td rowspan="2">备注</td></tr>
<tr><td>规格名称</td><td>数量</td><td>刀长/mm</td></tr>
<tr><td>1</td><td>T01</td><td>$\phi 5$ 中心钻</td><td>1</td><td></td><td colspan="2">钻 $\phi 5$ 中心孔</td><td></td></tr>
<tr><td>2</td><td>T02</td><td>$\phi 19.6$ 钻头</td><td>1</td><td>45</td><td colspan="2">$\phi 20$ 孔粗加工</td><td></td></tr>
<tr><td>3</td><td>T03</td><td>$\phi 11.6$ 钻头</td><td>1</td><td>30</td><td colspan="2">$\phi 12$ 孔粗加工</td><td></td></tr>
<tr><td>4</td><td>T04</td><td>$\phi 20$ 铰刀</td><td>1</td><td>45</td><td colspan="2">$\phi 20$ 精加工</td><td></td></tr>
<tr><td>5</td><td>T05</td><td>$\phi 12$ 铰刀</td><td>1</td><td>30</td><td colspan="2">$\phi 12$ 孔精加工</td><td></td></tr>
<tr><td>6</td><td>T06</td><td>90°倒角铣刀</td><td>1</td><td></td><td colspan="2">$\phi 20$ 孔倒角 1.5×45°</td><td></td></tr>
<tr><td>7</td><td>T07</td><td>$\phi 6$ 高速钢立铣刀</td><td>1</td><td>20</td><td colspan="2">粗加工凸槽内外轮廓</td><td>底圆角 $R0.5$</td></tr>
<tr><td>8</td><td>T08</td><td>$\phi 6$ 硬质合金立铣刀</td><td>1</td><td>20</td><td colspan="2">精加工凸轮槽内外轮廓</td><td></td></tr>
<tr><td>编制</td><td>×××</td><td>审核</td><td>×××</td><td>批准</td><td>×××　年　月　日</td><td>共　页</td><td>第　页</td></tr>
</table>

5. 切削用量的选择

凸轮槽内外轮廓精加工时留 0.1 mm 铣削余量，精铰 $\phi 20^{+0.021}_{0}$ 和 $\phi 12^{+0.018}_{0}$ 两个孔时留 0.1 mm 铰削余量。选择主轴转速与进给速度时，先查《切削用量手册》，确定切削速度与每齿进给量，然后按式（1-2）~式（1-4）计算主轴转速与进给速度（计算过程从略）。

6. 填写数控加工工序卡片

将各工步的加工内容、所用刀具和切削用量填入平面槽形凸轮数控加工工序卡（见表 6-9）。

表 6-9　平面槽形凸轮数控加工工序卡片

<table>
<tr><td rowspan="2">单位名称</td><td rowspan="2">×××</td><td>产品名称或代号</td><td>零件名称</td><td>零件图号</td></tr>
<tr><td>×××</td><td>平面槽形凸轮</td><td>×××</td></tr>
<tr><td>工序号</td><td>程序编号</td><td>夹具名称</td><td>使用设备</td><td>车间</td></tr>
<tr><td>×××</td><td>×××</td><td>螺旋压板</td><td>XK5025/4</td><td>×××</td></tr>
</table>

续表

工步号	工步内容	刀具号	刀具规格/mm	主轴转速/($r \cdot min^{-1}$)	进给速度/($mm \cdot min^{-1}$)	背吃刀量/mm	备注
1	*A* 面定位钻 $\phi5$ 中心孔（2 处）	T01	$\phi5$	755			手动
2	钻 $\phi19.6$ 孔	T02	$\phi19.6$	402	40		自动
3	钻 $\phi11.6$ 孔	T03	$\phi11.6$	402	40		自动
4	铰 $\phi20$ 孔	T04	$\phi20$	130	20	0.2	自动
5	铰 $\phi12$ 孔	T05	$\phi12$	130	20	0.2	自动
6	$\phi20$ 孔倒角 1.5×45°	T06	90°	402	20		手动
7	“一面两孔”定位粗铣凸轮槽内轮廓	T07	$\phi6$	1 100	40	4	自动
8	粗铣凸轮槽外轮廓	T07	$\phi6$	1 100	40	4	自动
9	精铣凸轮槽内轮廓	T08	$\phi6$	1 495	20	14	自动
10	精铣凸轮槽外轮廓	T08	$\phi6$	1 495	20	14	自动
11	翻面装夹，铣 $\phi20$ 孔另一侧倒角 1.5×45°	T06	90°	402	20		自动
编制 ×××	审核 ×××	批准 ×××		年 月 日		共 页	第 页

6.3.2 箱盖类零件数控铣削加工工艺分析

如图 6-39 所示的泵盖零件，材料为 HT200，毛坯的长×宽×高为 170 mm×110 mm×30 mm，小批生产，试分析其数控铣床加工工艺过程。

1. 零件图工艺分析

该零件主要由平面、外轮廓及孔系组成。其中，$\phi32H7$ 和 $2\times\phi6H8$ 3 个内孔的表面粗糙度要求较高，*Ra* 为 1.6；$\phi12H7$ 内孔的表面粗糙度要求更高，*Ra* 为 0.8；$\phi32H7$ 内孔表面对 *A* 面有垂直度要求，上表面对 *A* 面有平行度要求。该零件材料为铸铁，切削加工性能较好。

根据上述分析，$\phi32H7$ 孔、$2\times\phi6H8$ 孔与 $\phi12H7$ 孔的粗、精加工应分开进行，以保证表面粗糙度要求。同时应以底面 *A* 定位，提高装夹刚度以满足 $\phi32H7$ 内孔表面的垂直度要求。

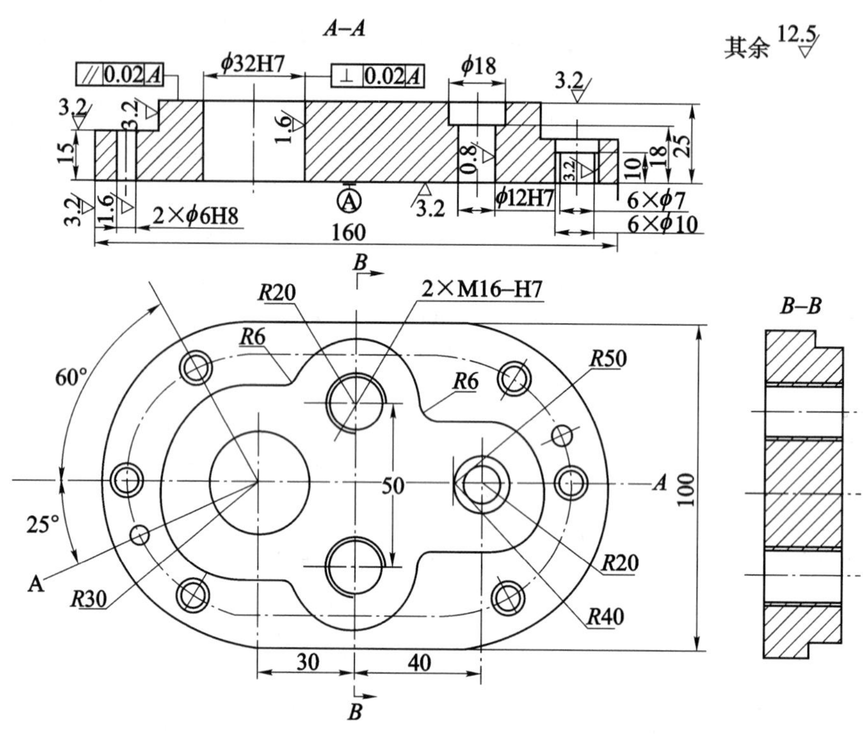

图 6－39　泵盖零件

2. 选择加工方法

（1）上下表面及台阶面的粗糙度 *Ra* 为 3.2，可选择粗铣→精铣方案。

（2）孔加工方法的选择。孔加工前，为便于钻头引正，先用中心钻加工中心孔，然后钻孔。内孔表面的加工方案在很大程度上取决于内孔表面本身的尺寸精度和粗糙度。对于精度较高、粗糙度 *Ra* 较小的表面，一般不能一次加工到规定的尺寸，要划分加工阶段逐步进行。该零件孔系加工方案的选择如下。

①孔 ϕ32H7，表面粗糙度 *Ra* 为 1.6，选择“钻→粗镗→半精镗→精镗”方案。

②孔 ϕ12H7，表面粗糙度 *Ra* 为 0.8，选择“钻→粗铰→精铰”方案。

③孔 6×ϕ7，表面粗糙度 *Ra* 为 3.2，无尺寸公差要求，选择“钻→铰”方案。

④孔 2×ϕ6H8，表面粗糙度 *Ra* 为 1.6，选择“钻→铰”方案。

⑤孔 ϕ18 和 6×ϕ10，表面粗糙度 *Ra* 为 12.5，无尺寸公差要求，选择“钻孔→锪孔”方案。

⑥螺纹孔 2×M16－H7，采用先钻底孔后攻螺纹的加工方法。

3. 确定装夹方案

该零件毛坯的外形比较规则，因此在加工上下表面、台阶面及孔系时，选用平口虎钳夹紧；在铣削外轮廓时，采用“一面两孔”的定位方式，即以底面 *A*、ϕ32H7 孔和 ϕ12H7 孔定位。

4. 确定加工顺序及走刀路线

该零件按照基面先行、先面后孔、先粗后精的原则确定加工顺序，详见表 6 – 11 泵盖零件数控加工工序卡。外轮廓加工采用顺铣方式，刀具沿切线方向切入与切出。

5. 刀具选择

（1）零件上下表面采用端铣刀加工，根据侧吃刀量选择端铣刀直径，使铣刀工作时有合理的切入切出角；铣刀直径应尽量包容工件整个加工宽度，以提高加工精度和效率，并减小相邻两次进给之间的接刀痕迹。

（2）台阶面及其轮廓采用立铣刀加工，铣刀半径 R 受轮廓凹圆弧最小曲率半径限制，取 $R=6$ mm。

（3）孔加工各工步的刀具直径根据加工余量和孔径确定。

该零件加工所选刀具详见表 6 – 10 泵盖零件数控加工刀具卡片。

表 6 – 10　泵盖零件数控加工刀具卡片

产品名称或代号		× × ×	零件名称	泵盖	零件图号	× × ×
序号	刀具编号	刀具规格名称	数量	加工表面		备注
1	T01	ϕ125 硬质合金端面铣刀	1	铣削上下表面		
2	T02	ϕ12 硬质合金立铣刀	1	铣削台阶面及其轮廓		
3	T03	ϕ3 中心钻	1	钻中心孔		
4	T04	ϕ27 钻头	1	钻 ϕ32H7 底孔		
5	T05	内孔镗刀	1	粗镗、半精镗和精镗 ϕ32H7 孔		
6	T06	ϕ11.8 钻头	1	钻 ϕ12H7 底孔		
7	T07	$\phi18\times11$ 锪钻	1	锪 ϕ18 孔		
8	T08	ϕ12 铰刀	1	铰 ϕ12H7 孔		
9	T09	ϕ14 钻头	1	钻 2 × M16 螺纹底孔		
10	T10	90°倒角铣刀	1	2 × M16 螺孔倒角		
11	T11	M16 机用丝锥	1	攻 2 × M16 螺纹孔		
12	T12	ϕ6.8 钻头	1	钻 $6\times\phi7$ 底孔		
13	T13	$\phi10\times5.5$ 锪钻	1	锪 $6\times\phi10$ 孔		
14	T14	ϕ7 铰刀	1	铰 $6\times\phi7$ 孔		
15	T15	ϕ5.8 钻头	1	钻 $2\times\phi$6H8 底孔		
16	T16	ϕ6 铰刀	1	铰 $2\times\phi$6H8 孔		
17	T17	ϕ35 硬质合金立铣刀	1	铣削外轮廓		
编制	× × ×	审核 × × ×	批准 × × ×	年　月　日	共　页	第　页

6. 切削用量的选择

该零件材料切削性能较好，铣削平面、台阶面及轮廓时，留 0.5 mm 的精加工余量；孔加工精镗余量留 0.2 mm，精铰余量留 0.1 mm。

选择主轴转速与进给速度时，先查《切削用量手册》，确定切削速度与每齿进给量，然后按式（1－2）~式（1－4）计算进给速度与主轴转速（计算过程从略）。

7. 拟定数控铣削加工工序卡片

为更好地指导编程和加工操作，把该零件的加工顺序、所用刀具和切削用量等参数编入泵盖零件数控加工工序卡片（见表 6－11）。

表 6－11　泵盖零件数控加工工序卡片

单位名称	×××	产品名称或代号	零件名称	零件图号
		×××	泵盖	×××
工序号	程序编号	夹具名称	使用设备	车间
×××	×××	平口虎钳和一面两销自制夹具	XK5025	×××

工步号	工步内容	刀具号	刀具规格/mm	主轴转速/($r \cdot min^{-1}$)	进给速度/($mm \cdot min^{-1}$)	背吃刀量/mm	备注
1	粗铣定位基准面 *A*	T01	ϕ125	180	40	2	自动
2	精铣定位基准面 *A*	T01	ϕ125	180	25	0.5	自动
3	粗铣上表面	T01	ϕ125	180	40	2	自动
4	精铣上表面	T01	ϕ125	180	25	0.5	自动
5	粗铣台阶面及其轮廓	T02	ϕ12	900	40	4	自动
6	精铣台阶面及其轮廓	T02	ϕ12	900	25	0.5	自动
7	钻所有孔的中心孔	T03	ϕ3	1000			自动
8	钻 ϕ32H7 底孔至 ϕ27 mm	T04	ϕ27	200	40		自动
9	粗镗 ϕ32H7 孔至 ϕ30 mm	T05		500	80	1.5	自动
10	半精镗 ϕ32H7 孔至 ϕ31.6 mm	T05		700	70	0.8	自动
11	精镗 ϕ32H7 孔	T05		800	60	0.2	自动
12	钻 ϕ12H7 底孔至 ϕ11.8 mm	T06	ϕ11.8	600	60		自动
13	锪 ϕ18 孔	T07	ϕ18×11	150	30		自动
14	粗铰 ϕ12H7	T08	ϕ12	100	40	0.1	自动
15	精铰 ϕ12H7	T08	ϕ12	100	40		自动
16	钻 2×M16 底孔至 ϕ14 mm	T09	ϕ14	450	60		自动

续表

工步号	工步内容	刀具号	刀具规格/mm	主轴转速/($r \cdot min^{-1}$)	进给速度/($mm \cdot min^{-1}$)	背吃刀量/mm	备注
17	2×M16 底孔倒角	T10	90°倒角铣刀	300	40		手动
18	攻 2×M16 螺纹孔	T11	M16	100	200		自动
19	钻 6×ϕ7 底孔至 ϕ6.8 mm	T12	ϕ6.8	700	70		自动
20	锪 6×ϕ10 孔	T13	ϕ10×5.5	150	30		自动
21	铰 6×ϕ7 孔	T14	ϕ7	100	25	0.1	自动
22	钻 2×ϕ6H8 底孔至 ϕ5.8 mm	T15	ϕ5.8	900	80		自动
23	铰 2×ϕ6H8 孔	T16	ϕ6	100	25	0.1	自动
24	"一面两孔"定位粗铣外轮廓	T17	ϕ35	600	40	2	自动
25	精铣外轮廓	T17	ϕ35	600	25	0.5	自动
编制 ×××	审核 ×××	批准	×××	年 月 日		共 页	第 页

思考与练习题

1. 铣削加工时，零件的哪些几何要素对刀具形状及尺寸有限制？
2. 采用球头铣刀和鼓形铣刀加工变斜角平面，哪个加工效果好？为什么？
3. 试述两轴半坐标联动、三轴联动加工曲面轮廓的区别和适用场合。
4. 孔系加工时，传动系统反向间隙对孔定位精度有何影响？如何避免？
5. 简述立铣刀与键槽铣刀的区别。

模拟自测题

一、单项选择题

1. 端铁时应根据（　　）选择铣刀的直径。

A. 背吃刀量　　B. 侧吃刀量　　C. 切削厚度　　D. 切削宽度

2. 用立铣刀加工内轮廓时，铣刀半径应（　　）工件内凹轮廓最小曲率半径。

A. 小于或等于　　B. 大于

C. 与内轮廓曲率半径无关　　D. 大于或等于

3. 机械零件的真实大小是以图样上的（　　）为依据。

A. 比例　　B. 尺寸数值　　C. 技术要求　　D. 公差范围

4. 加工机座、箱体、支架等外形复杂的大型零件上直径较大的孔，特别是有位置精度要求的孔和孔系，应该采用（　　）。

A. 钻孔　　B. 铰孔　　C. 镗孔　　D. 磨孔

5. 下列叙述中，（　　）适宜采用数控铣床进行加工。

A. 轮廓形状特别复杂或难于控制尺寸的回转体零件

B. 箱体零件

C. 精度要求高的回转体零件

D. 特殊的螺旋类零件

6.（　　）是孔加工的标准刀具。

A. 成型车刀　B. 拉刀　C. 麻花钻　D. 插齿刀

7. 在三坐标数控铣床上，加工变斜角零件的变斜角面一般应选用（　　）。

A. 模具铣刀　B. 球头铣刀

C. 鼓形铣刀　D. 键槽铣刀

8. 铲齿铣刀的后刀面是经过铲削的阿基米德螺旋面，其刃磨部位是（　　）。

A. 前刀面　B. 后刀面　C. 前刀面和后刀面　D. 刀刃

9. 铣床上用的分度头和各种虎钳都是（　　）夹具。

A. 专用　B. 通用　C. 组合　D. 随身

10. 铣削加工时，为了减小工件表面粗糙度 *Ra*，应该采用（　　）。

A. 顺铣　B. 逆铣

C. 顺铣和逆铣都一样　D. 依被加工材料决定

11. 采用立铣刀铣削平面零件外轮廓时，应沿切削起始点的延长线的（　　）方向切入，以避免在切入处产生刀具刻痕。

A. 法向　B. 切向　C. 法向和切向均可　D. 任意方向

12. 铰孔时对孔的（　　）纠正能力较差。

A. 表面粗糙度　B. 尺寸精度

C. 位置精度　D. 形状精度

13. 圆周铣时用（　　）方式进行铣削，铣刀的耐用度较高，获得加工面的表面粗糙度也较小。

A. 对称铣　B. 逆铣　C. 顺铣　D. 立铣

14. 在铣床上铰刀退离工件时应使铣床主轴（　　）。

A. 正转（顺时针）B. 逆时针反转　C. 停转　D. 正反转都可以

15. 铰削塑性金属材料时，若铰刀转速太高，容易出现（　　）现象。

A. 孔径收缩　B. 孔径不变　C. 孔径扩张　D. 孔径不规则变化

二、判断题（正确的打√，错误的打×）

1. 在铣床上加工表面有硬皮的毛坯零件时，应采用顺铣方式。（　　）

2. 用立铣刀加工平面轮廓时，铣刀应沿工件轮廓切向切入、法向切出。（　　）

3. 铰孔时，无法纠正孔的位置误差。（　　）

4. 轮廓加工完成时，应在刀具离开工件之前取消刀补。（　　）

5. 钻削加工时，轴向力主要是由横刃产生。 ( )
6. 盲孔铰刀端部沉头孔的作用是容纳切屑。 ( )
7. 在相同加工条件下，顺铣的表面质量和刀具耐用度都比逆铣高。 ( )
8. 由于铰削余量较小，因此铰削速度和进给量对铰削质量没有影响。 ( )
9. 圆周铣削时的切削厚度是随时变化的，而端铣时切削厚度保持不变。 ( )
10. 用端铣刀铣平面时，铣刀刀齿参差不齐，对铣出平面的平面度好坏没有影响。( )
11. 精铣宜采用多齿铣刀以获得较理想加工表面。 ( )
12. 使用螺旋铣刀可减少切削阻力，且较不易产生振动。 ( )
13. 铣削封闭键槽时，应采用立铣刀加工。 ( )
14. 可转位面铣刀直径标准系列的公比为1.5。 ( )

三、简答题

1. 数控铣削加工的主要对象是什么？
2. 数控铣削加工零件图及其结构工艺性分析包括哪些内容？
3. 数控铣削加工工艺路线拟定主要包括哪些内容？
4. 确定铣削加工路线时，重点应考虑哪些问题？
5. 数控铣削加工对刀具的基本要求有哪些？

四、分析题

拟定如图6－40所示零件的数控铣削加工工艺，并填写数控加工刀具卡片和数控加工工序卡片。

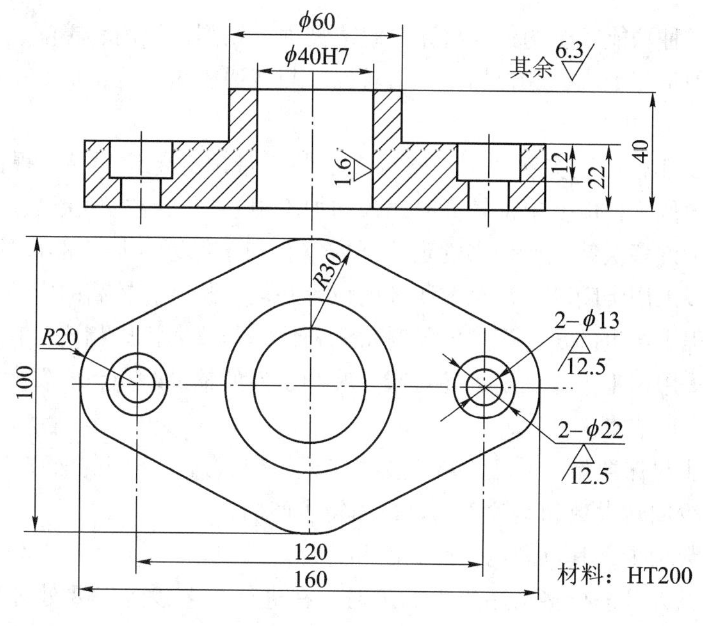

图6－40 分析题图

7　加工中心加工工艺

学习目标

1. 了解加工中心的工艺特点、加工中心的主要加工对象。
2. 掌握加工中心加工零件工艺性分析的主要内容与方法。
3. 掌握加工中心加工工艺路线拟定的内容及方法。
4. 能够独立完成一般零件的加工中心加工工序设计。

内容提要

本章重点讨论加工中心加工工艺路线和工序设计，刀具预调与换刀点选择；介绍加工中心的主要加工对象、工艺特点及零件的工艺性分析，并结合典型零件实例，对加工中心加工工艺进行分析。

7.1　加工中心加工工艺概述

7.1.1　加工中心的工艺特点

加工中心是一种功能较全的数控机床，它集铣削、钻削、铰削、镗削、攻螺纹和切螺纹于一身，具有多种工艺手段，综合加工能力较强。与普通机床相比，加工中心具有许多显著的工艺特点。

（1）其可减少工件的装夹次数，消除因多次装夹带来的定位误差，提高加工精度。当零件各加工部位的位置精度要求都较高时，采用加工中心加工能在一次装夹中将各个部位加工出来，避免了工件多次装夹所带来的定位误差，有利于保证各加工部位的位置精度要求。同时，加工中心多采用半闭环，甚至全闭环的位置补偿功能，有较高的定位精度和重复定位能力，在加工过程中产生的尺寸误差能及时得到补偿，与普通机床相比，其能获得较高的尺寸精度。另外，采用加工中心加工，还可减少装卸工件的辅助时间，节省大量的专用和通用工艺装备，降低生产成本。

（2）其可减少机床数量，并相应减少操作工人，节省占用车间的面积。

（3）其可减少周转次数和运输工作量，缩短生产周期。

（4）在制品数量少，其可简化生产调度和管理。

（5）使用各种刀具进行多工序集中加工时，在进行工艺设计时要处理好刀具在换刀及加工时与工件、夹具甚至机床相关部位的干涉问题。

（6）若在加工中心上连续进行粗加工和精加工，夹具既要能适应粗加工时切削力大、高刚度、夹紧力大的要求，又须适应精加工时定位精度高、零件夹紧变形尽可能小的要求。

（7）加工中心采用自动换刀和自动回转工作台进行多工位加工，决定了卧式加工中心只能进行悬臂加工。由于不能在加工中设置支架等辅助装置，故应尽量使用刚性好的刀具，并解决刀具的振动和稳定性问题。另外，由于加工中心是通过自动换刀来实现工序或工步集中的，所以其受刀库、机械手的限制，刀具的直径、长度和质量一般都不允许超过机床说明书所规定的范围。

（8）进行多工序的集中加工时，要及时处理切屑。

（9）在将毛坯加工为成品的过程中，零件不能进行时效，内应力难以消除。

（10）加工中心技术复杂，对使用、维修、管理要求较高，要求操作者具有较高的技术水平。

（11）加工中心一次性投资大，还需配置其他辅助装置，如刀具预调设备、数控工具系统或三坐标测量机等，机床的加工工时费用高，如果零件选择不当，会增加加工成本。

7.1.2 加工中心的主要加工对象

鉴于上述工艺特点，加工中心适用于复杂、工序多、精度要求较高，且需用多种类型普通机床和众多刀具、工装，经过多次装夹和调整才能完成加工的零件。其主要加工对象有以下几类。

1. 既有平面又有孔系的零件

加工中心具有自动换刀装置，在一次安装中，可以完成零件上平面的铣削、孔系的钻削、镗削、铰削、铣削及攻螺纹等多工步加工。加工的部位可以在一个平面上，也可以不在一个平面上。五面体加工中心一次装夹可以完成除安装基面以外的五个面的加工。因此，加工中心的首选加工对象是既有平面又有孔系的零件，如箱体类零件和盘、套、板类零件。

（1）箱体类零件。如图 7－1 所示，箱体类零件一般是指具有多个孔系，内部有型腔或空腔，在长、宽、高方向有一定比例的零件。箱体类零件在机床、汽车、飞机等行业使用较多，如汽车的发动机缸体、变速箱体，机床的床头箱、主轴箱，柴油机缸体以及齿轮泵壳体等。

图 7－1　箱体类零件

箱体类零件一般需要进行孔系、轮廓、平面的多工位加工，公差要求（特别是形位公差）要求较为严格，通常要经过铣、镗、钻、扩、铰、锪、攻丝等工序，使用的刀具、工装较多，在普通机床上需多次装夹、找正，测量次数多，导致工艺复杂，加工周期长，成本高，更重要的是加工精度难以保证。这类零件在加工中心上加工，一次装夹可以完成普通机床 60% ~95% 的工序内容，零件各项精度一致性好，质量稳定，同时可缩短生产周期，降低生产成本。

当加工工位较多，工作台需多次旋转角度才能完成的零件，一般选用卧式加工中心。当加工的工位较少，且跨距不大时，可选立式加工中心，从一端进行加工。

(2) 盘、套、板类零件。如图 7 –2 所示，盘、套、板类零件是指带有键槽或径向孔，或端面有分布孔系和曲面的盘、套或板类零件，如带法兰的轴套、带有键槽或方头的轴类零件等，以及具有较多孔加工的板类零件，如各种电机盖等。

图 7 –2　盘、套、板类零件

端面有分布孔系和曲面的盘、套或板类零件宜选用立式加工中心，有径向孔的可选用卧式加工中心。

2. 复杂曲面类零件

对于由复杂曲线和曲面组成的零件，如凸轮类、整体叶轮类和模具类等零件，加工中心是加工这类零件最有效的设备。

(1) 凸轮类。这类零件有各种曲线的盘形凸轮（见图 7 –3）、圆柱凸轮、圆锥凸轮和端面凸轮等，加工时，可根据凸轮表面的复杂程度，选用三轴、四轴或五轴联动的加工中心。

(2) 整体叶轮类。整体叶轮常见于航空发动机的压气机、空气压缩机、船舶水下推进器等，它除具有一般曲面加工的特点外，还存在许多特殊的加工难点，如通道狭窄，刀具很容易与加工表面和邻近曲面产生干涉等。如图 7 –4 所示为叶轮，它的叶面是一个典型的三维空间曲面，加工这样的型面，可采用四轴以上联动的加工中心。

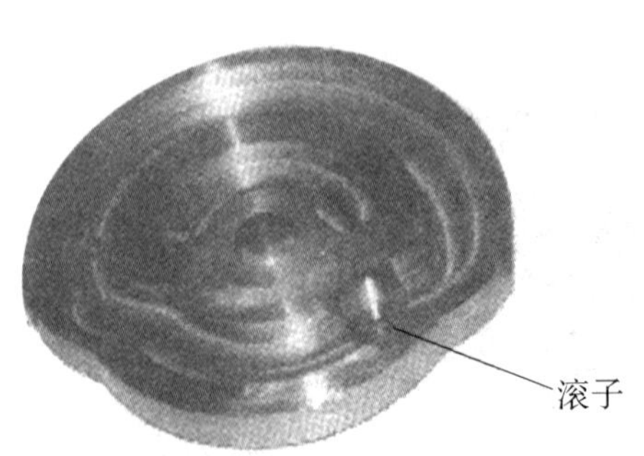

图 7 –3　盘形凸轮

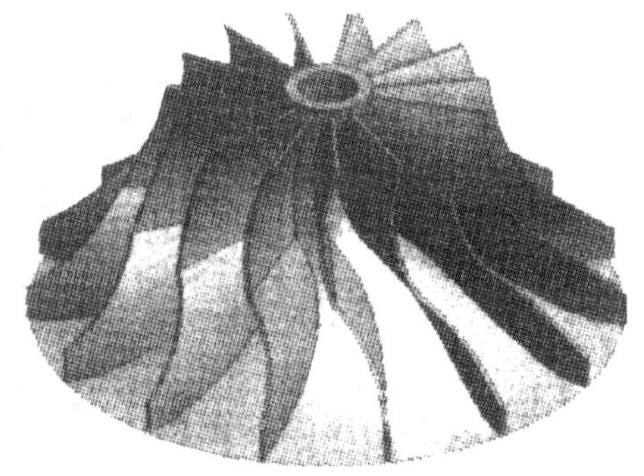

图 7 –4　叶轮

（3）模具类。常见的模具有锻压模具、铸造模具、注塑模具及橡胶模具等。如图7－5所示是连杆锻压模具。采用加工中心加工模具，由于工序高度集中，动模、静模等关键件的精加工基本上是在一次安装中完成全部机加工内容，故尺寸累积误差及修配工作量小。同时，模具的可复制性强，互换性好。

（a）连杆　　（b）连杆凹模

图7－5　连杆锻压模具

对于复杂曲面类零件，就加工的可能性而言，在不出现加工过切或加工盲区时，复杂曲面一般可以采用球头铣刀进行三坐标联动加工，加工精度较高，但效率较低。如果工件存在加工过切或加工盲区，如整体叶轮等，就必须考虑采用四坐标或五坐标联动的机床。

仅仅加工复杂曲面时并不能发挥加工中心自动换刀的优势，因为复杂曲面的加工一般经过粗铣、（半）精铣、清根等步骤，所用的刀具较少，特别是像模具一类的单件加工。

3. 外形不规则零件

异形件是外形不规则零件，大多数需要进行点、线、面多工位混合加工，如支架、基座、样板、靠模支架等，如图7－6所示。由于异形件的外形不规则，刚性一般较差，夹紧及切削变形难以控制，加工精度难以保证，因此在普通机床上只能采取工序分散的原则加工，需用较多的工装，周期较长。这时可充分发挥加工中心工序集中，多工位点、线、面混合加工的特点，采用合理的工艺措施，一次或二次装夹，完成大部分甚至全部加工内容。

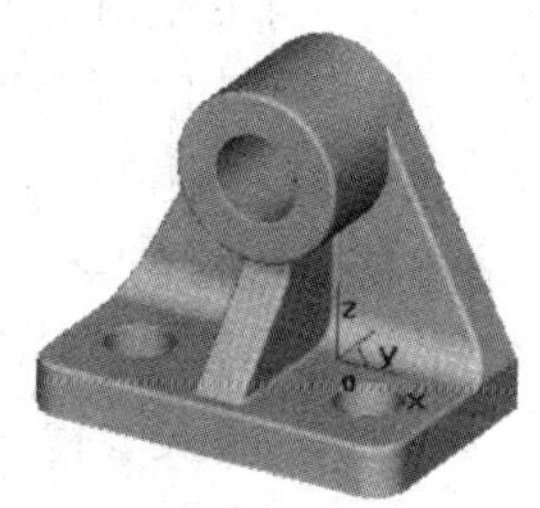

图7－6　支架

4. 周期性投产的零件

用加工中心加工零件时，所需工时主要包括基本时间和准备时间，其中，准备时间占很大比例。例如，工艺准备、程序编制、零件首件试切等，这些时间往往是单件基本时间的几十倍。采用加工中心可以将这些准备时间的内容储存起来，供以后反复使用。这样对周期性投产的零件，生产周期就可以大大缩短。

5. 加工精度要求较高的中小批零件

针对加工中心加工精度高、尺寸稳定的特点，对加工精度要求较高的中小批零件，选择加工中心加工，容易获得所要求的尺寸精度和形状位置精度，并可得到很好的互换性。

6. 新产品试制中的零件

在新产品定型之前，需经反复试验和改进。选择加工中心试制，可省去许多用通用机床加工所需的试制工装。当零件被修改时，只需修改相应的程序及适当地调整夹具、刀具，节省了费用，缩短了试制周期。

7.2 加工中心加工工艺分析

7.2.1 加工中心加工内容的选择

7.1节分析了加工中心的主要加工对象，在选定适合加工中心加工的零件之后，需要进一步选择确定适合加工中心加工的零件表面，通常选择下列表面。

（1）尺寸精度要求较高的表面。

（2）相互位置精度要求较高的表面。

（3）不便于普通机床加工的复杂曲线、曲面。

（4）能够集中加工的表面。

7.2.2 加工中心加工零件的工艺性分析

零件的工艺性分析是制定加工中心加工工艺的首要工作。其任务是分析零件图的完整性、正确性和技术要求，分析零件的结构工艺性和定位基准等。其中，零件图的完整性、正确性和技术要求分析与数控铣削加工类似，这里不再赘述。

1. 零件的结构工艺性分析

从机械加工的角度考虑，在加工中心上加工的零件，其结构工艺性应符合以下几点要求。

（1）零件的切削加工量要小，以便减少加工中心的切削加工时间，降低零件的加工成本。

（2）零件上光孔和螺纹的尺寸规格尽可能少，减少加工时钻头、铰刀及丝锥等刀具的数量，以防刀库容量不够。

（3）零件尺寸规格尽量标准化，以便采用标准刀具。

（4）零件加工表面应具有加工的方便性和可能性。

（5）零件结构应具有足够的刚性，以减少夹紧变形和切削变形。

表7－1中列举了部分零件的孔加工工艺性对比实例。

表7－1 部分零件的孔加工工艺性对比实例

序号	A工艺性差的结构	B工艺性好的结构	说　明
1	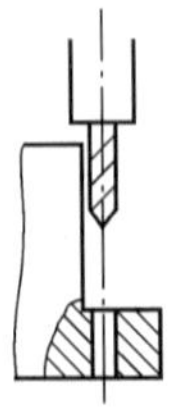	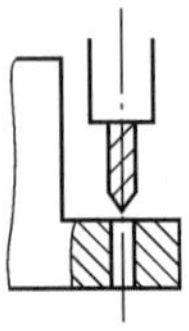	A结构不便引进刀具，难以实现孔的加工

续表

序号	A 工艺性差的结构	B 工艺性好的结构	说明
2	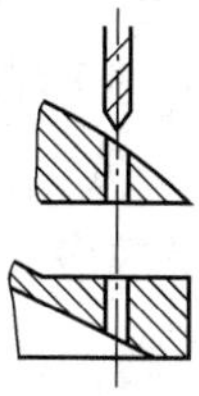	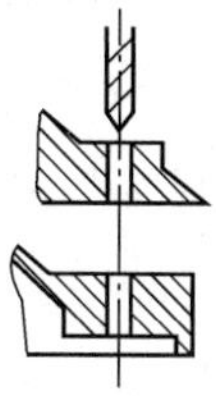	B 结构可避免钻头钻入和钻出时因工件表面倾斜而造成引偏或断损
3	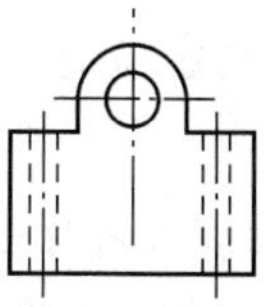	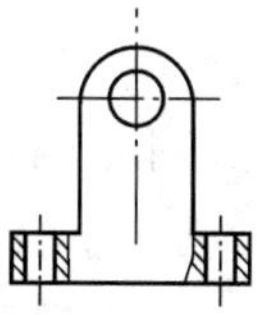	B 结构节省了材料，减小了质量，避免了深孔加工
4	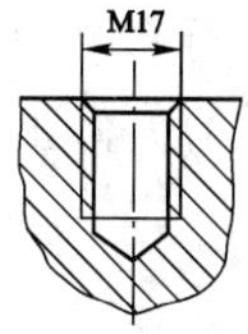 M17	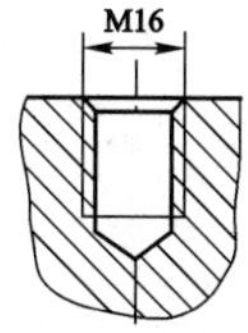 M16	A 结构不能采用标准丝锥攻螺纹
5	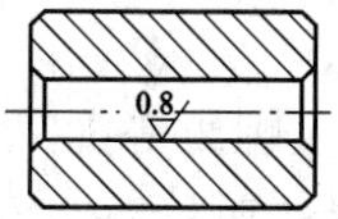 0.8	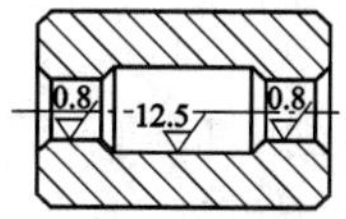 0.8 12.5 0.8	B 结构减少配合孔的加工面积
6	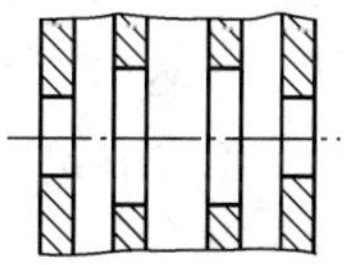	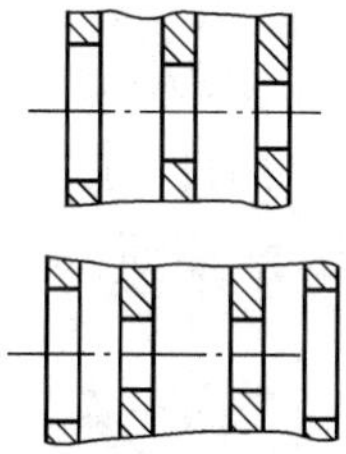	B 结构孔径从一个方向递减或从两个方向递减，便于加工
7	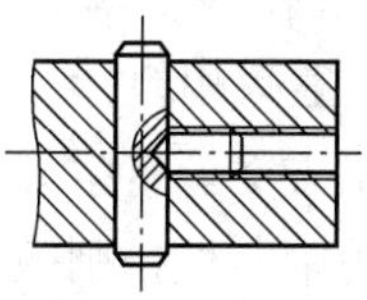	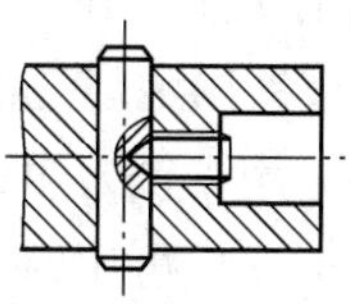	B 结构可减少深孔的螺纹加工
8	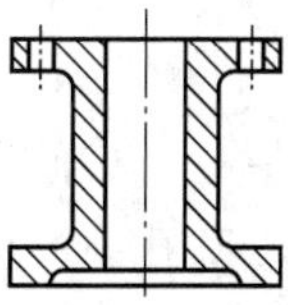	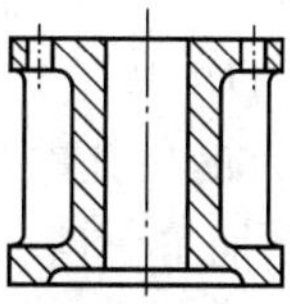	B 结构刚性好

2. 定位基准的选择

加工中心定位基准的选择，主要有以下几方面。

（1）尽量选择零件上的设计基准作为定位基准。

（2）尽量一次装夹就能够完成全部关键精度部位的加工。为了避免精加工后的零件再经过多次非重要的尺寸加工，多次周转，造成零件变形、磕碰划伤，在考虑一次完成尽可能多的加工内容（如螺孔、自由孔、倒角、非重要表面等）的同时，一般将加工中心上完成的工序安排在最后。

（3）当在加工中心上既加工基准又完成各工位的加工时，其定位基准的选择需考虑完成尽可能多的加工内容。为此，要考虑便于各个表面都能被加工的定位方式，如对于箱体，最好采用一面两销的定位方式，以便刀具对其他表面进行加工。

（4）当零件的定位基准与设计基准难以重合时，应认真分析装配图纸，确定该零件设计基准的设计功能，通过尺寸链的计算，严格规定定位基准与设计基准间的公差范围，确保加工精度。对于带有自动测量功能的加工中心，可在工艺中安排坐标系测量检查工步，即每个零件加工前，由程序控制测头，自动检测设计基准，系统自动计算并修正坐标系，从而确保各加工部位与设计基准间的几何关系。

7.2.3 加工中心加工工艺路线的拟定

1. 加工方法的选择

在加工中心上可以采用铣削、钻削、扩削、铰削、镗削和攻螺纹等加工方法，完成平面、平面轮廓、曲面、曲面轮廓、孔和螺纹等加工。所选加工方法要与零件的表面特征、所要达到的精度及表面粗糙度相适应。

平面、平面轮廓及曲面在镗铣类加工中心上只能采用铣削方式加工。粗铣平面，其尺寸精度可达IT12 ~ IT14级（指两平面之间的尺寸），表面粗糙度 Ra 可达12.5 ~ 50 μm。粗、精铣平面，其尺寸精度可达IT7 ~ IT9级，表面粗糙度 Ra 可达1.6 ~ 3.2 μm。铣削方法选择详见第6章。

孔加工方法比较多，有钻削、扩削、铰削和镗削等。大直径孔还可采用圆弧插补方式进行铣削加工。钻削、扩削、铰削及镗削所能达到的精度和表面粗糙度如图4－10所示。

对于直径大于 ϕ30 mm的已铸出或锻出毛坯孔的孔加工，一般采用粗镗→半精镗→孔口倒角→精镗加工方案，孔径较大时可采用立铣刀粗铣→精铣加工方案。有空刀槽时可用锯片铣刀在半精镗之后、精镗之前铣削完成，也可用镗刀进行单刀镗削，但镗削效率低。

对于直径小于 ϕ30 mm的无毛坯孔的孔加工，通常采用锪平端面→打中心孔→钻→扩→孔口倒角→铰孔加工方案，有同轴度要求的小孔，须采用锪平端面→打中心孔→钻→半精镗→孔口倒角→精镗（或铰）加工方案。为提高孔的位置精度，在钻孔工步前须安排锪平端面和打中心孔工步。孔口倒角安排在半精加工之后、精加工之前，以防孔内产生毛刺。

根据孔径大小，一般加工螺纹时，直径在M6 ~ M20 mm的螺纹，通常采用攻螺纹方法加工。直径在 M6 mm 以下的螺纹，在加工中心上完成底孔加工，通过其他手段攻螺纹。因为在加工中心上攻螺纹不能随机控制加工状态，故小直径丝锥容易折断。直径在 M20 mm 以上的螺纹，可采用镗刀片镗削加工。

2. 加工阶段的划分

一般情况下，在加工中心上加工的零件已在其他机床上经过粗加工，加工中心只是完成最后的精加工，因此不必划分加工阶段。但对加工质量要求较高的零件，若其主要表面在加工中心加工之前没有经过粗加工，则应尽量将粗、精加工分开进行，使零件在粗加工后有一段自然时效过程，以消除残余应力和恢复切削力、夹紧力引起的弹性变形，以及切削热引起的热变形，必要时还可以安装人工时效处理，最后通过精加工消除各种变形。

对加工精度要求不高，而毛坯质量较高，加工余量不大，生产批量很小的零件或新产品试制中的零件，利用加工中心良好的冷却系统，可把粗、精加工合并进行，但粗、精加工应划分成两道工序分别完成。粗加工用较大的夹紧力，精加工用较小的夹紧力。

3. 加工工序的划分

加工中心通常按工序集中原则划分加工工序，主要从精度和效率两方面考虑，工序划分方法参考 4. 3. 3 节内容。

4. 加工顺序的安排

理想的加工工艺不仅应保证加工出符合图纸要求的合格工件，同时应能使加工中心机床的功能得到合理应用与充分发挥。安排加工顺序时，主要遵循以下几个原则。

（1）同一加工表面按粗加工、半精加工、精加工次序完成，或全部加工表面按先粗加工，然后半精加工、精加工分开进行。加工尺寸公差要求较高时，考虑零件尺寸、精度、零件刚性和变形等因素，可采用前者；加工位置公差要求较高时，采用后者。

（2）对于既要铣面又要镗孔的零件，如各种发动机箱体，可以先铣面后镗孔，这样可以提高孔的加工精度。铣削时，切削力较大，工件易发生变形。先铣面后镗孔，使其有一段时间的恢复，可减少变形对孔的精度的影响。反之，如果先镗孔后铣面，则铣削时，必然在孔口产生飞边、毛刺，从而破坏孔的精度。

（3）相同工位集中加工，应尽量按就近位置加工，以缩短刀具移动距离，减少空运行时间。

（4）某些机床工作台回转时间比换刀时间短，在不影响精度的前提下，为了减少换刀次数，减少空行程，减少不必要的定位误差，可以采取刀具集中工序。也就是用同一把刀把零件上相同的部位都加工完，再换第二把刀。

（5）考虑到加工中存在重复定位误差，对于同轴度要求很高的孔系，就不能采取刀具集中原则，而应该在一次定位后，通过顺序连续换刀，顺序连续加工完该同轴孔系的全部孔后，再加工其他坐标位置孔，以提高孔系同轴度。

（6）在一次定位装夹中，尽可能完成所有能够加工的表面。

在实际生产中，应根据具体情况，综合运用以上原则，从而制定出较完善、较合理的加工顺序。

5. 加工路线的确定

加工中心刀具的进给路线包括孔加工进给路线和铣削加工进给路线。

（1）孔加工进给路线的确定。孔加工时，一般是先将刀具在 xy 平面内快速定位到孔中心线的位置上，然后沿 z 向（轴向）运动进行加工。

刀具在 xy 平面内的运动为点位运动，确定其进给路线时应重点考虑：

①定位迅速，空行程路线要短；

②定位准确，避免机械进给系统反向间隙对孔位置精度的影响；

③当定位迅速与定位准确不能同时满足时，若按最短进给路线进给能保证定位精度，则取最短路线。反之，应取能保证定位准确的路线。

刀具在 z 向的进给路线分为快速移动进给路线和工作进给路线。如图 7－7 所示，刀具先从初始平面快速移动到 R 平面（距工件加工表面一切入距离的平面）上，然后按工作进给速度加工。如图 7－7（a）所示为单孔加工时的进给路线。对多孔加工，为减少刀具空行程进给时间，加工后续孔时，刀具只要退回 R 平面即可，如图 7－7（b）所示。

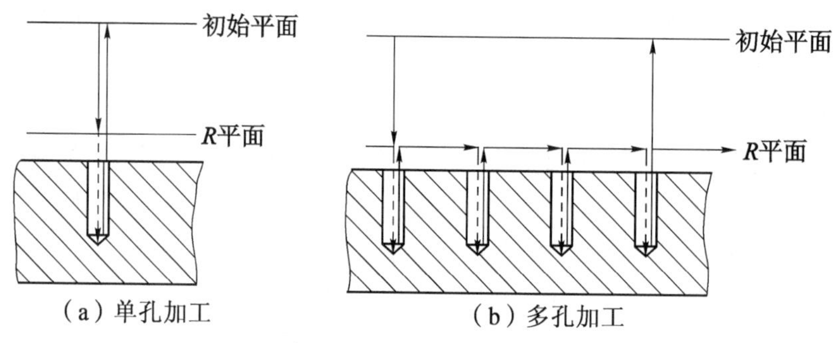

（a）单孔加工　　（b）多孔加工

图 7－7　孔加工时刀具 z 向进给路线示例

（实线为快速移动路线，虚线为工作进给路线）

R 平面距工件表面的距离称为切入距离。加工通孔时，为保证全部孔深都加工到尺寸，应使刀具伸出工件底面一段距离（切出距离）。切入切出距离的大小与工件表面状况和加工方式有关，一般可取 2 ~ 5 mm。

（2）铣削加工进给路线的确定。铣削加工进给路线包括切削进给和 z 向快速移动进给两种进给路线。加工中心是在数控铣床的基础上发展起来的，其加工工艺仍以数控铣削加工为基础，因此铣削加工进给路线的选择原则对加工中心同样适用，此处不再重复。z 向快速移动进给常采用下列进给路线：

①铣削开口不通槽时，铣刀在 z 向可直接快速移动到位，不需工作进给［见图 7－8（a）］。

②铣削封闭槽（如键槽）时，铣刀需要有一切入距离 Z_a，先快速移动到距工件加工表面一切入距离 Z_a 的位置上（R 平面），然后以工作进给速度进给至铣削深度 H［见图 7－8（b）］。

③铣削轮廓及通槽时，铣刀应有一段切出距离 Z_0，可直接快速移动到距工件表面 Z_0 处［见图 7－8（c）］。

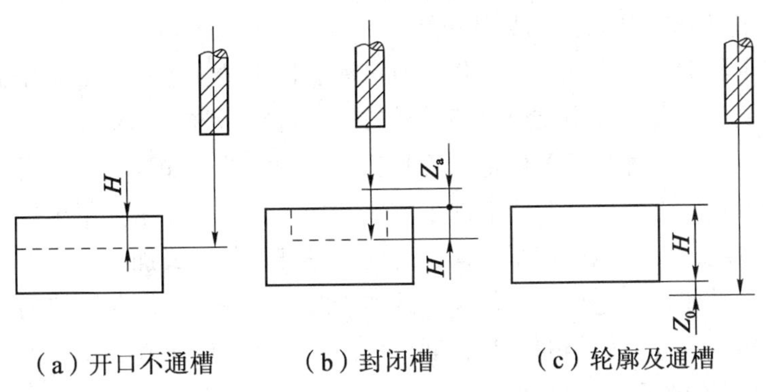

图 7-8 铣削加工时刀具 z 向进给路线

7.2.4 加工中心加工工序的设计

7.2.4.1 夹具的选择

1. 夹具选择原则与方法

加工中心夹具的选择和使用，主要有以下几方面。

(1) 根据加工中心机床特点和加工需要，目前常用的夹具类型有专用夹具、组合夹具、可调夹具、成组夹具及工件统一基准定位装夹系统。在选择时要综合考虑各种因素，选择较为经济、合理的夹具形式。一般夹具的选择顺序是：在单件生产中尽可能采用通用夹具；批量生产时优先考虑组合夹具，其次考虑可调夹具，最后考虑成组夹具和专用夹具；当装夹精度要求很高时，可配置工件统一基准定位装夹系统。

(2) 加工中心的高柔性要求其夹具比普通机床结构的夹具更紧凑、简单，夹紧动作更迅速、准确，尽量减少辅助时间，操作更方便、省力、安全，而且要保证足够的刚性，能灵活多变。因此常采用气动、液压夹紧装置。

(3) 为保持工件在本次定位装夹中所有需要完成的待加工面充分暴露在外，夹具要尽量敞开，夹紧元件的空间位置能低则低，必须给刀具运动轨迹留有空间。夹具不能与各工步刀具轨迹发生干涉。当箱体外部没有合适的夹紧位置时，可以利用内部空间来安排夹紧装置。

(4) 考虑机床主轴与工作台面之间的最小距离和刀具的装夹长度，夹具在机床工作台上的安装位置应确保在主轴的行程范围内能使工件的加工内容全部完成。

(5) 自动换刀和交换工作台时不能与夹具或工件发生干涉。

(6) 有时夹具上的定位块是安装工件使用的，在加工过程中，为满足前后左右各个工位的加工，防止互相干涉，在工件夹紧后即可拆去。对此，要考虑拆除定位元件后，工件定位精度的保持问题。

(7) 尽量不要在加工中途更换夹紧点。当必须更换夹紧点时，要特别注意不能因更换夹紧点而破坏定位精度，必要时应在工艺文件中注明。

2. 确定零件在机床工作台上的最佳位置

在卧式加工中心上加工零件时，工作台要带着工件旋转，进行多工位加工，这时就要考虑零件（包括夹具）在机床工作台上的最佳位置。该位置是在技术准备过程中根据机床行程，考虑各种干涉情况，优化匹配各部位刀具长度而确定的。如果考虑不周，将会造成机床超程，需要更换刀具，重新试切，影响加工精度和加工效率，也增大了出现废品的可能性。

加工中心的自动换刀功能决定了其最大的弱点是刀具悬臂式加工，在加工过程中不能设置镗模、支架等。因此，在进行多工位零件的加工时，应综合计算各工位的各加工表面到机床主轴端面的距离，以选择最佳的刀具长度，提高工艺系统的刚性，从而保证加工精度。

7.2.4.2 刀具的选择

加工中心使用的刀具由刃具和刀柄两部分组成。刃具部分和通用刃具一样，如钻头、铣刀、铰刀、丝锥等。加工中心有自动交换刀功能，刀柄要满足机床主轴的自动松开和拉紧定位，并能准确地安装各种切削刃具，适应机械手的夹持和搬运，适应在刀库中储存和识别等要求。

1. 对刀具的要求

刀具的正确选择和使用是决定零件加工质量的重要因素，对成本昂贵的加工中心更要强调选用高性能刀具，充分发挥机床的效率，降低加工成本，提高加工精度。

为了提高生产率，国内外加工中心正向着高速、高刚性和大功率方向发展。这就要求刀具必须具有能够承受高速切削和强力切削的性能，而且要稳定。同一批刀具在切削性能和刀具寿命方面不得有较大差异。在选择刀具材料时，一般尽可能选用硬质合金刀具，精密镗孔等还可以选用性能更好、更耐磨的立方氮化硼和金刚石刀具。

2. 刀具的种类

加工中心加工内容的多样性决定了所使用刀具的种类很多，除铣刀以外，加工中心使用比较多的是孔加工刀具，包括加工各种大小孔径的麻花钻、扩孔钻、锪孔钻、铰刀、镗刀、丝锥及螺纹铣刀等。为了适应加工要求，孔加工刀具一般都采用硬质合金材料且带有各种涂层，分为整体式和机夹可转位式两类，如图 7－9 所示。

3. 刀柄

刀柄分为整体式和模块式两类，分别如图 7－10 和图 7－11 所示。

整体式刀柄针对不同的刀具配备，其品种、规格繁多，给生产、管理带来不便；模块式刀柄克服了上述缺点，但对连接精度、刚性、强度等都有很高的要求。

（1）ER 弹簧夹头刀柄。如图 7－12 所示，它采用 ER 型卡簧，夹紧力不大，适用于夹持直径在 ϕ16 mm 以下的铣刀。ER 型卡簧如图 7－13 所示。

（2）强力夹头刀柄。其外形与 ER 弹簧夹头刀柄相似，但采用 KM 型卡簧，可以提供较大夹紧力，适用于夹持 ϕ16 mm 以上直径的铣刀进行强力铣削。KM 型卡簧如图 7－14 所示。

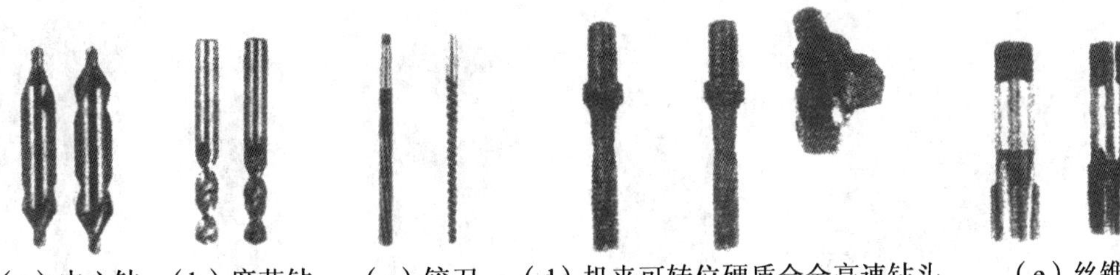

（a）中心钻　（b）麻花钻　（c）铰刀　（d）机夹可转位硬质合金高速钻头　（e）丝锥

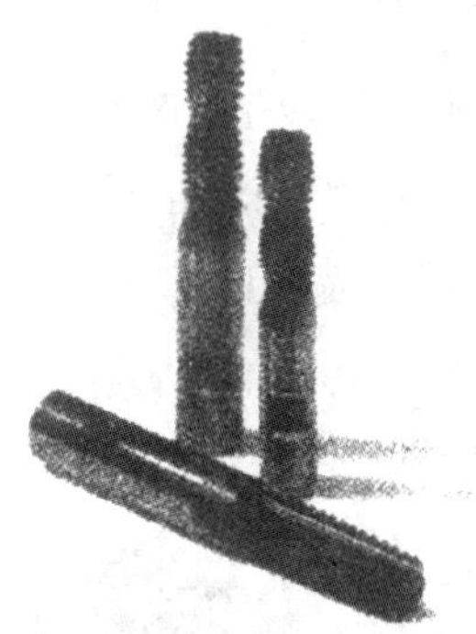

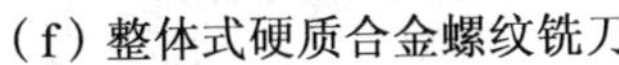

（f）整体式硬质合金螺纹铣刀

（g）机夹可转位式硬质合金螺纹铣刀

图 7－9　孔加工刀具

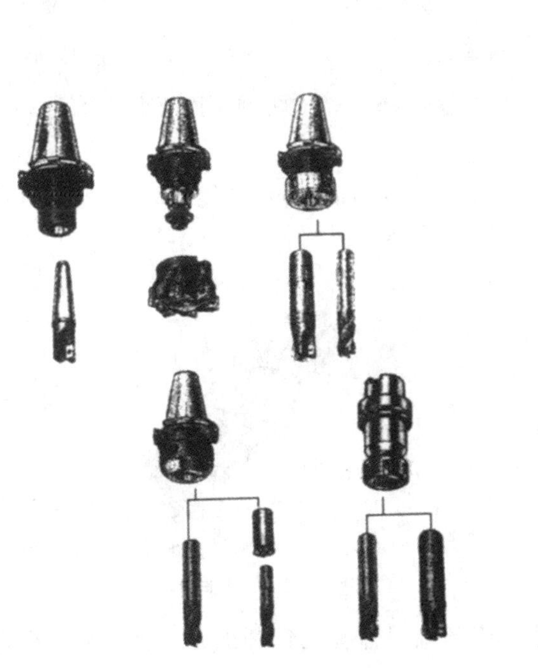

图 7－10　整体式刀柄

图 7－11　模块式刀柄

图 7－12　ER 弹簧夹头刀柄

图 7－13　ER 型卡簧

图 7－14　KM 型卡簧

（3）莫氏锥度刀柄。如图 7－15 所示，它适用于莫氏锥度刀杆的钻头、铣刀等。

（4）侧固式刀柄。如图 7－16 所示，它采用侧向夹紧，适用于切削力大的加工，但一种尺寸的刀具需对应配备一种刀柄，规格较多。

（5）面铣刀刀柄。如图 7－17 所示，它可与面铣刀刀盘配套使用。

图 7－15　莫氏锥度刀柄

图 7－16　侧固式刀柄

图 7－17　面铣刀刀柄

（6）钻夹头刀柄。如图 7－18 所示，它有整体式和分离式两种，用于装夹直径在 $\phi 13$ mm 以下的中心钻、直柄麻花钻等。

（7）丝锥夹头刀柄。如图 7－19 所示，它适用于自动攻丝时装夹丝锥，一般具有切削力限制功能。

图 7－18　钻夹头刀柄

图 7－19　丝锥夹头刀柄

（8）镗刀刀柄。如图 7－20 所示，它适用于各种尺寸孔的镗削加工，有单刃、双刃及重切削等类型，在孔加工刀具中占有较大的比例，是孔精加工的主要手段，其性能要求也很高。

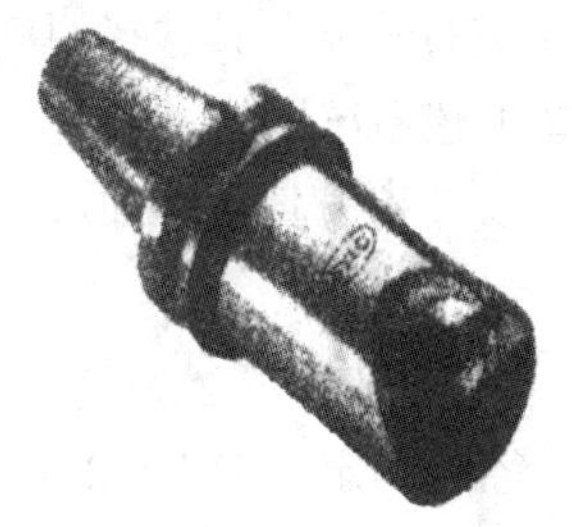

图 7－20 镗刀刀柄

（9）增速刀柄。如图 7－21 所示，当加工所需的转速超过了机床主轴的最高转速时，可以采用这种刀柄将刀具转速增大 4～5 倍，扩大机床的加工范围。

（10）中心冷却刀柄。如图 7－22 所示，为了改善切削液的冷却效果，特别是在孔加工时，采用这种刀柄可以将切削液从刀具中心喷入切削区域，极大地提高了冷却效果，并有利于排屑。使用这种刀柄，要求机床具有相应的功能。

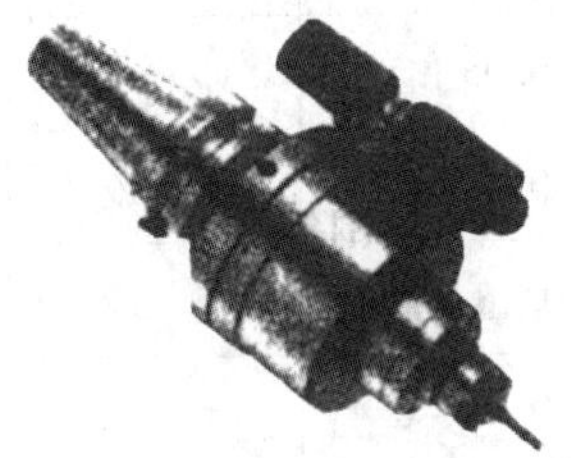

图 7－21 增速刀柄

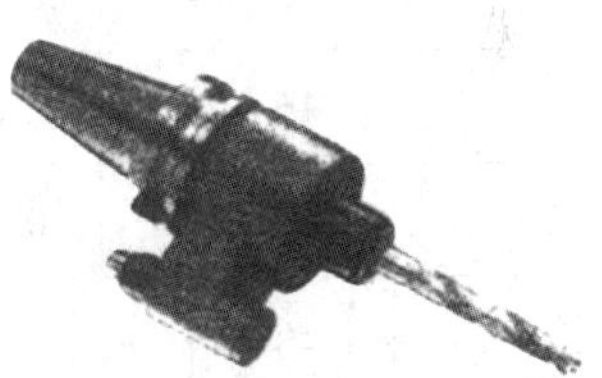

图 7－22 中心冷却刀柄

（11）转角刀柄。如图 7－23 所示，除了使用回转工作台进行五面加工以外，还可以采用转角刀柄达到同样的目的。转角一般有 30°、45°、60°、90°等。

（12）多轴刀柄。如图 7－24 所示，当同一方向的加工内容较多时，如位置靠近的孔系，采用多轴刀柄可以有效地提高加工效率。

4. 刀具尺寸的确定

刀具尺寸包括直径尺寸和长度尺寸。孔加工刀具的直径尺寸一般根据被加工孔直径确定，特别是定尺寸刀具（如钻头、铰刀等）的直径，完全取决于被加工孔直径。面铣刀与立铣刀直径的选择在第 6 章中已经讲述，此处不再重复。

图 7－23 转角刀柄

图 7－24 多轴刀柄

在加工中心上，刀具长度一般是指主轴端面到刀尖的距离。其选择原则：在满足各个部位加工要求的前提下，尽可能减小刀具长度，以提高工艺系统刚性。制定工艺时一般不需要准确确定刀具长度，只需要初步估算刀具长度范围，以方便刀具准备即可。

7.2.4.3 切削用量的选择

切削用量的选择应根据 1.4.3 节、4.4.9 节及 6.2.4.3 节中所述原则、方法和注意事项，在机床说明书允许的范围之内，查阅手册并结合实践经验确定。表 7 - 2 ~ 表 7 - 6 列出了部分孔加工切削用量，供读者选择参考。

表 7 - 2 高速钢钻头加工铸铁时的切削用量参考值（材料硬度不同）

钻头直径/mm	切削用量					
	160 ~ 200 HBS		200 ~ 400 HBS		300 ~ 400 HBS	
	v_c/(m·min^{-1})	f/(mm·r^{-1})	v_c/(m·min^{-1})	f/(mm·r^{-1})	v_c/(m·min^{-1})	f/(mm·r^{-1})
1 ~ 6	16 ~ 24	0.07 ~ 0.12	10 ~ 18	0.05 ~ 0.1	5 ~ 12	0.03 ~ 0.08
6 ~ 12	16 ~ 24	0.12 ~ 0.2	10 ~ 18	0.1 ~ 0.18	5 ~ 12	0.08 ~ 0.15
12 ~ 22	16 ~ 24	0.2 ~ 0.4	10 ~ 18	0.18 ~ 0.25	5 ~ 12	0.15 ~ 0.2
22 ~ 50	16 ~ 24	0.4 ~ 0.8	10 ~ 18	0.25 ~ 0.4	5 ~ 12	0.2 ~ 0.3

注：采用硬质合金钻头加工铸铁时，取 v_c = 20 ~ 30 m/min。

表 7 - 3 高速钢钻头加工钢件时的切削用量参考值（材料强度不同）

钻头直径/mm	切削用量					
	σ_b = 520 ~ 700 MPa（35 钢，45 钢）		σ_b = 700 ~ 900 MPa（15Cr，20Cr）		σ_b = 1 000 ~ 1 100 MPa（合金钢）	
	v_c/(m·min^{-1})	f/(mm·r^{-1})	v_c/(m·min^{-1})	f/(mm·r^{-1})	v_c/(m·min^{-1})	f/(mm·r^{-1})
1 ~ 6	8 ~ 25	0.05 ~ 0.1	12 ~ 30	0.05 ~ 0.1	8 ~ 15	0.03 ~ 0.08
6 ~ 12	8 ~ 25	0.1 ~ 0.2	12 ~ 30	0.1 ~ 0.2	8 ~ 15	0.08 ~ 0.15
12 ~ 22	8 ~ 25	0.2 ~ 0.3	12 ~ 30	0.2 ~ 0.3	8 ~ 15	0.15 ~ 0.25
22 ~ 50	8 ~ 25	0.3 ~ 0.45	12 ~ 30	0.3 ~ 0.45	8 ~ 15	0.25 ~ 0.35

表 7-4 高速钢铰刀铰孔时的切削用量参考值（工件材料不同）

钻头直径/mm	切削用量					
	铸 铁		钢及合金钢		铝铜及其合金	
	v_c/(m·min^{-1})	f/(mm·r^{-1})	v_c/(m·min^{-1})	f/(mm·r^{-1})	v_c/(m·min^{-1})	f/(mm·r^{-1})
6~10	2~6	0.3~0.5	1.2~5	0.3~0.4	8~12	0.3~0.5
10~15	2~6	0.5~1	1.2~5	0.4~0.5	8~12	0.5~1
15~25	2~6	0.8~1.5	1.2~5	0.5~0.6	8~12	0.8~1.5
25~40	2~6	0.8~1.5	1.2~5	0.4~0.6	8~12	0.8~1.5
40~60	2~6	1.2~1.8	1.2~5	0.5~0.6	8~12	1.5~2

注：采用硬质合金铰刀铰铸铁时，v_c=8~10 m/min；铰铝时，v_c=12~15 m/min。

表 7-5 攻螺纹切削用量参考值

加工材料	铸 铁	钢及其合金	铝及其合金
v_c/(m·min^{-1})	2.5~5	1.5~5	5~15

表 7-6 镗孔切削用量参考值

工序	刀具材料	切削用量					
		铸 铁		钢		铝及其合金	
		v_c/(m·min^{-1})	f/(mm·r^{-1})	v_c/(m·min^{-1})	f/(mm·r^{-1})	v_c/(m·min^{-1})	f/(mm·r^{-1})
粗 镗	高速钢 硬质合金	20~25 35~50	0.4~1.5	15~30 50~70	0.35~0.7	100~150 100~250	0.5~1.5
半精镗	高速钢 硬质合金	20~35 50~70	0.15~0.45	15~50 95~135	0.15~0.45	100~200	0.2~0.5
精 镗	高速钢 硬质合金	70~90	D1 级<0.08 D 级 0.12~0.15	100~135	0.12~0.15	150~400	0.06~0.1

注：当采用高精度的镗头镗孔时，由于余量较小，直径余量不大于 0.2 mm，切削速度可提高一些，铸铁件为 100~150 m/min，钢件为 150~250 m/min，铝合金为 200~400 m/min，巴氏合金为 250~500 m/min。进给量可在 0.03~0.1 mm/r 范围内。

7.2.5 刀具预调与换刀点

7.2.5.1 刀具预调概述

在使用CNC系统的刀具直径和长度补偿功能时，需要知道刀具的直径和长度，即刀具预调。刀具预调是加工中心一项重要的工艺准备工作，其目的是在工艺设计后根据加工要求，确定各工序所使用的刀具在刀柄上装夹好后的轴向尺寸和径向尺寸，并填写在工艺文件中，供加工时使用。如图7－25所示，用于孔精加工的可调镗刀，在加工前必须准确调整刀刃相对于主轴轴线的径向位置和轴向位置，即快速简单地预调到一个固定的几何尺寸。刀具预调一般使用机外对刀仪。

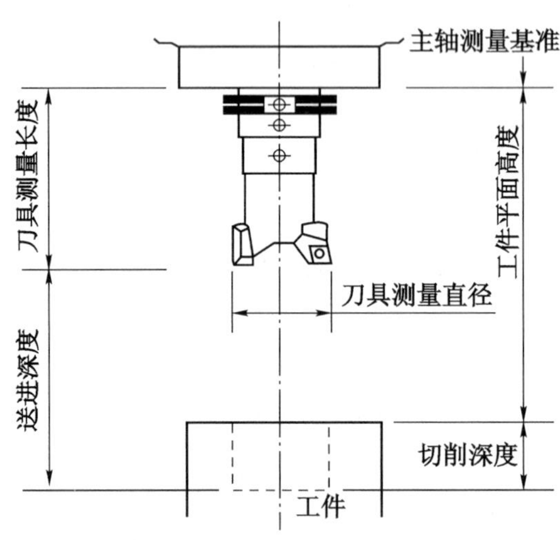

图7－25 镗孔刀尺寸预调

获得刀具尺寸的方法有两种：一是使用测量装置；二是采用机床本身进行测量。测量装置包括量具、光学比较仪、坐标测量机、预调量规和刀具预调测量仪等。使用量具测量和预调刀具精度较差。光学比较仪和坐标测量机各有其适用的领域，用来测量和预调刀具很不方便。因此，使用刀具预调测量仪测量和预调刀具是理想的选择。

获取刀具尺寸最常用的方式是使用机床本身。刀具组件经刀库安装到机床主轴上，然后用机床定位于指定位置，使刀具刚好接触某一已知平面，然后操作者将此数据和一系列指令输入到控制器中。获取直径尺寸的方式基本与此相同。一般来说，用这种方式获得的数据最精确，因为测量是用实际切削时使用的主轴和刀具完成的。但这种方法存在以下缺点。

（1）机上调整刀具浪费时间。机床的主要功能是切削，使用CNC机床测量刀具花费时间太多。一台CNC机床不用于加工零件就是在浪费金钱，把其浪费掉的金钱累计，用不了一年，就足够买一台刀具预调测量仪了。

（2）采用机上预调方式将刀具调整到指定尺寸，即使可能，也非常困难。刀具锁紧在主轴上，操作者无法接触到调整螺丝。在多轴机床上，将刀具预调到指定长度要花费更多时间，因为操作者必须将刀具从主轴上取下来进行调整，预调镗刀时，还要在试切上花费时间。

（3）操作者没有机会和条件详细检查切削刀具的微观状况。刀片上的缺口或崩刃不能事先发现，容易造成被加工表面粗糙或尺寸不合格。此外，刀具的圆跳动也很难检查出来，更难以修正。

刀具预调测量仪就是为简化刀具预调和刀具测量而专门设计的。这种仪器克服了机上测量的缺点，大大提高了刀具预调和测量的速度。对于大多数刀具组件来说，平均每把刀具可节省 3 分钟；对于镗刀来说，每把可节省 8 分钟。标准的刀具预调测量仪比加工中心的价格要便宜得多，采用刀具预调测量仪可以提高加工中心的产量，因而在数月内即可收回刀具预调测量仪的投资。另外，使用刀具预调测量仪还可以检测刀尖的角度、圆角和刃口情况等。

7.2.5.2 刀具预调测量仪的选用与管理

数控机床要保证其稳定的加工精度，就必须配备刀具预调测量仪。但目前国内很多厂家对刀具预调测量仪的了解还不够深，因而在选用、管理方面存在一些问题，甚至造成浪费。因此，在这里对这方面的有关内容进行介绍。

1. 刀具预调测量仪的分类

刀具预调测量仪按功能可分为镗铣类、车削类和综合类 3 类；按精度分为普通级和精密级。

（1）镗铣类刀具预调测量仪。镗铣类刀具预调测量仪主要用于测量镗刀、铣刀及其他带轴刀具切削刃的径向和轴向坐标位置。

（2）车削类刀具预调测量仪。车削类刀具预调测量仪主要用于测量车削刀具切削刃的径向和轴向坐标位置。

（3）综合类刀具预调测量仪。综合类刀具预调测量仪既能测量带轴刀具，又能测量车削刀具切削刃的径向和轴向坐标位置。

2. 刀具预调测量仪的选用

刀具预调测量仪的选用应该与数控机床相适应，即车削中心选用车削类刀具预调测量仪，镗铣类加工中心选择镗铣类刀具预调测量仪。对于既有车削中心又有镗铣类加工中心的机床，应该选择综合类刀具预调测量仪。

刀具预调测量仪的精度应该根据本单位加工零件的尺寸精度而定，在《刀具预调测量仪》（GB/T 22096—2008）中，对普通级和精密级刀具预调测量仪的各项精度指标都作出明确规定。例如，在测量刀具半径时，普通级刀具预调测量仪的测量示值误差为 IT7/3，而精密级刀具预调测量仪的测量示值误差为 IT5/3。这仅仅是刀具预调测量仪本身的测量示值误差，而在实际使用过程中，存在刀具本身的误差、机床误差以及二次传递误差等。一般情况下，用精密级刀具预调测量仪调刀后的加工误差在 IT5 ~ IT7，而用普通级刀具预调测量仪调刀后的加工误差在 IT7 ~ IT9。因此，用户可根据自己工厂实际加工的零件情况，选择适当精度的刀具预调测量仪。

3. 刀具预调测量仪的验收和管理

作为加工中心的辅机，有相当一部分用户选型和订购刀具预调测量仪是由设备部门完成的，购进厂后也作为设备由设备部门验收和管理，这种做法弊病较多。其一，刀具预调测量仪属于计量仪器，而设备部门对计量仪器的验收缺少经验，因而在进行刀具预调测量仪验收时，许多精度指标能否达到要求不是很清楚，一经使用就有可能造成测量误差；其二，在使用过程中必须对刀具预调测量仪精度进行定期检定，以确保其精度的稳定性，而这项工作也必须由计量部门按国家标准的要求进行验收，并定期检定，以避免由此而给工厂带来损失。表7－7为从《刀具预调测量仪》（GB/T 22096—2008）中选取的几个重要项目。

表7－7　刀具预调测量仪精度

<table>
<tr><th colspan="3">项　目</th><th>精密级</th><th>普通级</th></tr>
<tr><td colspan="3">主轴轴向窜动</td><td>0.003</td><td>0.005</td></tr>
<tr><td>主轴径向圆跳动</td><td colspan="2">轴向在300 mm范围内</td><td>0.005</td><td>0.010</td></tr>
<tr><td rowspan="2">仪器测量系统准确度</td><td colspan="2">径向在150 mm范围</td><td>0.005</td><td>0.010</td></tr>
<tr><td colspan="2">轴向在300 mm范围</td><td>0.015</td><td>0.030</td></tr>
<tr><td rowspan="4">仪器示值误差</td><td rowspan="2">径向</td><td><80 mm</td><td>±0.004</td><td>±0.010</td></tr>
<tr><td>>80 mm</td><td>±IT5/3</td><td>±IT7/3</td></tr>
<tr><td rowspan="2">轴向</td><td><80 mm</td><td>±0.007</td><td>±0.015</td></tr>
<tr><td>>80 mm</td><td>±IT5/2</td><td>±IT7/2</td></tr>
<tr><td rowspan="2">仪器示值变动性</td><td colspan="2">径　向</td><td>0.003</td><td>0.010</td></tr>
<tr><td colspan="2">轴　向</td><td>0.005</td><td>0.015</td></tr>
</table>

7.2.5.3　换刀点

由于加工中心采用自动换刀，故换刀点应根据机床的加工空间大小、工件大小及在工作台上的装夹位置、被更换刀具的尺寸及换刀动作的最大空间范围等进行合理选择。原则上是避免相关部件在换刀时产生相互干涉，同时使刀具在换刀前后运动的空行程最小。

7.3　典型零件的加工中心加工工艺分析

7.3.1　箱体类零件加工中心加工工艺分析

如图7－26所示为座盒零件图，其立体图如图7－27所示，零件材料为YL12，毛坯长×宽×高为190 mm×110 mm×35 mm，采用TH5660A立式加工中心加工，单件生产，其加工工艺分析如下。

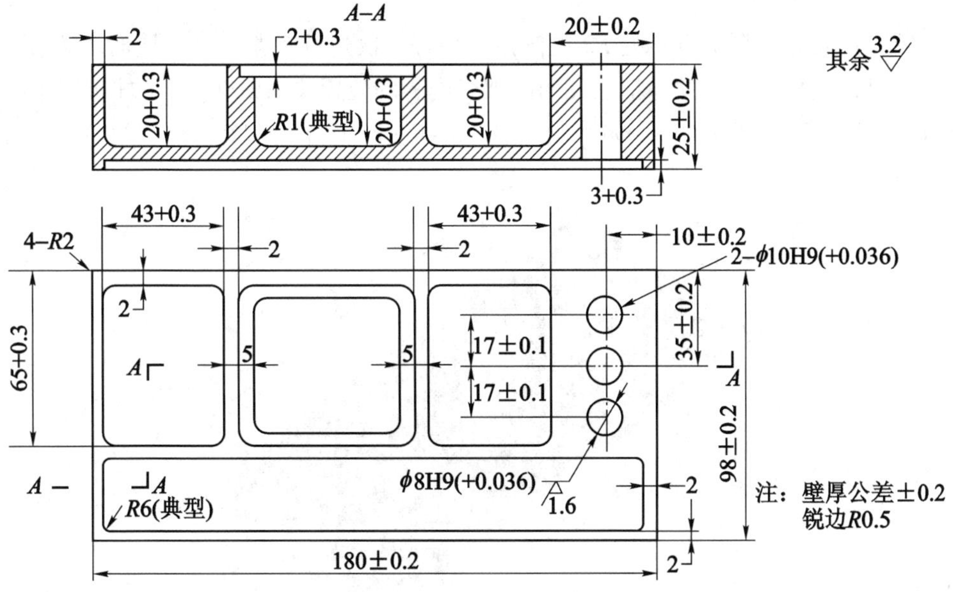

图 7－26 座盒零件图

(a) 正面　　(b) 反面

图 7－27 座盒立体图

1. 零件图工艺分析

该零件主要由平面、型腔及孔系组成。零件尺寸较小，正面有 4 处大小不同的矩形槽，深度均为 20 mm，在右侧有 2 个 $\phi10$，1 个 $\phi8$ 的通孔，反面是一个 176 mm × 94 mm，深度为 3 mm 的矩形槽。该零件形状结构并不复杂，尺寸精度要求也不是很高，但有多处转接圆角，使用的刀具较多，要求保证壁厚均匀。零件材料为 YL12，切削加工性较好，可以采用高速钢刀具，比较适合采用加工中心加工。

该零件主要的加工内容有平面、四周外形、正面 4 个矩形槽、反面 1 个矩形槽及 3 个通孔。该零件壁厚只有 2 mm，加工时除了保证形状和尺寸要求外，主要控制加工中的变形，因此外形和矩形槽要采用依次分层铣削的方法，并控制每次的切削深度。孔加工采用钻、铰即可达到要求。

2. 确定装夹方案

由于零件的长宽外形上有4处 $R2$ 的圆角，最好一次连续铣削出来，同时为方便在正反面加工时零件的定位装夹，并保证正反面的加工内容的位置关系，在毛坯的长度方向两侧设置30 mm左右的工艺凸台和两个 $\phi 8$ 工艺孔，如图7－28所示。

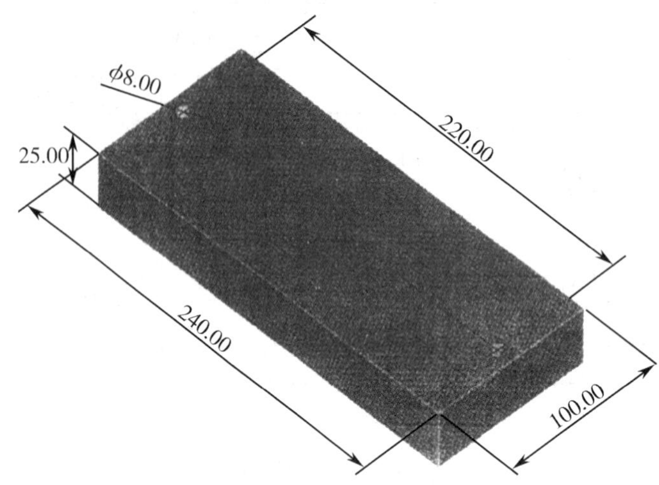

图7－28　工艺凸台及工艺孔

3. 确定加工顺序及走刀路线

根据先面后孔的原则，安排加工顺序为：铣上下表面→打工艺孔→铣反面矩形槽→钻、铰 $\phi 8$ 和 $\phi 10$ 孔→依次分层铣正面矩形槽和外形→钳工去工艺凸台。由于该零件是单件生产，铣削正反面矩形槽（型腔）时，可采用环形走刀路线（见图7－29和图7－30）。

图7－29　反面加工

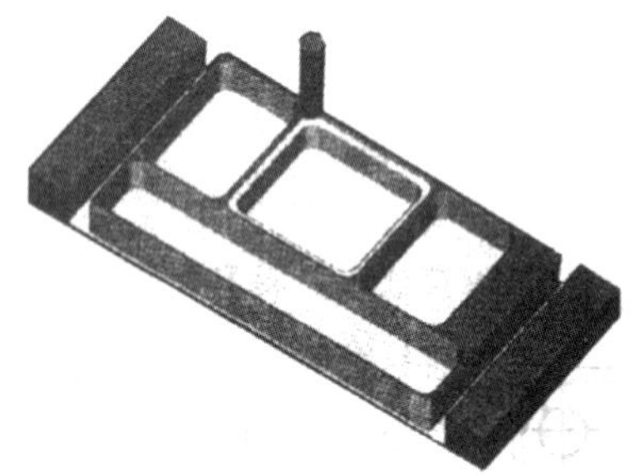

图7－30　正面加工

4. 刀具的选择

铣削上下平面时，为提高切削效率和加工精度，减少接刀刀痕，选用 $\phi 125$ 硬质合金可转位铣刀。根据零件的结构特点，铣削矩形槽时，铣刀直径受矩形槽拐角圆弧半径 $R6$ 的限制，选择 $\phi 10$ mm高速钢立铣刀，刀尖圆弧 r_{ε} 半径受矩形槽底圆弧半径 $R1$ 的限制，取 $r_{\varepsilon}=1$ mm。加工 $\phi 8$ 和 $\phi 10$ 孔时，先用 $\phi 7.8$ 和 $\phi 9.8$ 钻头钻削底孔，然后用 $\phi 8$ 和 $\phi 10$ 铰刀铰孔。所选刀具及其加工表面参见表7－8座盒零件数控加工刀具卡片。

表 7－8 座盒零件数控加工刀具卡片

产品名称或代号		×××		零件名称	座盒	零件图号	×××
序号	刀具号	刀具			加工表面	备注	
		规格名称	数量	刀长/mm			
1	T01	ϕ125 可转位面铣刀	1		铣上下表面		
2	T02	ϕ4 中心钻	1		钻中心孔		
3	T03	ϕ7.8 钻头	1	50	钻 ϕ8H9 孔和工艺孔底孔		
4	T04	ϕ9.8 钻头	1	50	2－ϕ10H9 孔底孔		
5	T05	ϕ8 铰刀	1	50	铰 ϕ8H9 孔和工艺孔		
6	T06	ϕ10 铰刀	1	50	铰 2－ϕ10H9 孔		
7	T07	ϕ10 高速钢立铣刀	1	50	铣削矩形槽、外形	r_ε =1 mm	
编制 ×××	审核 ×××	批准 ×××			年 月 日	共 页	第 页

5. 切削用量的选择

精铣上下表面时留 0.1 mm 铣削余量，铰 ϕ8 和 ϕ10 两个孔时留 0.1 mm 铰削余量。选择主轴转速与进给速度时，先查《切削用量手册》，确定切削速度 v_c 与每齿进给量 f_Z（或进给量 f），然后按式（1－2）～式（1－4）计算主轴转速与进给速度（计算过程从略）。注意：铣削外形时，应使工件与工艺凸台之间留有 1 mm 左右的材料连接，最后钳工去工艺凸台。

6. 填写数控加工工序卡片

将各工步的加工内容、所用刀具和切削用量填入座盒零件数控加工工序卡片（见表 7－9）。

表 7－9 座盒零件数控加工工序卡片

单位名称		北方工业大学	产品名称或代号		零件名称		零件图号
			×××		座盒		×××
工序号		程序编号	夹具名称		使用设备		车间
×××		×××	螺旋压板		TH5660A		数控中心
工步号	工步内容	刀具号	刀具规格/mm	主轴转速/(r·min^{-1})	进给速度/(mm·min^{-1})	背/侧吃刀量/mm	备注
1	粗铣上表面	T01	ϕ125	200	100		自动
2	精铣上表面	T01	ϕ125	300	50	0.1	自动
3	粗铣下表面	T01	ϕ125	200	100		自动
4	精铣下表面，保证尺寸 25±0.2	T01	ϕ125	300	50	0.1	自动
5	钻工艺孔的中心孔（两个）	T02	ϕ4	900	40		自动

续表

工步号	工步内容	刀具号	刀具规格/mm	主轴转速/(r·min⁻¹)	进给速度/(mm·min⁻¹)	背/侧吃刀量/mm	备注
6	钻工艺孔底孔至 ϕ7. 8	T03	ϕ7. 8	400	60		自动
7	铰工艺孔	T05	ϕ8	100	40		自动
8	粗铣底面矩形槽	T07	ϕ10	800	100	0. 5	自动
9	精铣底面矩形槽	T07	ϕ10	1 000	50	0. 2	自动
10	底面及工艺孔定位钻 ϕ8、ϕ10 中心孔	T02	ϕ4	900	40		自动
11	钻 ϕ8H9 底孔至 ϕ7. 8	T03	ϕ7. 8	400	60		自动
12	铰 ϕ8H9 孔	T05	ϕ8	100	40		自动
13	钻 2 - ϕ10H9 底孔至 ϕ9. 8	T04	ϕ9. 8	400	60		自动
14	铰 2 - ϕ10H9 孔	T06	ϕ10	100	40		自动
15	粗铣正面矩形槽及外形（分层）	T07	ϕ10	800	100	0. 5	自动
16	精铣正面矩形槽及外形	T07	ϕ10	1 000	50	0. 1	自动
编制 ×××	审核 ×××	批准 ×××		年 月 日		共 页	第 页

7. 3. 2 盖板零件加工中心加工工艺分析

在立式加工中心上加工如图 7 - 31 所示的盖板零件，零件材料为 HT200，铸件毛坯长 × 宽 × 高为 170 mm × 170 mm × 23 mm，其加工中心加工工艺分析如下。

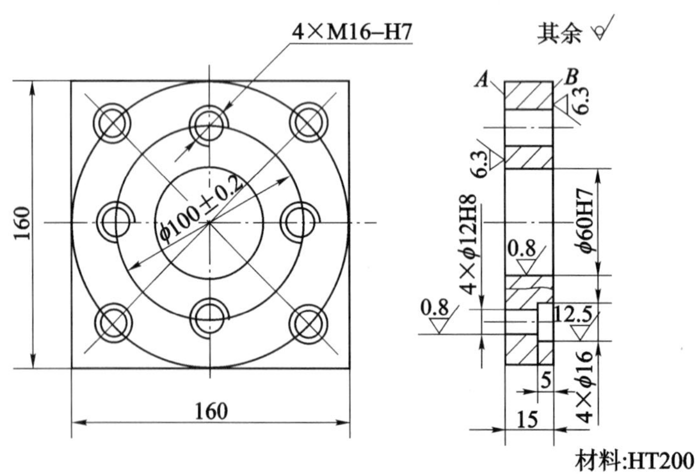

图 7 - 31 盖板零件

1. 零件图工艺分析

该零件毛坯为铸件，外轮廓（4 个侧面）为不加工面，主要加工面为 A 面、B 面及孔系加工，孔系包括 4 个 M16 螺纹孔、4 个阶梯孔及 1 个 ϕ60H7。尺寸精度要求一般，最高为 IT7 级。4 × ϕ12H8 和 ϕ60H7 孔的表面粗糙度要求较高，达到 Ra0.8，其余加工表面粗糙度要求一般。

根据上述分析，B 面加工可采用粗铣→精铣方案；ϕ60H7 孔为已铸出毛坯孔，因此选择粗镗→半精镗→精镗方案；4 × ϕ12H8 宜采用钻孔→铰孔方案，以满足表面粗糙度要求。

2. 确定装夹方案

该零件形状比较规则、简单，加工面与不加工面的位置精度要求不高，可采用平口虎钳夹紧。但应先加工 A 面，然后以 A 面（主要定位基面）和两个侧面定位，用虎钳从侧面夹紧。

3. 确定加工顺序及走刀路线

按照先面后孔、先粗后精的原则确定加工顺序。总体顺序为先粗后精铣 A 面、B 面→粗镗、半精镗、精镗 ϕ60H7 孔→钻各中心孔→钻、锪、铰 4 × ϕ12H8 和 4 × ϕ16 孔→钻 4 × M16 螺纹底孔→攻螺纹。

由零件图可知，孔的位置精度要求不高，因此所有孔加工的进给路线按最短路线确定。如图 7 – 32 ~ 图 7 – 36 所示为孔加工各工步的进给路线。

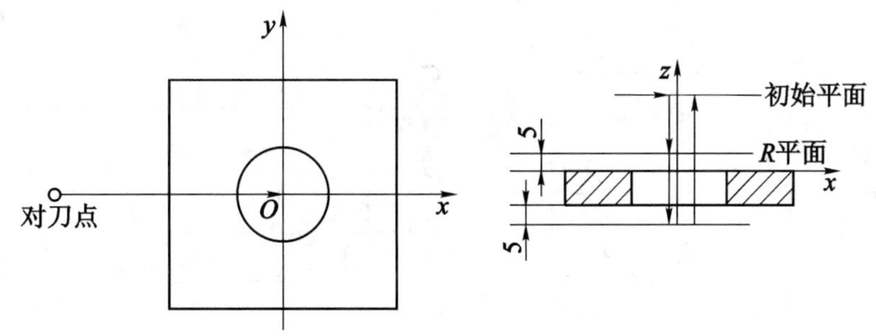

图 7 – 32　镗 ϕ60H7 孔进给路线

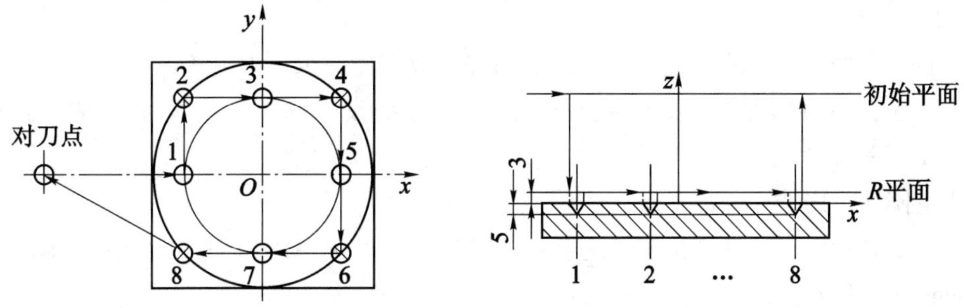

图 7 – 33　钻中心孔进给路线

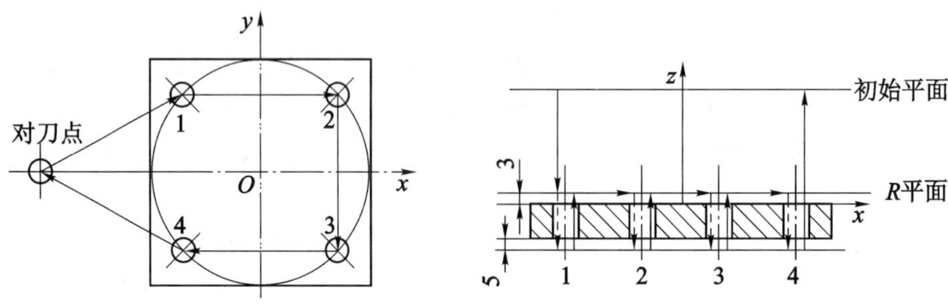

图 7－34　钻、铰 4×ϕ12H8 孔进给路线

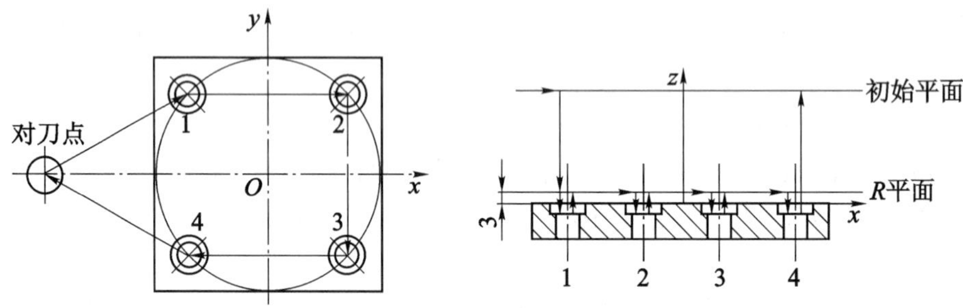

图 7－35　锪 ϕ16 孔进给路线

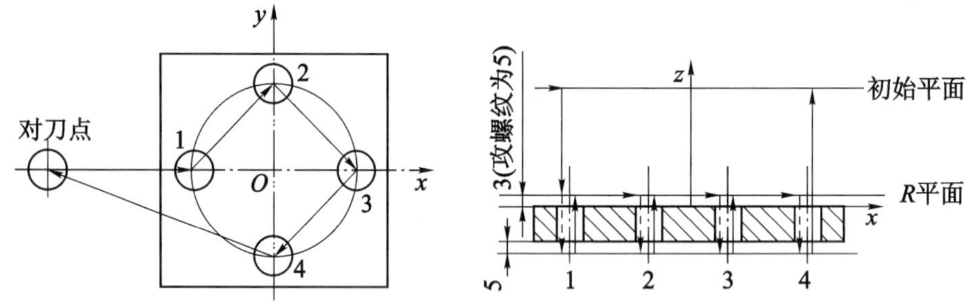

图 7－36　钻螺纹底孔、攻螺纹进给路线

4. 刀具的选择

铣 A 面、B 面时，为缩短进给路线，提高加工效率，减少接刀痕迹，同时考虑切削力矩不要太大，选择 ϕ100 硬质合金可转位面铣刀。孔、螺纹孔加工刀具尺寸根据加工尺寸选择，其加工刀具卡片见表 7－10。

5. 切削用量的选择

铣 A 面、B 面时，留 0.2 mm 精铣余量；精镗 ϕ60H7 孔留 0.1 mm 余量；4×ϕ12H8 孔留 0.1 mm 铰孔余量。

查《切削用量手册》确定切削速度和进给量，然后根据式（1－2）~式（1－4）计算各工步的主轴转速和进给速度。

6. 填写数控加工工序卡片

将各工步的加工内容、所用刀具和切削用量填入盖板零件数控加工工序卡片（见表7-11）。

表7-10 盖板零件数控加工刀具卡片

产品名称或代号		×××		零件名称	盖板	零件图号	×××
序号	刀具号	刀具			加工表面		备注
		规格名称	数量	刀长/mm			
1	T01	ϕ100 可转位面铣刀	1		铣 A、B 表面		
2	T02	ϕ3 中心钻	1		钻中心孔		
3	T03	镗刀 ϕ58	1		粗镗 ϕ60H7 孔		
4	T04	镗刀 ϕ59.9	1		半精镗 ϕ60H7 孔		
5	T05	镗刀 ϕ60H7	1		精镗 ϕ60H7 孔		
6	T06	麻花钻 ϕ11.9	1		钻 4×ϕ12H8 底孔		
7	T07	阶梯铣刀 ϕ16	1		锪 4×ϕ16 阶梯孔		
8	T08	铰刀 ϕ12H8	1		铰 4×ϕ12H8 孔		
9	T09	麻花钻 ϕ14	1		钻 4×M16 螺纹底孔		
10	T10	90°角度铣刀 ϕ16	1		4×M16 螺纹孔倒角		
11	T11	机用丝锥 M16	1		攻 4×M16 螺纹孔		
编制 ×××	审核 ×××	批准 ×××			年 月 日	共 页	第 页

表7-11 盖板零件数控加工工序卡片

单位名称	北方工业大学	产品名称或代号		零件名称		零件图号	
		×××		盖板		×××	
工序号	程序编号	夹具名称		使用设备		车间	
×××	×××	平口虎钳		TH5660A		数控中心	
工步号	工步内容	刀具号	刀具规格/mm	主轴转速/($r \cdot min^{-1}$)	进给速度/($mm \cdot min^{-1}$)	背/侧吃刀量/mm	备注
1	粗铣 A 面	T01	ϕ100	250	80	3.8	自动
2	精铣 A 面	T01	ϕ100	320	40	0.2	自动
3	粗铣 B 面	T01	ϕ100	250	80	3.8	自动
4	精铣 B 面，保证厚度尺寸 15	T01	ϕ100	320	40	0.2	自动
5	钻各光孔和螺纹孔的中心孔	T02	ϕ3	1 000	40		自动
6	粗镗 ϕ60H7 孔至 ϕ58	T03	ϕ58	400	60		自动
7	半精镗 ϕ60H7 孔至 ϕ59.9	T04	ϕ59.9	460	50		自动

续表

工步号	工步内容	刀具号	刀具规格/mm	主轴转速/(r·min^{-1})	进给速度/(mm·min^{-1})	背/侧吃刀量/mm	备注
8	精镗 ϕ60H7 孔	T05	ϕ60H7	520	30		自动
9	钻 4×ϕ12H8 底孔至尺寸 ϕ11.9	T06	ϕ11.9	500	60		自动
10	锪 4×ϕ16 阶梯孔	T07	ϕ16	200	30		自动
11	铰 4×ϕ12H8 孔	T08	ϕ12H8	100	30		自动
12	钻 4×M16 螺纹底孔至 ϕ14	T09	ϕ14	350	50		自动
13	4×M16 螺纹孔端倒角	T10	ϕ16	300	40		自动
14	攻 4×M16 螺纹孔	T11	M16	100	200		自动
编制 ×××	审核 ×××	批准	×××	年 月 日		共 页	第 页

思考与练习题

1. 加工中心的工艺特点有哪些？
2. 在加工中心上加工零件时，如何划分加工阶段？
3. 孔加工进给路线如何确定？
4. 如何确定零件在加工中心工作台上的最佳位置？
5. 采用刀具预调测量仪有何好处？

模拟自测题

一、单项选择题

1. 加工中心和数控铣镗床的主要区别是（　　）。

   A. 加工中心装有刀库并能自动换刀　　B. 加工中心有两个或两个以上工作台

   C. 加工中心加工的精度高　　D. 加工中心能进行多工序加工

2. 立式加工中心是指（　　）的加工中心。

   A. 主轴为水平　　B. 主轴为虚轴

   C. 主轴为垂直　　D. 工作台为水平

3. 在加工中心上加工箱体，一般一次安装能（　　）。

   A. 加工多个表面　　B. 只能加工孔类

   C. 加工全部孔和面　　D. 只能加工平面

4. 公制普通螺纹的牙型角是（　　）。

   A. 55°　　B. 30°　　C. 60°　　D. 45°

5. 精加工 ϕ30 以上孔时，通常采用（　　）。

A. 镗孔　　B. 铰孔　　C. 钻孔　　D. 铣孔

6. 采用刀具预调测量仪对刀具组件进行尺寸预调，主要是预调（　　）。

A. 几何角度　　B. 轴向和径向尺寸　　C. 粗糙度　　D. 锥度

7. 加工中心加工时，零件一次安装应完成尽可能多的零件表面加工，这样有利于保证零件各表面的（　　）。

A. 尺寸精度　　B. 相互位置精度　　C. 表面粗糙度　　D. 形状精度

8. 加工中心通常按工序集中原则划分工序，（　　）不是工序集中原则的优点。

A. 提高生产效率　　B. 缩短工艺路线

C. 保证各加工表面间相互位置精度　　D. 优化切削用量

9. 精镗位置精度要求较高的孔系零件时，应采用（　　）的方法确定镗孔路线，以避免传动系统反向间隙对孔定位精度的影响。

A. 单向趋近定位点　　B. 反向趋近定位点

C. 双向趋近定位点　　D. 任意方向趋近定位点

10. 在加工中心上加工螺纹时，（　　）以下螺纹不宜采用机用丝锥攻丝方法加工。

A. M10　　B. M6　　C. M20　　D. M30

二、判断题（正确的打✓，错误的打×）

1. 加工中心是一种带有刀库和自动刀具交换装置的数控机床。（　　）

2. 主轴在空间处于水平状态的加工中心叫卧式加工中心，处于竖直状态的叫立式加工中心。（　　）

3. 数控加工中心的工艺特点之一就是“工序集中”。（　　）

4. 基准重合原则和基准统一原则发生矛盾时，若不能保证尺寸精度，则应遵循基准重合原则。（　　）

5. 铣削封闭键槽时，应采用键槽铣刀加工。（　　）

6. 轮廓加工完成时，一般应在刀具将要离开工件之时取消刀补。（　　）

7. 立铣刀铣削平面轮廓时，铣刀半径应大于或等于工件最小凹圆弧半径。（　　）

8. 浮动镗刀镗孔时，无法纠正孔的位置误差。（　　）

9. 因加工中心加工精度高，所以零件设计基准与定位基准即使不重合，也不用进行尺寸链换算。（　　）

10. 对于同轴度要求很高的孔系加工，可以采取刀具集中原则。（　　）

三、简答题

1. 加工中心的主要加工对象是什么？

2. 在加工中心上加工的零件，其结构工艺性应满足哪些要求？

3. 加工中心加工零件时，如何选择定位基准？

4. 加工中心安排加工顺序时，应遵循什么原则？

5. 刀具预调测量仪的作用是什么？其种类有哪些？

四、分析题

拟定如图 7－37 所示零件的数控加工中心加工工艺，并填写加工刀具卡片和数控加工工序卡片。零件材料 HT200，单件小批生产。

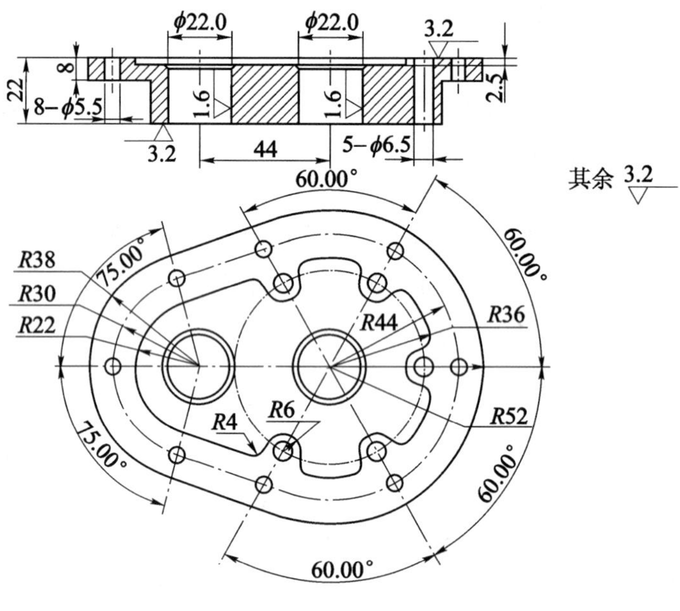

图 7－37　分析题图

8　数控线切割加工工艺

学习目标

1. 了解数控线切割加工的原理、特点与应用。
2. 掌握数控线切割加工的主要工艺指标及影响因素。
3. 了解数控线切割加工工艺分析的内容及方法。

内容提要

本章重点讨论数控线切割加工的原理、特点、应用及主要工艺指标；介绍数控线切割加工工艺分析的内容及方法，并结合典型零件进行数控线切割加工工艺分析。

8.1　数控线切割加工概述

8.1.1　数控线切割加工的原理

电火花线切割加工（Wire Cut Electrical Discharge Machining，WEDM）是在电火花加工基础上发展起来的一种工艺形式，是用线状电极（铜丝或钼丝）利用火花放电对工件进行切割。电火花线切割加工机床的运动由数控装置控制时，称为数控线切割加工。

数控线切割加工的基本原理是利用移动的细金属丝（铜丝或钼丝）作为工具电极（接高频脉冲电源的负极），对工件（接高频脉冲电源的正极）进行脉冲火花放电而切割成所需的工件形状与尺寸。

根据电极丝的运行速度，数控线切割机床通常分为两大类：一类是高速走丝数控线切割机床，这类机床的电极丝做高速往复运动，一般走丝速度为 8 ~ 12 m/s，这是我国生产和使用的主要机种，也是我国独创的数控线切割加工模式；另一类是低速走丝数控线切割机床，这类机床的电极丝做低速单向运动，一般走丝速度为 0.2 m/s，这是国外生产和使用的主要机种。

如图 8 - 1 所示为高速走丝数控线切割加工原理图。被切割的工件作为工件电极，钼丝作为工具电极。脉冲电源发出一连串的脉冲电压，加到工件电极和工具电极上，钼丝与工件之间施加足够的、具有一定绝缘性能的工作液（图中未画出）。当钼丝与工件的距离小到一定程度时，在脉冲电压的作用下，工作液被击穿，钼丝与工件之间形成瞬时放电通道，产生瞬时高温，使金属局部熔化甚至汽化而被蚀除下来，若工作台按照规定的步序带动工件不断地进给，就能切割出所需要的形状。由于贮丝筒带动钼丝作正反交替的高速移动，所以钼丝基本上不被蚀除，可使用较长时间。

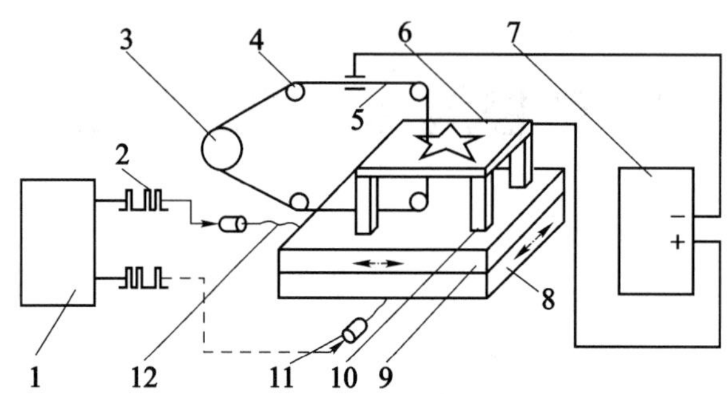

1—数控装置；2—信号；3—贮丝筒；4—导轮；5—电极丝；6—工件；7—脉冲电源；
8—下工作台；9—上工作台；10—垫铁；11—步进电机；12—丝杠。

图8-1　高速走丝数控线切割加工原理图

8.1.2　数控线切割加工的特点

数控线切割加工具有电火花加工的共性，金属材料的硬度和韧性并不影响加工速度，常用来加工淬火钢和硬质合金；对于非金属材料的加工，也正在开展研究中。当前绝大多数的线切割机，都采用数字程序控制，其工艺特点有以下几点。

（1）用于加工一般切削方法难以加工或无法加工的形状复杂的工件，如冲模、凸轮、样板及外形复杂的精密零件等，尺寸精度可达0.01～0.02 mm，表面粗糙度 *Ra* 可达1.6 μm。

（2）不像电火花成型加工那样制造特定形状的工具电极，而是采用直径不等的细金属丝（铜丝或钼丝等）作为工具电极，因此切割用的刀具简单，大大降低生产准备工时。

（3）利用计算机辅助自动编程软件，可方便地加工复杂形状的直纹表面。

（4）电极丝直径 ϕ 较细（0.025～0.3 mm），切缝很窄，这样不仅有利于材料的使用，而且适合加工细小零件。

（5）电极丝在加工中是移动的，不断更新（低速走丝）或往复使用（高速走丝），可以完全或短时间不考虑电极丝损耗对加工精度的影响。

（6）依靠计算机对电极丝轨迹的控制和偏移轨迹的计算，可方便地调整凹凸模具的配合间隙，依靠锥度切割功能，有可能实现凹凸模具一次加工成形。

（7）对于粗、中、精加工，只需调整电参数，操作方便，自动化程度高。

（8）加工对象主要是平面形状，台阶盲孔型零件还无法进行加工。但是当机床上加上能使电极丝做相应倾斜运动的功能后，可实现锥面加工。

（9）当零件无法从周边切入时，工件上需钻穿丝孔。

（10）电极丝在加工中不接触工件，两者之间的作用力很小，因而不要求电极丝、工件及夹具有足够的刚度以抵抗切削变形。

（11）电极丝材料不必比工件材料硬，可以加工用一般切削方法难以加工或无法加工的金属材料和半导体材料，如淬火钢、硬质合金等。

（12）与一般切削加工相比，线切割加工的效率低，加工成本高，不适合形状简单的大批零件的加工。

8.1.3 数控线切割加工的应用

数控线切割加工为新产品试制、精密零件及模具加工开辟了一条新的途径，主要应用于以下几方面。

1. 加工模具

数控线切割适用于各种形状的冲模，调整不同的间隙补偿量，只需一次编程就可以切割凸模、凸模固定板、凹模卸料板等，模具配合间隙、加工精度一般都能达到要求。此外，数控线切割还可加工挤压模、粉末冶金模、弯曲模、塑压模等通常带锥度的模具。

2. 加工电火花成型加工用的电极

一般穿孔加工的电极和带锥度型腔加工的电极，对于铜钨、银钨合金之类的材料，用线切割加工特别经济，同时也适用于加工微细复杂形状的电极。

3. 加工零件

在试制新产品时，用线切割在板料上直接割出零件，如切割特殊微电机硅钢片定转子铁心。由于不需另行制造模具，故可大大缩短制造周期，降低成本。同时，其修改设计、变更加工程序比较方便，加工薄件时还可多片叠在一起加工。在零件制造方面，线切割可用于加工品种多、数量少的零件，特殊难加工材料的零件，材料试验样件，各种型孔、凸轮、样板、成型刀具，同时还可以进行微细加工和异形槽加工等。

8.2 数控线切割加工的主要工艺指标及影响因素

8.2.1 数控线切割加工的主要工艺指标

1. 切割速度 v_{wi}

在保持一定的表面粗糙度的切割过程中，单位时间内电极丝中心线在工件上切过的面积总和称为切割速度，单位为 mm^2/min。最高切割速度 v_{wimax} 是指在不计切割方向和表面粗糙度等条件下，所能达到的切割速度。通常高速走丝线切割速度为 40 ~ 80 mm^2/min，低速走丝线切割速度可达 350 mm^2/min，它与加工电流大小有关。为比较不同输出电流脉冲电源的切割效果，将每安培电流的切割速度称为切割效率，一般切割效率为 20 $mm^2/(min \cdot A)$。

2. 表面粗糙度

与电火花加工表面粗糙度一样，我国和欧洲常用轮廓算术平均偏差 Ra（单位：μm）来表示。高速走丝线切割的表面粗糙度 Ra 一般为 1.25 ~ 2.5 μm，最佳也只有 1 μm 左右；低速走丝线切割 Ra 一般可达 1.25 μm，最佳可达 0.2 μm。

3. 电极丝损耗量

对高速走丝机床，电极丝损耗量用电极丝在切割 10 000 mm^2 面积后电极丝直径的减少量来表示。一般每切割 10 000 m^2 后，钼丝直径减小不应大于 0.01 mm。

4. 加工精度

加工精度是指所加工工件的尺寸精度、形状精度（如直线度、平面度、圆度等）和位置精度（如平行度、垂直度、倾斜度等）的总称。高速走丝线切割的可控加工精度在 0.01 ~ 0.02 mm，低速走丝线切割为 0.002 ~ 0.005 mm。

8.2.2 影响数控线切割加工工艺指标的主要因素

1. 电参数对线切割加工指标的影响

（1）脉冲宽度 t_i。通常 t_i 加大时，加工速度提高而表面粗糙度变差。一般 $t_i = 2 \sim 60$ μs，当 $t_i > 40$ μs 后，加工速度提高不多，且电极丝损耗增大。在分组脉冲及光整加工时，t_i 可小至 0.5 μs 以下，能改善表面粗糙度至 $Ra < 1.25$ μm。

（2）脉冲间隔 t_o。t_o 减小时，平均电流增大，切割速度正比加快，但 t_o 不能过小，以免引起电弧和断丝。一般取 $t_o = (4 \sim 8)t_i$。在刚切入或大厚度加工时，应取较大的 t_o 值。

（3）开路电压 u_i。该值会引起放电峰值电流和电加工间隙的改变。u_i 提高，加工间隙增大，排屑容易，提高了切割速度和加工稳定性，但易造成电极丝振动。通常 u_i 的提高还会使电极丝损耗量加大，一般取 $u_i = 60 \sim 150$ V。

（4）放电峰值电流 i_e。这是决定单脉冲能量的主要因素之一。i_e 增大时，切割速度提高，表面粗糙度变差，电极丝损耗量加大甚至断丝。一般 i_e 小于 40 A，平均电流小于 5 A。低速走丝线切割加工时，因脉宽很窄，电极丝又较粗，故 i_e 有时大于 50 A。

（5）放电波形。在相同的工艺条件下，高频分组脉冲常常获得较好的加工效果。电流波形的前沿上升比较缓慢时，电极丝损耗量较少。不过当脉宽很窄时，必须有陡的前沿才能进行有效的加工。

（6）极性。因脉宽较窄，所以线切割加工都用正极性，工件接电源的正极，否则切割速度变慢而电极丝损耗量增大。

（7）变频、进给速度。预置进给速度的调节对切割速度、加工精度和表面质量的影响很大。因此，调节预置进给速度应紧密跟踪工件蚀除速度，以保持加工间隙恒定在最佳值上。这样可使有效放电状态的比例大，而开路和短路的比例少，使切割速度达到给定加工条件下的最大值，相应的加工精度和表面质量也好。如果预置进给速度调得太快，超过工件可能的蚀除速度，会出现频繁的短路现象，切割速度反而降低（欲速则不达），表面粗糙度也差，上下端面切缝呈焦黄色，甚至可能断丝；反之，进给速度调得太慢，大大落后于工件的蚀除速度，极间将偏于开路，有时会时而开路、时而短路，上下端面切缝呈焦黄色。这两种情况都大大影响工艺指标。因此，应按电压表、电流表调节进给旋钮，使表针稳定不动，此时进给速度均匀、平稳，是线切割加工速度和表面粗糙度均好的最佳状态。

2. 非电参数对线切割加工指标的影响

（1）电极丝直径的影响。电极丝直径对加工精度的影响较大。若电极丝直径过小，则其承受电流小，切缝也窄，不利于排屑和稳定加工，不可能获得理想的切割速度。因此，在一定范围内，加大电极丝的直径对提高切割速度是有利的。但电极丝直径超过一定程度时，会造成切缝过大，加工量增大，反而又影响切割速度，因此电极丝直径不宜过大。此外，电极丝直径对切割速度的影响还受脉冲参数等综合因素的制约，如图 8－2 所示是快走丝线切割电极丝直径对切割速度影响的一组实验曲线。常用电极丝直径一般为 0. 12～0. 18 mm（快走丝）和 0. 076～0. 3 mm（慢走丝）。

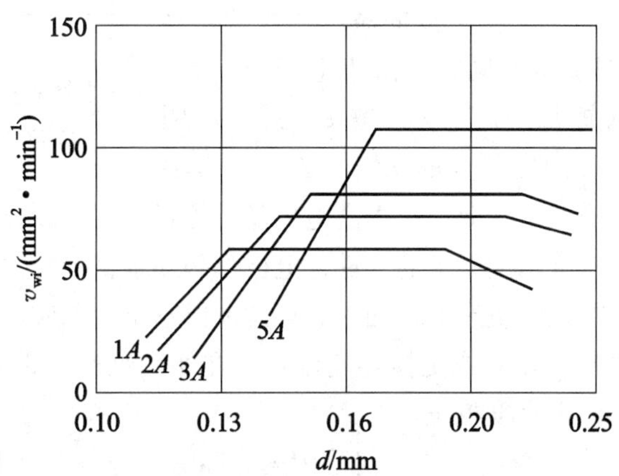

图 8－2　快走丝线切割电极丝直径对切割速度影响的一组实验曲线

（工件材料 Cr12，HRC＞55，厚度 H＝40 mm；

电极丝 Mo，丝速 11 m/s，工作液 15%DX-1）

（2）电极丝松紧程度的影响。在上丝、紧丝过程中，如果上丝过紧，电极丝超过弹性变形的限度，频繁地往复、弯曲、摩擦和放电时的急热、急冷变化，容易造成疲劳断丝。

若上丝过松，在切割较厚工件时，由于电极丝的跨距较大，造成其振动幅度较大，同时在加工过程中受放电压力的作用而弯曲变形，导致电极丝切割轨迹落后并偏离工件轮廓，即出现加工滞后现象（见图 8－3），从而造成形状与尺寸误差。例如，切割较厚的圆柱体会出现腰鼓形状，严重时电极丝快速运转容易跳出导轮槽或限位槽而被卡断或拉断。因此，电极丝张力的大小对运行时电极丝的振幅和加工稳定性有很大影响，在上电极丝时应采取适当的张紧措施（如在上丝过程中外加辅助张力或上丝后采用手持滑轮再张紧一次）。为了不降低电火花线切割的工艺指标，张力在电极丝抗拉强度允许范围内应尽可能大一点，张力的大小应视电极丝的材料与直径的不同而异，一般高速走丝线切割机床钼丝张力应为 5～10 N。

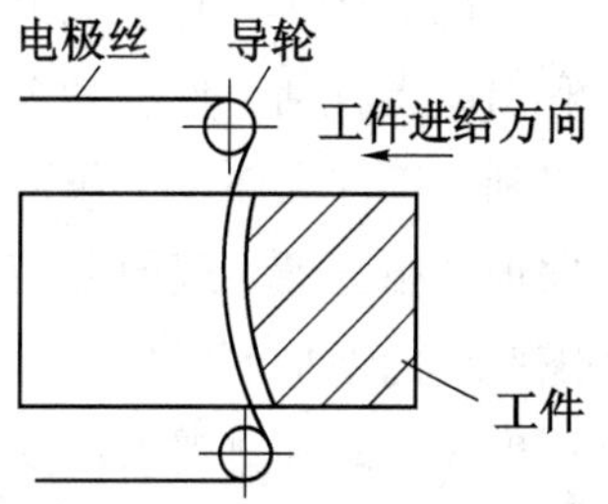

图 8－3　放电切割时电极丝弯曲变形出现加工滞后

（3）电极丝垂直度的影响。电极丝运动的位置主要由导轮决定，如果导轮有径向圆跳动或轴向窜动，电极丝就会发生振动，振幅大小取决于导轮跳动或窜动值。假定下导轮是精确的，上导轮在水平方向上有径向圆跳动，如图 8－4 所示，这时切割出的圆柱体工件必然出现圆柱度偏差。

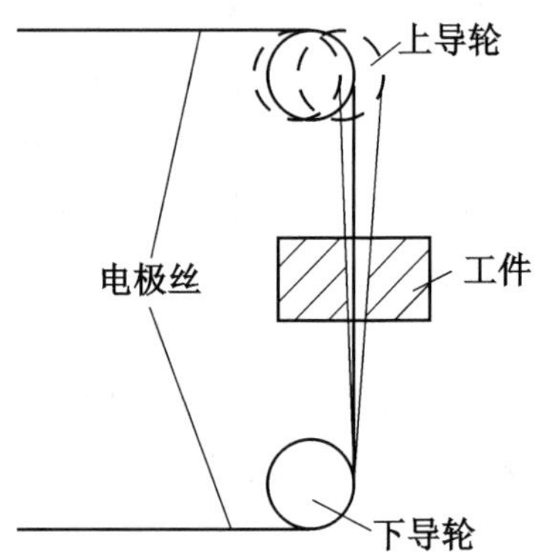

图 8－4　上导轮水平方向径向圆跳动

导轮 V 形槽槽底圆角半径超过电极丝半径时，将不能保持电极丝的精确位置。两导轮的轴线不平行，或者两导轮轴线虽平行，但 V 形槽不在同一平面内，导轮的圆角半径会较快地磨损，使电极丝正反向运动时不是靠在同一侧面上，加工表面上产生正反向条纹，这就直接影响加工精度和表面粗糙度。同时，由于电极丝抖动，使电极丝与工件间瞬时短路，开路次数增多，脉冲利用率降低，切缝变宽。对于同样长度的切缝，工件的电蚀量增大，使得切割效率降低。因此，应提高电极丝的位置精度，以提高各项加工工艺指标。

为了准确地切割出符合精度要求的工件，电极丝必须垂直于工件的装夹基面或工作台定位面。在具有锥度加工功能的机床上，加工起点的电极丝位置也应该是这种垂直状态。机床运行一定时间后，应更换导轮，或更换导轮轴承。在切割锥度工件之后和进行再次加工之前，应再次进行电极丝的垂直度校正。

（4）电极丝走丝速度的影响。在一定范围内，随着走丝速度的提高，线切割速度也可以提高。提高走丝速度有利于电极丝把工作液带入较大厚度的工件放电间隙中，有利于电蚀产物的排除和放电加工的稳定。走丝速度也影响电极在加工区的逗留时间和放电次数，从而影响线电极的损耗。但走丝速度过高将使电极丝的振动加大，精度降低，表面粗糙度变差，并且易造成断丝。因此，高速走丝线切割加工时的走丝速度一般以小于 10 m/s 为宜。

（5）工件厚度及材料的影响。工件材料薄，工作液容易进入并充满放电间隙，对排屑和消电离有利，加工稳定性好。但工件太薄，金属丝易产生抖动，对加工精度和表面粗糙度不利。工件太厚，工作液难于进入和充满放电间隙，加工稳定性差，但电极丝不易抖动，因此加工精度高，表面粗糙度值较小。工件厚度 h 对切割速度 v_{wi} 的影响如图 8－5 所示，v_{wi} 先随厚度的增加而增加，达到某一最大值（一般为 50～100 mm^2/min）后开始下降，这是因为厚度过大时，排屑条件变差。

工件材料不同，其熔点、气化点、热导率等都不一样，因而加工效果也不同。例如，采用乳化液加工时，加工效果如下。

①加工铜、铝、淬火钢时，加工过程稳定，切割速度高。

②加工不锈钢、磁钢、未淬火高碳钢时，稳定性较差，切割速度较低，工件表面质量不太好。

③加工硬质合金时，比较稳定，切割速度较低，表面粗糙度值小。

(6) 工作液的影响。在数控线切割加工中，可使用的工作液种类很多，有煤油、乳化液、去离子水、蒸馏水、洗涤剂、酒精溶液等，它们对工艺指标的影响各不相同，特别是对加工速度的影响较大。早期采用低速走丝方式、RC 电源时，多采用油类工作液。其他工艺条件相同时，油类工作液的切割速度相差不大，一般为 2 ~ 3 mm^2/min，其中以煤油中加 30% 的变压器油为好。醇类工作液不如油类工作液能适应高切割速度。

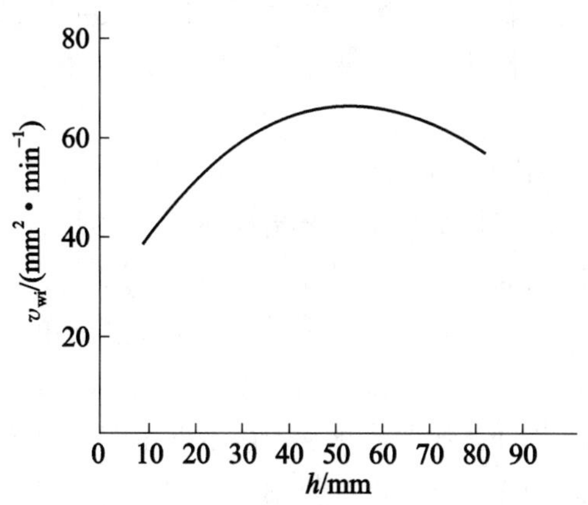

图 8-5 工件厚度 h 对切割速度 v_{wi} 的影响

(工件材料 T10 淬火钢；钼丝直径 $\phi0.22$；
丝速 7 m/s；采用浓度 10% 乳化液；
$t_i = 30\ \mu s$；$t_o = 50\ \mu s$；$i_e = 30$ A)

采用高速走丝方式、矩形波脉冲电源时，试验结果表明：

①自来水、蒸馏水、去离子水等水类工作液对放电间隙冷却效果较好，特别是在工件较厚的情况下，冷却效果更好。然而采用水类工作液时，切割速度低，易断丝。这是因为水类工作液的冷却能力强，电极丝在冷热变化频繁时，丝易变脆，容易断丝。此外，水类工作液洗涤性能差，对放电产物排除不利，放电间隙状态差，故表面黑脏，加工速度低。

②煤油工作液切割速度低，但不易断丝。因为煤油介电强度高，间隙消耗放电能量多，分配到两极的能量少；同时，同样电压下放电间隙小，排屑困难，导致切割速度低。但煤油受冷热变化影响小，且润滑性能好，电极丝运动磨损小，因此不易断丝。

③水中加入少量洗涤剂、皂片等，切割速度可能成倍增长。这是因为水中加入洗涤剂或皂片后，工作液洗涤性能变好，有利于排屑，改善了间隙状态。

④乳化型工作液比非乳化型工作液的切割速度高。因为乳化液的介电强度比水高，比煤油低；冷却能力比水弱，比煤油好；洗涤性比水和煤油都好，故切割速度高。

总之，工艺条件相同时，改变工作液的种类或浓度，会对加工效果产生较大影响。工作液的脏污程度对工艺指标也有较大影响。工作液太脏，会降低加工的工艺指标。纯净的工作液也并非加工效果最好，往往经过一段放电切割加工之后，脏污程度还不大的工作液可得到较好的加工效果。这是因为纯净的工作液不易形成放电通道，经过一段放电加工后，工作液中存在一些悬浮的放电产物，这时容易形成放电通道，有较好的加工效果。但工作液太脏时，悬浮的加工屑较多，使间隙消电离变差，且容易发生二次放电，对放电加工不利，这时应及时更换工作液。

3. 其他因素对线切割加工的影响

机械部分的精度，导轨、轴承、导轮等的磨损，传动误差等都会对加工效果产生一定的影响。当导轮、轴承偏摆，工作液上下冲水不均匀时，会导致加工表面产生上下凹凸相间的条纹，恶化工艺指标。

4. 各因素对工艺指标的相互影响关系

前面分析了各主要因素对线切割加工工艺指标的影响。实际上，各因素对工艺指标的影响往往是相互依赖又相互制约的。

切割速度与脉冲电源的电参数有直接的关系，切割速度随单个脉冲能量的增加和脉冲频率的提高而提高，但有时也受到加工条件或其他因素的制约。因此，为了提高切割速度，除了合理选择脉冲电源的电参数外，还要注意其他因素的影响，如工作液种类、浓度、脏污程度的影响，线电极材料、直径、走丝速度和抖动的影响，工件材料和厚度的影响，切割加工进给速度、稳定性和机械传动精度的影响等。合理地选择搭配各因素指标，可使两极间维持最佳的放电条件，以提高切割速度。

表面粗糙度主要取决于单个脉冲放电能量的大小，但线电极的走丝速度和抖动状况等因素对表面粗糙度的影响也很大，而线电极的工作状况与所选择的线电极材料、直径和张力大小有关。

加工精度主要受机械传动精度的影响，但线电极的直径、放电间隙大小、工作液喷流量大小和喷流角度等也影响加工精度。

因此，在线切割加工时，要综合考虑各因素对工艺指标的影响，善于取其利，去其弊，以充分发挥设备性能，达到最佳的切割加工效果。

8.3 数控线切割加工工艺分析

数控线切割加工时，为了使工件达到图样规定的尺寸、形状位置精度和表面粗糙度要求，必须合理制定数控线切割加工工艺。只有工艺合理，才能高效率地加工出质量好的工件。下面就数控线切割加工工艺分析的主要问题进行讨论。

8.3.1 零件图工艺分析

零件图工艺分析对保证工件加工质量和工件的综合技术指标有决定意义，是工艺分析的第一步。其主要分析零件的凹角和尖角是否符合线切割加工的工艺条件，零件的表面粗糙度、加工精度是否在线切割加工所能达到的经济精度范围内。

1. 凹角和尖角的尺寸分析

线切割加工是用电极丝作为工具电极来工作的，因为电极丝有一定的直径 d，加工时又有放电间隙 δ，使电极丝中心运动轨迹与给定图线相差距离 l，如图 8-6 所示，即 $l = d/2 + \delta$，这样加工凸模轮廓时，电极丝中心轨迹应放大；加工凹模轮廓时，电极丝中心轨迹应缩小，如图 8-7 所示。

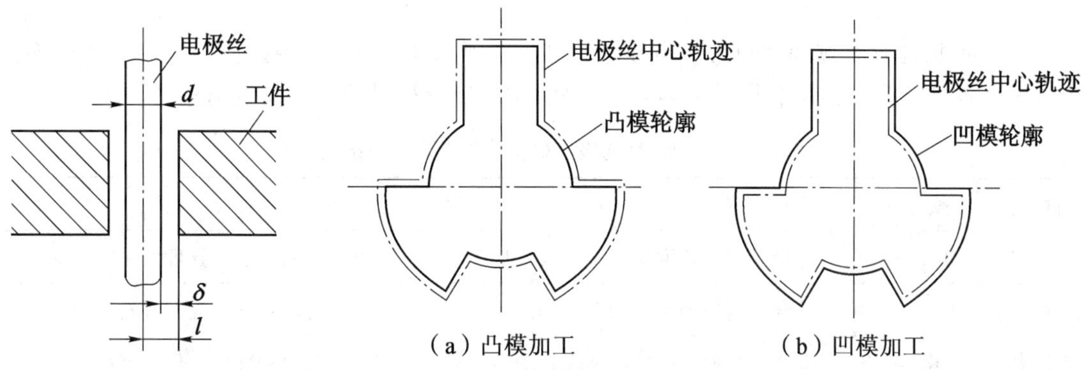

图 8-6　电极丝与工件放电位置关系

图 8-7　电极丝中心轨迹与给定图线的关系

一般数控装置都具有刀具补偿功能，不需要计算刀具中心运动轨迹，只需要按零件轮廓编程，使编程简单方便，但需要考虑电极丝直径及放电间隙，即要设置间隙补偿量 JB：

$$JB = \pm (d/2 + \delta) \tag{8-1}$$

加工凸模时取“+”值，加工凹模时取“-”值。

线切割加工时，在工件的凹角处不能得到“清角”，而是半径等于 l 的圆弧。对于形状复杂的精密冲模，在凸模、凹模设计图纸上应注明拐角处的过渡圆弧半径 R。

加工凹角时：
$$R_1 \geqslant l = d/2 + \delta \tag{8-2}$$

加工尖角时：
$$R_2 = R_1 - \Delta \tag{8-3}$$

式中：R_1——凹角圆弧半径；

R_2——尖角圆弧半径；

Δ——凸模、凹模配合间隙。

2. 表面粗糙度和加工精度分析

线切割加工表面是由无数的小坑和凸起组成的，粗细较均匀，特别有利于保存润滑油；而机械加工表面存在切削或磨削刀痕并具有方向性。在相同表面粗糙度的情况下，用线切割加工的零件的耐磨性比机械加工的零件的耐磨性好。因此，采用线切割加工时，工件表面粗糙度的要求可以较机械加工减低半级到一级。此外，如果线切割加工的表面粗糙度等级提高一级，切割速度将大幅度地下降。因此，图纸中要合理地给定表面粗糙度。线切割加工所能达到的最好粗糙度是有限的，若无特殊需要，对表面粗糙度的要求不能太高。同样，加工精度的给定也要合理。目前，绝大多数数控线切割机床的脉冲当量一般为每步 0.001 mm，由于工作台传动精度所限，加上走丝系统和其他方面的影响，切割加工精度一般为6级左右，如果加工精度要求很高，是难于实现的。

8.3.2 工艺准备

工艺准备主要包括电极丝准备、工件准备和工作液选择。

1. 电极丝准备

（1）电极丝材料选择。目前，电极丝材料的种类很多，主要有纯铜、黄铜、专用黄铜、钼、钨、各种合金及镀层金属等。表8－1是常用电极丝材料的特点及应用范围。

表8－1 常用电极丝材料的特点及应用范围

材　料	线径/mm	特　　点
纯　铜	0.1～0.25	适合于切割速度要求不高或精加工时用，丝不易卷曲，抗拉强度低，容易断丝
黄　铜	0.1～0.30	适合于高速加工，加工面的蚀屑附着少，表面粗糙度和加工面的平直度也较好
专用黄铜	0.05～0.35	适合于高速、高精度和理想的表面粗糙度加工以及自动穿丝，但价格高
钼	0.06～0.25	由于它的抗拉强度高，一般用于高速走丝，在进行微细、窄缝加工时，也可用于低速走丝
钨	0.03～0.10	由于抗拉强度高，可用于各种窄缝的微细加工，但价格昂贵

一般情况下，高速走丝机床常用钼丝作为电极丝，钨丝或昂贵金属丝因成本高而很少使用，其他丝材因抗拉强度低，在高速走丝机床上不能使用。低速走丝机床上则可用各种铜丝、钼丝、专用合金丝及镀层金属（如镀锌等）的电极丝。

（2）电极丝直径的选择。电极丝直径 d 应根据工件加工的切缝宽窄、工件厚度及拐角尺寸大小等来选择。由图8－8可知，电极丝直径 d 与拐角半径 R 的关系为 $d \leqslant 2(R-\delta)$。因此，在拐角要求小的微细线切割加工中，需要选用线径细的电极，但线径太细，能够加工的工件厚度也会受到限制。表8－2列出线径、拐角和工件的厚度极限。

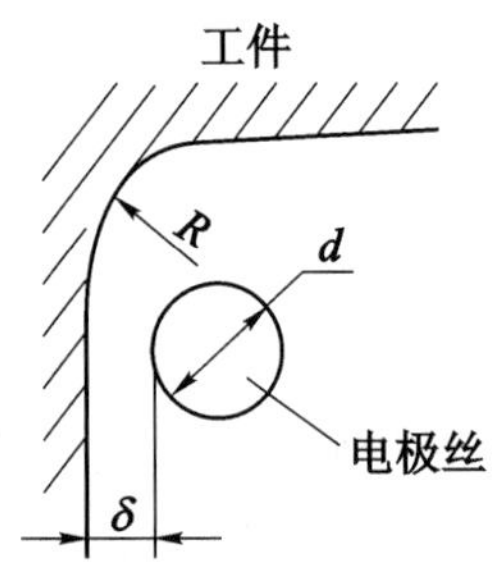

图8－8 电极丝直径与拐角半径的关系

表8-2 线径、拐角和工件的厚度极限 mm

线电极直径 d	拐角极限 R_{min}	切割工件厚度
钨0.05	0.04~0.07	0~10
钨0.07	0.05~0.10	0~20
钨0.10	0.07~0.12	0~30
黄铜0.15	0.10~0.16	0~50
黄铜0.20	0.12~0.20	0~100以上
黄铜0.25	0.15~0.22	0~100以上

2. 工件准备

(1) 工件材料的选择和处理。工件材料的选择是在图样设计时确定的。作为模具加工，在加工前毛坯需经锻打和热处理。锻打后的工件在锻打方向与其垂直方向会有不同的残余应力，淬火后也会出现残余应力。加工过程中残余应力的释放会使工件变形，从而达不到加工尺寸精度要求，淬火不当的工件还会在加工过程中出现裂纹，因此，工件需经二次以上回火或高温回火。另外，加工前还要进行消磁处理及去除表面氧化皮和锈斑等。

例如，以线切割加工为主要工艺时，钢件的加工工艺路线一般为：下料→锻造→退火→机械粗加工→淬火与高温回火→磨加工（退磁）→线切割加工→钳工修整。

这种工艺路线的特点之一是工件在加工的全过程中会出现两次较大的变形。经过机械粗加工的整块毛坯先经过热处理，材料在该过程中会产生第一次较大变形，材料内部的残余应力显著地增加了。热处理后的毛坯进行切割加工时，由于大面积去除金属和切断加工，会使材料内部残余应力的相对平衡状态受到破坏，故材料又会产生第二次较大变形。

为了避免或减少上述情况，一方面，应选择锻造性能好、淬透性好、热处理变形小的材料，如以线切割为主要工艺的冷冲模具，尽量选用CrWMn、Cr12Mo、GCr15等合金工具钢，并要正确选择热加工方法和严格执行热处理规范；另一方面，要合理安排线切割加工工艺。

(2) 工件加工基准的选择。为了便于线切割加工，根据工件外形和加工要求，应准备相应的校正和加工基准，并且此基准应尽量与图样的设计基准一致。常见的工件加工基准有以下两种形式。

①以外形为校正和加工基准。外形是矩形状的工件，一般需要有两个相互垂直的基准面，并垂直于工件的上下平面（见图8-9）。

②以外形为校正基准，以内孔为加工基准。无论是矩形、圆形还是其他异形的工件，都应准备一个与工件的上下平面保持垂直的校正基准，此时其中一个内孔可作为加工基准，如图8-10所示。在大多数情况下，外形基面在线切割加工前的机械加工中就已准备好了。工件淬硬后，若基面变形很小，可稍加打光便可用线切割加工；若变形较大，则应当重新修磨基面。

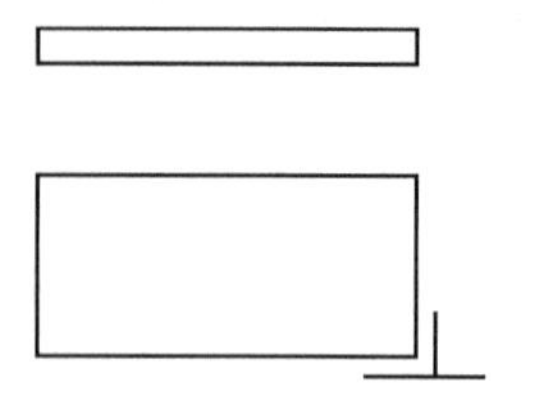

图 8－9　矩形工件的校正和加工基准

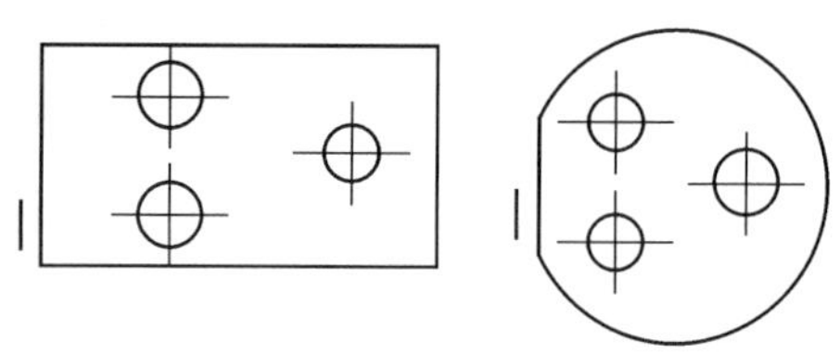

图 8－10　加工基准的选择

（外形一侧边为校正基准，内孔为加工基准）

（3）穿丝孔的确定。

①切割凸模类零件。为避免将毛坯外形切断引起变形（工件内应力失去平衡造成）而影响加工精度，通常在毛坯内部附近预制穿丝孔［见图 8－11（c）］。

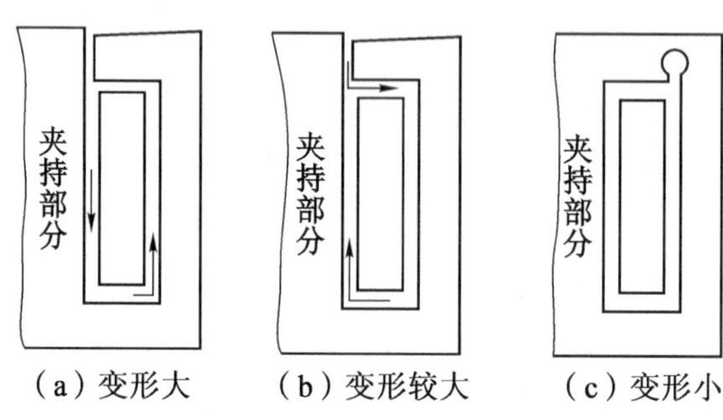

图 8－11　切割起点与切割路线的安排

②切割凹模、孔类零件。此时可将穿丝孔位置选在待切割型腔（孔）内部。当穿丝孔位置选在待切割型腔（孔）的边角处时，切割过程中无用的轨迹最短；而穿丝孔位置选在已知坐标尺寸的交点处则有利于尺寸推算；切割孔类零件时，若将穿丝孔位置选在型孔中心可使编程操作容易。因此，须根据具体情况来选择穿丝孔的位置。

③穿丝孔大小。穿丝孔大小要适宜。一般穿丝孔不宜太小，如果穿丝孔径太小，不但钻孔难度增加，而且也不便于穿丝。但是，若穿丝孔径太大，则会增加钳工工艺上的难度。一般穿丝孔的常用直径为 $\phi3 \sim \phi10$ mm。如果预制孔可用车削等方法加工，则穿丝孔径也可大些。

（4）切割路线的确定。线切割加工工艺中，切割起始点和切割路线的确定合理与否，将影响工件变形的大小，从而影响加工精度。起割点应取在图形的拐角处，或取在容易将凸尖修去的部位。切割路线主要以防止或减少模具变形为原则，一般应考虑使靠近装夹这一边的图形最后切割为宜。

如图 8－11 所示的由外向内顺序的切割路线，通常在加工凸模零件时采用。其中，如图 8－11（a）所示的切割路线是错误的，因为当切割完第一边，继续加工时，由于原来主要连接的部位被割离，余下材料与夹持部分的连接较少，故工件的刚度大为降低，容易产生变形，进而影响加工精度。按如图 8－11（b）所示的切割路线加工，可减少由于材料割离后残余应力重新分布而引起的变形。因此，一般情况下，最好将工件与其夹持部分分割的线段安排在切割路线的末端。对于精度要求较高的零件，最好采用如图 8 - 11（c）所示的方案，电极丝不由坯件外部切入，而是将切割起始点取在坯件预制的穿丝孔中，这种方案可使工件的变形最小。

切割孔类零件时，为了减少变形，还可采用二次切割法，如图 8 - 12 所示。第一次粗加工型孔，各边留余量 0.1 ~ 0.5 mm，以补偿材料被切割后由于内应力重新分布而产生的变形。第二次切割为精加工，这样可以达到比较满意的效果。

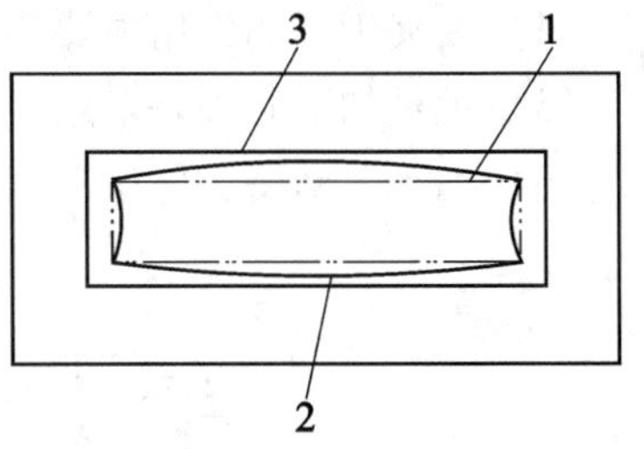

1—第一次切割的理论图形；
2—第一次切割的实际图形；
3—第二次切割的图形。

图 8 - 12　二次切割孔类零件

3. 工作液选择

在数控线切割加工中，工作液是脉冲放电的介质，对加工工艺指标的影响很大，对切割速度、表面粗糙度和加工精度也有影响。应根据线切割机床的类型和加工对象，选择工作液的种类、浓度及导电率等。对高速走丝线切割加工，一般常用浓度为 10% 左右的乳化液，此时可达到较高的线切割速度。对于低速走丝线切割加工，普遍使用去离子水或煤油。适当添加某些导电液有利于提高切割速度。一般使用电阻率为 $2\times10^4\ \Omega\cdot \text{cm}$ 左右的工作液，可达到较高的切割速度。工作液的电阻率过高或过低均有可能降低线切割速度。

8.3.3　工件的装夹和位置校正

1. 对工件装夹的基本要求

（1）工件的装夹基准面应清洁无毛刺。经过热处理的工件，在穿丝孔或凹模类工件扩孔的台阶处，要清理热处理液中的残渣及氧化膜表面。

（2）夹具精度要高。工件至少用两个侧面固定在夹具或工作台上，如图 8 - 13 所示。

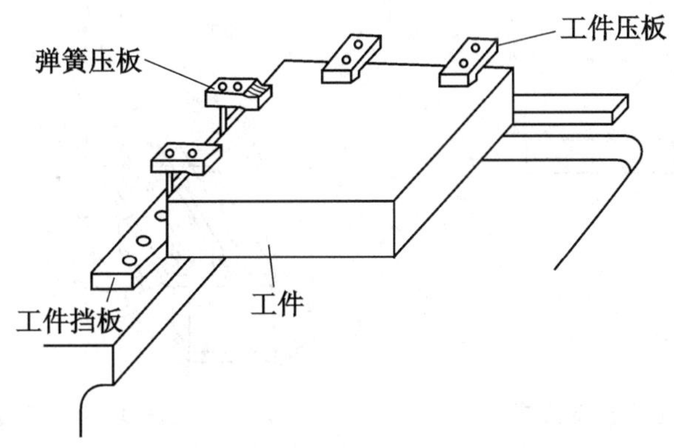

图 8 - 13　两个侧面固定工件

（3）装夹工件的位置要有利于工件的找正，并能满足加工行程的需要，工作台移动时，不得与丝架相碰。

（4）装夹工件的作用力要均匀，不得使工件变形或翘起。

（5）批量加工时最好采用专用夹具，以提高效率。

（6）细小、精密、薄壁工件应固定在辅助工作台或不易变形的夹具上，如图 8－14 所示。

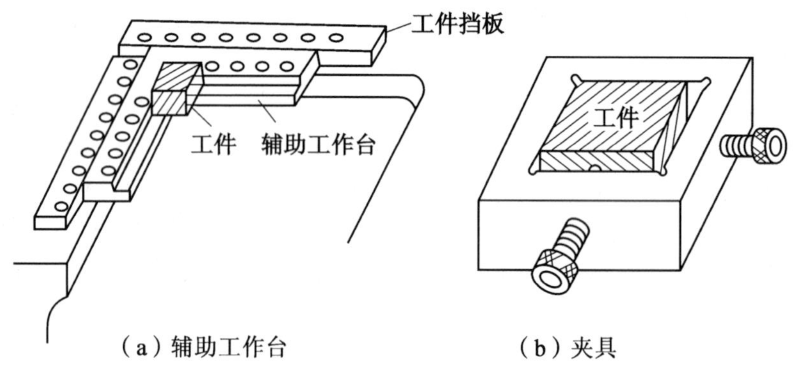

（a）辅助工作台　（b）夹具

图 8－14　辅助工作台和夹具

2. 工件的装夹方式

（1）悬臂支撑方式。如图 8－15 所示，悬臂支撑通用性强，装夹方便。但由于工件单端压紧，另一端悬空，使得工件不易与工作台平行，所以易出现上仰或倾斜的情况，致使切割表面与工件上下平面不垂直或达不到预定的精度。因此，只有在工件的技术要求不高或悬臂部分较小的情况下才能采用这种方式。

（2）两端支撑方式。如图 8－16 所示，两端支撑是把工件两端都固定在夹具上。这种方式装夹支撑稳定，平面定位精度高，工件底面与切割面垂直度好，但对较小的零件不适用。

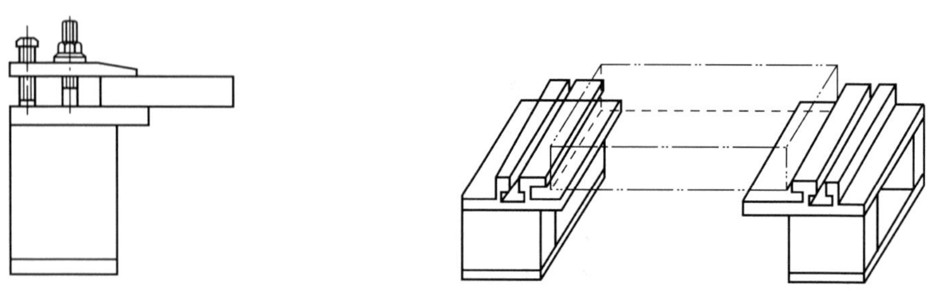

图 8－15　悬臂支撑方式　**图 8－16　两端支撑方式**

（3）桥式支撑方式。如图 8－17 所示，桥式支撑是在双端夹具下垫上两个支撑铁架。其特点是通用性强、装夹方便，对大、中、小工件装夹都比较方便。

（4）板式支撑方式。如图 8－18 所示，板式支撑夹具可以根据经常加工工件的尺寸而定，可呈矩形或圆形孔，并可增加 x 和 y 两方向的定位基准，装夹精度较高，适于常规生产和批量生产。

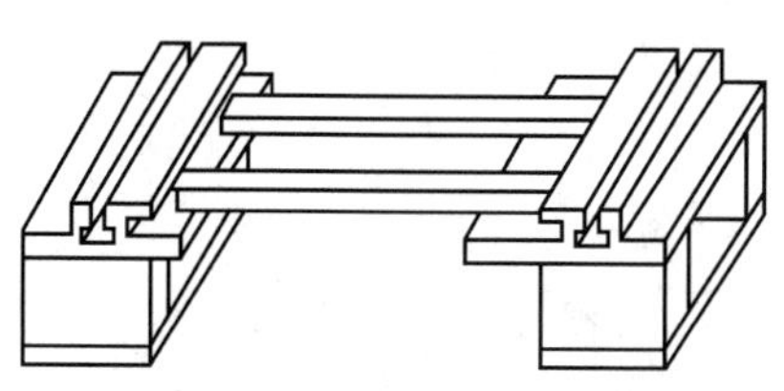

图 8－17　桥式支撑方式

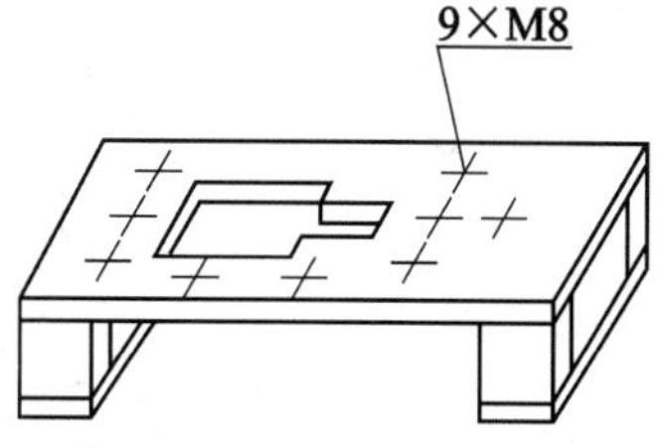

图 8－18　板式支撑方式

（5）复式支撑方式。如图 8－19 所示，复式支撑方式是在桥式支撑方式的基础，再装上专用夹具组合而成。它装夹方便，特别适用于成批零件加工，既可节省工件找正和调整电极丝相对位置等辅助工时，又保证了工件加工的一致性。

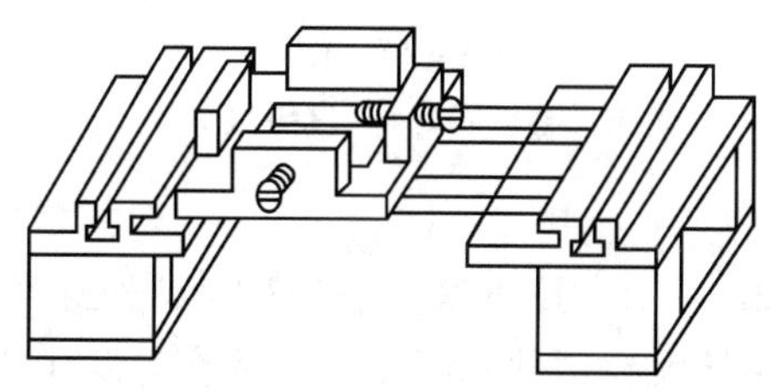

图 8－19　复式支撑方式

3. 常用夹具的名称、规格和用途

（1）压板夹具。压板夹具主要用于固定平板状的工件，对于稍大的工件要成对使用。夹具上如有定位基准面，则加工前应预先用划针或百分表将夹具定位基准面与工作台对应的导轨校正平行，这样在加工批量工件时较方便，因为切割型腔的划线一般是以模板的某一面为基准。夹具的基准面与夹具底面的距离是有要求的，夹具成对使用时两件基准面的高度一定相等，否则切割出的型腔与工件端面不垂直，造成废品。在夹具上加工出 V 形的基准，则可用以夹持轴类工件。

（2）磁性夹具。采用磁性工作台或磁性表座夹持工件，不需要压板和螺钉，操作快速方便，定位后不会因压紧而变动，如图 8－20 所示。要注意保护上述两类夹具的基准面，避免工件将其划伤或拉毛。压板夹具应定期修磨基准面，保持两件夹具的等高性。夹具的绝缘性也应经常检查和测试，因有时绝缘体受损而造成绝缘电阻减小，影响正常的切割。

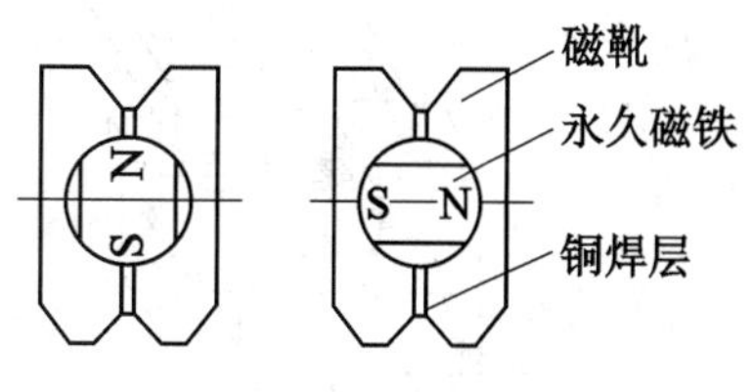

图 8－20　磁性夹具的基本原理

（3）分度夹具。分度夹具如图 8－21 所示，是根据加工电机转子、定子等多型孔的旋转形工件设计的，可保证高的分度精度。近年来，因微机控制器及自动编程机对加工图形具有对称、旋转等功能，所以分度夹具用得较少。

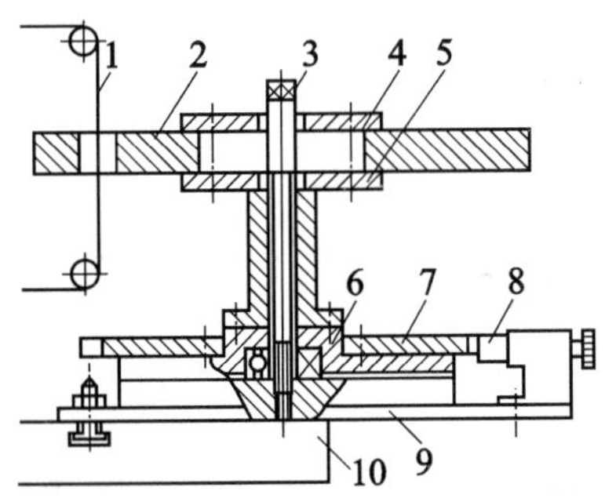

1—电极丝；2—工件；
3—螺杆；4—压板；
5—垫板；6—轴承；
7—定位板；8—定位销；
9—底座；10—工作台。

图8-21　分度夹具

4. 工件的找正

（1）拉表法。如图8-22所示，拉表法是利用磁力表架，将百分表固定在线架或其他“接地”位置上，百分表触头接触在工件基面上，然后旋转纵（或横）向丝杠手柄使拖板往复移动，根据百分表指示数值相应调整工件，校正应在3个坐标方向上进行。

（2）划线法。如图8-23所示，划线法是固定在线架上的一个带有顶丝的零件将划针固定，划针尖指向工件图形的基准线或基准面，移动纵（或横）向拖板，根据目测调整工件找正。

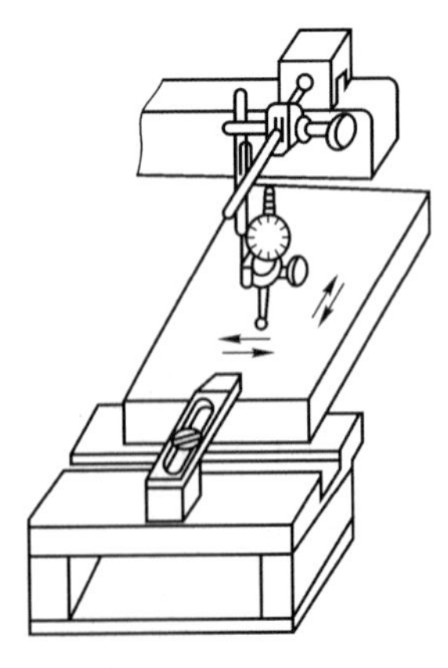

图8-22　拉表法找正

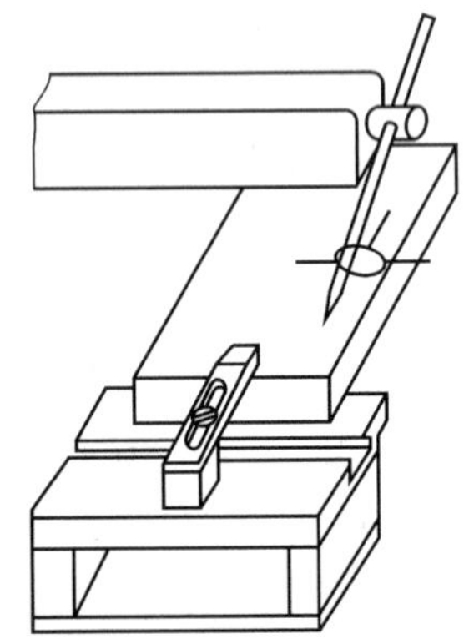

图8-23　划线法找正

①线切割加工型腔的位置和其他已成型的型腔位置要求不严时，可靠紧基面后，按划线定位、穿丝。

②同一工件上型孔之间的相互位置要求严，但与外形要求不严，又都是只用线切割一道

工序加工时，也可按基面靠紧，按划线定位、穿丝，切割一个型孔后卸丝，走一段规定的距离，再穿丝切第二个型孔，如此重复，直至加工完毕。

(3) 固定基面靠定法。固定基面靠定法是利用通用或专用夹具纵、横方向的基准面，经过一次校正后，保证基准面与相应坐标方向一致。于是具有相同加工基准面的工件可以直接靠定，就保证了工件的正确加工位置（见图 8 －24)。

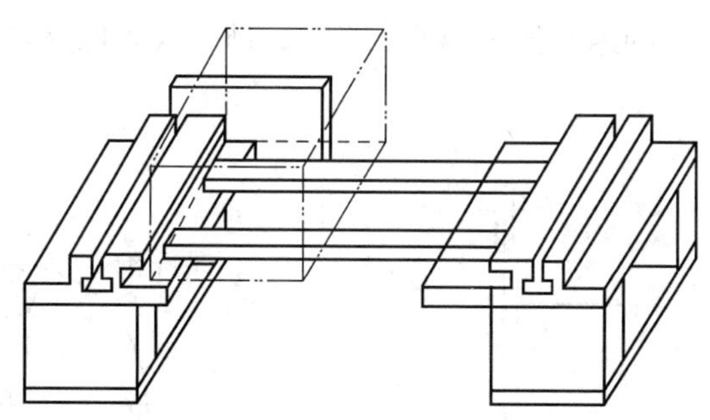

图 8 －24 固定基面靠定法找正

5. 确定电极丝坐标位置的方法

在数控线切割中，需要确定电极丝相对工件的基准面、基准线或基准孔的坐标位置，可按下列方法进行。

(1) 目视法。对加工要求较低的工件，确定电极丝和工件有关基准线和基准面相互位置时，可直接目视或借助于 2 ~8 倍的放大镜来进行观测。

①观测基准面。工件装夹后，观测电极丝与工件基面初始接触位置，记下相应的纵横坐标，如图8 －25 所示。但此时的坐标并不是电极丝中心与基面重合的位置，两者相差一个电极丝半径。

②观测基准线。利用钳工或镗床等，在工件的穿丝孔处划上纵横方向的十字基准线，观测电极丝与十字基准线的相对位置，如图 8 －26 所示。摇动纵横向丝杠手柄，使电极丝中心分别与纵横方向的基准线重合，此时的坐标就是电极丝的中心位置。

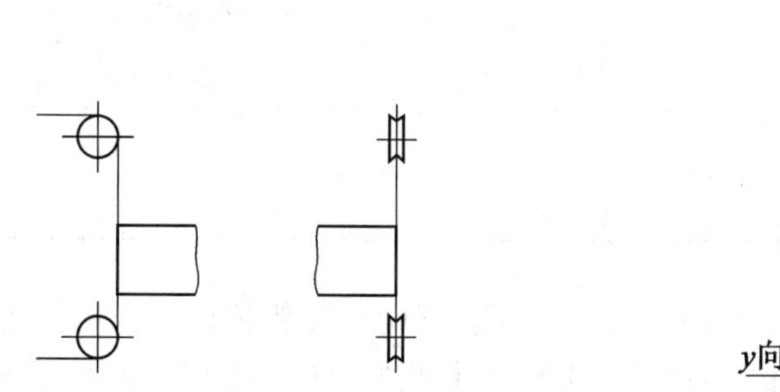

图 8 －25 观测基准面确定电极丝位置

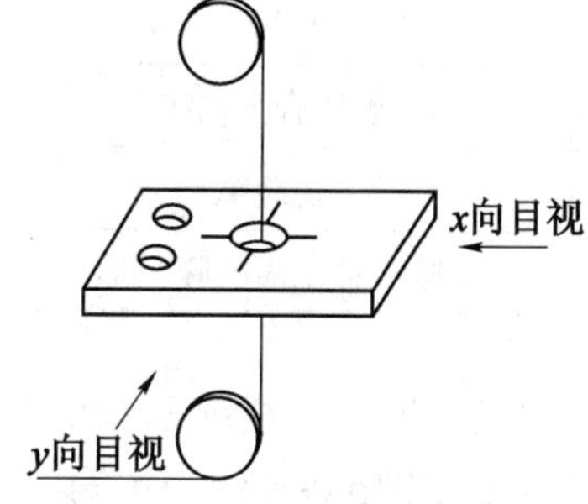

图 8 －26 观测基准线确定电极丝位置

(2) 火花法。火花法是利用电极丝与工件在一定间隙下发生放电的火花来确定电极丝坐标位置的，如图 8 －27 所示。摇动拖板的丝杠手柄，使电极丝逼近工件的基准面，待开始出现火花时，记下拖板的相应坐标。该方法方便、易行，但当电极丝逐步逼近工件基准面时，开始产生脉冲放电的距离往往并非正常加工条件下电极丝与工件间的放电距离。

（3）自动找中心法。自动找中心是为了让电极丝在工件的孔中心定位。其具体方法是：移动横向床鞍，使电极丝与孔壁相接触，记录坐标值 x_1，反向移动床鞍至另一导通点，记录相应坐标 x_2，将拖板移至 x_1 与 x_2 的绝对值之和的一半处。同理，移动纵向床鞍，记录 y_1 和 y_2，将拖板移至 y_1 与 y_2 的绝对值之和的一半处，即可找到电极丝与基准孔中心相重合的坐标，如图 8－28 所示。

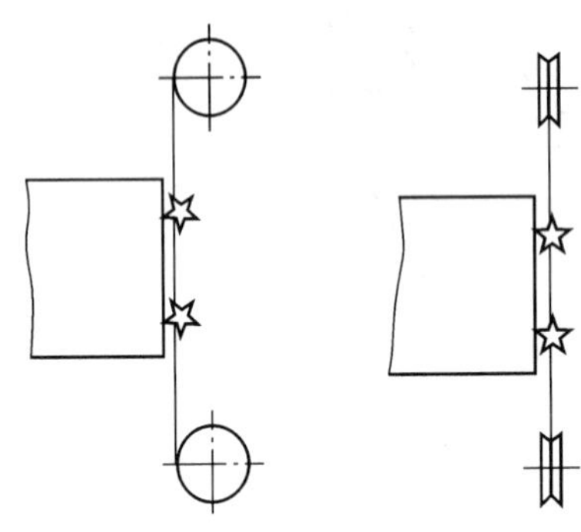

图 8－27　火花法确定电极丝位置

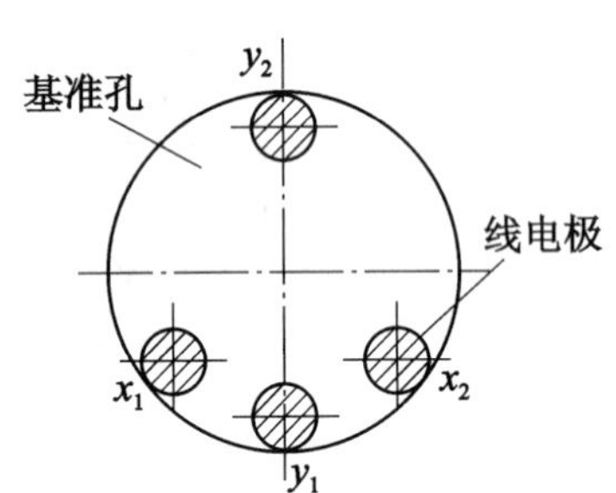

图 8－28　找电极丝中心

8.3.4　加工参数的选择

1. 脉冲电源参数的选择

（1）空载电压。空载电压可参考表 8－3 进行选择。

表 8－3　空载电压的选择

空载电压	
低	高
切割速度高	改善表面粗糙度
线径细（0.1 mm）	减小拐角塌角
硬质合金加工	纯铜线电极
切缝窄	
减少加工面的腰鼓形	

（2）放电电容。使用纯铜丝电极时，为了得到理想的表面粗糙度，减小拐角的塌角，应选择较小的放电电容；使用黄铜丝电极时，进行高速切割，希望减小腰鼓量，要选用大的放电电容。

（3）脉冲宽度和脉冲间隔。脉冲宽度和脉冲间隔对材料的电腐蚀过程影响极大，它们决定着放电痕（表面粗糙度）蚀除率、切缝宽度的大小和钼丝的损耗率，进而影响加工的工艺指标。

在一定的工艺条件下，增加脉冲宽度，可使切割速度提高，但表面粗糙度变差。这是因为脉冲宽度增加，使单个脉冲放电能量增大，则放电痕也增大。同时，随着脉冲宽度的增加，电极丝损耗变大。

数控线切割用于精加工时，单个脉冲放电能量应限制在一定范围内。当短路峰值电流选定后，脉冲宽度要结合具体的加工要求来选定。一般精加工时，脉冲宽度可在 20 μs 内选择；半精加工时，可在 20 ~ 60 μs 内选择。

减小脉冲间隔，切割速度提高，表面粗糙度 *Ra* 稍有增大。脉冲间隔对切割速度影响较大，对表面粗糙度影响较小。这是因为在单个脉冲放电能量确定的情况下，脉冲间隔较小，致使脉冲频率提高，即单位时间内放电加工的次数增多，平均加工电流增大，故切割速度提高。

实际上，脉冲间隔不能太小，它受间隙绝缘状态恢复速度的限制。如果脉冲间隔太小，放电产物来不及排除，放电间隙来不及充分消除电离，这将使加工变得不稳定，易造成烧伤工件或断丝。但是脉冲间隔也不能太大，因为这会使切割速度明显降低，严重时不能连续进给，使加工变得不够稳定。

一般脉冲间隔在 10 ~ 250 μs 范围内，基本上能适应各种加工条件，可进行稳定加工。选择脉冲间隔和脉冲宽度与工件厚度有很大关系。一般来说工件厚，脉冲间隔也要大，以保持加工的稳定性。

（4）峰值电流。峰值电流 i_e 主要根据表面粗糙度和电极丝直径选择。要求 *Ra* 小于 1.25 μm 时，取 $i_e \leqslant 4.8$ A；要求 *Ra* 在 1.25 ~ 2.5 μm 时，取 $i_e = 6 \sim 12$ A；*Ra* > 2.5 μm 时，i_e 可取更大一些。电极丝直径越粗，i_e 可取值越大。不同直径钼丝可承受的最大峰值电流见表 8 - 4。

表 8 - 4　不同直径钼丝可承受的最大峰值电流

钼丝直径/mm	0.06	0.08	0.1	0.12	0.15	0.18
峰值电流 i_e/A	15	20	25	30	37	45

2. 速度参数的选择

（1）进给速度。工作台进给速度太快，容易产生短路和断丝；工作台进给速度太慢，加工表面的腰鼓量就会加大，但表面粗糙度较小。正式加工时，一般将试切的进给速度下降 10% ~ 20%，以防止短路和断丝。

（2）走丝速度。走丝速度应尽量快一些，对高速走丝来说，有利于减少因电极丝损耗对加工精度的影响。尤其是对厚工件的加工，由于电极丝的损耗，会使加工面产生锥度。一般走丝速度是根据工件厚度和切割速度来确定的。

3. 工作液参数的选择

（1）工作液电阻率。工作液电阻率根据工件材料确定。对于表面在加工时容易形成绝缘膜的铝、钼、结合剂烧结的金刚石及受电腐蚀易使表面氧化的硬质合金和表面容易产生气孔的工件材料，要提高工作液电阻率，可参考表8－5进行选择。

表8－5　不同工件材料适用的工作液电阻率

工件材料	钢铁	铝、钼、结合剂烧结的金刚石	硬质合金
工作液电阻率/（$\times 10^4 \Omega \cdot cm$）	2～5	5～20	20～40

（2）工作液喷嘴的流量和压力。工作液喷嘴的流量或压力大，冷却排屑的条件好，有利于提高切割速度和加工表面的垂直度。但是在精加工时，要适当减小工作液喷嘴的流量或压力，以减少电极丝的振动。

4. 线径偏移量的确定

正式加工前，按照确定的加工条件，切一个与工件相同材料、相同厚度的正方形，测量尺寸，确定线径偏移量。第一次加工者必须要做这项工作。但是当积累了很多的工艺数据或者生产厂家提供了有关工艺参数时，只要查数据即可。

进行多次切割时，要考虑工件的尺寸公差，估计尺寸变化，分配每次切割时的偏移量。偏移量的方向应按切割凸模或凹模以及切割路线的不同而定。

5. 多次切割加工参数的选择

多次切割加工也称为二次切割加工，它是在对工件进行第一次切割之后，利用适当的偏移量和精加工规准，使电极丝沿原切割轨迹逆向或顺向再次对工件进行精修的切割加工。对高速走丝线切割机床来说，一定要求其数控装置具有以适当的偏移量沿原轨迹逆向加工的功能。对低速走丝来说，由于穿丝方便，因而一般在完成第一次加工之后，可自动返回加工的起始点，在重新设定适当的偏移量和精加工规准之后，就可沿原轨迹进行精修加工。

多次切割加工可提高线切割精度和表面质量，修整工件的变形和拐角塌角。一般情况下，采用多次切割能使加工精度达到±0.005 mm，圆角和不垂直度小于0.005 mm，表面粗糙度 *Ra* 小于0.63 μm。但如果粗加工后工件变形过大，则应通过合理选择材料和热处理方法，正确选择切割路线尽可能减小工件的变形，否则多次切割的效果会不好甚至变差。

凹模切割时，第一次切除中间废芯后，一般工件留0.2 mm左右的多次切割加工余量即可，大型工件应留1 mm左右。

凸模加工时，若一次必须切下就不能进行多次切割。除此之外，第一次加工时，小工件要留1～2处0.5 mm左右的固定留量，大工件要多留些。固定留量部分切割下来后的精加工一般采用抛光等方法。

多次切割加工的参数可按表8－6选择。

表 8-6 多次切割加工的参数

<table>
<tr><th colspan="2">条 件</th><th>薄工件</th><th>厚工件</th></tr>
<tr><td colspan="2">空载电压/V</td><td colspan="2">80 ~ 100</td></tr>
<tr><td colspan="2">峰值电流/A</td><td>1 ~ 5</td><td>3 ~ 10</td></tr>
<tr><td colspan="2">脉冲宽度/脉冲间隔</td><td colspan="2">2/5</td></tr>
<tr><td colspan="2">电容/μF</td><td>0.02 ~ 0.05</td><td>0.04 ~ 0.2</td></tr>
<tr><td colspan="2">加工进给速度/(mm · min⁻¹)</td><td colspan="2">2 ~ 5</td></tr>
<tr><td colspan="2">电极丝张力/N</td><td colspan="2">8 ~ 9</td></tr>
<tr><td rowspan="2">偏移量增减范围/mm</td><td>开阔面加工</td><td>0.02 ~ 0.03</td><td>0.02 ~ 0.06</td></tr>
<tr><td>切槽中加工</td><td>0.02 ~ 0.04</td><td>0.02 ~ 0.06</td></tr>
</table>

8.3.5 数控线切割的加工工艺技巧

数控线切割加工中经常会遇到各种类型的复杂模具和工件。对于各种不同要求的复杂工件，其解决方法大致可分为两类：一类是数控线切割的加工工艺比较复杂，不采取必要的措施加工，就难以达到要求，甚至无法加工；另一类是装夹困难，容易变形，有一定批量而且精度要求较高的工件。对于几何形状复杂的模具（包括非圆、齿轮等），只要把自动编程技术与线切割的加工工艺很好地结合，就能顺利完成。

1. 复杂工件的数控线切割加工工艺方法

（1）对要求精度高、表面粗糙度好的工件及窄缝、薄壁工件的加工。对这类工件，电极丝导向机构必须良好，电极丝张力要大，电参数宜采用小的峰值电流和小的脉冲宽度。进给跟踪必须稳定，且要严格控制短路。工作液浓度要大些，喷流方向要包住上下电极丝进丝口，且流量适中。在一个工件加工过程中，中途不能停机，要注意加工环境的温度，并保持清洁。

（2）对大厚度、高生产率及大工件的加工。加工这类工件要求进给系统保持稳定，严格控制烧丝，保证良好的电极丝导向机构。同时，电参数宜采用大的峰值电流和大的脉冲宽度，脉冲波形前沿不能太陡，脉冲搭配方案应考虑控制电极丝的损耗。工作液浓度要小，喷流方向要包住上下电极丝进丝口，流量应稍大。

2. 切割不易装夹工件的加工方法

（1）坯料余量小时的装夹方法。为了节省材料，经常会碰到加工毛坯没有夹持余量的情况。由于模具重量大，单端夹持往往会造成工件低头，使加工后的工件不垂直，导致模具达不到技术要求。如果在毛坯边缘处不加工的部位加一块托板，使托板的上平面与工作台面在一个平面上，如图 8-29 所示，就能使加工工件保持垂直。

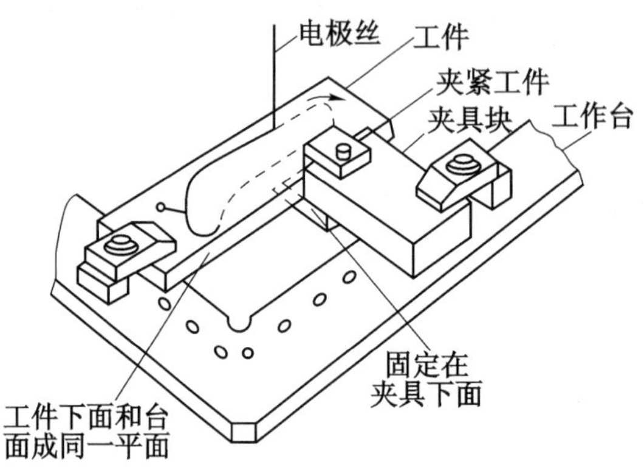

图 8－29　坯料余量小时的装夹方法

（2）切割圆棒工件时的装夹方法。线切割圆棒工件时，或当加工阶梯式成型冲头或塑料模阶梯嵌件时，可用如图 8－30 所示的装夹方法。圆棒可装夹在六面体的夹具内，夹具上钻一个与基准面平行的孔，用内六角螺钉固定。有时把圆棒坯料先加工成需要的片状，卸下夹子把夹具体转 90°，再加工成需要的形状。

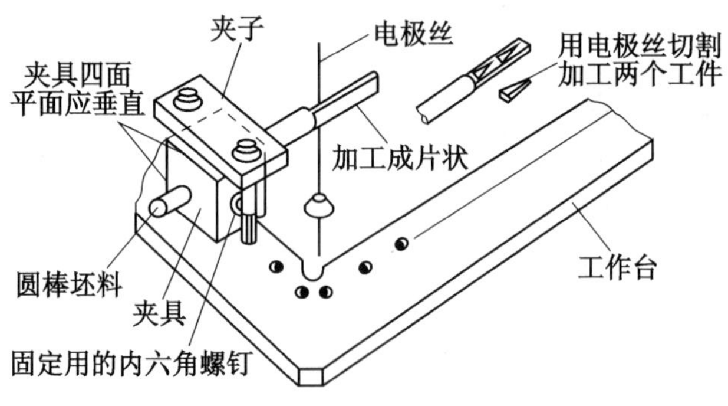

图 8－30　切割圆棒工件时的装夹方法

（3）切割六角形薄壁工件时的装夹方法。装夹六角形薄壁工件用的夹具主要应考虑工件夹紧后不变形，可采用如图 8－31 所示的装夹方法，即让六角管的一面接触基准块，另一面靠贴橡胶板并从一侧加压，夹紧力由夹持弹簧产生。在易变形的工件上可分散设置许多个弹性加压点，这样不仅能达到减小变形的目的，而且工件固定也很可靠。此方法适合批量生产。

（4）加工多个复杂工件时的装夹方法。如图 8－32 所示，一个用环状毛坯加工菠萝图形工件的夹具，工件加工后切断成 4 个。夹具分为上板和下板，两者互相固定，下板的 4 个突出部分支持工件并避开加工位置，用螺钉通过矩形压板把工件夹固在上板。这种安装方法也适用于批量生产。

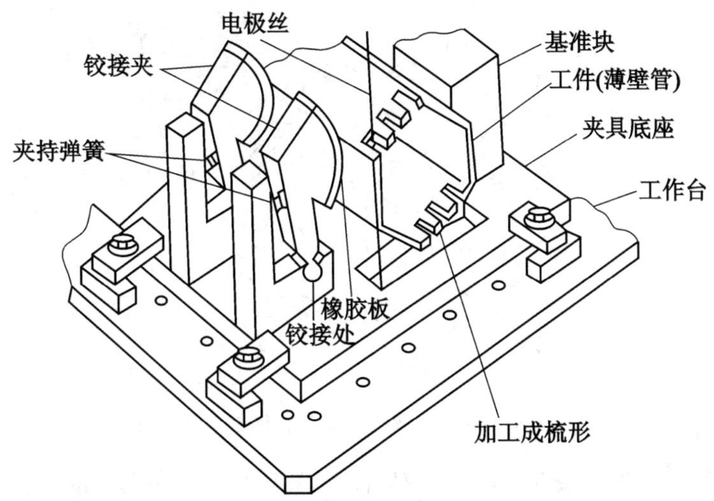

图 8－31 切割六角形薄壁工件时的装夹方法

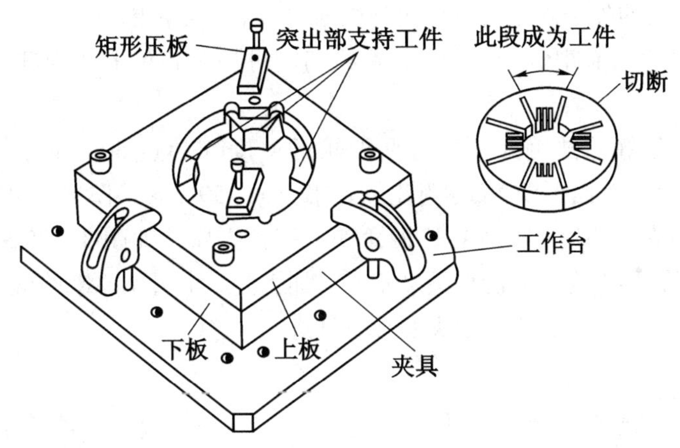

图 8－32 加工多个复杂工件时的装夹方法

（5）加工无夹持余量工件时的装夹方法。如图 8－33 所示是用基准凸台装夹工件侧面来加工异形孔的夹具。在夹具的 *A* 部有与工件凹槽密切吻合的突出部，用以确定工件位置。*B* 部由螺钉固定在 *A* 部上，而工件用 *B* 部侧面的夹紧螺钉固定。这种夹具可使完全没有夹持余量的工件靠侧面用基准凸台来定位和夹紧，既能保证精度，也能进行线切割加工。如果夹具的基准凸台由线切割加工，根据基准凸台的坐标再加工两个异形孔，这样更易于保证工件的精度和垂直度，且可保证批量加工时精度的一致性。

3. 切割薄片工件

（1）切割不锈钢带。用线切割机床将长 10 m、厚 0.3 mm 的不锈钢带加工成不同的宽度，如图 8－34 所示。可将不锈钢带头部折弯，插入转轴的槽中，并利用转轴上两端的孔，

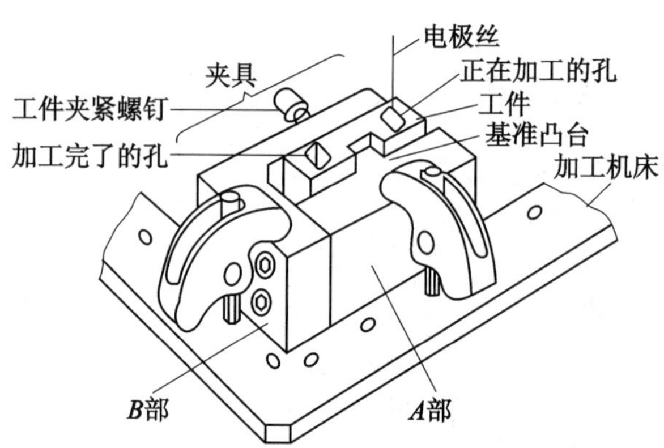

图 8－33　加工无夹持余量工件时的装夹方法

穿上小轴，将钢带紧紧地缠绕在转轴上，然后装入套筒里，利用钢带的弹力自动胀紧。这样即可将钢带固定在数控线切割机床进行加工。切割时转轴、套筒、钢带一同切割，保证所需规格的各种宽度尺寸 L、L_1……

必须注意：套筒的外径须在数控线切割机床的加工厚度范围以内，否则无法进行加工。

（2）切割硅钢片。单件小批生产时，用线切割可加工各种形状的硅钢电机定子、转子铁心。

一种方法是把裁好的硅钢片按铁心所要求的厚度（超过 50 mm 的分几次切割），用 3 mm 厚的钢板夹紧，下面的夹板两侧比铁心长 30～50 mm，作装夹用。若铁心外径在 150 mm左右，则可在中心用一个螺钉，四角四个螺钉夹紧，如图 8－35 所示。螺钉的位置和个数可根据加工图形而定，既能夹紧又不影响加工。进电可用原来的机床夹具，但因硅钢片之间有绝缘层，电阻较大，最好从夹紧螺钉处进电。

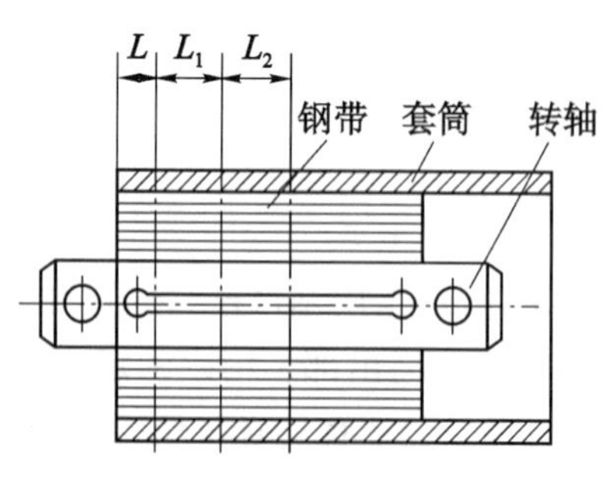

图 8－34　切割不锈钢带

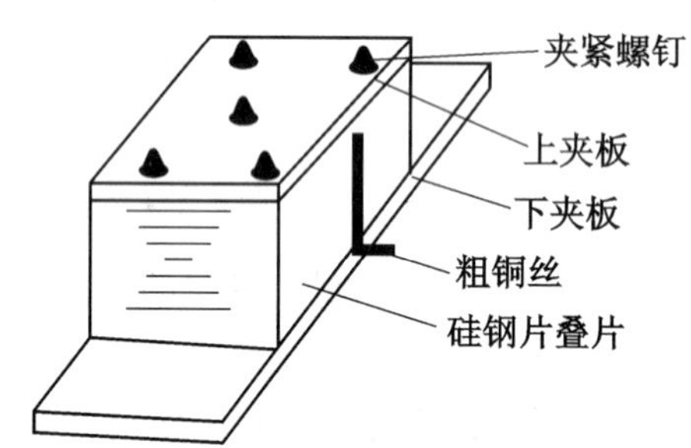

图 8－35　硅钢片的夹紧方法

另一种方法是用胶将裁好的硅钢片黏结成一体，这样既保证切割过程中硅钢片不变形，又使加工完的铁心成为一体，不需重新叠片。黏结工艺：先将硅钢片表面的污垢洗净，将片烘干，然后将片两面均匀地涂上一薄层（0.01 mm 左右）420 胶，烘干后按要求的厚度用第一种方法夹紧，放到烘箱加温到 160 ℃，保持两小时，自然冷却后即可上机切割。此胶黏结能力较强，不怕乳化液浸泡，一般情况下切割的铁心仍成一体。此方法片间绝缘较好（420

胶不导电），因此进电一定要由夹紧螺钉进入每张硅钢片，并要求螺钉与每张硅钢片孔接触良好（轻轻打入即可）。另外一种进电方法是将叠片的某一侧面打光后用铜导线把每片焊上，从此根铜导线进电效果更好。

8.4　典型零件的数控线切割加工工艺分析

数控线切割加工主要应用于加工模具中的零件和各种特殊的微细、薄片类零件。下面分别举例说明以数控线切割加工为主的典型零件线切割加工工艺路线及注意事项。

8.4.1　冷冲模加工

数控线切割加工应用较广的是冷冲模加工，其加工工艺路线与加工顺序的安排分析如下。

1. 加工工艺路线

（1）凸模类工件。如图 8 – 36 所示为凸模工件示例。其加工工艺路线为：下料→反复或异向锻造→退火→磨上下平面→钳工钻穿丝孔→淬火与回火→磨上下平面→线切割加工成形→钳工修整。对于一定批量生产或常规生产的小型模件可以在一块毛坯件上分别依次加工成形。

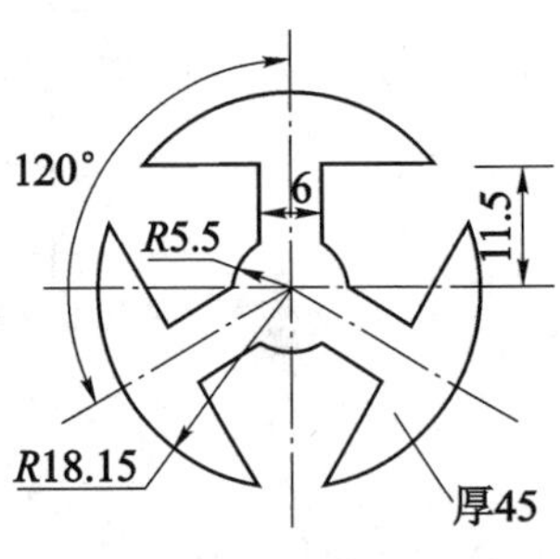

图 8 – 36　凸模工件示例

（2）凹模类工件。如图 8 – 37 所示为凹模工件示例。其加工工艺路线为：下料→反复或异向锻造→退火→刨六面→磨上下平面和基面→钳工划线钻穿丝孔→淬火与回火→磨上下平面和基面→线切割加工成形→钳工修配。本例中，磨削基面的目的是线切割加工时的找正，基面一般选择工件侧面的一组直角边。另外，由于工件上有小槽加工，其穿丝孔直径不能大，为了保证穿丝孔与定位面的垂直度，以免影响电极丝与穿丝孔的正确定位，钻削穿丝孔前应对工件的定位和找正基面进行磨削。安排两次磨削也有利于保证上下平面的平行度。

2. 加工顺序的安排

冲模一般主要由凸模、凹模、凸模固定板、卸料板、侧刃、侧导板等部件组成。

在线切割加工时，加工顺序的安排原则是先切割卸料板、凸模固定板等非主要件，然后切割凸模、凹模等主要件。这样，在切割主要件之前，通过对非主要件的切割，可检验操作人员在编程过程中是否存在错误，同时也能检验机床和控制系统的工作情况，若有问题可及时得到纠正。

在加工中也可用圆柱销将固定板、凹模、卸料板组合起来一次加工。这要求冲裁的材料厚度应在 0. 5 mm 以下，如果冲裁的材料厚度大于 0. 5 mm，凹模和卸料板可一起切割。

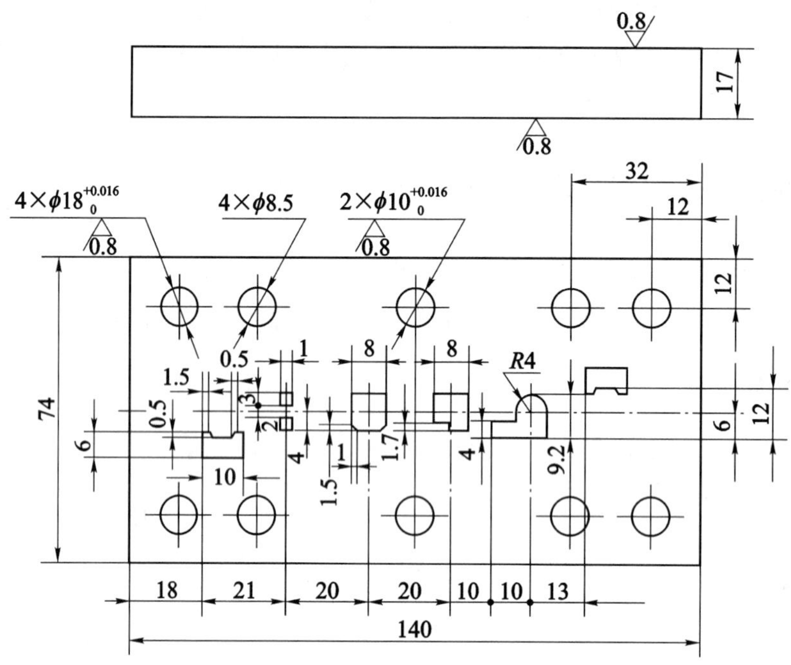

图 8－37　凹模工件示例

3. 加工实例

（1）数字冲裁模（凸凹模）的加工。如图 8－38 所示为数字冲裁模（凸凹模），材料为 CrWMn，凸凹模与相应凸模和凹模的双面间隙为 0. 01～0. 02 mm。

因凸模形状较复杂，为满足其技术要求，可采用以下主要措施。

①淬火前，工件坯料上预制穿丝孔，如图 8－38 所示中孔 D。

②将所有非光滑过渡的交点用半径为 0. 1 mm 的过渡圆弧连接。

③先切割两个 ϕ2. 3 mm 小孔，再由辅助穿丝孔位开始，进行凸凹模的成形加工。

④选择合理的电参数，以保证切割表面粗糙度和加工精度的要求。

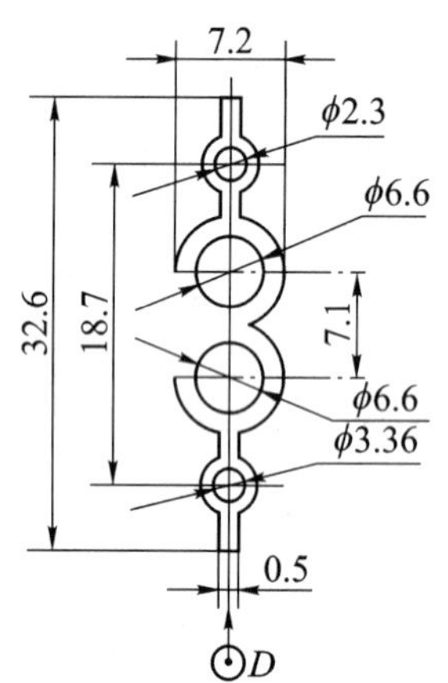

图 8－38　数字冲裁模（凸凹模）

加工时的电参数为：空载电压峰值 80 V；脉冲宽度 8 μs；脉冲间隔 30 μs；平均电流 1. 5 A。采用高速走丝方式，走丝速度 9 m/s；电极丝为 ϕ0. 12 mm 的钼丝；工作液为乳化液。

加工结果如下：切割速度 20～30 mm^2/min；表面粗糙度 Ra1. 6。通过与相应的凸模、凹模试配，其可直接使用。

（2）大中型冷冲模加工。如图 8－39 所示为卡箍落料模（凹模）。工件材料为

Cr12MoV，凹模工作面厚度 10 mm。该凹模待加工图形行程长，质量大，厚度高，去除金属质量大。为保证工件的加工质量，采取如下工艺措施。

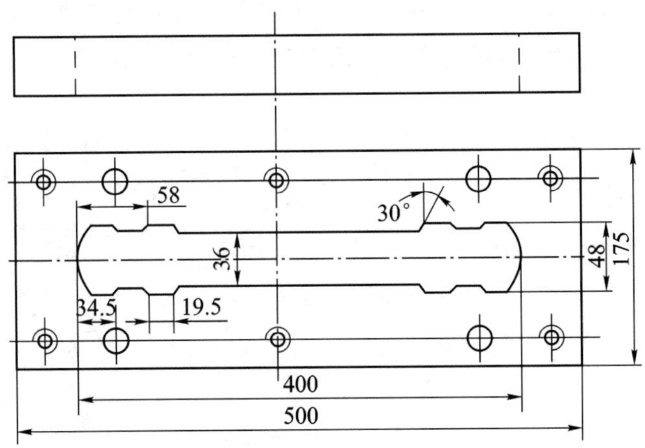

图 8－39　卡箍落料模（凹模）

①虽然工件材料已经选择了淬透性好、热处理变形小的高合金钢，但因工件外形尺寸较大，为保证型孔位置的硬度及减少热处理过程中产生的残余应力，除热处理工序应采取必要的措施外，在淬硬前，应增加一次粗加工（铣削或线切割），使凹模型孔各面均留 2～4 mm 的余量。

②加工时采用双支撑的装夹方式，即利用凹模本身架在两夹具体定位平面上。

③因去除金属质量大，在切割过半，特别是快完成加工时，废料易发生偏斜和位移，从而影响加工精度或卡断电极丝。为此，在工件和废料块的上平面，添加一平面经过磨削的永久磁钢，以利于废料块在切割全过程中的位置固定。

加工时选择的用电参数：空载电压峰值 95 V，脉冲宽度 25 μs，脉冲间隔 78 μs，平均加工电流 1.8 A。采用高速走丝方式，走丝速度为 9 m/s；线电极为 ϕ0.3 mm 的黄铜丝；工作液为乳化液。

加工结果：切割速度为 40～50 mm^2/min；表面粗糙度和加工精度均符合要求。

8.4.2　零件加工

1. 零件加工的特点

（1）品种多，批量大小不定。

（2）具有薄壁、窄槽、异形孔等复杂结构图形。

（3）不仅有直线和圆弧组成的图形，还有阿基米德螺旋线、抛物线、双曲线等特殊曲线的图形。

（4）图形大小和材料厚度常有很大的差别。技术要求高，特别是在加工精度和表面粗糙度方面有着不同的要求。

2. 加工实例

如图 8－40 所示为异形孔喷丝板。其孔形特殊、细微、复杂，图形外接参考圆的直径在 1 mm 以下，缝宽为 0.08～0.1 mm。孔的一致性要求很高，加工精度在 ±0.005 mm 以下，表面粗糙度小于 *Ra*0.4，喷丝板的材料是不锈钢 1Cr18Ni9Ti。

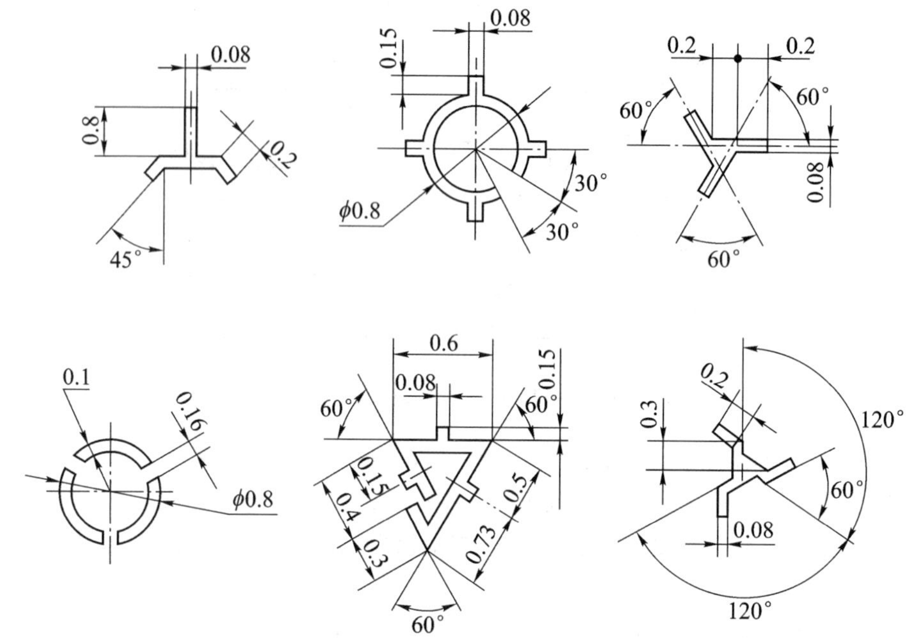

图 8－40　异形孔喷丝板

在加工中，为了保证高精度和小表面粗糙度的要求，应采取以下措施。

（1）加工穿丝孔。细小的穿丝孔是用细钼丝作为电极在电火花成形机床上加工的。穿丝孔在异形孔中的位置要合理，一般选择在窄缝相交处，这样便于校正和加工。穿丝孔的垂直度要有一定的要求，在 0.5 mm 高度内，穿丝孔孔壁与上下平面的垂直度应不大于 0.01 mm，否则会影响线电极与工件穿丝孔的正确定位。

（2）保证一次加工成形。当电极丝进退轨迹重复时，应当切断脉冲电源，使得各异形孔槽能一次加工成形，有利于保证缝宽的一致性。

（3）选择电极丝直径。电极丝直径应根据异形孔缝宽来选定，通常采用直径为 0.035～0.10 mm 的电极丝。

（4）确定线电极线速度。实践表明，对高速走丝线切割加工，当线速度在 0.6 m/s 以下时，加工不稳定；当线速度为2 m/s时，工作稳定性显著改善；当线速度提高到 3.4 m/s 以上时，工艺效果变化不大。因此，目前线速度常用 0.8～2.0 m/s。

（5）保持线电极运动稳定。利用限位器保持电极丝运动的位置精度。

（6）线切割加工参数的选择。选择的电参数如下：空载电压峰值为 55 V，脉冲宽度

1.2 μs，脉冲间隔为4.4 μs，平均加工电流为100～120 mA。采用高速走丝方式，走丝速度2 m/s，电极丝为ϕ0.05 mm的钼丝，工作液为油酸钾乳化液。

加工结果：表面粗糙度 $Ra<0.4$ mm，加工精度±0.005 mm，均符合要求。

思考与练习题

1. 简述数控线切割加工原理。
2. 简述数控线切割加工的特点及其应用领域。
3. 电极丝直径及松紧度对线切割加工有何影响？

模拟自测题

一、单项选择题

1. 若线切割机床的单边放电间隙为0.02 mm，钼丝直径为0.18 mm，则加工圆孔时的间隙补偿量为（　　）。

A. 0.10 mm　　B. −0.11 mm　　C. 0.20 mm　　D. 0.21 mm

2. 线切割机床不能的加工材料为（　　）。

A. 合金钢　　B. 非金属　　C. 碳素钢　　D. 不锈钢

3. 电极丝直径 d 与拐角半径 R、放电间隙 δ 的关系为（　　）。

A. $d \leqslant 2(R-\delta)$　　B. $d \geqslant 2(R-\delta)$　　C. $d \leqslant (R-\delta)$　　D. $d \geqslant (R-\delta)$

4. 脉冲宽度加大时，线切割加工的表面粗糙度（　　）。

A. 增大　　B. 减小　　C. 不确定　　D. 不变

5. 下列叙述中，（　　）不是线切割加工的特点。

A. 刀具有足够的刚度　　B. 刀具简单

C. 材料利用率高　　D. 可以加工高硬度金属材料

二、判断题（正确的打√，错误的打×）

1. 电极丝过松会造成工件形状与尺寸误差。（　　）
2. 线切割加工的表面粗糙度主要取决于单个脉冲放电能量大小，与走丝速度无关。（　　）
3. 线切割加工时，凹角处可以清角。（　　）
4. 在相同表面粗糙度的情况下，用线切割加工的零件的耐磨性比机械加工的零件的耐磨性好。（　　）
5. 线切割加工时，工件的变形与切割路线有关。（　　）

三、简答题

1. 数控线切割加工的主要工艺指标有哪些？
2. 影响数控线切割加工工艺指标的电参数有哪些？
3. 数控线切割加工对工件装夹的基本要求是什么？

参考文献

[1] 华茂发．数控机床加工工艺［M］．2 版．北京：机械工业出版社，2010.

[2] 徐宏海，谢富春．数控铣床［M］．2 版．北京：化学工业出版社，2007.

[3] 于骏一，邹青．机械制造技术基础［M］．2 版．北京：机械工业出版社，2009.

[4] 张世昌，李旦，张冠伟．机械制造技术基础［M］．3 版．北京：高等教育出版社，2014.

[5] 董鹏敏．机械制造工艺学［M］．北京：北京航空航天大学出版社，2012.

[6] 陈华，滕冠．数控车床编程与操作实训［M］．重庆：重庆大学出版社，2006.

[7] 韩鸿鸾．数控加工工艺学［M］．4 版．北京：中国劳动社会保障出版社，2018.

[8] 王兵．模具数控加工技术［M］．北京：机械工业出版社，2015.

[9] 李东君，吕勇．数控加工技术［M］．北京：机械工业出版社，2018.

[10] 熊光华．数控机床［M］．北京：机械工业出版社，2001.

[11] 高汉华，李艳霞．数控加工与编程［M］．北京：清华大学出版社，2011.

[12] 陈文杰．数控编程与操作［M］．北京：机械工业出版社，2014.

[13] 庞丽君，尚晓峰．金属切削原理［M］．北京：国防工业出版社，2009.

[14] 陈日曜．金属切削原理［M］．2 版．北京：机械工业出版社，1998.

[15] 赵晶文．金属切削机床［M］．北京：机械工业出版社，2016.

[16] 乐兑谦．金属切削刀具［M］．2 版．北京：机械工业出版社，2009.

[17] 夏凤芳．数控机床［M］．2 版．北京：高等教育出版社，2010.

[18] 白图娅，杨胜军．数控车床编程与操作［M］．北京：化学工业出版社，2019.

[19] 李建华，陈志强．数控铣床编程与操作［M］．北京：机械工业出版社，2013.

[20] 张亚力，康彪．加工中心编程与零件加工技术［M］．北京：化学工业出版社，2016.

[21] 沈建峰，陈宏．加工中心编程与操作［M］．沈阳：辽宁科学技术出版社，2009.

[22] 周章添，邱建忠，戴乃昌．数控线切割加工技术［M］．北京：机械工业出版社，2012.

[23] 翟瑞波．数控加工工艺与编程［M］．北京：中国劳动社会保障出版社，2010.

[24] 廖玉松，李双科．数控加工技术［M］．北京：清华大学出版社，2013.

[25] 薛源顺．机床夹具设计［M］．2 版．北京：机械工业出版社，2018.